Kleinformate im Umbruch

# Minima

Literatur- und Wissensgeschichte kleiner Formen

Herausgegeben von
Anke te Heesen, Maren Jäger, Ethel Matala de Mazza
und Joseph Vogl

## Band 8

# Kleinformate im Umbruch

Mobile Medien für Widerstand und Kooperation (1918–1933)

Herausgegeben von
Caroline Adler, Maddalena Casarini und Daphne Weber

DE GRUYTER

Gefördert durch die Deutsche Forschungsgemeinschaft (DFG)-276772850/GRK 2190.

Gefördert durch DFG Deutsche Forschungsgemeinschaft

KLEINE FORMEN Literatur- und Wissensgeschichte kleiner Formen



ISBN 978-3-11-100210-1
e-ISBN (PDF) 978-3-11-100300-9
e-ISBN (EPUB) 978-3-11-100357-3
ISSN 2701-4584

**Library of Congress Control Number: 2023932727**

**Bibliografische Information der Deutschen Nationalbibliothek**
Die Deutsche Nationalbibliothek verzeichnet diese Publikation in der Deutschen Nationalbibliografie; detaillierte bibliografische Daten sind im Internet über http://dnb.dnb.de abrufbar.



Druck und Bindung: CPI books GmbH, Leck

www.degruyter.com

# Inhalt

## III Übertragen

Caroline Adler, Maddalena Casarini, Daphne Weber

# Einleitung

Wer heute noch Papier verwendet, um sich Notizen zu machen, einen Brief zu schreiben oder Plakate zu entwerfen, bedient sich zumeist weltweit verbreiteter Formate wie DIN A4, A5 oder A1. Gefaltet, geheftet oder gebunden, als Schreibmaschinen-, Druck- oder Bastelpapier, verspricht uns das jeweilige Format, kompatibel zu sein: in einen Bilderrahmen zu passen, vom Drucker verarbeitet zu werden oder in einem Briefumschlag Platz zu finden. Die Standardisierung dieser Papierformate ermöglicht es zugleich, die entsprechenden Praktiken ihrer Nutzung, Aufbewahrung oder Weiterverarbeitung reibungslos aufeinander abzustimmen. Als die heute allgegenwärtige A-Formatreihe 1921 vom Normenausschuss der deutschen Industrie – später Deutsches Institut für Normung (DIN) – eingeführt wurde, gingen ihr zahlreiche langwierige Versuche der Normierung von Büchern und Papieren, aber auch der sie produzierenden Maschinen voraus.[1] Nicht zuletzt das Projekt des deutschen Chemikers Wilhelm Ostwald unter dem Titel *Die Weltformate. I. Für Drucksachen* diente der DIN-Reihe als Vorbild.[2] Ostwald hatte sich schon vor dem Ersten Weltkrieg um ein einheitliches System von Papierformaten bemüht. Was zuerst als Vorhaben begann, die Buchgrößen seiner Bibliothek aufeinander abzustimmen, um in ihrer Aufbewahrung Platz zu sparen, weitete sich schnell zu einer viel umfassenderen Unternehmung aus: Effizienz im Austausch, Zirkulation und Vergleichbarkeit sollte nun nicht mehr nur Bücher einer Bibliothek betreffen, sondern auf *alle* Waren – und letztendlich auch Ideen – ausgeweitet werden. Der Anspruch universeller „Weltformate" gehörte zu Ostwalds globaler Vision „gemeinsame[r] Hilfs- und Arbeitsmittel der Menschheit".[3] Im Zentrum stand dabei das Prinzip der *Relationalität*:[4] Um miteinander vergleichbar oder ineinander konvertierbar zu sein, mussten Papierformate „durch Halbieren der Oberfläche aufeinander reduziert oder auseinander hergestellt werden."[5] Die A-Formatreihe

1 Vgl. Michael Nienhaus, Was ist ein Format?, Hannover 2018, 10–17.

2 Vgl. Markus Krajewski, Restlosigkeit. Weltprojekte um 1900, Frankfurt am Main 2006, 127; Axel Volmar, Das Format als medienindustriell motivierte Form. Überlegungen zu einem medienkulturwissenschaftlichen Formatbegriff, in: Zeitschrift für Medienwissenschaft 12 (2020), H. 1, 19–30, hier: 25–26; Susanne Müller, Formatieren, in: Historisches Wörterbuch des Mediengebrauchs, 2 Bände, Bd. 1, hg. von Heiko Christians, Matthias Bickenbach und Nikolaus Wegmann, Köln 2014, 253–267, hier: 260.

3 Wilhelm Ostwald, Die Weltformate. I. Für Drucksachen, Ansbach 1911, 14.

4 Vgl. Müller, Formatieren, 255.

5 Ostwald, Die Weltformate, 7.

https://doi.org/10.1515/9783111003009-001

des Normenausschusses in der Weimarer Republik griff dieses Modell auf und institutionalisierte die Idee eines einheitlichen Formats in der DIN-Norm. Die schnelle Akzeptanz und Durchsetzung dieser Formatierungsvorgabe war Ausdruck der Konjunktur, die Standardisierungsprozesse in der Zwischenkriegszeit erfuhren. Die neuen Formate versprachen eine Vereinfachung der technischen Herstellung sowie eine bessere Organisation, Verwaltung und den reibungslosen Verkehr des Gedruckten.

Neben der Einführung normierter Papierformate ermöglichten zahlreiche infrastrukturelle und technische Neuerungen in der Zwischenkriegszeit die schnellere und effizientere (Massen-)Produktion von Texten und steigerten das Tempo ihrer Übertragung und Zirkulation. Durch die Weiterentwicklung des Rotationsdrucks, die Erfindung des Offset-Drucks und die Kombination beider Technologien wurde es möglich, Text und Bild gleichzeitig im Satz zu drucken und deutlich beschleunigt in höheren Auflagen zu produzieren. Die Integration von Bildern und bald auch Fotografien ins Layout der Zeitungen und Zeitschriften zog neben dem qualitativen Wandel im Presse- und Buchwesen den quantitativen Wandel zu einer „industriell bedingte[n] Ausweitung der Produktion, Verbreitung und Rezeption von Printmedien“[6] nach sich. Diese Entwicklung war Teil eines Rationalisierungsprozesses, den Siegfried Kracauer als das „Eindringen der Maschine und der Methode des ‚fließenden Bandes‘ in die Angestelltensäle der Großbetriebe“[7] beschrieben hat. Das Verwaltungswesen orientierte sich am Modell ökonomisierter Fließbandproduktion und standardisierte das Schreiben der Angestellten durch die Schreibmaschine, die zeitgleich auch für den Privatgebrauch erschwinglich und attraktiv wurde. Doch nicht nur in industriellen Kontexten, sondern auch ästhetische Formen betreffend nahm die Maxime von Standardisierung und Rationalisierung durch Formatierung zunehmend Raum ein.

Formate stellen nicht nur das Ergebnis einer Normierung der Form dar, sondern legen auch verschiedene Arten des Umgangs mit den formatierten Texten nahe. Sie wecken Erwartungen, die erfüllt oder enttäuscht werden können.[8] Sich mit dem Format auseinanderzusetzen heißt daher nicht nur, die medientechnischen Herstellungsbedingungen und die materielle Beschaffenheit der formatierten Texte zu hinterfragen; vielmehr richtet der vorliegende Sammelband das Augenmerk auf

---

6 Kathrin Fahlenbrach, Medien, Geschichte und Wahrnehmung. Eine Einführung in die Mediengeschichte, Wiesbaden 2019, 99.

7 Siegfried Kracauer, Unbekanntes Gebiet [1928], in: Die Angestellten. Aus dem neuesten Deutschland, Frankfurt am Main 2021, 10–16, hier: 12.

8 Vgl. Madeline Zehnder, Frances Ellen Watkins Harper, Media Theorist, in: Commonplace. The journal of early American life. URL: http://commonplace.online/article/frances-ellen-watkins-harper-media-theorist/ Weblog 2021 (Letzter Zugriff: 18.01.2023).

die ökonomische und gesellschaftliche Umgebung der untersuchten Texte und ihrer materiellen Träger. Besondere Aufmerksamkeit gilt der politischen und sozialen Wirksamkeit der jeweiligen Kleinformate und ihrem Gebrauch. Diese Perspektive erweist sich insbesondere für die Jahre 1918 bis 1933 als ergiebig, in denen die schon erwähnten technischen und infrastrukturellen Neuerungen die Produktion von Texten und Druckerzeugnissen dauerhaft veränderten. Der Fokus dieses Bandes auf die Ökologie der Texte, ihre Interaktion mit ihrer Umgebung – also ihren (industriellen) Bedingungen, Herstellungsprozessen, Aneignungen und Rezeptionen[9] – schließt an die theoretische Reflexion zum Format-Begriff an, die sich in den letzten Jahren verstärkt in den Medien-, Kultur- und Literaturwissenschaften ausgeprägt hat.[10]

Historisch wird der Begriff des Formats als Terminus in der frühen Entwicklungsphase der Druckkunst eingeführt.[11] Er bezeichnet sowohl die Faltung als auch die Anzahl von Seiten, die aus einem Papierbogen heraus produziert werden.[12] Die technische Herkunft des Begriffes ruft somit von Anfang an die Medienökologie auf, die das Format hervorbringt und determiniert.[13] „Kein Weltformat funktioniert ohne eine Welt, die sich dessen annimmt", konstatiert Markus Krajewski in Bezug auf Ostwalds Standardisierungsentwürfe.[14] Sich die Frage nach dem Format zu stellen, heißt, erstens, die damit verbundenen Medienpraktiken in Herstellung, Anwendung und Wahrnehmung mitzudenken. Eng damit verbunden ist als zweiter Aspekt die Standardisierung, der das Format unterworfen ist und in der es seriell (re-)produziert wird – wenngleich nicht alle Formate in standardisierten industriellen Kontexten hergestellt werden. Entscheidend ist, dass jedes Format immer „*eingepasst* [...] in seine Umgebung [ist]".[15] Standardisierungen können sich dabei sowohl auf die technische Ebene der Apparaturen und Maschinen beziehen als auch

---

9 Vgl. Ethel Matala de Mazza und Joseph Vogl, Graduiertenkolleg „Literatur- und Wissensgeschichte kleiner Formen", in: Zeitschrift für Germanistik 27 (2017), H. 3 , 579–585, hier: 582.

10 Auch wenn es zu diesem Schwerpunkt bisher nur wenige einschlägige Studien gibt: Vgl. Jonathan Sterne, MP3. The Meaning of a Format, Durham 2012; Michael Niehaus, Was ist ein Format?, Hannover 2018; Meredith L. McGill, Format, in: Early American Studies. An Interdisciplinary Journal 16 (2018), 671–677; Carlos Spoerhase, Das Format der Literatur. Praktiken materieller Textualität zwischen 1740 und 1830, Göttingen 2018; Marek Jancovic, Axel Volmar und Alexandra Schneider (Hg.), Format Matters. Standards, Practices, and Politics in Media Cultures, Lüneburg 2019; Volmar, Das Format als medienindustriell motivierte Form.

11 Vgl. hierzu auch Müller, Formatieren, 254.

12 Vgl. Volmar, Das Format als medienindustriell motivierte Form, 15–16; Niehaus, Was ist ein Format?, 10; Jancovic/Volmar/Schneider, Format Matters, 7.

13 Vgl. Volmar, Das Format als medienindustriell motivierte Form, 25.

14 Krajewski, Restlosigkeit, 107.

15 Niehaus, Was ist ein Format?, 12 (Hervorhebung im Original).

auf die institutionell-symbolische Ebene der Praktiken oder Anordnungen, die die (Be-)Deutung eines Formats bestimmen (wie etwa die unterschiedlichen Platzierungen von Artikelformaten auf einer Zeitungsseite). Ein dritter Aspekt des Begriffs ist die Intentionalität: Formate sind als Ergebnisse von Entscheidungen zu verstehen, die das Erscheinungsbild, die Handhabung, Wahrnehmung und Funktionsweise eines Mediums beeinflussen.[16] Somit lässt der Formatbegriff jene „Objekte und Ergebnisse intentionaler Setzungen" auf den Plan treten, „die von den Akteur_innen selbst als solche definiert und spezifiziert werden."[17] Ein bestimmtes Format wird bewusst gewählt, sein möglicher Gebrauch wird mitgedacht, die ideale Leser- und Nutzerschaft intendiert. Damit oszillieren die Beobachtungen zum Format zwischen der Perspektive der Produktion und der Rezeption,[18] zwischen regelbasierter Konstruktion und sinnlich erfahrbarer Materialität. Das Format nimmt, viertens, eine Mittlerposition zwischen Form und Medium ein. Es kann sowohl als Operationalisierungs-Skript des Mediums[19] wie auch als materielle Rahmung der Form verstanden werden. Von der Form unterscheidet sich das Format dadurch, dass die Regeln und die Vorgaben, die es bestimmen, außerhalb des Geformten liegen und nicht zuletzt durch das Verhältnis zu *anderen* Formaten motiviert sind.[20] Indem dieser Band den Fokus von der Form auf das Format verschiebt, rückt die soziale und politische Wirksamkeit des Begriffs verstärkt ins Zentrum der Aufmerksamkeit. Die Wahl des Formats als analytischer Rahmen und Verbindungselement der einzelnen Beiträge ermöglicht eine Auseinandersetzung mit der Materialität, den Gebrauchsroutinen und Aneignungspraktiken der Medien, die die einzelnen Texte und Objekte umgeben. Dies betrifft etwa die Beschaffenheiten und Zuschnitte des Papiers, das Texte transportiert (wie zu Dokumentationszwecken handlich gehaltene Notizen); es umfasst Verwendungen von Formaten

16 Vgl. Sterne, MP3, 7.

17 Volmar, Das Format als medienindustriell motivierte Form, 22.

18 Vgl. McGill, Format, 672.

19 Vgl. Sterne, MP3, 8.

20 Vgl. Niehaus, Was ist ein Format?, 9–11. So hat sich in den letzten Jahren in der Literatur- und Kulturwissenschaft ein erneutes Interesse am Formbegriff als „mediation between text and context" bemerkbar gemacht, vgl. Stephen Cohen, Between Form and Culture. New Historicism and the Promise of a Historic Formalism, in: Renaissance Literature and its Formal Engagements, hg. von Mark David Rasmussen, New York 2002, 17–41, hier: 32. Die Auseinandersetzung wurde unter anderem durch die Rezeption von Caroline Levine, *Forms. Whole, rhythm, hierarchy, network*, 2015 angeregt. Einige der zuletzt erschienenen deutschsprachigen Studien sind beispielsweise: Michael Gamper und Ruth Mayer (Hg.), Kurz & knapp. Zur Mediengeschichte kleiner Formen vom 17. Jahrhundert bis zur Gegenwart, Bielefeld 2017, die De Gruyter-Reihe *Minima* (seit 2020), sowie Matthias Grandl und Melanie Möller (Hg.), Wissen „en miniature". Theorie und Epistemologie der Anekdote, Wiesbaden 2021.

durch Produzent:innen und Rezipient:innen in spezifischen alltäglichen Situationen (beispielsweise ökonomisch standardisierte Codierungen oder mobile, verdichtete Schlagzeilen); und schlussendlich bezieht es die Funktionsweisen in Herstellung und Zirkulation der einzelnen Formate ein (etwa Skalierungen und Verbildlichungen zur Vergleichbarkeit und Vermittlung von Inhalten).

Dass unser Band die Aufmerksamkeit nicht nur auf Formate, sondern auf *Klein*formate richtet, ist im Rahmen eines Interesses für jene Texte zu begründen, die insbesondere für den alltäglichen, kollektiven und/oder massenhaften Gebrauch bestimmt waren. Jene Texte im Kleinformat, die von 1918 bis 1933 im deutschsprachigen Raum zum Alltagsleben gehörten, bleiben jedoch nicht selten „unter der Beobachtungsschwelle“[21] der Forschung. Dazu trägt auch die Tatsache bei, dass Kleinformate Prozesse stabilisieren, die im besten Fall unsichtbar im Hintergrund bleiben. Die relationale Kleinheit eines Formats ist dabei ein „Resultat von Operationen der Verkleinerung“,[22] die durch Praktiken der Reduktion, Kleinskalierung, Verdichtung oder Typisierung vollzogen werden. Gerade durch ihre reduzierte Größe können kleinformatige Texte breit distribuiert werden und schnell zirkulieren. Eine solche rasante Beschleunigung und Effizienzsteigerung sowohl im Produktions-, als auch im Distributionsprozess geht unweigerlich mit gesteigerten Erwartungen der Rezipient:innen einher, die neue Zwänge in Bezug auf Aktualität und Gegenwärtigkeit der wahrgenommenen Texte mit sich bringen. Schon 1931 beschrieb Walter Benjamin dieses Verhältnis im Kontext von Bucherscheinungen und -rezensionen als das ‚tägliche‘ oder ‚stündliche‘ Einander-Ablösen von Informationen: „Erkenntnisse können die Geschwindigkeitskonkurrenz mit ihnen nicht aufnehmen.“[23] Innerhalb solcher beschleunigter Abläufe und der Konkurrenz verschiedener Zeit- und Wissensregime kommt kleinformatierten Texten und ihren mobilen Trägermedien eine besondere Bedeutung zu, indem sie darüber hinaus dem Bedürfnis nach Stabilisierung und Konsolidierung entsprechen.

Diese Funktionsweisen lassen sich insbesondere in den Jahren zwischen 1918 und 1933 beobachten; jener Epoche, welche die Forschungsliteratur als „Krisen-

---

**21** Joseph Vogl, Kleine Formen. An der HU Berlin nimmt ein neues literaturwissenschaftliches DFG-Graduiertenkolleg seine Arbeit auf [Interview von Dennis Schep], in: Literaturwissenschaft in Berlin, 29.03.2017. URL: https://literaturwissenschaft-berlin.de/kleine-formen/ Weblog 2017 (Letzter Zugriff: 18.01.2023).

**22** Vgl. Maren Jäger, Ethel Matala de Mazza und Joseph Vogl, Einleitung, in: Verkleinerung. Epistemologie und Literaturgeschichte kleiner Formen, hg. von dens., Berlin und Boston 2020, 1–12, hier: 2.

**23** Walter Benjamin, Wie erklären sich große Bucherfolge? [1931], in: Gesammelte Schriften, 7 Bände, Bd. III: Kritiken und Rezensionen, hg. von Hella Tiedemann-Bartels, Frankfurt am Main 1991, 294–302, hier: 294.

jahre“ und Zeit des Umbruchs beschreibt.[24] Mit der Diagnose der Krisenhaftigkeit werden systemische Krisenprozesse – wie die Weltwirtschaftskrise oder die Aushöhlung des parlamentarischen Systems – konstatiert, andererseits aber auch die Selbstwahrnehmung einer gespaltenen Gesellschaft und die narrative Konstruktion einer Zeit der Widersprüche umrissen.[25] Der Begriff der Krise ist damit immer auch ein Instrument der Verhandlung von Perspektiven, Zukünften und Utopien. Die Jahre zwischen den Weltkriegen werden demzufolge im vorliegenden Band weniger als eine Epoche von Verfall und Ausweglosigkeit verstanden, sondern vielmehr als Zeitraum „tiefgreifender Transformationen“,[26] in denen politische, gesellschaftliche und kulturelle Standortbestimmungen stetig verhandelt werden. Wo Dinge im Umbruch und in Bewegung sind, wächst nicht nur das Bedürfnis nach Kontrolle, Bewältigung und Verwaltung, sondern auch die Möglichkeit der Verschärfung gesellschaftlicher Brüche und Konflikte.

Die Beiträge des Bandes gehen der Frage nach, welche Rolle kleinformatige Texte und Dokumente in der Verwaltung, Verwertung oder Verstärkung dieser Transformationen spielen und welchen Produktions- und Zirkulationsbedingungen sie dabei unterworfen sind. Der Band stellt weniger Autor:innen ins Zentrum als vielmehr die von ihnen produzierten Texte und ihre medialen, technischen und ökonomischen Umgebungen, innerhalb derer sie publiziert werden. Darüber hinaus greifen viele der versammelten Beiträge auch Texte auf, die anonym und/oder im Kollektiv produziert werden und schon im Prozess der Verfertigung keiner einzelnen Autorin oder keinem einzelnen Autor zugeordnet werden können. Wie Anton Kaes beobachtet, bildete die „plötzliche Flut von Broschüren, Flugblättern, Plakaten, Traktaten, von Aufrufen und gedruckten Reden“ in der Weimarer Republik eine „umfangreiche Subliteratur“, die sich „als Medium öffentlicher Weltauslegung und als Forum für politische Willensbildung“[27] verstand. Die hier verhandelten Texte im Kleinformat sind folglich – gerade im Hinblick auf ihre Produktion und Rezeption – nur in Verbünden zu denken.

---

24 Vgl. Detlev J. K. Peukert, Die Weimarer Republik: Krisenjahre der klassischen Moderne, Frankfurt am Main 1987 sowie auch die kritische Revision von Moritz Föllmer und Rüdiger Graf (Hg.), Die „Krise“ der Weimarer Republik. Zur Kritik eines Deutungsmusters, Frankfurt am Main 2005 und Christoph Thonfeld, Krisenjahre revisited. Die Weimarer Republik und die Klassische Moderne in der gegenwärtigen Forschung, in: Historische Zeitschrift 302 (2016), H. 2, 390–420.

25 Vgl. Wolfgang Hardtwig, Einleitung, in: Ordnungen in der Krise. Zur politischen Kulturgeschichte Deutschlands 1900–1933, hg. von dems., München 2007, 11–20, hier: 12.

26 Ebd., 11.

27 Anton Kaes, Einleitung, in: Weimarer Republik. Manifeste und Dokumente zur deutschen Literatur 1918–1933, hg. von dems., Stuttgart 1983, IX–LII, hier: XX.

Die Beiträge lassen sich in drei Sektionen gliedern, in denen jeweils verschiedene Dimensionen, Funktionen und Potentiale kleiner Formate beleuchtet werden: erstens die Fähigkeit kleinformatiger Texte, als Werkzeug politischer Intervention und öffentlicher Mobilisierung zu dienen; zweitens ihr Stabilisierungspotential, das sie für Archivierung und Dokumentation besonders geeignet macht; drittens die Übersetzungs- und Vermittlungsleistungen zwischen Öffentlichkeiten und den in ihnen zirkulierenden Medien und Artefakten.

Obwohl Kleinformate sich durch Normierung auszeichnen, sind sie keineswegs immobil. Die durch die Norm gesetzten Regeln und Vorgaben ermöglichen eine hohe Zirkulationsfähigkeit, die sie für Agitation und Propaganda prädestiniert. Wenn der begriffliche Unterschied zwischen Form und Formaten nicht zuletzt an der Heteronomie letzterer festgemacht werden kann – denn die Regeln, wodurch sie bestimmt werden, liegen außerhalb des geformten Gegenstands[28] –, stellt der Blick auf Kleinformate eine ergiebige Perspektive dar, um Strategien der Politisierung und Aktivierung von Öffentlichkeiten und Massen zu erkunden. Soziale Bewegungen, Parteien oder andere politische Akteure nutzten nicht zuletzt die Innovationen im Bereich der technischen Reproduzierbarkeit von Zeitungen, Flugblättern, Plakaten oder Broschüren, um ein breites Publikum zu erreichen und es für ihre Zwecke in Bewegung zu setzen. Die *Mobilisierung* der Massen und die Anregung zur politischen Intervention gehören aus diesem Grund zu den wichtigen Leistungen dieser Kleinformate und stehen im Zentrum der ersten Sektion des Bandes. Die Serialisierung kleiner, politisch wirksamer Textformate, die durch ihre leichte Erkennbarkeit schnell wahrgenommen und rezipiert werden, hängt einerseits mit dem Wiederkehren materieller und typografischer Muster, andererseits mit ihrem politisch organisierten Publikationskontext zusammen. Dieser bestimmt oft die Vorgaben, die diese Formate prägen. Beispielhaft dafür ist die Gegen-Berichterstattung der Arbeiterkorrespondenz, die sich in der kommunistischen Parteipresse der Weimarer Republik verbreitete (*Susanne Nienhaus*). Das Kleine dieser Formate betrifft nicht nur ihre Kürze: Der unscheinbare Alltag der Arbeiter:innen entwickelte durch diese Berichte, die klaren formalen Regeln und Vorgaben der Partei folgten, ein wirksames Irritationspotential innerhalb der Betriebsabläufe. Obwohl die Korrespondenzen auf jene Ausdrucksfreiheit verzichten mussten, über die literarisch-journalistische Formen im selben Medium verfügten, ließen sie dennoch Variation zu und eröffneten Imaginationsräume für die Arbeiterbewegung. Einige jener erfolgreichen Agitationsformate, die von der kommunistischen Presse zur Mobilisierung von Gegenöffentlichkeiten entwickelt wurden, dienten als Vorbild für die nationalsozialistische Bewegung der 1920er Jahre. Durch die Umdeutung von

28 Vgl. Niehaus, Was ist ein Format?, 9.

„Druckerzeugnissen“ (*David Bebnowski*), die ursprünglich aus der Arbeiterbewegung kamen, versuchte die NSDAP das Proletariat für sich zu gewinnen. Publikationsformate, die zum Alltag der Arbeiterbewegung gehörten, weckten Vertrauen und konnten eine schnellere Identifizierung der Rezipient:innen mit den propagierten Inhalten bewirken. Mit der Beibehaltung der Formate und der gleichzeitigen Umkodierung der von ihnen transportierten Propaganda zielte die nationalsozialistische Agenda auf die symbolische und kulturelle Transformation des Proletariats zum „Volk“. Darüber hinaus wurden Kleinformate nicht nur beim Kampf um Wählersympathien und -stimmen wirksam: Auch in Organisationen, die sich als überparteilich verstanden, etwa im Völkerbund, wurde der Wiedererkennungswert serieller Kleinformate geschätzt (*Jonathan Voges*). Derartige Institutionen versuchten über Partei- und Landesgrenzen hinaus internationale Öffentlichkeiten durch Strategien von Wiedererkennung und popularisierter Wissensvermittlung zu erreichen. Handliche Broschüren wie das *Kleine Handbuch des Völkerbundes* (1935) oder schmale Hefte wie *50 Facts & Figures about the League of Nations* (1931) waren ein günstig zu erwerbendes und nutzerfreundliches Format, das den Alltag begleiten und idealerweise Leser:innen erziehen und überzeugen konnte.

Ihr Agitations- und Mobilisierungspotential sowie ihre Fähigkeit, der epistemischen und politischen Instabilität durch neue, konsolidierende Deutungsangebote entgegenzuwirken, weisen Kleinformaten in der Zwischenkriegszeit eine prominente Rolle zu. Bei der *Stabilisierung* einer ins Wanken geratenen Alltagserfahrung kommen sie in verschiedenen Kontexten zum Einsatz: Kleinformatierte Papierobjekte werden gesammelt, katalogisiert und archiviert. In Koffern oder Bibliotheken versteckt, überbrückten sie unbemerkt Krisen- und Kriegszeiten. Dadurch werden sie oft zu Zeitdokumenten – oder nachträglich als solche konstruiert. Mit derartigen Textformaten beschäftigt sich die zweite Sektion des Bandes. Kleinformatige Autographe, Lebensläufe und Tätigkeitsberichte von Frauenrechtlerinnen fließen schon vor dem Ersten Weltkrieg in die Sammlung Darmstaedter ein (*Julia Steinmetz*). Es sind die Aktivistinnen selbst, die ihre eigene Arbeit und damit auch die Entwicklung der zeitgenössischen Frauenbewegung dokumentieren, indem sie kurze, heterogene Texte sammeln und die Grundlage für jene historiographische Forschung zur Frauenbewegung schaffen, die erst in der Nachkriegszeit zum eigenständigen Forschungsgebiet avanciert. Umgekehrt kann es auch geschehen, dass ein Wissensfeld überhaupt erst durch einen aktiven Formatierungsprozess konstituiert wird. In diesem Fall bringt die Formatierung jene Gegenstände, die als vergleich- und kategorisierbar erklärt werden, hervor. Die kunstgeschichtliche Kategorie der ‚Weltkunst‘ kann als eine derartige Konstruktion betrachtet werden (*Andreas Schmid*). Wer heutzutage im Berliner Humboldt-Forum die Vitrine „Einstein, ‚Afrikanische Plastik‘ 1922“ betrachtet, mag überrascht und irritiert von den unterschiedlichen Dimensionen derjenigen Objekte sein, die in Carl Einsteins

Bildband durch die Kleinskalierung fotografischer Abbildungen den Eindruck von Ähnlichkeit und Verwandtschaft erwecken. Bildbandreihen wie *Orbis Pictus* subsumierten auf diese Weise in den 1920er Jahren heterogene, meist nicht-europäische Artefakte unter die kunstgeschichtliche Kategorie der ‚Weltkunst'. Aber nicht nur in der Dokumentation oder Konstruktion eines Forschungsgegenstands oder einer Disziplin kommt Kleinformaten im Wissenschaftsdiskurs der Zwischenkriegszeit Bedeutung zu. Auch in jenen Wissensbereichen, die keine Anerkennung seitens etablierter Fachdisziplinen genossen – oder sich explizit gegen diese richteten – konnte peripheres Wissen durch standardisierte Serialisierung und suggerierte ‚Normalisierung' im Kleinformat ein breites Publikum erreichen. Kleine Formen des Okkultismus – wie Anekdoten über spiritistische Sitzungen – fanden auf diese Weise in den Erfahrungsberichten berühmter Feuilletonisten wie Paul „Sling" Schlesinger, Moritz Goldstein oder Alfred Döblin ihren Weg in die Berliner Tagespresse (*Kira Kaufmann*). Als Zeitungsbeilage formatiert, wurden kleine Formen okkulten Wissens Teil der Erlebniswelt der Berliner Zeitungsleserschaft. Mit ihrer Serialität und den starren typographischen Vorgaben stellten Tageszeitungen außerdem einen geeigneten Kontext dar, um intellektuelle Positionen zu konsolidieren. Insbesondere die Kolumne – und die in ihr vertretene intellektuelle *auctoritas* des Meinungsjournalisten – kann als großes Format im übertragenen Sinn bezeichnet werden. So transformierte beispielsweise Hermann Bahr in seiner Kolumne „Tagebuch", die seit 1916 im *Neuen Wiener Journal* regelmäßig erschien, seine privaten Alltagserfahrungen und politischen Überzeugungen in eine öffentliche Projektionsfläche für die Leserschaft (*Saskia Haag*). Die Symbolkraft des Tagebuch-Formats sowie seine vermeintliche Unmittelbarkeit und Authentizität stützten Bahrs Bestreben, die konservativen Werte und Weltanschauungen der Habsburgermonarchie in die neue republikanische Zeit zu tragen.

Die dritte Sektion des Bandes widmet sich jenen Kleinformaten, die zwischen 1918 und 1933 insofern Wirkung entfalten, als sie verschiedene Formen der Informationsübertragung miteinander kompatibel machen. Es sind Formate, die zur Vermittlung oder *Übertragung* komplexer Inhalte dienen. Als Anweisungen oder Protokolle, die die Vorgaben festhalten, wie ein Medium operieren soll,[29] speichern Kleinformate die nötigen Informationen, die Verbreitung in verschiedenen medialen Konstellationen, in unterschiedlichen sozialen Umfeldern oder in verschiedenen Ländern garantieren. Die Frage nach dem Format ist auch dann relevant, wenn untersucht wird, durch welche Vorgaben und Kanäle Öffentlichkeiten informiert werden. Dies betrifft beispielsweise komplexe Daten über Ökonomie oder Kriegsführung, die in standardisierter Form auch für Laien zugänglich gemacht werden sollten. Das

---

**29** Vgl. Sterne, MP3, 8.

Problem stellte sich dem Wiener Ökonomen und Wissenschaftstheoretiker Otto Neurath mit seiner bildstatistischen Methode. Durch redundante Bildzeichen wurden abstrakte sozioökonomische Verhältnisse als Mengenverhältnisse greifbar und für alle im wortwörtlichen Sinn anschaulich (*Elisa Purschke*). Die serielle Wiederholung eines gleich geformten Bildzeichens ist dabei nicht nur eine Abbildungsstrategie von Neuraths Piktogrammatik, sondern bezieht sich ebenso auf deren materielle Träger, die zu pädagogischen Zwecken massenhaft verbreitet wurden, um Wissen über komplexe ökonomische Verhältnisse zu popularisieren. Die Verknappung der Form durch ein reduziertes Format, das auf das Bedürfnis einer schnellen und einfachen Informationserfassung reagierte, zeichnete Kontexte pädagogischer und politischer Kommunikation aus. Doch auch jenseits politischen Engagements sorgten Kommunikationsmedien wie der Telegraph für eine schnelle Vernetzung über Sprach- und Ländergrenzen hinweg. Für die Geschäfts- und Handelswelt bot der Rudolf Mosse-Code ein Repertoire an Formeln, die die Geschäftskommunikation erleichterten und auf rentable Weise verknappten (*Stephan Brändle*). Das Format der Telegramme erzwang die Standardisierung der Mitteilungen und verschlüsselte zugleich die zu übertragenden Informationen, für deren Entzifferung wiederum entsprechende Infrastrukturen nötig waren. Ähnliche internationale Vernetzungen und Kooperationen, die durch agile Formate unterstützt wurden, lassen sich an Bildungsinstitutionen beobachten. Das 1925 gegründete Wiener Gesellschafts- und Wirtschaftsmuseum avancierte zum Vorzeigeprojekt für kollaborative Arbeit und den Austausch zwischen internationalen Gruppen von Wissenschaftler:innen, Grafiker:innen und Besucher:innen – mithilfe kleiner Formen und Formate. Heterogene Bevölkerungsgruppen wurden sowohl durch kuratorische museale Praktiken als auch kollaborierende Zeitschriften dazu eingeladen, sich an der Verbreitung und der offenen Diskussion von Wissen aktiv zu beteiligen (*Gernot Waldner*). Der Kleinskalierung komplexer und kaum sinnlich fassbarer Verhältnisse, die erst durch ihre Verkleinerung greifbar gemacht werden, entspricht nicht selten eine Kleinformatierung der jeweiligen materiellen Träger. Dies gilt nicht nur für komplexe sozioökonomische Verhältnisse – wie im Fall von Neuraths Bildstatistik – sondern auch für schwer fassbare Erfahrungen, wie die des Ersten Weltkrieges. Als historische Kollektiverfahrung aus der Gegenwart heraus unzugänglich, finden Kriege in gesichtslosen und anonymisierten Zahlen und Statistiken einen Ausdruck, die abstrakt Auskunft über Gewinne oder Verluste geben und in der Vermittlung realer Erfahrung in ihrer Undarstellbarkeit zwangsläufig unangemessen bleiben. Ernst Jüngers Versuch, im Band *Das Antlitz des Weltkrieges* (1930) durch kleinformatige Kriegsfotografien den Alltag an der Front zu dokumentieren, scheint ebenso ein unmögliches Unternehmen. Jene Handbewegung, mit der sich kleinformatige Fotografien umdrehen lassen und den Blick auf ihre beschrifteten Rückseiten freigeben, enthüllt das zynische Verhältnis der Zahlen zum Erlebten (*Helmut Lethen*). Bei der Interaktion der Fotografie mit ihrer Bildlegende tritt in

Jüngers Band schließlich die Inkommensurabilität der Erfahrungen der (Zwischen-)Kriegszeit und das Scheitern ihrer Formatierungsversuche ans Licht.

Der Sammelband ist aus dem Workshop „Krise und Kleinformat. Von der Institutionskritik zur politischen Mobilisierung (1918—1933)“ hervorgegangen, der vom 16.–18. Oktober 2021 an der Humboldt-Universität zu Berlin stattgefunden hat. Organisiert und konzipiert wurde er im Rahmen unserer Arbeit am DFG-Graduiertenkolleg „Literatur- und Wissensgeschichte kleiner Formen“. Wir danken Leonie Bartels und Maximilian Dazert für die Mitarbeit im Korrektorat dieses Sammelbandes sowie Maren Jäger und Ethel Matala de Mazza für wertvolle Anregungen und die umfassende Unterstützung.

## Literaturverzeichnis

Benjamin, Walter, Wie erklären sich große Bucherfolge? [1931], in: Gesammelte Schriften, 7 Bände, Bd. III: Kritiken und Rezensionen, hg. von Hella Tiedemann-Bartels, Frankfurt am Main 1991, 294–302.

Cohen, Stephen, Between Form and Culture. New Historicism and the Promise of a Historic Formalism, in: Renaissance Literature and its Formal Engagements, hg. von Mark David Rasmussen, New York 2002, 17–41.

Fahlenbrach, Kathrin, Medien, Geschichte und Wahrnehmung. Eine Einführung in die Mediengeschichte, Wiesbaden 2019.

Föllmer, Moritz und Rüdiger Graf (Hg.), Die „Krise“ der Weimarer Republik. Zur Kritik eines Deutungsmusters, Frankfurt am Main 2005.

Gamper, Michael und Ruth Mayer (Hg.), Kurz & Knapp. Zur Mediengeschichte kleiner Formen vom 17. Jahrhundert bis zur Gegenwart, Bielefeld 2017.

Hardtwig, Wolfgang, Einleitung, in: Ordnungen in der Krise. Zur politischen Kulturgeschichte Deutschlands 1900–1933, hg. von dems., München 2007, 11–20.

Jäger, Maren, Ethel Matala de Mazza und Joseph Vogl, Einleitung, in: Verkleinerung. Epistemologie und Literaturgeschichte kleiner Formen, hg. von dens., Berlin und Boston, 2020, 1–12.

Jancovic, Marek, Axel Volmar und Alexandra Schneider (Hg.), Format Matters. Standards, Practices, and Politics in Media Cultures, Lüneburg 2019.

Kaes, Anton (Hg.), Weimarer Republik. Manifeste und Dokumente zur deutschen Literatur 1918–1933. Mit einer Einleitung und Kommentaren, Stuttgart 1983.

Kracauer, Siegfried, Unbekanntes Gebiet [1928], in: Die Angestellten. Aus dem neuesten Deutschland, Frankfurt am Main 2021, 10–16.

Krajewski, Markus, Restlosigkeit. Weltprojekte um 1900, Frankfurt am Main 2006.

Levine, Caroline, Forms. Whole, Rhythm, Hierarchy, Network, Princeton 2015.

Matala de Mazza, Ethel und Joseph Vogl, Graduiertenkolleg „Literatur- und Wissensgeschichte kleiner Formen“, in: Zeitschrift für Germanistik 27 (2017), H. 3, 579–585.

McGill, Meredith L., Format, in: Early American Studies. An Interdisciplinary Journal 16 (2018), H. 4, 671–677.

Müller, Susanne, Formatieren, in: Historisches Wörterbuch des Mediengebrauchs, 2 Bände, Bd. 1, hg. von Heiko Christians, Matthias Bickenbach und Nikolaus Wegmann, Köln 2014, 253–267.

Niehaus, Michael, Was ist ein Format?, Hannover 2018.

Ostwald, Wilhelm, Die Weltformate. I. Für Drucksachen, Ansbach 1911.

Peukert, Detlev J. K., Die Weimarer Republik. Krisenjahre der Klassischen Moderne, Frankfurt am Main 1987.

Spoerhase, Carlos, Das Format der Literatur. Praktiken materieller Textualität zwischen 1740 und 1830, Göttingen 2018.

Sterne, Jonathan, MP3. The Meaning of a Format, Durham 2012.

Thonfeld, Christoph, Krisenjahre revisited. Die Weimarer Republik und die Klassische Moderne in der gegenwärtigen Forschung, in: Historische Zeitschrift 302 (2016), H. 2, 390–420.

Vogl, Joseph, Kleine Formen. An der HU Berlin nimmt ein neues literaturwissenschaftliches DFG-Graduiertenkolleg seine Arbeit auf [Interview von Dennis Schep], in: Literaturwissenschaft in Berlin, 29. 03. 2017. URL: https://literaturwissenschaft-berlin.de/kleine-formen/. (Letzter Zugriff: 18. 01. 2023).

Volmar, Axel, Das Format als medienindustriell motivierte Form. Überlegungen zu einem medienkulturwissenschaftlichen Formatbegriff, in: Zeitschrift für Medienwissenschaft 12 (2020), H. 1, 19–30.

Zehnder, Madeline, Frances Ellen Watkins Harper, Media Theorist, in: Commonplace. The journal of early American life. URL: http://commonplace.online/article/frances-ellen-watkins-harper-media-theorist/ Weblog 2021. (Letzter Zugriff: 18. 01. 2023).

# I Mobilisieren

Susanne Nienhaus

# „Die Arbeiterkorrespondenz schlug wie eine Bombe ein“. Alltagskrisen und Intervention im Kleinformat

## 1 Unrecht im Kleinformat

> Wenn der Kommerzienrat X bei einer Autofahrt eine Hautabschürfung davonträgt, dann bringt die Presse eine lange Schmonze mit ausführlichen Details und Mitteilungen über das Befinden des Herrn X. Eine Spalte weiter kann man dann in demselben Teil der Zeitung lesen, daß beim Ausschachten vier Arbeiter verschüttet wurden, daß einer Arbeiterin in der Maschine zwischen den Walzen der Arm zerquetscht wurde und daß ein Bauhandwerker vom Gerüst stürzte. Diese Meldungen übermittelt in vielen Orten die Polizei der Presse. Dann heißt es kurz: „Die täglichen Betriebsunfälle“. Aehnlich wie im Kriege der Grenadier Y zu einer Zeile in der Verlustliste zusammengeschossen wurde, so nimmt die bürgerliche Öffentlichkeit vom tödlichen Unfall eines Proletariers durch eine zweizeilige Polizeinotiz Kenntnis.[1]

Mit dieser Kritik weist der kommunistische Redakteur und Landtagsabgeordnete Paul Böttcher im Jahr 1927 der bürgerlichen Presse der Weimarer Republik einen Klassenstandpunkt zu, der sich weniger in inhaltlichen Positionierungen ausdrückt als in einer Disparatheit der Formatierungen: ‚Lange Schmonzen‘ über triviale Geschicke und Befindlichkeiten der unternehmerischen Lokalprominenz stehen in Kontrast zu Ein- oder Zweizeilern über schwere Todes- und Unglücksfälle von Arbeiter:innen. Die Relation der Formate zueinander bildet ein Missverhältnis ab, in dem die Zuteilung von Groß- und Kleinformaten sinnbildlich für soziale Verhältnisse wird: Im Kleinformat wird im Sinne Foucaults das ‚Schicksal der Infamen‘ – der des Gedenkens nicht Würdigen – vermerkt, das nicht von den Journalist:innen der Zeitungen recherchiert, sondern den Polizeimeldungen entnommen wurde, sodass sie Spuren nur in der „Begegnung mit der Macht“ hinterlassen.[2] Über die soziale Zuweisung von Groß- und Kleinformaten hinaus besteht das Missverhältnis nach Böttchers Kritik aber auch im Verhältnis von Format und Inhalt; in allzu knapper Form wird hier von schwersten, teils tödlichen Unfällen berichtet. Wenn die Arbeiter:innen gleich dem Grenadier „zu einer Zeile zusammengeschossen“ werden, wird die Formatierung zum Gewaltakt. Die Geringschätzung und Miss-

1 Paul Böttcher, Der Arbeiter-Korrespondent. Winke und Aufgaben für Berichterstatter der proletarischen Presse, Berlin 1927, 18.

2 Michel Foucault, Das Leben der infamen Menschen [1977], Berlin 2001, 16.

https://doi.org/10.1515/9783111003009-002

achtung von Sicherheit und Leben der Arbeiter:innen im Betrieb wiederholt sich gewissermaßen durch die Wahl eines Kleinformats, in dem menschliche Erfahrungen und Mitgefühl sowie die Ergründung von Ursachen und die Formulierung von Kritik keinen Raum haben.

Indem Böttcher zudem die Erfahrungen des Ersten Weltkriegs aufruft, rückt er den industriellen Arbeitsalltag der Weimarer Republik in den Diskurs einer massiven Krise ein. Dieser Krisenhaftigkeit verdankt der Arbeitsalltag seit der Industrialisierung im 19. Jahrhundert seine politische Relevanz und sie wird in der Weimarer Republik zum zentralen Thema für die „Gegen-Berichterstattung“[3] in der kommunistischen Presse, um die es im Folgenden gehen wird. Denn das Eingangszitat findet sich in Böttchers Schrift *Der Arbeiter-Korrespondent. Winke und Aufgaben für Berichterstatter der proletarischen Presse* und stellt das Negativ für ein Pressekonzept dar, in dem schreibende Arbeiter:innen, Angestellte und Arbeitslose ihre Zeitungen selbst in großer Zahl mit Berichten über Vorkommnisse aus ihrem Alltag versorgen. Im Gestus der Enthüllung, der Anklage oder Intervention wurden auf diese Art Missstände angeprangert und zur politischen Opposition animiert. Dabei kommt das Kleinformat auch hier als vermeintlich gewaltvolles Mittel zum Einsatz, schlagen die Korrespondenzen in der Selbstbeschreibung doch ‚wie Bomben‘[4] in den kritisierten Betrieben ein.

Im Zeitraum von 1924 bis 1933 erschienen diese Arbeiterkorrespondenzen täglich und in zunehmender Anzahl in verschiedenen kommunistischen Tageszeitungen, insbesondere in der *Roten Fahne*; sie stellen ein umfangreiches, vielseitiges und bislang wenig untersuchtes Korpus dar. Die existierende Literatur nimmt in erster Linie kulturpolitische Einordnungen der Bewegung innerhalb der Pressepolitik der KPD vor, gibt einen Überblick über die Entstehung, Organisation und Entwicklung im Laufe der Weimarer Republik[5] oder betrachtet die Arbeiterkorre-

---

3 Christian Siegel, Die Reportage, Stuttgart 1978, 107.

4 „Die Arbeiterkorrespondenz [...] schlug wie eine Bombe ein.“, aus: [Anonym], Der Sieg des Arbeiterkorrespondenten, in: Die Rote Fahne, 28. Januar 1930.

5 Einen breit angelegten, recht stark der Selbstbeschreibung folgenden Überblick bietet der Artikel von Peter Kühne, Die Arbeiterkorrespondenten-Bewegung der Roten Fahne (1924–1933), in: Die Linke in der Sozialdemokratie, hg. von Claudio Pozzoli, Frankfurt am Main 1975, 247–275. Mehr Raum für Kontroversen räumt Siegel, Die Reportage, ein. Simone Barck, Arbeiterkorrespondenten-Bewegung, in: Lexikon sozialistischer Literatur. Ihre Geschichte in Deutschland bis 1945, hg. von ders., Silvia Schlenstedt, Tanja Bürgel, Volker Giel und Dieter Schiller, Stuttgart 1994, 28–31, fasst wichtige Merkmale kompakt zusammen, während Christa Hempel-Küter, Die kommunistische Presse und die Arbeiterkorrespondentenbewegung in der Weimarer Republik. Das Beispiel „Hamburger Volkszeitung“, Frankfurt am Main 1989, die umfassendste Studie bereitstellt. Sie verortet die Arbeiterkorrespondenzbewegung in der Geschichte der Tagespresse der KPD und zieht für regionale Aspekte Archivmaterialen der *Hamburger Volkszeitung* heran, nationale Gesichtspunkte behandelt sie

spondenzbewegung als Ausgangspunkt für das literarische Schaffen späterer Romanautoren, wie Hans Marchwitza, Ludwig Turek oder Willi Bredel.[6] Während zur Bewegung selbst somit einige (ältere) Arbeiten vorliegen, sind die Arbeiterkorrespondenzen *als Texte* bisher kaum Gegenstand der Untersuchungen geworden.[7] Stärker als der partei- und pressestrukturelle Kontext sollen daher im Folgenden die Korrespondenzen selbst im Zentrum stehen, die im Betriebsteil der *Roten Fahne* erschienen sind und regelmäßig auch über Reaktionen auf vormals erschienene Artikel berichten. Diese Schilderungen von tatsächlichen, angestrebten oder auch nur behaupteten Wirkungen des eigenen Schreibens lassen sich als Vorstellung im Sinne der Präsentation oder Imagination eines Möglichkeitsraums für Interventionen verstehen. Die Korrespondenzen zeigen so Handlungsspielräume in einem Arbeitsalltag auf, der sonst zu großen Teilen fremdbestimmt war. Dies tun sie insbesondere mit den Mitteln und Möglichkeiten des Kleinformats, mit dem sie zugleich die Krisen im Alltag *enthüllen* und mittels Intervention *hervorbringen* wollen.

## 2 Die Arbeiterkorrespondenzen der *Roten Fahne*

Die Arbeiterkorrespondenzbewegung war in der Sowjetunion bereits seit einigen Jahren etabliert,[8] als am 28. Dezember 1924 die ‚Gründung' der deutschen Arbeiterkorrespondenzbewegung stattfand. An diesem Tag trafen sich 68 nebenberufliche Mitarbeiter:innen der *Roten Fahne* zur ersten Konferenz der Arbeiterkorrespondent:innen und verabschiedeten eine Resolution über ihre künftigen

---

anhand der *Roten Fahne*. Während Hempel-Küters Studie sich durch ausführliche Archivrecherchen und verhältnismäßig vielseitige Quellen auszeichnet, ist festzuhalten, dass aufgrund der schwierigen Quellenlage alle Untersuchungen auch darauf angewiesen sind, auf schwer zu überprüfende parteiliche Selbstaussagen zurückzugreifen.

6 Vgl. Hanno Moebius, Progressive Massenliteratur? Revolutionäre Arbeiterromane 1927–1932, Stuttgart 1977, sowie Gerhard Friedrich, Proletarische Literatur und politische Organisation. Die Literaturpolitik der KPD in der Weimarer Republik und die proletarisch-revolutionäre Literatur, Frankfurt am Main und Bern 1981.

7 Martin Kley untersucht stellenweise auch die narrative Struktur der feuilletonistischen Arbeiterkorrespondenzen sowie ihr Verständnis von Arbeit, vgl. Martin Kley, Weimar and Work. Labor, literature, and industrial modernity on the Weimar left, New York 2013.

8 Die Arbeiterkorrespondenzbewegung ist zunächst im revolutionären Russland entstanden, hatte hier teilweise jedoch andere Funktionen und Befugnisse als etwa in Deutschland, vgl. Hempel-Küter, Die kommunistische Presse und die Arbeiterkorrespondentenbewegung in der Weimarer Republik, 161 und 431–434.

Aufgaben, die am 30. Dezember 1924 in der *Roten Fahne* veröffentlicht wurde.[9] Als Voraussetzung für die Etablierung der Arbeiterkorrespondenzbewegung gilt die Umstrukturierung der KPD im selben Jahr, die auf den Rückgang ihrer Mitgliedszahlen und einen Funktionärsmangel unter anderem mit der Verstärkung der Agitprop reagierte und dazu den Umbau ihres Pressewesens und den Anstoß der Arbeiterkorrespondenzbewegung vornahm.[10] Neben zahlreichen Wochenzeitungen, Illustrierten, Betriebs- und Branchenzeitungen verfügte die KPD während der Weimarer Republik über 28 bis 37 Tageszeitungen mit einer Gesamtauflage von 500.000 Exemplaren, welche nun in weiten Teilen zentralisiert, jedoch durch die Arbeiterkorrespondenzen auch stärker regional verankert wurden.[11]

In den ersten Jahren erhielt die Arbeiterkorrespondenzbewegung nur langsamen, aber stetigen Zulauf,[12] bis sie in den Jahren 1928 und 1929 sprunghaft anwuchs. So ist für 1928 die Rede von 267 Korrespondent:innen aus 170 verschiedenen Betrieben und etwa 1.000 in der *Roten Fahne* veröffentlichten Berichten, 1929 seien etwa 2.700 Korrespondenzen erschienen und 1.200 Verfasser:innen aus 336 Betrieben verzeichnet worden.[13] In der zweiten Hälfte der Weimarer Republik erschienen Berichte von Arbeiterkorrespondent:innen in verschiedenen kommunistischen Regionalzeitungen, etwa in Hamburg, Chemnitz, Leipzig, Solingen, Essen und Düsseldorf,[14] sodass es eine umfangreiche Mitwirkung von vorwiegend kommunistischen Arbeiter:innen[15] an ihrer Presse gab.

---

9 Bereits 1921 debattierten die freiwilligen Berichterstatter:innen der *Roten Fahne* infolge eines Beschlusses des III. Weltkongresses der Komintern über die Möglichkeiten der Umsetzung einer Arbeiterkorrespondenzbewegung, realisiert wurde sie aber erst einige Jahre später. Vgl. Siegel, Die Reportage, 107–108; ausführlicher Hempel-Küter, Die kommunistische Presse und die Arbeiterkorrespondentenbewegung in der Weimarer Republik, 108–111.

10 Vgl. ebd., 13 und 125–126.

11 Die Auflagen der Zeitungen standen damit in einem erheblichen Missverhältnis zu den fast sechs Millionen Stimmen, die die KPD bei den Reichstagswahlen 1932 erreicht hat, wie Hempel-Küter anmerkt, vgl. dies., Die kommunistische Presse und die Arbeiterkorrespondentenbewegung in der Weimarer Republik, 13 und 28.

12 Vgl. Kühne, Die Arbeiterkorrespondenten-Bewegung der Roten Fahne (1924–1933), 253, sowie Hempel-Küter, Die kommunistische Presse und die Arbeiterkorrespondentenbewegung in der Weimarer Republik, 182–184.

13 Alle vorliegenden Studien werten die Zahlenangaben aus, die in der *Roten Fahne* regelmäßig veröffentlicht wurden, vgl. Barck, Arbeiterkorrespondenten-Bewegung, 29, sowie Kühne, Die Arbeiterkorrespondenten-Bewegung der Roten Fahne (1924–1933), 255–256.

14 Vgl. Hempel-Küter, Die kommunistische Presse und die Arbeiterkorrespondentenbewegung in der Weimarer Republik, 427–429.

15 Angelehnt an den Namen der Bewegung verwende ich die Bezeichnung ‚Arbeiter:innen' im Folgenden als Sammelbegriff. Während die regelmäßigen Auswertungen der *Roten Fahne* eine

Mit Abstand am häufigsten sind die Korrespondenzen in der *Roten Fahne* erschienen, die zugleich Parteizeitung der KPD sowie Regionalzeitung für den Großraum Berlin war. Sie erschien mit einigen Unterbrechungen von 1918/19 bis 1933 täglich und erreichte Auflagen von etwa 70.000 Exemplaren.[16] Als Partei- und Regionalzeitung sollte *Die Rote Fahne* eine Vielzahl von Funktionen erfüllen und verschiedenste Adressat:innen ansprechen: Einerseits galt es, innerparteiliche Veröffentlichungen und Mitteilungen an Parteimitglieder und Funktionäre zu publizieren, andererseits sollte *Die Rote Fahne* als regionale Tageszeitung mit lokalspezifischer Berichterstattung, Inseraten, Veranstaltungskalendern und themen- beziehungsweise adressatenspezifischen Beilagen ein sehr heterogenes Publikum aus Sympathisant:innen, Indifferenten, Frauen, Jugendlichen, Sportler:innen usw. ansprechen und für die Partei gewinnen.[17] Christa Hempel-Küter formuliert:

> [N]och mehr als für eine ‚Parteipresse' mußte für eine ‚Volkspresse' Allgemeinverständlichkeit gefordert werden. [...] Als erstes sollten die Tageszeitungen deshalb von allen theoretischen Erörterungen und parteiinternen Kontroversen entlastet werden – nicht nur, damit die Zeitungen so von einem breiteren Publikum gelesen und versanden werden konnten, sondern vor allem auch deshalb, damit Raum für Artikel aus dem Wohn- und Arbeitsbereich der Leser gewonnen werden konnte.[18]

Diesem Vorhaben sind auch die Arbeiterkorrespondenzen zuzuordnen, welche zunächst vor allem im Lokal- und Betriebsteil oder auf Sonderseiten der Zeitungen platziert waren, mit Anwachsen der Bewegung jedoch zunehmend in allen Rubriken der Zeitung erschienen.[19] Je nach Erscheinungszusammenhang lassen sich dabei insbesondere journalistische und literarische Korrespondenzen unterscheiden. Die im Feuilleton abgedruckten Texte der Arbeiter:innen sind unter anderem Gedichte, Kurzgeschichten und kleine Skizzen, während sich in den übrigen Rubriken vor allem Kurzberichte und Reportagen finden,[20] auf welche sich der Beitrag im Folgenden ausschließlich fokussiert.

---

deutliche Mehrheit von schreibenden (Industrie-)Arbeitern anzeigen, haben auch Arbeiterinnen, Angestellte, Arbeitslose oder (Post-)Beamte Berichte verfasst, zudem gab es Jugend- und Kinderkorrespondent:innen, vgl. Kühne, Die Arbeiterkorrespondenten-Bewegung der Roten Fahne (1924–1933), 256–257.

**16** Vgl. Hempel-Küter, Die kommunistische Presse und die Arbeiterkorrespondentenbewegung in der Weimarer Republik, 28.

**17** Vgl. ebd., 30.

**18** Ebd., 128–129.

**19** Vgl. ebd., 13 und 180, sowie Kühne, Die Arbeiterkorrespondenten-Bewegung der Roten Fahne (1924–1933), 258, und Barck, Arbeiterkorrespondenten-Bewegung, 28–30.

**20** Vgl. ebd.

Die Berichte der Korrespondent:innen erscheinen zum Schutz der Arbeiter:innen vor Kündigung und Repression anonym und werden in der *Roten Fahne* durch einen Zusatz wie „(Arbeiterinnenkorrespondenz)“ oder „(Angestelltenkorrespondenz)“ zwischen Untertitel und Artikel markiert. Nach der Schilderung der jeweiligen Vorkommnisse oder Zustände im Betrieb in einem umgangssprachlichen, teilweise derben, humorvollen und kämpferischen Ton endet jede Arbeiterkorrespondenz mit Appellen und Losungen, die die Leser:innen darauf hinweisen, wie sie politisch auf die im Artikel geschilderten Probleme reagieren sollten. Darüber hinaus werden die Korrespondenzen zum Teil durch die Redaktion mit Glossen, Karikaturen oder redaktionellen Hinweisen gerahmt sowie thematisch gruppiert, sodass sich inhaltliche Schwerpunkte und Arrangements ergeben, die oft größere politische Kampagnen ergänzen, etwa zu Betriebsratswahlen im Januar 1930, jährlich zum 1. Mai oder dem Antikriegstag am 1. August, dem Wahlkampf Ernst Thälmanns im Januar 1932 und Ähnliches.[21]

In der anonymen und massenhaften Erscheinungsweise sind weder individuelle Handschriften noch eine völlige Uniformität der Texte auszumachen. Vielmehr lassen sich die Arbeiterkorrespondenzen im Anschluss an Michael Niehaus als Format beschreiben, das einer wiederholbaren, regelhaften Form folgt und damit vorgegeben und starr ist, innerhalb dessen aber bestimmte Variationen möglich sind.[22] „[A]ls umgrenzter Möglichkeitsspielraum für (eine) Wiederholung“ realisiert sich das Format in Serie,[23] für welche auch die geringe Bedeutung individueller Autorschaft typisch ist.[24] In diesem Sinne lassen sich auch die Arbeiterkorrespondenzen als ein täglich erscheinendes und damit serielles Format der Berichterstattung beschreiben, in dem Alltagsphänomene vor allem episodisch geschildert werden. Nur im Falle derjenigen Korrespondenzen, die über die Wirkung vorangegangener Beiträge berichten, entfaltet sich in geringem Umfang ein fortlaufendes Handlungsgeschehen mit Rückbezug auf frühere Artikel[25] – im Folgenden wird auf diese Texte als ‚Korrespondenzen zweiter Ordnung‘ Bezug genommen.

---

21 Vgl. Kühne, Die Arbeiterkorrespondenten-Bewegung der Roten Fahne (1924–1933), 266, sowie Hempel-Küter, Die kommunistische Presse und die Arbeiterkorrespondentenbewegung in der Weimarer Republik, 192–193.

22 Vgl. Michael Niehaus, Was ist ein Format?, Hannover 2018, 57, 85 und 139–140. Über den Stil und das Niveau der Arbeiterkorrespondenzen gab es dabei durchaus parteiinterne Uneinigkeit, vgl. Siegel, Die Reportage, 109.

23 Vgl. Niehaus, Was ist ein Format?, 139. Zur Serialität des Formats vgl. ebd., 98–106.

24 Vgl. Ruth Mayer, Serialität, in: Formen der Zeit. Ein Wörterbuch der ästhetischen Eigenzeiten, hg. von Michael Gamper, Helmut Hühn und Steffen Richter, Hannover 2020, 324–332, hier: 326.

25 Vgl. ebd., 327–328.

Typisch für das Format ist nach Niehaus darüber hinaus, dass die Formatierung regelgeleitet vorgenommen wird und dabei immer auch einer institutionellen Programmatik folgt, also ‚von oben' festgelegt wird.[26] Im Fall der Arbeiterkorrespondenzen waren es die Partei- und Presseorgane der KPD, die diese Rolle einnahmen und die Strategien für die Pressearbeit im Allgemeinen und die Arbeiterkorrespondenzbewegung im Besonderen festlegten. Zentrale Maßgaben für das Schreiben der Korrespondenzen wurden vorgegeben und etwa in redaktionellen Anweisungen, Schulungen oder Handreichungen – wie der eingangs zitierten Schrift Paul Böttchers – vermittelt.[27] Mit diesen Vorgaben ist keinesfalls nur auf die zweifellos hierarchische und autoritative Ordnung der kommunistischen Partei verwiesen, sondern ebenso auf Verfahren der Standardisierung, die die moderne Massenpresse im Allgemeinen kennzeichnen und die gerade für Formate typisch sind.[28]

Im seriellen Kleinformat ist somit zwar kein idiosynkratisches Schreiben möglich, es lässt jedoch ein niedrigschwelliges und massenhaftes Schreiben insofern zu, als dass das Schreiben der Korrespondenzen aufgrund seiner Regelförmigkeit auch für Laien erlernbar ist: „Nicht jedem ist es gegeben, sich bis zu einem Dichter oder Feuilletonisten durchzubilden, jeder kann aber ein guter und wertvoller Betriebsreporter werden", so etwa Hans Marchwitza.[29] Darüber hinaus kann das Schreiben auch deshalb nebenberuflich gelingen, weil die kleine Form „einen sparsamen Umgang mit knapp werdenden Zeit- und Aufmerksamkeitsressourcen ermöglichte".[30] Die Normierung des Formats kann insofern sowohl als Ermöglichung eines niedrigschwelligen Schreibens verstanden werden, als auch als Einschränkung und Ausschluss, denn im Erlernen der Formatkonventionen findet immer auch eine gewisse Professionalisierung statt, welche wiederum der niedrigschwelligen Einbindung von mehr Korrespondent:innen mit heterogenen Hin-

---

**26** Vgl. Niehaus, Was ist ein Format?, 65–78.

**27** Wie Siegel nachzeichnet, sei vor allem nötig gewesen, die Korrespondent:innen zu Kürze und Sachlichkeit zu ermahnen, vgl. Siegel, Die Reportage, 109. Inhaltliche Kriterien, denen die Korrespondenzen entsprechen sollten, wertet Kühne aus, vgl. Kühne, Die Arbeiterkorrespondenten-Bewegung der Roten Fahne (1924–1933), 266–268. Auf die Vermittlung von Formalia und redaktionellen Abläufen geht Hempel-Küter ein, vgl. Hempel-Küter, Die kommunistische Presse und die Arbeiterkorrespondentenbewegung in der Weimarer Republik, 235–237.

**28** Vgl. Mayer, Serialität, 326, sowie Niehaus, Was ist ein Format?, 70–72.

**29** Hans Marchwitza, Von der ersten Arbeiterkorrespondenz zur ersten Kurzgeschichte, in: Die Linkskurve 1 (1929), H. 2, 18–20, hier: 20.

**30** Maren Jäger, Ethel Matala de Mazza und Joseph Vogl, Einleitung, in: Verkleinerung, hg. von dens., Berlin und Boston 2021, 1–12, hier: 2. Vgl. auch den Sammelband: Kulturen des Kleinen. Mikroformate in Literatur, Kunst und Medien, hg. von Sabiene Autsch, Claudia Öhlschläger und Leonie Süwolto, Paderborn 2014.

tergründen im Wege stand[31] und nach Ansicht Hempel-Küters auch das Abwandern einiger Korrespondent:innen ins Feuilleton der Zeitung verursachte, wo etwas freiere literarische Formen Platz hatten.[32]

Die Etablierung der Arbeiterkorrespondenzen als seriellem Kleinformat begründet so zugleich die Ermöglichung wie die Einschränkung eines niedrigschwelligen und kollektiven Schreibens und damit zahlreiche Konflikte, die die Entwicklung der Bewegung geprägt haben.[33] Aber auch die enge Bindung der Texte an den Alltag der schreibenden und lesenden Arbeiter:innen hängt eng mit der Kürze und Regelhaftigkeit des Formats zusammen, welches die Verschränkungen von Kultur-, Wirtschafts- und Mediengeschichte im Konnex des seriellen Lebens, Arbeitens und Schreibens sichtbar macht und genau dort seinen politischen Einsatz versucht.[34] Im Alltagsmedium Zeitung sollen durch die Arbeiterkorrespondenzen alle Bereiche des proletarischen Lebens abgedeckt sein und – gerade im Vergleich zu konkurrierenden populären Blättern – politisiert statt trivialisiert werden: „Nicht: ‚Liebe Morgenpost, darf ich schon jetzt zu meiner zukünftigen Schwiegermutter ‚Du' sagen', sondern ‚Kampf in den Betrieben', die Rote Fahne kämpft mit euch" – wie es in einem Artikel vom 7. März 1929 heißt.[35] Die Tageszeitung wird nach eigener Programmatik sowohl zum Akteur als auch zum Mittel im politischen Kampf und richtet das Format hierzu stark am Alltag der Leser:innen aus.

## 3 Intervenieren, Imaginieren, Irritieren

Während es also Arbeiterkorrespondenzen in verschiedenen Städten und Zeitungen gab, in allen Rubriken, über verschiedenste Themen und in unterschiedlicher Form, fokussieren sich die folgenden Überlegungen auf die Betriebsseiten der *Roten Fahne*

---

31 Erklärtes Ziel war, mit der Arbeiterkorrespondenzbewegung nicht nur kommunistische Arbeiter:innen anzusprechen, sondern parteiübergreifend möglichst alle Interessensgruppen innerhalb der Arbeiter- und Angestelltenschaft einzubeziehen. Ge- oder Misslingen dieses Ziels wurde jeweils zum Jahreswechsel auf einer Sonderseite über die Entwicklung der Arbeiterkorrespondenzbewegung ausgewertet. Wie Barck bemerkt, bleibt die Dominanz von männlichen KPD-Mitgliedern jedoch stets erhalten, vgl. Barck, Arbeiterkorrespondenten-Bewegung, 29.

32 Vgl. Hempel-Küter, Die kommunistische Presse und die Arbeiterkorrespondentenbewegung in der Weimarer Republik, 245.

33 Ebd., 131 und 186–189.

34 Nach Ruth Mayer ist davon auszugehen, dass die Expansion des Seriellen in der Fiktion sowie in Politik und Ökonomie seit dem 19. Jahrhundert nicht bloß in Analogie, sondern in gegenseitigen „Wechsel- und Abbildungsverhältnissen" zu verstehen ist, vgl. Mayer, Serialität, 326.

35 [Anonym], Lest! Lernt! Schreibt! So wirken Arbeiterkorrespondenzen, in: Die Rote Fahne, 7. März 1929.

– einer Rubrik, in der beispielsweise im Jahr 1930 knapp 1.000 Korrespondenzen erschienen sind.[36] Dabei bilden die jeweils kritisierten Betriebe nicht nur den Gegenstand der Berichte, sondern auch ihr anvisiertes Wirkfeld. Hier ist der Ort, an dem die Korrespondenzen als Waffen im Arbeitskampf zum Einsatz kommen sollen, wie sowohl in redaktionellen Schlagzeilen als auch von den Autor:innen selbst suggeriert wird, wenn die Texte etwa als ‚Bomben‘, ‚Granaten‘, ‚Höllenmaschinen‘ oder ‚Dynamit‘ bezeichnet werden.[37] Mit dieser Waffen- und Kriegsmetaphorik wird die eigene Wirkmächtigkeit behauptet und darauf verwiesen, dass die Texte nicht nur kritisch über die Verhältnisse in den Betrieben berichten, sondern auch anstreben, den als krisenhaft geschilderten Betriebsalltag zu stören. Die erhoffte Intervention wird zum einen von einem Moment der Aufklärung und Enthüllung getragen – das deuten Formulierungen wie ‚Licht ins Dunkel bringen‘, ‚die Maske abreißen‘, ‚ans Tageslicht bringen‘ an[38] –, zum anderen von einem Moment der Bewegung, das sich in Ausdrücken wie ‚aufrütteln‘, ‚Unruhe stiften‘ oder ‚Leben in den Betrieb bringen‘ äußert.[39]

In der eingangs zitierten Anweisungsschrift *Der Arbeiter-Korrespondent. Winke und Aufgaben für Berichterstatter der proletarischen Presse* beschreibt Böttcher die Aufgaben der Betriebsberichterstatter:innen wie folgt:

> Die Tortur des Fließbandes, die Marter des Akkordsystems, die Qual geisttötender, stumpfsinniger Teilarbeit, die Gesundheit zerrüttende Tätigkeit in den verschiedensten Produktionszweigen muß immer wieder und täglich aufs neue vor den breiten Massen bis in alle Einzelheiten geschildert werden. Der Stoff reißt hier nie ab.[40]

36 Vgl. Hempel-Küter, Die kommunistische Presse und die Arbeiterkorrespondentenbewegung in der Weimarer Republik, 184.

37 Vgl. [Anonym], Eine Granate ist eingeschlagen, in: Die Rote Fahne, 12. Januar 1929; [Anonym], Arbeiterkorrespondenz als Handgranate, in: Die Rote Fahne, 30. Januar 1929; [Anonym], „Die Arbeiterkorrespondenz […] schlug wie eine Bombe ein.“, in: Der Sieg des Arbeiterkorrespondenten, in: Die Rote Fahne, 28. Januar 1930; [Anonym], Eine Arbeiterkorrespondenz der „Roten Fahne“ wirkt wie Dynamit, in: Die Rote Fahne, 23. April 1931; [Anonym], Unsere Höllenmaschinen explodieren auch überall!, in: Die Rote Fahne, 14. September 1929; [Anonym], Höllenmaschine Nr. 1 und Nr. 2 in der AEG, ebd.

38 [Anonym], Lohnerhöhung bei der Firma Selas, in: Die Rote Fahne, 18. Juni 1930; [Anonym], Die Angestelltenkorrespondenten reißen die Masken herunter, in: Die Rote Fahne, 23. Juli 1931; [Anonym], Ein SPD.-Kollege meldet sich, in: Die Rote Fahne, 25. November 1931.

39 [Anonym], Leben in den Betrieb bringen, in: Die Rote Fahne, 25. November 1931; [Anonym], Lest! Lernt! Schreibt! So wirken Arbeiterkorrepondenzen, in: Die Rote Fahne, 7. März 1929.

40 Böttcher, Der Arbeiter-Korrespondent, 35.

Dass der Stoff nicht abreißt, liegt daran, dass die Korrespondent:innen hier aufgefordert sind, über den Alltag zu schreiben, der unter anderem durch seine Wiederholungsstruktur gekennzeichnet ist.[41] Das Zitat weist auf die Prekarität der Arbeitsverhältnisse hin, die sich gerade in ihrer Alltäglichkeit, das heißt durch die fortlaufenden Tätigkeiten und dauerhaften Umstände, einstellt und hier unter anderem als ‚geisttötend' und ‚zerrüttend' beschrieben wird. Der fortlaufende Alltag erfordert folglich eine fortlaufende Berichterstattung, die selbst im Rhythmus des Alltags ‚immer wieder und täglich aufs neue' stattfinden soll. So viel Aufmerksamkeit auf das meist hintergründige oder gewöhnliche Alltägliche zu richten, ist für die Schreibenden möglicherweise kontraintuitiv, – so zumindest legt es Böttcher nahe, wenn er noch einmal betont:

> Denke kein Arbeiterkorrespondent, weil er schon einmal über diese Sache etwas geschrieben hat, deshalb sei eine nochmalige Bearbeitung des gleichen Gegenstandes nicht nötig! Im Gegenteil. Immer und immer wieder muß das tägliche Brot des Arbeiters den Gegenstand politischer Propaganda und Agitation bilden.[42]

Dementsprechend fallen die Inhalte der Korrespondenzen tatsächlich vielfältig und umfangreich aus.[43] Dass die geschilderten und kritisierten Vorkommnisse alltäglich sind, wird dabei nicht nur im einzelnen Bericht behauptet, sondern auch durch die massenweise, wiederholte und tägliche Berichterstattung über vergleichbare Vorkommnisse suggeriert. Bei einem exemplarischen Blick auf die Betriebsseite vom 2. Oktober 1929 wird bereits ersichtlich, welche Themenvielfalt die Korrespondenzen abdecken, aber auch, welcher Art das Alltagsbild ist, das hier gezeichnet wird. Auf nur einer Seite, in insgesamt sechs Korrespondenzen, ist die Rede von Nationalsozialisten in der Justiz, fehlender Sozialfürsorge und dem Zusammenbruch eines Arbeiters vor Hunger; von Streikbrechern, miserablen Arbeitsbedingungen in der Gastronomie, mangelhafter Verpflegung und Unterkünften; Kontrollen, Ausgangssperren, Bespitzelung, Kündigungen und Schwarzarbeit; von Betrug bei Wahlen zum Arbeiterrat sowie willkürlichen Festlegungen von Arbeitszeiten, Überstunden und Lohnsenkungen in der Akkordarbeit. Bei einer täglichen Berichterstattung dieser Art entsteht das Bild eines genuin krisenhaften Arbeitsalltags in der Weimarer Republik. Erst in der gegenseitigen Rahmung und seriellen

41 Vgl. Rita Felski, Doing Time. Feminist theory and postmodern culture, New York 2000, 81–85 sowie Brigitte Bargetz, Ambivalenzen des Alltags. Neuorientierung einer Theorie des Politischen, Berlin 2016, 106–109.

42 Böttcher, Der Arbeiter-Korrespondent, 35.

43 Für eine Auswertung der behandelten Themen vgl. Barck, Arbeiterkorrespondenten-Bewegung, 28–30 sowie Kühne, Die Arbeiterkorrespondenten-Bewegung der Roten Fahne (1924–1933), 262–265.

Struktur der kurzen Berichte über einzelne Vorkommnisse wirkt das Format im Anschluss an Ruth Mayer auch „als epistemologisches und ästhetisches Prinzip: als Verfahren, das Ordnung herstellt, Zusammenhänge ersichtlich macht und Anschlussmöglichkeiten eröffnet.“[44] Erst in der Zusammenschau – auf einer Seite sowie im Laufe der Zeit – wird so die gesellschaftliche Bedeutung der kurzen Berichte und ihre Verflechtung zu und in einem krisenhaften Alltag sicht- und denkbar gemacht.[45]

Dabei war es auch Aufgabe der Betriebskorrespondent:innen, im einzelnen Text den behandelten Fall in die betrieblichen und gesellschaftlichen Zusammenhänge einzubetten und politisch im Sinne der KPD zu deuten. Politische Programme werden in den Arbeiterkorrespondenzen so auf leicht verständliche und alltagsnahe Erfahrungen, Schlagworte und Parolen reduziert, sodass die kleinen Berichte zwischen abstrakten politischen Maximen und dem täglichen Leben der Menschen vermitteln.[46] Gerade angesichts der vergleichsweisen Stabilität des Alltags kommt so die Krisendiagnose politisch zum Zug und der Dauerzustand wird als Krise ‚entlarvt‘, um die Notwendigkeit der kommunistischen Radikalopposition aufzuzeigen und gegen die Angebote der politischen Vertretung durch die SPD und die NSDAP zu verteidigen. Die Krisendiagnose soll so die Krise in den Betrieben immer auch hervorbringen und dies auch ganz praktisch durch eine Störung und Agitation im geschilderten Betriebsalltag.

So geht es der Arbeiterkorrespondenzbewegung neben der Diskursivierung eines genuin krisenhaften Arbeitsalltags in der Weimarer Republik immer auch um die praktische Einbettung der Texte in ebenjenen Alltag, die nicht zuletzt deshalb von Bedeutung ist, „weil sich die Relevanz der kleinen Formen erst dann erweist, wenn die Umstände ihres Gebrauchs reflektiert werden.“[47] Denn durch die Arbeiterkorrespondenzbewegung soll der Arbeitsalltag der Weimarer Republik nicht nur in vielen Facetten abgebildet oder besonders prekäre Details dieses Alltags enthüllt werden, sondern der kritisierte Alltag soll verändert oder wenigstens kurzzeitig unterbrochen werden, wofür sich das Auftreten der Korrespondenzen im Kleinformat als entscheidend erweist.

---

44 Mayer, Serialität, 324.

45 Vgl. Niehaus, Was ist ein Format?, 70: „Die Zeitung, die wir aufschlagen, spiegelt uns in ihrer Programmatik eine geordnete Welt wider […]. Entscheidend ist hierbei die Heterogenität der Bestandteile, die Verschiedenheit der Formate, die in ihrer Zusammenstellung und in ihrer Eingepasstheit gleichwohl ein Ganzes ausmachen (bzw. auszumachen behaupten)“.

46 Vgl. Siegel, Die Reportage, 112.

47 Michael Gamper und Ruth Mayer, Erzählen, Wissen und kleine Formen. Eine Einleitung, in: Kurz & Knapp. Zur Mediengeschichte kleiner Formen vom 17. Jahrhundert bis zur Gegenwart, hg. von dens., Bielefeld 2017, 7–22, hier: 11.

# AK. verstärken unsere Massenarbeit

Nummer 215 2. Beilage — Die Rote Fahne — Mittwoch, 25. November 1931

Die Wichtigkeit der Arbeiterkorrespondenten zum Aufbau der Partei und zur Stärkung ihrer Presse

## Die „Rote Fahne" rüttelt auf

**Die Arbeiterkorrespondenzen bringen Leben in die Betriebe! — Bei solcher Gelegenheit muß die Partei und RGO. sofort anpacken! — Berichtet mehr über die Wirkung der AK. und über die Erfolge der Werbearbeit für Presse und Partei!**

### Die ausgeplünderten „Rote-Fahne"-Verkäufer

(Arbeiterkorrespondenz)

Werte Genossen! Die Arbeiterkorrespondenz vom 14. November über die Charité unter dem Titel „Die große Ausplünderung der Charité" hat wie eine Bombe eingeschlagen. Bald jeder Angestellte lief mit der „Roten Fahne" herum, und was das Maßgebende war, alles stimmte dem Artikel zu. Wir haben durch diesen Artikel viele Sympathien erworben. Selbst Zweifler und SPD.-Kollegen, die uns sonst feindlich gegenüberstehen, haben erklärt, daß die „Rote Fahne" den Arbeitern und Angestellten der Charité damit einen großen Dienst erwiesen hat und nichts beweist die Autorität der „Roten Fahne" besser, daß sie erklärt haben, es muß wahr sein, da es in der „Roten Fahne" gestanden hat.

Die Direktion berief sofort eine Konferenz ein und macht verzweifelte Anstrengungen, den Briefschreiber festzustellen. Sonst ist bei ihr eine Panik ausgebrochen und sie wissen nicht, was sie wirklich tun sollen.

**Da sämtliche „Rote-Fahne"-Verkaufsstellen in der Gegend vollkommen ausverkauft hatten, liefen viele Angestellte weit weg von der Anstalt, nur, um sich eine „Rote Fahne" zu beschaffen. Der Tag war ein voller Erfolg für uns.**

★

So weit der Bericht der Genossen. Die Betriebskolporteure der „Roten Fahne" haben im Nu 150 und sofort weiter nachher 150 Exemplare verkauft und die Nachfrage der Straßenverkäufer im großen Kreis um die Charité wollte den ganzen Tag nicht aufhören. Es wurden bei der Belegschaft von 1200 Arbeitern und Angestellten ungefähr 700 bis 800 Stück umgesetzt. Zahlreiche Telephonate bei der „Roten Fahne" bewiesen die große Wirkung dieser Korrespondenz, so haben z. B. einige Kollegen von dem Pflegepersonal erklärt, daß viele SPD.-Kollegen in die KPD. eintreten wollen.

### Warum?

Warum berichtet ihr uns nicht, liebe Genossen Arbeiterkorrespondenten, über die großen Wirkungen, die die Arbeiter- und Angestelltenkorrespondenzen der „Roten Fahne" in den Betrieben in den letzten Wochen ausgelöst haben? Unser Betriebskolporteur hat beim Amtsgericht Mitte 140 „Rote Fahnen" verkauft, und die Enthüllungen über den Reformisten Westphal haben wie eine Bombe gewirkt. Im Kabelwerk Vogel wurden 160 „Rote Fahnen" verkauft und die Enthüllungen über die schrecklichen Zustände bei den Jungarbeiterinnen haben eine ungeheure Wirkung ausgelöst. Die Verkäuferinnen im Warenhaus Israel haben rund 160 „Rote Fahnen" gekauft und darüber diskutiert. In der Dresdner Bank waren 200 „Rote Fahnen" zu wenig und die „Rote Fahne" ging von Hand zu Hand, um die Enthüllungen über den Prokuristen Anhalt zu genießen. Alles in den letzten zwei Wochen. Warum berichtet ihr nicht?

**Man muß mit Bedauern feststellen, daß unser Betriebskolporteur vor dem Virchow-Krankenhaus nur 13 Stück verkaufen konnte, weil die Nazis, eine Gruppe von 25 Mann, die dort den „Angriff" verteilt haben, ihn im Verkauf behindert haben. Wie ist das möglich?**

**Wir fragen unsere Zelle und RGO.-Gruppe in der Charité, was habt ihr unternommen, um diese beispiellose Begeisterung für Partei und Presse auszunutzen? Wir sind der festen Ueberzeugung, daß es geschehen ist und wir erwarten eure Berichte über die Erfolge. Die Redaktion.**

### Ein SPD.-Kollege meldet sich

(Angestelltenkorrespondenz)

Zu dem Bericht über die Allgemeine Ortskrankenkasse möchte ich hiermit folgendes feststellen: Die Wirkung war verblüffend. In meiner Abteilung hatte leider nur eine Kollegin die „Rote Fahne" gekauft und ging diese von Hand zu Hand und wurde während der Arbeitszeit im Tischkasten gelesen. Fast alle Kollegen waren begeistert, daß endlich einmal eine Zeitung unsere Arbeitsverhältnisse an das Tageslicht gezogen hat. Einige meinten sogar: „Die müßten noch viel schärfer schreiben!" Es wurde lebhaft diskutiert! Das Gegenteil war natürlich bei den Oberbonzen und Vorstehern der Fall, die letzteren waren von 8—9 völlig unsichtbar. Sicher haben sie beim „Bürodirektor Wasewitz" diskutiert, wer wohl das schwarze Schäflein in ihrer Herde sein möge.

Meiner Ansicht nach ist aber mit obigem Artikel noch nicht alles getan. Es müßte den Kollegen beigebracht werden, daß eine Aenderung dieser Ausbeutungsmethoden nur erfolgen kann, wenn sie sich entschließen, den revolutionären Organisationen beizutreten. Doch davon wollen die meisten noch nicht viel wissen, sie freuen sich wohl, wenn mal ein anderer für sie die Kastanien aus dem Feuer holt, aber selber mitzuhelfen, dazu sind die Gehirne durch die tägliche „Vorwärts"-Lektüre noch zu sehr verkleistert. Ich halte es aber dennoch für möglich, daß bei den Kassenangestellten allerhand Boden zu gewinnen wäre, wenn man es verstünde, diese von der richtigen Seite anzufassen.

**Daher schlage ich vor, uns Kassenangestellte gelegentlich einer dementsprechenden RGO.-Versammlung einzuladen. Es gelingt sicher, den einen oder anderen für den revolutionären Klassenkampf zu gewinnen, und sind erst einige, so werden es auch mehr werden, die bereit sind, sich der proletarischen Einheitsfront anzuschließen.**

★

Sehr erfreulich, daß selbst die SPD.-Kollegen mit einer wohlwollenden Selbstkritik uns ihre Hände reichen, weil sie auf Grund dieser Veröffentlichung eingesehen haben, daß die „Rote Fahne" die einzige revolutionäre Zeitung ist, die die Interessen der Werktätigen vertritt. Dieses Beispiel zeigt auch, wie groß die Wirkung der Arbeiterkorrespondenz auf andersdenkende Proleten ist. Wir verbinden diese Kollegen mit der zuständigen RGO.-Organisation und wir hoffen, daß es gelingen wird, sie in die rote Einheitsfront einzureihen. Die Redaktion.

### Versicherungsangestellte für KPD.

**Vorbildliche Arbeit der Kommunisten in den Versicherungsbetrieben**

(Angestelltenkorrespondenz)

Die KPD. hatte für die Versicherungsangestellten am 19. November eine Revolutionsfeier veranstaltet. Schon beim Betreten des Saales bekamen die Versicherungsangestellten ein Bild von den Auswirkungen der Notverordnungen. Ein Schupoaufgebot war angerückt. Die Ueberwachung dieser Revolutionsfeier durch die Polizei gab ihnen den besten Anschauungsunterricht, wie es um die Demokratie in Deutschland bestellt ist.

**Und die Versicherungsangestellten gaben die richtige Antwort. 14 Kollegen und Kolleginnen traten der KPD. und RGO. bei, sechs Kollegen abonnierten die „Rote Fahne" und die „Rote Post". Die „Kampfstimme", das Organ der RGO. für die Bank- und Versicherungsangestellten, wurde in zahlreichen Exemplaren verkauft. Ein Literaturumsatz von 50 Mark zeigte das wachsende Interesse auch der Angestellten für die Theorie des revolutionären Marxismus.**

**Alle Kollegen und Kolleginnen, die der KPD. und RGO. beitraten, befinden sich in den Betrieben!**

Die Veranstaltung, die gut besucht war, wurde durch Flugblätter, Diskussionen und Verkauf der Eintrittskarten in den Betrieben vorbereitet. Der Erfolg dieser Veranstaltung zeigt, daß auch die Angestellten immer mehr zur KPD. kommen, wenn die KPD. und RGO. jeden Mißstand in den Betrieben aufrollen, die Rolle der SPD., der freien Gewerkschaften, des Faschismus, des Notverordnungssystems in den Betrieben klar aufzeigen und die Forderungen der Angestellten vertreten.

Wie Reformisten ehrliche Klassenkämpfer zur Strecke bringen

### Sarotti-Betriebsräte als Denunzianten

**Was haben die roten Betriebsräte nach Hattersheim geschrieben?**

(Arbeiterkorrespondenz)

Am Dienstag, dem 17. November 1931, nahm die Belegschaft von Sarotti zu dem 4½prozentigen Lohnabbau Stellung und zu der Absetzung der roten Betriebsratsmitglieder Jordan und Rühr. Die Empörung der Kollegen war riesengroß. Sie verlangten, daß die anwesenden Bonzen die Versammlung verlassen sollen. Unter dem Schutz der Direktion, und als sogenannte Tarifkontrahenten haben sie den Mut aufgebracht, dort zu bleiben.

**In der Versammlung wurde festgestellt, daß das reformistische Betriebsratsmitglied August Fräse und der Reformist Ehrlich, Betriebsrat der Firma Hildebrand, sowie Hätschold, vom Nahrungs- und Getränkearbeiterverband, Einladungen, die von den roten Betriebsräten Rühr und Jordan unterzeichnet waren, dem Unternehmer ausgeliefert haben und diese Einladungen haben im Arbeitsgericht, wegen der Absetzung der roten Betriebsräte eine große Rolle gespielt. Die Bonzen haben das Blaue vom Himmel heruntergelogen, weil sie einfach nicht wissen wollten, wie der Unternehmer zu den Schriftstücken gekommen ist. Aber in die Enge getrieben, mußten sie zugeben, daß sie die Schriftstücke an die Direktion ausgeliefert haben.**

Die roten Betriebsräte haben mit den Verrätern entsprechend abgerechnet und u. a. wurde festgestellt, daß nicht das erstemal dieser Hundepeitscher Hätschold dem Unternehmer aus der Tinte hilft. In einer Arbeitsgerichtsklage der früheren roten Betriebsräte ist er als Zeuge für die Firma Hildebrand aufgetreten. Die Bonzen wollten noch einen Brief verlesen, der von den roten Betriebsräten an die Zweigfabrik Hattersheim geschickt wurde. Die Belegschaft wollte es nicht hören, weil sie kein Material mehr in die Hände der Unternehmer liefern wollte. **Nun, da dieses Schriftstück auch schon in den Händen der Unternehmer ist, kann man feststellen, daß der Inhalt des Briefes voll und ganz berechtigt ist. Er enthält folgende Forderungen: 40-Stunden-Woche mit vollem Lohnausgleich, Bezahlung der Feiertage, Abbau der hohen Gehälter der Direktoren (das Jahresgehalt darf 6000 Mark nicht übersteigen) und Streichung der Tantiemen, Dividenden und Aufsichtsratsgelder usw.**

Als nun zum Lohnabzug Stellung genommen werden sollte, suchte Hätschold mit einem Bäckerdutzend unter großem Hallo der Belegschaft das Weite. Hier sollte er über den unerhörten Lohnabzug von 4½ Prozent Rede und Antwort stehen. Die Absetzung der beiden roten Betriebsräte hatte nur den einen Zweck, die Arbeiterschaft für den Lohnabbau kampfunfähig zu machen. Die Sarottigeschäftsleitung hatte am Dienstag sofort den Lohnabzug in den einzelnen Abteilungen angeschlagen. Flugblätter der Firma wurden in der Fabrik verteilt, worin der Beschluß des Arbeitsgerichts bekanntgegeben wurde und das alles nur, damit die Kollegen von der Betriebsversammlung ferngehalten werden sollten.

Die Reformisten und christlichen Bonzen im Bunde mit der Sarottidirektion haben trotz aller Verwirrungsversuche die Rechnung ohne den Wirt gemacht. Vorschläge, wie der neue Lohnabbau verhindert werden könnte, konnte der Christliche nicht machen. Ausführungen, welche die roten Betriebsratsmitglieder machten, wurden mit großer Begeisterung aufgenommen, womit zum Ausdruck gebracht wurde, daß sie ihnen weiterhin das Vertrauen schenken. **Die Kollegen, die noch in den reformistischen und christlichen Verbänden sind, werden nun wieder neu einsehen, daß nicht unter Hätschold, Winkler und Morgenthal ihre Lage verbessert wird, sondern daß nur die gesamte Arbeiterschaft unter Führung der Revolutionären Gewerkschaftsopposition die Lage verbessern kann. Nicht beten und arbeiten, sondern Arbeit, Brot und Freiheit ist unser Ziel.**

**Abb. 1:** „AK. verstärken unsere Massenarbeit", in: *Die Rote Fahne*, 25. November 1931.

Die mit den Korrespondenzen angestrebte Intervention bezieht sich zunächst auf ihren konkreten Erscheinungstag, ihre Verbreitung in dem Betrieb, über den sie berichtet, und die damit einhergehende Unterbrechung der dort üblichen Arbeitsroutinen. Beispielhaft wird das an der Betriebsseite der *Roten Fahne* vom 25. November 1931 deutlich, deren Schwerpunkt auf der schlagkräftigen Wirkung dieser Art der Berichterstattung liegt, wie Schlag-, Kopf- und Dachzeilen vielfach mitteilen: „AK. [Arbeiterkorrespondenzen, S.N.] verstärken unsere Massenarbeit", „Die ‚Rote Fahne' rüttelt auf", „Die Wichtigkeit der Arbeiterkorrespondenten zum Aufbau der Partei und zur Stärkung ihrer Presse" sowie „Die Arbeiterkorrespondenzen bringen Leben in die Betriebe! – [...] Berichtet mehr über die Wirkung der AK. und über die Erfolge der Werbearbeit für Presse und Partei!"[48] Neben dem Werben für die Partei und ihre Presse wird hier die Herbeiführung von Unruhe in den Betrieben als Erfolg der Bewegung benannt. Nicht zuletzt in der starken Betonung von Handlungsmacht, Bedeutsamkeit und Stärke wird dabei deutlich, dass es auf dieser Seite weniger um eine selbstkritische Auswertung geht, wie sie tendenziell in den jeweiligen Jahresberichten in der ersten Ausgabe jedes Jahres vorgenommen wurde, sondern dass zum Zweck der Agitation die eigenen Erfolge im Vordergrund standen. In diesem Sinne lassen sich die geschilderten Wirkungen der Arbeiterkorrespondenzen auch als vorbildhafte Beispiele mit Anweisungscharakter verstehen, an denen sich das zukünftige Verfassen und Zirkulieren der Berichte orientieren soll.

Während auf derselben Seite in der linken Spalte eine Korrespondenz unter dem Titel „Die ausgeplünderten ‚Rote-Fahne'-Verkäufer" darüber berichtet, wie Kolporteure bei der Belegschaft der Charité einen enormen Absatz erreicht haben, weil über sie in der entsprechenden Ausgabe berichtet wurde, schildert der Artikel rechtsseitig ebenfalls die Verteilung und Wirkung einer Korrespondenz. In der Korrespondenz eines sozialdemokratischen Angestellten unter dem Titel „Ein SPD.-Kollege meldet sich" heißt es im ersten Absatz:

> Zu dem Bericht über die Allgemeine Ortskrankenkasse möchte ich hiermit folgendes feststellen: Die Wirkung war verblüffend. In meiner Abteilung hatte leider nur eine Kollegin die „Rote Fahne" gekauft und ging diese von Hand zu Hand [sic] und wurde während der Arbeitszeit im Tischkasten gelesen. Fast alle Kollegen waren begeistert, daß endlich einmal eine Zeitung unsere Arbeitsverhältnisse an das Tageslicht gezogen hat. Einige meinten sogar: „Die müßten noch viel schärfer schreiben!" Es wurde lebhaft diskutiert![49]

Zum Verständnis der angestrebten Zirkulation der Korrespondenzen, wie sie auf dieser Seite dargestellt wird, sind hier einige Aspekte aufschlussreich. Zunächst

---

48 [Anonym], Alle Schlagzeilen, in: Die Rote Fahne, 25. November 1931.
49 [Anonym], Ein SPD.-Kollege meldet sich.

einmal wird die Ausgabe der Zeitung von Kolporteuren insbesondere vor jenen Betrieben vertrieben, über die am entsprechenden Tag etwas berichtet wird, sodass mit der Belegschaft vor Ort eine heterogene Leserschaft angesprochen wird, zu der nicht nur die parteinahen Abonnent:innen der Zeitung gehören. Durch den Kolporteur wird die Zeitung also zunächst an den Ort gebracht, an dem sie rezipiert werden soll, um ihre Wirkung zu entfalten. Die Zeitungslektüre ist im Weiteren selbst Teil des Arbeitsalltags. Die Artikel sind günstig und als Kleinformate agil, sie können problemlos und unauffällig ‚von Hand zu Hand' gereicht werden und finden auch im Tischkasten Platz. Auf diese Art können einige wenige Exemplare von vielen Kolleg:innen in kurzer Zeit vor Ort gelesen werden, die „Kürze und Knappheit der Erzählungen erleichtern ihr Zirkulieren",[50] ähnlich wie es beispielsweise bei Flugblättern der Fall ist.[51] Dabei sind gerade die Material- und Medieneigenschaften dieses Zeitungsformats von Bedeutung: Für die kollektive Lektüre am Arbeitsort müssen die Texte im wörtlichen Sinne händelbar sein, das heißt klein und günstig, sodass sich die Seiten unter Umständen falten, reißen und verstecken lassen, sie heimlich und zügig lesbar sind – und nicht zuletzt auch als Toilettenpapier herhalten und in dieser Funktion nicht verboten werden können, solange der Betrieb kein solches zur Verfügung stellt. So berichtet ein Lehrling am 24. Februar 1932: „Auf die Klosetts dürfen wir kein Zeitungspapier mitnehmen. Es lasen zuviel die ‚Rote Fahne' auf den Aborten, deswegen gibt es jetzt Rollen."[52]

Gerade da sich die Texte prinzipiell immer auch an eine Leserschaft richten, denen die geschilderten Inhalte nicht neu und fremd sind, scheint hier die Praxis der Rezeption mindestens ebenso wichtig zu sein wie die konkreten Inhalte der Texte.[53] Insbesondere für die in den Korrespondenzen zweiter Ordnung vorgestellte Lektüre scheint es somit weniger um eine Enthüllung im Sinne der Aufklärung der Arbeiterschaft zu gehen. Im Zentrum steht vielmehr, das intern Bekannte ‚ans Tageslicht zu ziehen', sodass das Alltagswissen der Arbeiter:innen und Angestellten zu einer Angelegenheit von öffentlichem Interesse wird. Über den eigenen Betrieb öffentlich berichtet zu sehen, weckt das Interesse der Belegschaft, die nun als Insider und Expert:innen eine gemeinsame kritische Lektüre betreiben können, und ‚lebhaft diskutieren', ob die veröffentlichte Schilderung treffend oder ‚scharf' genug formuliert ist. Das Erscheinen der Ausgaben unterbricht so den gewöhnlichen Ta-

50 Gamper/Mayer, Erzählen, Wissen und kleine Formen, 13.

51 Vgl. Udo Achten und Siegfried Krupke (Hg.), An alle! Lesen! Weitergeben. Flugblätter der Arbeiterbewegung von 1848 bis 1933, Berlin und Bonn 1982.

52 [Anonym], Die Lehrlingshölle von Borsig, in: Die Rote Fahne, 24. Februar 1932.

53 Benedict Anderson stellt Ähnliches über die gemeinschaftsstiftende Funktion der Zeitungslektüre in einem anderen Zusammenhang fest, vgl. Benedict Anderson, Imagined Communities. Reflections on the Origin and Spread of Nationalism, überarbeitete Ausgabe, London 1991.

gesablauf und gibt Gesprächsanlass über gemeinsame Erfahrungen oder Möglichkeiten des Arbeitskampfes. Dass es sich hierbei auch um eine Idealvorstellung mit oben erwähntem Vorbild- oder Instruktionscharakter handelt, zeigt sich nicht zuletzt darin, dass durch die Redaktion der *Roten Fahne* regelmäßig auf den Betriebsseiten zu derlei Diskussionen über die Korrespondenzen aufgefordert wird.

Die Unterbrechung der Arbeitsroutinen geschieht vielen Korrespondenzen zufolge auch durch die Einberufung spontaner Betriebsversammlungen durch die Betriebsleitungen. So stellen die Berichte eine außerordentliche betriebsinterne Öffentlichkeit her; das heißt, sie schaffen Zeit und Raum, um die Inhalte mit und in der Belegschaft zu verhandeln. Vorgesetzte nehmen in den Schilderungen jedoch nicht nur zu den Vorwürfen Stellung, sondern versuchen den Berichten zufolge auch, die Autor:innen ausfindig zu machen, Maßregelungen anzudrohen oder durchzusetzen – so etwa durch die Konfiszierung von Zeitungen, Klagen und Entlassungen sowie das Unterzeichnen von Gegendarstellungen.[54] Während also die betrieblichen Hierarchien in der Betriebsversammlung deutlich zu Tage treten können, bietet das anonyme Schreiben über diese Betriebsversammlungen zugleich einige Spielräume, dieser Ordnung etwas entgegenzusetzen. So heißt es etwa in der Korrespondenz „Große Aufregung bei Mannesmann" vom 4. Dezember 1929:

> Als die Belegschaft versammelt war, stellte sich der Betriebsleiter in den Kreis der Arbeiterinnen, zückte die „Rote Fahne" und eröffnete die Versammlung mit folgenden Worten: „Ich habe schon lange auf solch einen Artikel in der ‚Roten Fahne' gewartet". / Warum, Herr Betriebsleiter? Hatten Sie ein schlechtes Gewissen? Oder hat Sie der Gewerbearzt auf die Mißstände Ihres Betriebs aufmerksam gemacht? [...]
>
> Sie rühmen, Herr Betriebsleiter, die soziale Fürsorge ihres Betriebes und zählen den Arbeiterinnen den Kaffee, die Seife und Handtücher auf. In Punkto Kaffee hat man ihnen durch viele Zurufe in der Versammlung zu verstehen gegeben, von welcher Güte er ist. Nun zu Seife und Handtuch. Herr Betriebsleiter, ist es nicht eine Selbstverständlichkeit und entspricht es nicht den dringendsten hygienischen Forderungen, daß man bei einer solchen schmutzigen Arbeit einen großen Mehrverbrauch an Seife und Handtücher hat, noch dazu, wo manche Arbeiterin mit einem Verdienst von drei Mark täglich nach Hause gehen muß?![55]

In Artikeln wie diesem wird deutlich, dass hier keineswegs nur über die Reaktionen auf eine veröffentlichte Korrespondenz oder über die Einberufung und den tatsächlichen Verlauf der Betriebsversammlung berichtet wird. Vielmehr wird der Disput aus der Betriebsversammlung fortgesetzt und umgeschrieben: Auf die zitierte mündliche Äußerung des Vorgesetzten folgt in diesem Artikel eine schriftliche

54 Vgl. [Anonym], Arbeiterkorrespondenz als Handgranate, sowie [Anonym], Höllenmaschine Nr. 1 und Nr. 2 in der AEG.

55 [Anonym], Große Aufregung bei Mannesmann, in: Die Rote Fahne, 4. Dezember 1929.

Antwort, sodass ein dialogischer Text entsteht, der nicht nur die Äußerungen auf der Versammlung wiedergibt. Vielmehr bietet die Anonymität der Korrespondenz die Möglichkeit, einen Austausch auf Augenhöhe zu imaginieren, da nur hier Repliken dieser unverblümten Art durch die Arbeiter:innen gefahrlos möglich sind.

Während in den primären Korrespondenzen ein prekärer Arbeitsalltag geschildert wird, unter dem zunächst die Arbeiter:innen zu leiden haben, wird diese Krise in den Korrespondenzen zweiter Ordnung zu einer Krise der Anderen gewendet, die infolge der Veröffentlichung nun beispielsweise in Erklärungsnot abgebildet werden. Sehr plastisch zeugen davon auch die Karikaturen, die einigen Arbeiterkorrespondenzen zur Seite gestellt sind. Hier raufen sich Vorgesetzte oder politische Gegner:innen die Haare, springen von ihren Stühlen auf oder sinken am Boden zusammen.[56] Was auf der Karikatur als hilflose Wut erscheint und der Leserschaft bescheinigt, dass die ‚Bombe' an gewünschter Stelle eingeschlagen ist, sorgt nicht zuletzt auch für gemeinsames Lachen als Teil der kollektiven Rezeption im Betrieb. So heißt es etwa in einer Angestelltenkorrespondenz namens „Großer Gott, es kommt in die ‚Rote Fahne'" vom 23. Juli 1931:

> Der Abteilungsleiterin und ebenfalls Angestelltenrätin Bigall hatte es besonders die Karikatur, die in der „Roten Fahne" erschienen ist, angetan. Sie wollte die „Rote Fahne" wegen dieses Bildes, das bei den Kolleginnen und Kollegen große Heiterkeit hervorgerufen hat, verklagen. Sie war als Hüter der Schlüssel eines intimen Ortes abgebildet. Nämlich die Angestellten müssten sich zuerst bei ihr melden, wenn sie diesen intimen Ort aufsuchen wollen.[57]

Deutlich wird mit dem Verweis auf die Wirkung der Karikatur zum einen, dass die Arbeiterkorrespondenzen im Medienverbund der Zeitung immer in gegenseitiger Ergänzung und Relation mit anderen Formaten stehen – der Kopf der Seite, die Schlagzeile(n), die Korrespondenz(en) und die Karikaturen treten als Formate gemeinsam auf und erfüllen auch in der jeweiligen Wirkung unter Umständen sich ergänzende Funktionen. So nimmt etwa die Lektüre des Berichts – auch wenn sie verhältnismäßig kurz ausfällt – mehr Zeit und Raum ein als die Erfassung einer Schlagzeile oder Karikatur, für die ein flüchtiger Blick genügt, sodass sie innerhalb kurzer Zeit ein größeres Publikum erreichen können. Das gemeinsame, unter Umständen gemeinschaftsstiftende Lachen und die alltagstaugliche Vermittlung von Kritik funktionieren hier maßgeblich durch den Verbund, in dem die Arbeiterkorrespondenzen auf der jeweiligen Zeitungsseite auftreten.

56 Vgl. etwa die Betriebsseiten der Roten Fahne vom 1. Oktober 1929, 23. Juli 1931 oder 23. Februar 1932.

57 [Anonym], Großer Gott, es kommt in die „Rote Fahne", in: Die Rote Fahne, 23. Juli 1931.

**Abb. 2:** Karikatur zur Bebilderung der Korrespondenz „Großer Gott, es kommt in die ‚Rote Fahne‘“, in: *Die Rote Fahne*, 23. Juli 1931.

Das Lächerlichmachen der Vorgesetzten im Bericht oder der Karikatur, ihre Darstellung als hilf- und machtlos, sowie deren gemeinsames Verlachen im Betrieb stellt darüber hinaus eine kurzzeitige Verkehrung des üblichen betrieblichen Machtgefüges dar. Auch der systematische Positionswechsel, der durch die Arbeiterkorrespondenzen im Dispositiv der Beobachtung und Kontrolle entsteht, kann als Irritation der Betriebsordnung verstanden werden: Während im Alltag die Arbeiter:innen einer ständigen Kontrolle durch Aufseher:innen und Vorgesetzte ausgesetzt sind, sind es im Rahmen der Arbeiterkorrespondenzbewegung nun die Arbeiter:innen, die wiederum ihre Vorgesetzten in den kontrollierenden Blick nehmen und deren Fehlverhalten unter Umständen öffentlich dokumentieren. Diese politische Form medialer Zeugenschaft lässt sich als *Sousveillance* bezeichnen. Diese besteht nach Gerling, Holschbach und Löffler in einer zivilen „Form des *testimony*, das heißt einer medialen Dokumentation aus einer Perspektive einer minoritären, unterlegenen Position" und sie „kehrt als eine Überwachung oder Beobachtung von unten die *surveillance* durch staatliche oder anderweitig privilegierte Institutionen gewissermaßen [zur *sous*veillance, S.N.] um."[58]

Die auf diese Art unter Druck geratenen Vorgesetzten werden in den Korrespondenzen dementsprechend auch in Sorge um eine solche Veröffentlichung porträtiert, was ihnen zugleich als entsprechendes Schuldbewusstsein zur Last gelegt wird. Auf eine derart verkehrte Konstellation der Kontrolle deutet sowohl der oben zitierte Ausruf „Ich habe schon lange auf solch einen Artikel in der Roten Fahne gewartet!", als auch der Titel und letzte Abschnitt der Korrespondenz „Großer Gott, es kommt in die ‚Rote Fahne'" hin: Hier fährt die unternehmerfreundliche Arbeiterrätin Ella Haase der Schilderung des Berichts nach entsetzt in die Höhe und ermahnt die Betriebsversammlung, nicht von den unterschlagenen Gramm beim Verkauf des Kaffees zu sprechen, „da es sonst in der ‚Roten Fahne' erscheinen würde!"[59] Auch in dieser zugeschriebenen Außenperspektive zeitigt die Korrespondenz ihre Wirkung bereits im Konjunktiv, also in ihrer Potentialität, noch bevor sie tatsächlich erschienen ist.

## 4 Spielräume im Kleinformat

Es mag, wie etwa Peter Kühne nachzeichnet, der Arbeiterkorrespondenzbewegung in einigen Fällen durchaus gelungen sein, die Verbesserung grober Missstände etwa in den hygienischen Einrichtungen eines Betriebs anzustoßen.[60] Die starke Parteilichkeit und Zweckgebundenheit der Korrespondenzen lassen jedoch wenig Zweifel daran, dass die Texte nicht ohne Weiteres als belastbare historische Quellen gelesen werden können.[61] Unabhängig von der Frage nach einer wahrheitsgemäßen

58 Winfried Gerling, Susanne Holschbach und Petra Löffler, Bilder verteilen. Fotografische Praktiken in der digitalen Kultur, Bielefeld 2018, 192.

59 [Anonym], Großer Gott, es kommt in die „Rote Fahne".

60 Vgl. Kühne, Die Arbeiterkorrespondenten-Bewegung der Roten Fahne (1924–1933), 237. Kühne wertet hierzu allerdings nur die Berichterstattung der *Roten Fahne* selbst aus. Die Erfolge der Arbeiterkorrespondenzbewegung waren auch parteiintern umstritten, wie Siegel beschreibt, vgl. ders., Die Reportage, 113–114.

61 Darauf weisen auch zahlreiche juristische Klagen hin, die gegen *Die Rote Fahne* und andere Zeitungen mit Arbeiterkorrespondenzen eingingen, wie Hempel-Küter recherchiert. Aufgrund

Schilderung oder nach den tatsächlich bewirkten Effekten und Verbesserungen, die die Korrespondenzen in den Betrieben bewirkt haben mögen, lässt sich jedoch festhalten, dass die Texte Imaginations- und Möglichkeitsräume schaffen: Durch die Schilderung von tatsächlichen oder auch nur behaupteten Wirkungen des eigenen Schreibens implizieren und imaginieren gerade die Korrespondenzen zweiter Ordnung einen *Möglichkeitsraum* für Interventionen in einem Alltag, der in der Regel fremdbestimmt ist – und dies auch entgegen der parteilichen Programmatik, nach der „Dichteritis"[62] eher bemängelt wurde, weil literarisches Schreiben unter Umständen vom eigentlichen politischen Kampf ablenken könnte.

Die Korrespondenzen sind darauf ausgelegt, die Möglichkeiten des Kleinformats und der Tagespresse zu nutzen, indem sie nicht nur inhaltlich, sondern auch praktisch in den Alltag der Arbeiter:innen vordringen – sei es, indem sie niedrigschwelliges, alltagskompatibles Schreiben ermöglichen, indem sie den sich wiederholenden kleinen Erfahrungen Form geben oder einer vielgestaltigen kollektiven und mobilen Rezeption am Ort des Alltagsgeschehens Vorschub leisten. Sie sind nicht nur in ihrem Gestus der Bezeugung und Enthüllung zu verstehen, sondern immer auch als Gebrauchstexte, die auf vielfache Weise den Alltag als Ort der politischen und medialen Praxis adressieren. Nicht im Großformat der Revolution, sondern langfristig, kleinteilig und alltagsnah wird hier Politik im Kleinformat betrieben.

Dabei verwischt gerade der Gestus der Authentizität die Grenze zwischen Wirklichem und Möglichem, zwischen der Dokumentation, der Imagination und der aktiven Hervorbringung vieler kleiner Alltagskrisen, die nicht zuletzt für das Werben um die parteiliche Organisation von Bedeutung sind. Im Anschluss an Michael Gamper und Ruth Mayer „sind gerade die Übergänge zwischen Wirklichkeitsbereichen und Möglichkeitsfeldern die neuralgischen Zonen, in denen moderne Gesellschaften ihre epistemische Dynamik entwickeln und intellektuelle Innovation, technologische Veränderung und gesellschaftlichen Wandel hervorbringen"[63] – und in

---

knapper Besetzung der Redaktionen sei es praktisch kaum möglich gewesen, die Angaben in den Berichten auf ihren Wahrheitsgehalt hin zu überprüfen. Teilweise sei man daher dazu übergangen, schon bei erstem Einsenden der Korrespondenzen beigefügte Belege anzufordern, vgl. Hempel-Küter, Die kommunistische Presse und die Arbeiterkorrespondentenbewegung in der Weimarer Republik, 239–241.

62 Helga Rubiner kritisiert die „Dichteritis" in: Wie ein Bericht über eine Demonstration nicht aussehen soll, in: Die Rote Fahne, 7. August 1925. Das literarische Schreiben im Rahmen der AKB war kulturpolitisch immer umstritten und als Dilettantismus bzw. Spielerei eher in Kauf genommen denn gefördert. Erst in den letzten Jahren der Weimarer Republik wurde ihr ein gewisser Wert für die Entwicklung einer proletarischen Literatur beigemessen, vgl. Hempel-Küter, Die kommunistische Presse und die Arbeiterkorrespondentenbewegung in der Weimarer Republik, 155–161 und 204–225.

63 Gamper/Mayer, Erzählen, Wissen und kleine Formen, 19.

denen, so lässt sich mit Blick auf die Arbeiterkorrespondenzbewegung hinzufügen, auch politisches Potential für Kritik und Mobilisierung freigesetzt wird. Die Korrespondenzen schaffen hierzu Imaginations- und Handlungsspielräume, in denen der leidige Arbeitsalltag und die Hierarchien der Betriebsordnung kurzzeitig irritiert, herausgefordert oder verkehrt werden können.

# Literaturverzeichnis

## Quellen

[Anonym], Arbeiterkorrespondenz als Handgranate, in: Die Rote Fahne, 30. Januar 1929.

[Anonym], Der Sieg des Arbeiterkorrespondenten, in: Die Rote Fahne, 28. Januar 1930.

[Anonym], Die Lehrlingshölle von Borsig, in: Die Rote Fahne, 24. Februar 1932.

[Anonym], Ein SPD.-Kollege meldet sich, in: Die Rote Fahne, 25. November 1931.

[Anonym], Eine Arbeiterkorrespondenz der „Roten Fahne" wirkt wie Dynamit, in: Die Rote Fahne, 23. April 1931.

[Anonym], Eine Granate ist eingeschlagen, in: Die Rote Fahne, 12. Januar 1929.

[Anonym], Große Aufregung bei Mannesmann, in: Die Rote Fahne, 4. Dezember 1929.

[Anonym], Großer Gott, es kommt in die „Rote Fahne", in: Die Rote Fahne, 23. Juli 1931.

[Anonym], Höllenmaschine Nr. 1 und Nr. 2 in der AEG., in: Die Rote Fahne, 14. September 1929.

[Anonym], Lest! Lernt! Schreibt! So wirken Arbeiterkorrespondenzen, in: Die Rote Fahne, 7. März 1929.

[Anonym], Unsere Höllenmaschinen explodieren auch überall!, in: Die Rote Fahne, 14. September 1929.

[Anonym], Wie ein Bericht über eine Demonstration nicht aussehen soll, in: Die Rote Fahne, 7. August 1925.

Achten, Udo und Siegfried Krupke (Hg.), An alle! Lesen! Weitergeben. Flugblätter der Arbeiterbewegung von 1848 bis 1933, Berlin und Bonn 1982.

Böttcher, Paul, Der Arbeiter-Korrespondent. Winke und Aufgaben für Berichterstatter der proletarischen Presse, Berlin 1927.

Marchwitza, Hans, Von der ersten Arbeiterkorrespondenz zur ersten Kurzgeschichte, in: Die Linkskurve 1 (1929), H. 2, 18–20.

## Forschung

Anderson, Benedict, Imagined Communities. Reflections on the Origin and Spread of Nationalism, überarbeitete Ausgabe, London 1991.

Autsch, Sabiene, Claudia Öhlschläger und Leonie Süwolto (Hg.), Kulturen des Kleinen. Mikroformate in Literatur, Kunst und Medien, Paderborn 2014.

Barck, Simone, Arbeiterkorrespondenten-Bewegung, in: Lexikon sozialistischer Literatur. Ihre Geschichte in Deutschland bis 1945, hg. von ders., Silvia Schlenstedt, Tanja Bürgel, Volker Giel und Dieter Schiller, Stuttgart 1994, 28–31.

Bargetz, Brigitte, Ambivalenzen des Alltags. Neuorientierung einer Theorie des Politischen, Berlin 2016.

Felski, Rita, Doing Time. Feminist theory and postmodern culture, New York 2000.

Foucault, Michel, Das Leben der infamen Menschen [1977], Berlin 2001.

Friedrich, Gerhard, Proletarische Literatur und politische Organisation. Die Literaturpolitik der KPD in der Weimarer Republik und die proletarisch-revolutionäre Literatur, Frankfurt am Main und Bern 1981.

Gamper, Michael und Ruth Mayer, Erzählen, Wissen und kleine Formen. Eine Einleitung, in: Kurz & Knapp. Zur Mediengeschichte kleiner Formen vom 17. Jahrhundert bis zur Gegenwart, hg. von dens., Bielefeld 2017, 7–22.

Gerling, Winfried, Susanne Holschbach und Petra Löffler, Bilder verteilen. Fotografische Praktiken in der digitalen Kultur, Bielefeld 2018.

Hempel-Küter, Christa, Die kommunistische Presse und die Arbeiterkorrespondentenbewegung in der Weimarer Republik. Das Beispiel „Hamburger Volkszeitung“, Frankfurt am Main 1989.

Jäger, Maren, Ethel Matala de Mazza und Joseph Vogl, Einleitung, in: Verkleinerung. Epistemologie und Literaturgeschichte kleiner Formen, hg. von dens., Berlin und Boston 2021, 1–12.

Kley, Martin, Weimar and Work. Labor, literature, and industrial modernity on the Weimar left, New York 2013.

Kühne, Peter, Die Arbeitekorrespondenten-Bewegung der Roten Fahne (1924–1933), in: Die Linke in der Sozialdemokratie, hg. von Claudio Pozzoli, Frankfurt am Main 1975, 247–275.

Mayer, Ruth, Serialität, in: Formen der Zeit. Ein Wörterbuch der ästhetischen Eigenzeiten, hg. von Michael Gamper, Helmut Hühn und Steffen Richter, Hannover 2020, 324–332.

Moebius, Hanno, Progressive Massenliteratur? Revolutionäre Arbeiterromane 1927–1932, Stuttgart 1977.

Niehaus, Michael, Was ist ein Format?, Hannover 2018.

Siegel, Christian, Die Reportage, Stuttgart 1978.

David Bebnowski

# Die Umkodierung des Proletariats. Druckerzeugnisse im Kampf der NSDAP um die Arbeiterschaft

„Die Geschichte des Sozialismus in Deutschland ist, solange bis die nationalsozialistische Bewegung in die Erscheinung trat, eine ewige Tragödie."[1] Diese Behauptung stammt aus einer Rede von Joseph Goebbels, die er am 1. Oktober 1931 im Berliner Sportpalast hielt. Der damalige Reichspropagandaleiter der NSDAP sprach vor Arbeitern auf einer „Arbeitermassenkundgebung", wie es im Nachdruck der Rede nicht eben unbescheiden heißt. Goebbels ging es keinesfalls darum, seinen Zuhörern[2] ihre sozialistischen Überzeugungen auszureden. Im Gegenteil: Hier konnte man seinen Versuch beobachten, diese zu bestärken, um anschließend die traditionellen Arbeiterparteien des Betrugs der Arbeiter um den Sozialismus bezichtigen zu können. Seine Absicht war es, die Arbeiterschaft auf ein neues Ziel hin zu orientieren. Dieses Ziel drückt der Titel der Broschüre aus, in der die Rede Anfang 1932 abgedruckt wurde: *Vom Proletariat zum Volk.*

This project has received funding from the European Research Council (ERC) under the European Union's Horizon 2020 research and innovation programme (grant agreement No 852205). This publication reflects only the author's view, and the Agency is not responsible for any use that may be made of the information it contains.

European Research Council
Established by the European Commission

1 Joseph Goebbels, Vom Proletariat zum Volk, Reihe Kampfschrift H. 4, München 1932, 3, in: Archiv Institut für Zeitgeschichte München (im Folgenden Archiv IfZ), Sig.: 11/Db 022.026–4a.

2 In diesem Aufsatz wird, da überwiegend Männer als handelnde Personen in Erscheinung traten und angesprochen werden sollten, das Maskulinum verwendet, um die historische Realität abzubilden.

https://doi.org/10.1515/9783111003009-003

Dass diese Rede Goebbels' in gedruckter Form erschien, zeigt, dass die NSDAP ihr Machtstreben in der von ihr selbst so betitelten „Kampfzeit“[3] am Ende der Weimarer Republik als publizistischen Kampf um die Massen begriff. Diese Ambitionen unterstreicht auch der Titel *Kampfschrift*, der die Reihe bezeichnete, in der die Broschüre erschien.

Mit Auflagen von bis zu 50.000 Stück richteten sich diese Ausgaben an eine breite Öffentlichkeit.[4] In einem kleinen Format, nahe der heutigen DIN-A5 Norm gedruckt, waren diese Schriften zirkulations- und transportfreundlich.[5] Mit 24 Druckseiten verhältnismäßig kurzgehalten, konnten sie, unterstützt durch ein lockeres Schriftbild und fettgedruckte Hervorhebungen, rasch rezipiert werden.[6] Die mitunter durch Fotocollagen illustrierten Titelblätter hoben sich vom Rest des schwarz-weißen Texts ab. Der günstige Verkaufspreis von zehn Pfennig – ein halber Liter Bier kostete 1931 das Vierfache – garantierte Verbreitung.[7] Zusätzliche Rabatte für Wiederverkäufer preisten eine gewissermaßen wilde Zirkulation von Hand zu Hand mit ein.[8] Vor allem aber waren diese Schriften hochgradig politisch aufgeladen. Sie artikulierten Protest gegenüber der politischen Konkurrenz und drückten einseitig die nationalistischen und völkischen ideologischen Standpunkte ihrer Verfasser aus[9] (Abb. 1).

Diese Charakteristika können als Merkmale von Flugschriften – oder auf Englisch *pamphlets* – gelten. Die politische Intention dieser Schriften kann allerdings noch präziser auf den Begriff gebracht werden. Hierfür schlage ich den Begriff des *Druckerzeugnisses* vor: Die Schriften wurden in Druckverfahren erzeugt – und sie sollten gleichzeitig *politischen Druck erzeugen.*[10] In diesem Doppelsinn verstanden,

---

3 Die Kampfzeit umfasste aus Perspektive der Nationalsozialisten die Jahre des Aufstiegs der NSDAP von 1918 bis 1933, vgl. Cornelia Schmitz-Berning, Vokabular des Nationalsozialismus, Berlin und New York 2007, 347–348.

4 Vgl. Michael Warner, Publics and Counterpublics, New York 2002, 11–12 und 65–124.

5 Vgl. Joad Raymond, Pamphlets and pamphleteering in early modern Britain, Cambridge 2003, 5.

6 Vgl. George Orwell, Introduction, in: British pamphleteers, 2 Bände, Bd. 1: From The Sixteenth Century to the French Revolution, hg. von dems. und Reginald Reynolds, London 1948, 7–16, hier: 7–8; Gillian Whiteley, The Art of *Pamphilos*. The Radical Art of Pamphleteering, in: Art, politics and the pamphleteer, hg. von ders. und Jane Tormey, London 2020, 5–28, hier: 13.

7 Vgl. Daniel Bellingradt und Michael Schilling, Flugpublizistik, in: Handbuch Medien der Literatur, hg. von Natalie Binczek, Till Dembeck und Jörgen Schäfer, Berlin und Boston 2013, 273–289, hier: 273.

8 Vgl. Karl Schottenloher, Flugblatt und Zeitung. Ein Wegweiser durch das gedruckte Tagesschrifttum [1920], 2 Bände, Bd. 1: Von den Anfängen bis zum Jahre 1848, München 1985, 13; Nicholas Thoburn, Anti-book on the Art and Politics of Radical Publishing, Minneapolis 2016, 86.

9 Vgl. Marc Angenot, La parole pamphlétaire, in: Étude littéraires 11 (1978), H. 2, 255–264.

10 Diese funktionale Begriffsbestimmung orientiert sich am englischen Begriff des *pamphlets*, für den es kein direktes deutsches Äquivalent gibt und trägt dessen politischem Charakter Rechnung. Entsprechungen wie Flugblatt, Flugschrift oder die Sammelbezeichnung Flugpublizistik kommen der Bedeutung des konfrontativen *pamphlets* formal, aber nicht unbedingt politisch nahe. Die de-

**Abb. 1:** Joseph Goebbels, *Vom Proletariat zum Volk* (Reihe *Kampfschrift*) 1932, Titelblatt.

sind Druckerzeugnisse schriftliche Interventionen, die unmittelbar auf das politische Geschehen ausgerichtet sind und die Erfahrungen und Intentionen politischer Akteure in ihren Kämpfen ausdrücken.[11] Die Kritik, die in ihnen geübt wird, soll die „Realität der Realität" in Frage stellen.[12] An eine breite Öffentlichkeit gerichtet,

finitorischen Fußnoten vier bis neun beziehen sich auf die Forschungsliteratur zu *pamphlets* und Flugschriften. Für eine Definition von *pamphlets*, vgl. Pierre-Héli Monot, Pamphlets, in: The Arts of Autonomy. Pamphleteering, Popular Philology, and the Public Sphere. URL: https://www.artsautonomy.net/research. Weblog 2021 (Letzter Zugriff: 27.3.2023). Zur Begriffsbestimmung der Druckerzeugnisse: David Bebnowski, Nationalismus und radikale Arbeiterorganisation. Ein „pamphletary event" um die IWW im Jahr 1918, in: Arbeit – Bewegung – Geschichte (2022), H. 2, 167–187; Ders., Mit Druckerzeugnissen Druck erzeugen. Flugschriften als Quellen für die *Intellectual History* der Neuen Linken als Konfliktgeschichte, in: Internationales Archiv für Sozialgeschichte der deutschen Literatur 48 (2023), H. 2 [im Erscheinen].

11 Vgl. Sigrid Weigel, Flugschriftenliteratur 1848 in Berlin. Geschichte und Öffentlichkeit einer volkstümlichen Gattung, Stuttgart 1979, 2–4.

12 Luc Boltanski, Soziologie und Sozialkritik, Berlin 2010, 151–152.

mobilisieren Druckerzeugnisse *Gegenöffentlichkeiten.* Diese bestehen aus jenen Menschen, die sich mit den Forderungen der Druckerzeugnisse identifizieren, sich aber auf verschiedene Weise von umfassenderen Öffentlichkeiten, Diskursen und Sprachregelungen ausgeschlossen fühlen.[13]

Die Mobilisierung von Gegenöffentlichkeiten berührt mehrere Fragestellungen, die diesem Band zugrunde liegen. Zum einen beschreiben sie ein Modell der Organisierung der Massen. Zum anderen können Druckerzeugnisse als Dokumente praktischen und alltäglichen Gebrauchs analysiert werden, aus denen sich Rückschlüsse über die politischen Krisenkonstellationen in der Weimarer Republik und ihre Bearbeitung gewinnen lassen. Dieser Aufsatz legt anhand ausgewählter Druckerzeugnisse dar, in welcher Weise die NSDAP diese Kleinformate einsetzte, um Druck auf die Parteien der Arbeiterbewegung auszuüben und Arbeiter für sich zu gewinnen.

Meine These, auf die auch der Titel des Druckerzeugnisses *Vom Proletariat zum Volk* verweist, lautet, dass die NSDAP gezielt versuchte, das Proletariat in ihrem Sinne umzukodieren. Ihre propagandistischen Druckerzeugnisse sollten einen Keil zwischen die Arbeiterparteien und die Arbeiter treiben, um letztere über alternative Deutungsangebote an das politische Umfeld des Nationalsozialismus zu binden. Die Strategie der Umkodierung zu durchleuchten ist wichtig, um den Aufstieg der NSDAP zur Macht zu verstehen. Anhand der hier ausgewählten Druckerzeugnisse lässt sich nachzeichnen, dass die deutschen Faschisten in ihrem Griff nach der Macht strategisch und planvoll versuchten, die Arbeiterschaft für sich zu gewinnen. Dies ist auch insofern interessant, da die NSDAP keine genuine Arbeiterpartei war. Gleichwohl verkörperte die NSDAP eine „Volkspartei des Protests", die ihre Stimmengewinne in keinesfalls geringem Umfang der Arbeiterklasse verdankte.[14] Die Stimmen aus der Arbeiterklasse waren also gerade in den Reichstagswahlen hochgradig relevant für die Nationalsozialisten. Da aber die SPD und die ihr nahestehenden Gewerkschaften zeitgenössisch als stabilisierende „Hauptstützen des pluralistischen Systems"[15] der Weimarer Republik galten, folgt hieraus eine gewichtige Implikation: Betrachtet man den Zusammenbruch der Weimarer Republik aus der Perspektive der Umkodierung des Proletariats von rechts, dann kann diese

---

**13** Vgl. Robert Asen, Seeking the 'Counter' in Counterpublics, in: Communication Theory 10 (2000), H. 4, 424–446, hier: 427; Warner, Publics and Counterpublics, 117–118.; Nancy Fraser, Rethinking the Public Sphere, in: Social Text 25/26 (1990), H. 2/3, 56–80.

**14** Jürgen W. Falter, Hitlers Wähler. Die Anhänger der NSDAP 1924–1933, überarb. Neuaufl., Frankfurt am Main und New York 2020, 407–416.

**15** Franz L. Neumann, Behemoth. Struktur und Praxis des Nationalsozialismus [1942], Hamburg 2018, 36.

helfen, Dynamiken eines Kipppunkts demokratischer Systeme in die Diktatur zu ergründen.

Im Folgenden beschreibe ich zunächst die historische Situation des Proletariats am Ende der Weimarer Republik und die Versuche der NSDAP, in diesem Milieu Fuß zu fassen. Danach wird die Begriffsbedeutung der Umkodierung theoretisch begründet, um eine Grundlage für die darauffolgende Analyse zu schaffen. Als Quellenmaterial stehen Druckerzeugnisse im Fokus, darunter ausgewählte Ausgaben aus der Reihe *Kampfschrift*, sowie Flugblätter der NSDAP aus den Wahlkämpfen der Jahre 1931 bis 1933, in denen die Partei versuchte, Arbeiter zu agitieren. Das Fazit unterstreicht den Wert von Druckerzeugnissen als kleiner Form für die weitere Forschung. Dabei wird die Umkodierung in der Gesamtstrategie der NSDAP eingeordnet und mit Gegenstimmen aus den 1930er Jahren kontrastiert.

## 1 Die letzten Jahre der „Kampfzeit" – Der Aufstieg der NSDAP 1931–1933

Die erste Ausgabe der *Kampfschrift* des NSDAP-Verlages Franz Eher erschien im Herbst 1931, praktisch parallel zur Rede Joseph Goebbels' im Berliner Sportpalast. Verfasst hatte sie der damalige stellvertretende Reichspropagandaleiter Heinz Franke, der die Schrift unter die Überschrift *Arbeiterverrat* stellte.[16] Auch für die nächste *Kampfschrift* aus dem November 1932 war Franke verantwortlich und schlug mit ihrem Titel *Der Schwindel des Bolschewismus* einen ganz ähnlichen Ton an.[17] Nachdem in der Reihe andere Themen behandelt worden waren, prangerte die Schrift *Brolatariat* – eine Anspielung auf den SPD-Politiker Fritz Brolat, der in einen Korruptionsskandal verstrickt war – die vermeintliche Korrumpierbarkeit der Arbeiterparteien an.[18]

Neben diesen Druckerzeugnissen zeigen auch weitere Publikationen aus den Verlagen der NSDAP, dass der Kampf um die Arbeiterschaft zu Beginn der 1930er in der NS-Propaganda eine zentrale Rolle spielte.[19] Auch die kleinformatig auf zwölf Seiten gedruckte *Brennessel*, die seit März 1931 als „propagandistisches Gegen-

16 Heinz Franke, Arbeiterverrat, Reihe Kampfschrift H. 1, München 1931, in: Archiv IfZ, Sig.: 11/Db 022.026–1a.

17 Heinz Franke, Der Schwindel des Bolschewismus, Reihe Kampfschrift H. 2, München 1932, in: Archiv IfZ, 11/Db 022.026–2.

18 Emil Unger-Winkelried, Brolatariat, Reihe Kampfschrift H. 13, München 1932, in: Archiv IfZ, 11/Db 022.026–13.

19 Vgl. Falter, Hitlers Wähler, 269–272.

stück“[20] linker Satiremagazine im Eher-Verlag erschien, nahm SPD und KPD aufs Korn. Bereits der Titel der ab 1931 erscheinenden Zeitschrift *Arbeitertum* verrät ebenfalls das Bemühen um eine Umkodierung der Arbeiterklasse. Der Begriff des „Arbeitertums“ „als Glied der wahren Volksgemeinschaft“[21] war die von der NSDAP propagierte völkische Alternative für den Begriff des Proletariats, dessen klassenkämpferische Konnotation den völkischen Absichten des Nationalsozialismus entgegenstand. Herausgegeben wurde die Zeitschrift von der Nationalsozialistischen Betriebszellenorganisation (NSBO), die eine Arbeitnehmerorganisation der NSDAP auf Betriebsebene verkörperte.

Ein Grund für die Ballung dieser Aktivitäten zur Überzeugung des Proletariats durch die NSDAP während der Jahre 1931 und 1932 lag in der ab 1929 grassierenden Weltwirtschaftskrise. Bis zum Jahr 1932 stieg die Zahl der Arbeitslosen auf ein Drittel der werktätigen Bevölkerung an. Abhängig von Branche und Art der Arbeit wurden noch deutlich höhere Zahlen erreicht. In jedem Fall drohte gerade Arbeitern der Verlust ihrer Arbeitsstellen, in manchen deutschen Industriezentren verfünffachte sich die Arbeitslosigkeit zwischen 1928 und 1932.[22] Eine Agitation der unzufriedenen Arbeiter lag für die NSDAP deshalb nahe. Gleichzeitig war die ‚sozialistische‘ Stoßrichtung der Nationalsozialisten nicht immer ausschließlich Fassade. Einer vermeintlich ‚linken‘ Strömung in der Partei um eine Arbeitsgemeinschaft von Gauleitern aus den Industrieregionen Nord- und Westdeutschlands durfte man ihre sozialistische Selbstsicht durchaus abnehmen.[23] Ihre Vertreter – wie die Brüder Gregor und Otto Strasser, der Neuköllner Organisationsleiter der NSDAP, Reinhold Muchow, der die NSBO gegründet hatte, und auch der Berliner Gauleiter Joseph Goebbels – drängten vielmehr auf eine strategische Neuausrichtung der NSDAP, um deren in ländlichen Gebieten errungenen Wahlerfolge auch in proletarischen Landesteilen zu wiederholen.[24]

Auch wenn dieser ‚linke‘ Flügel sukzessive entmachtet wurde, war das Verhältnis der NSDAP zur Arbeiterbewegung vielschichtig. Tatsächlich zeigten sich Hitler und Goebbels tief beeindruckt von ihrer Organisation (insbesondere galt dies

20 Gerhard Paul, Aufstand der Bilder. Die NS-Propaganda vor 1933, Bonn 1990, 145. Zur *Brennessel*, vgl. Ursula E. Koch, Die Brennessel, in: Handbuch des Antisemitismus. Judenfeindschaft in Geschichte und Gegenwart, 8 Bände, Bd. 6: Publikationen, hg. von Wolfgang Benz, Berlin und Boston 2013, 81–82.

21 Schmitz-Berning, Vokabular des Nationalsozialismus, 41–43, hier: 41.

22 So unter anderem in Ruhrgebietsstädten wie Dortmund und auch in Berlin, vgl. Richard J. Evans, Das Dritte Reich, 3 Bände, Bd. 1: Aufstieg, München 2005, 331.

23 Vgl. Reinhard Kühnl, Die nationalsozialistische Linke, 1925–1930, Meisenheim 1966.

24 Insgesamt: Vgl. Kühnl, Die nationalsozialistische Linke, 1–3; zu Goebbels vgl. ebd., 145–150; Kurt Pätzold und Manfred Weißbecker, Geschichte der NSDAP, 1920 bis 1945, Köln 2009, 95–100.

für die Kommunisten) und ihrer Fähigkeit, die Massen zu erreichen. SPD und KPD dienten mit ihrer Präsenz auf der Straße sowie der Fähigkeit, Demonstrationen und Massenkundgebungen zu organisieren, geradezu sehnsuchtsvoll als Vorbild.[25] Dies galt nicht nur in propagandistischer Hinsicht. Vielmehr wurde die NSBO, das Gegenmodell zu den freien Gewerkschaften, explizit nach dem Vorbild kommunistischer Betriebszellen organisiert.[26] Auch das ebenfalls nach KPD-Vorbild modellierte Straßenzellensystem der Neuköllner NSDAP, nach dem die Partei örtlich in einzelnen Straßenzügen organisiert war, wurde schließlich von der Gesamtpartei adaptiert.[27]

Bilanziert man diese Versuche und das Ziel der Nationalsozialisten, ins Proletariat ‚einzubrechen', fielen die (Wahl-)Ergebnisse dennoch verhältnismäßig bescheiden aus. Gemessen an der Gesamtbevölkerung waren Arbeiter in der vom unteren Mittelstand dominierten NSDAP grundsätzlich unterrepräsentiert.[28] Allerdings kann der der NSDAP angeschlossene und für seine Gewalttätigkeit gefürchtete Wehrverband „Sturmabteilung" (SA) gemessen an seinem Arbeiteranteil von bis zu 60 Prozent als „Arbeiterorganisation" bezeichnet werden.[29]

Parallel dazu stieg der Wählerzuspruch für die NSDAP in Reichstags- und Landtagswahlen kontinuierlich. War ihr Stimmenanteil Ende der 1920er Jahre noch vernachlässigbar gering, stimmten bei den letzten freien Reichstagswahlen im November 1932 33,1 Prozent aller Wähler – und damit fast so viele, wie für SPD und KPD zusammen (37,3 Prozent) – für die Faschisten.[30] Wichtig ist dabei, dass kein politisches Lager und keine Parteianhängerschaft gänzlich immun gegen die „Hitlerbewegung" war.[31] Die NSDAP verdankte ihre Stimmengewinne vor allem vorherigen Nichtwählern und den liberalen bis nationalkonservativen Splitterparteien der Weimarer

25 Vgl. Paul, Aufstand der Bilder, 38–53.

26 Vgl. Volker Kratzenberg, Arbeiter auf dem Weg zu Hitler. Die Nationalsozialistischen Betriebszellen-Organisationen, ihre Entstehung, ihre Programmatik, ihr Scheitern (1927–1934), Frankfurt am Main u. a. 1987.

27 Vgl. Martin Broszat, Die Anfänge der Berliner NSDAP 1926/27, in: Vierteljahrshefte für Zeitgeschichte 8 (1960), H. 1, 85–118, hier: 87.

28 Vgl. Pätzoldt und Weißbecker, Geschichte der NSDAP, 14; Michael H. Kater, Zur Soziographie der frühen NSDAP, in: Vierteljahreshefte für Zeitgeschichte 19 (1971), H. 2, 124–159, hier: 155 und 159. Bei einem Gesamtanteil der Arbeiterschaft an der Bevölkerung von 50 Prozent waren nur 15 Prozent der NSDAP-Mitglieder Arbeiter, vgl. Kühnl, Die nationalsozialistische Linke, 59–60.

29 Sven Reichardt, Faschistische Kampfbünde. Gewalt und Gemeinschaft im italienischen Squadrismus und in der deutschen SA, Köln und Weimar 2009, 311–317, hier: 315. Ähnlich: Gerd Longerich, Geschichte der SA, München 2003, 88. Das Wachstum der SA ab 1932 basierte auf dem Zugewinn von Arbeitern aus den Großstädten, vgl. Daniel Siemens, Sturmabteilung. Die Geschichte der SA, Bonn 2019, 102; Reichardt, Kampfbünde, 270.

30 Zahlen aus Pätzoldt und Weißbecker, Geschichte der NSDAP, 230–231.

31 Falter, Hitlers Wähler, 165.

Republik. Ihre Propaganda verfing aber auch in Teilen des katholischen und sozialistischen Milieus.[32] Tatsächlich hatten schon ab Juli 1932 mehr Arbeiter die NSDAP gewählt als SPD oder KPD.[33] Die Gründe für die Gewinnung der Arbeiterschaft dürften dabei nicht zuletzt in der zielgerichteten Propaganda der NSDAP liegen, die bewusst versuchte, das Proletariat in ihrem Sinne umzukodieren.

## 2 Umkodierung, Propaganda, Gegenöffentlichkeiten

Der These der Umkodierung des Proletariats liegt die Vorstellung zugrunde, dass sich soziale Umstände mit neuen Bedeutungen belegen lassen, die alternative Deutungsangebote der Wirklichkeit nahelegen. Auf diese Weise können bestimmte Anschauungsweisen in der Gesellschaft gezielt durchgesetzt und popularisiert werden. Wer sich dem Proletariat, dem revolutionären Subjekt der Arbeiterbewegung, zugehörig fühlte, sollte sich, so die NSDAP, fortan als Teil des Volks oder der Volksgemeinschaft begreifen.

Diese Umkodierungsverfahren lassen sich mit Stuart Halls Überlegungen zum Kodieren/Dekodieren beschreiben. Alle Symbole und Bedeutungen sind demnach Teil einer diskursiv konstituierten Zirkulationssphäre, die auf gemeinsam geteilten Codes basiert.[34] Das Kodieren und Dekodieren der Kommunikation wird aktiv von Sendern (Kodierer, die NSDAP) und Empfängern (Dekodierer, die Arbeiter) einer Botschaft geleistet. Die Bedeutungszuschreibung erfolgt dabei relativ eigenständig, ist allerdings von sozialen Faktoren wie ideologischen Strukturen oder Klassenpositionen überformt. Praktisch können auf diese Weise Missverständnisse in der Kommunikation entstehen. Analytisch ermöglichen diese sozial bedingten Differenzen unterschiedliche hypothetische Positionen des Kodierens/Dekodierens. Botschaften können voll und ganz entlang eines „dominant-hegemonialen“[35] Codes übernommen werden. Kodierungen können allerdings auch oppositionell dekodiert, ebenso können ihre Bedeutungen ausgehandelt werden.

32 1930 stammten 15 Prozent, 1932 sogar 21 Prozent der Stimmen für die NSDAP von Wählern, die in den vorherigen Wahlen die Parteien der sozialistischen Arbeiterbewegung gewählt hatten, vgl. ebd., 158–162. Rund zehn Prozent aller NSDAP-Wähler von 1930 hatten 1928 noch die SPD gewählt – 1932 erhöhte sich dieser Anteil sogar auf 16 Prozent. Der Anteil von NSDAP-Wählern, die zuvor die KPD gewählt hatten, betrug bei beiden Wahlen jeweils fünf Prozent.

33 Vgl. ebd., 266–267.

34 Vgl. Stuart Hall, Kodieren/Dekodieren [1973], in: Ausgewählte Schriften, 5 Bände, Bd. 4: Ideologie, Identität, Repräsentation, hg. von Juha Koivisto und Andreas Mertens, Hamburg 2021, 66–80, hier: 71.

35 Ebd., 78–80.

Die Strategie der Nationalsozialisten bei der Herausgabe ihrer Druckerzeugnisse lässt sich auf dem gesamten Spektrum dieser drei Positionen darstellen. Politisch wurden der Arbeiterschaft oppositionelle Kodierungen angeboten, die einen Prozess der Aushandlung nach sich ziehen und schließlich in einer alternativen dominant-hegemonialen Kodierung/Dekodierung gipfeln sollten. Wenn diese kommunikativen Vorgänge aus Sicht der NSDAP erfolgreich verliefen, dann würde der Arbeiterschaft das Angebot der NSDAP sinnvoller erscheinen als das ihrer politischen Konkurrenz.

Die der Umkodierung zugrundeliegenden Mechanismen können als Bestandteil der Propaganda der NSDAP aufgefasst werden. Generell lässt sich Propaganda verstehen als „medienvermittelte Formierung handlungsrelevanter Meinungen und Einstellungen politischer oder sozialer Großgruppen durch symbolische Kommunikation und als Herstellung von Öffentlichkeit zugunsten bestimmter Interessen".[36] Zentral ist hierbei die Herstellung von Öffentlichkeit, die der einleitend erwähnten Mobilisierung von Gegenöffentlichkeiten als grundsätzlicher Zielstellung von Druckerzeugnissen ähnelt. Die Arbeiterklasse war selbst in vielfacher Hinsicht aus der dominanten bürgerlichen Öffentlichkeit ausgeschlossen. Historisch hatte die Arbeiterbewegung ihrerseits ebenfalls versucht, das Proletariat als Gegenöffentlichkeit zur bürgerlichen Öffentlichkeit zu versammeln. Nun war es die NSDAP, die mit der für Druckerzeugnissen typischen ideologischen Einseitigkeit und klaren Kennzeichnung des politischen Gegners daran ging, eine proletarische Gegenöffentlichkeit an sich zu binden. Die NSDAP folgte dabei, wie deutlich werden wird, einer propagandistischen Selbsterhöhung bei gleichzeitiger Denunziation des Gegners, indem sie versuchte, „[i]hre Botschaften und Handlungsaufforderungen [...] zu naturalisieren und mit vorhandenen Frames zu verknüpfen, damit diese als selbstverständliche und nahe liegende Schlussfolgerungen erscheinen."[37]

Die Propaganda der hier im Mittelpunkt stehenden Druckerzeugnisse kann entlang dieser Referenzpunkte beschrieben werden. In der NSDAP vorherrschende Propagandakonzeptionen unterschieden sich dabei; Hitler, Goebbels und der Flügel um die Gebrüder Strasser verfochten unterschiedlich akzentuierte Positionen. Einig waren sie sich indes in einer Sache: In der Propaganda ging es zuerst um die „Rückeroberung der proletarischen Massen und damit vorrangig um den Kampf gegen den ‚Marxismus'".[38] In den folgenden Abschnitten werden die Strategien

---

36 Thymian Bussemer, Propaganda. Theoretisches Konzept und geschichtliche Bedeutung, Version 1.0. URL: http://docupedia.de/zg/bussemer_propaganda_v1_de_2013. Docupedia Zeitgeschichte. 02.08. 2013 (Letzter Zugriff: 27.3.2023).

37 Ebd.

38 Gerhard Paul, Aufstand der Bilder. Die NS-Propaganda vor 1933, Bonn 1990, 53.

dieser Umkodierung anhand dreier Sinnzusammenhänge dargestellt, um die zielgerichtete propagandistische Strategie der NSDAP zu verdeutlichen.

## 2.1 Entlarvung – „Arbeiterverrat"

Naheliegende Schlussfolgerungen anzudeuten und so den Bereich des politisch Möglichen sukzessive zu ihren Gunsten zu verschieben – das beschreibt die Strategie, die die NSDAP mit ihren Druckerzeugnissen verfolgte. In dieser Propaganda kam den Druckerzeugnissen eine entscheidende Rolle zu. Gerade für die Arbeiterschaft, die nach langen Arbeitstagen oder geplagt von den Nöten der Arbeitslosigkeit zur Lektüre griff, waren eine gewisse Wiedererkennbarkeit und Vorhersehbarkeit in den Schriften zentral. Eingängige Gestaltung der Texte erleichterte das Lesen, da Leser das Narrativ nicht so leicht aus den Augen verloren.[39]

Tatsächlich waren die *Kampfschriften* immer sehr ähnlich aufgebaut – man wusste, was man bekam. Argumentativ gab das Motiv des „Arbeiterverrats", das sich im Titel der ersten *Kampfschrift* andeutete, eine bestimmte Dramaturgie vor, die in den Druckerzeugnissen als Form bestmöglich ausgedrückt werden konnte. Einer ideologiekritischen Diskursanalyse ähnelnd, wurde der vermeintliche Nachweis erbracht, dass SPD und KPD ihre eigenen Ideale verrieten. Die Schriften stützten sich dabei auf selektive Aussagen, Parteiprogramme oder das Agieren der sozialistischen Arbeiterparteien in den Vorjahren und dekonstruierten diese, um die NSDAP als bessere politische Option darzustellen. Am Ende der *Kampfschrift Vom Proletariat zum Volk* steigt so – in den Worten Goebbels' – „wie ein Phönix aus der Asche [...] aus den Resten der versinkenden parlamentarisch-bürgerlich-marxistischen Partei [SPD, D.B.] die Synthese des Nationalsozialismus"[40] auf. Diese Formulierung gab Goebbels als Kenner der Arbeiterkultur zu erkennen. Erich Weinerts Gedicht *Der heimliche Aufmarsch* (1927) war gerade 1931 von Ernst Busch eingesungen und popularisiert worden. Es gipfelte in der Formulierung: „Dann steigt aus den Trümmern der alten Gesellschaft die sozialistische Weltrepublik!"[41]

---

39 Am Beispiel der US-amerikanischen Arbeiterliteratur des 19. und 20. Jahrhunderts hat diese Zusammenhänge beschrieben: Jan Goggans, Was Arbeiter lasen. Formen, Inhalte und Gebrauchsweisen der US-amerikanischen Arbeiterliteratur, 1830–1930, in: Arbeit – Bewegung – Geschichte 19 (2020), H. 2, 73–92, hier: 79–80.

40 Goebbels, Vom Proletariat zum Volk, 14.

41 Der Text ist abrufbar unter: Erich Weinert, Der Heimliche Aufmarsch [1927], (Musik: Hanns Eisler), URL: https://erinnerungsort.de/lied/heimliche-aufmarsch-der-arbeiter-bauern-nehmt-die-gewehre/. Weblog 2018 (Letzter Zugriff: 27.3.2023). Die von Ernst Busch interpretierte Fassung des

Mit ihren Druckerzeugnissen agitierte die NSDAP gegen SPD und KPD, um gleichermaßen sozialdemokratische wie kommunistische Arbeiter für sich zu gewinnen. Ein Zufall war es sicher nicht, dass sich die erste Ausgabe der *Kampfschrift* 1931 gegen die Sozialdemokratie und die zweite gegen den Kommunismus richtete. Vor allem die SPD, die in den zurückliegenden Jahren sechs Mal den Reichskanzler gestellt hatte, wurde regelrecht vorgeführt. Rhetorisch fragte Heinz Franke in *Arbeiterverrat*: „Wo ist der Sozialismus geblieben?“[42] Die Strategie gegenüber den Kommunisten war ganz ähnlich, nur dass hier primär die Politik in der Sowjetunion im Fokus stand. Stalin wurde bezichtigt, „kapitalistische Machtpläne“ umzusetzen, die einen „Verrat am Sozialismus“ bedeuteten.[43] Eine Strategie, mit der die NSDAP versuchte, diesen vermeintlichen Verrat glaubwürdig erscheinen zu lassen, zielte auf die Erfahrungen der Arbeiterschaft mit den Parteifunktionären, den sprichwörtlichen ‚Bonzen‘, und dem Marxismus als Theorie der Arbeiterbewegung.

## 2.2 „Bonzokratie“ und Marxismus – entfremdete Parteiführungen, tugendhafte Basis

Das Motiv des Bonzen war in der Arbeiterbewegung seit jeher weit verbreitet und bestens bekannt – jeder Arbeiter konnte etwas mit dieser Sozialfigur verbinden.[44] In den Darstellungen der NSDAP war die Figur aber nicht darauf ausgelegt, die Korrumpierbarkeit einzelner Funktionäre, sondern die vermeintliche Korruption der Arbeiterparteien insgesamt vorzuführen. In dieser Weise benutzt, stellte sie ein wiederkehrendes Motiv in NSDAP-Flugblättern, die Politiker als korrupte Kapitalisten auf Banketten – oft zusätzlich mit antisemitischen Anklängen – abbildeten.[45]

1931 setzte die NSDAP das Motiv auf breiter Front ein, um zielgerichtet auf die Arbeiterschaft zuzugehen. Deutlich wurde dies jenseits der propagandistischen Flugblätter und der *Kampfschriften* unter anderem auch in der neu gegründeten *Brennessel*. In seinen Ausgaben hatte das Satireblatt zu diesem Zeitpunkt bereits die

Gedichts ist abrufbar unter: Ernst Busch, Der heimliche Aufmarsch. URL: https://www.youtube.com/watch?v=HYJmGaBMQJ8. Weblog 2017 (Letzter Zugriff: 27.3.2023).

42 Franke, Arbeiterverrat, 8.

43 Franke, Der Schwindel des Bolschewismus, 9 und 7.

44 Vgl. Gerd Stein, Lumpenprolatarier – Bonze – Held der Arbeit. Verrat und Solidarität. Kulturfiguren und Sozialcharaktere des 19. und 20. Jahrhunderts, Frankfurt am Main 1985.

45 Vgl. exemplarisch: [Anonym], Deutscher Arbeiter, das sind deine „Führer“!!, o. O. 1928, in: Archiv IfZ 11/ZG 001.040-IV.1928; [Anonym], Arbeiterführer bei der Arbeit, o. O. 1930, in: Archiv IfZ 11/ZG 009-IV.1930.

Funktionäre der SPD und KPD immer wieder als Bonzen bezeichnet.[46] Angedeutet wurde dabei, dass die Arbeiterschaft längst wisse, dass die NSDAP die naheliegende Reaktion auf die Bonzen in den Arbeiterparteien darstelle. So insinuierte die *Brennessel* etwa, dass der Wahlerfolg der Faschisten bei der Bürgerschaftswahl im proletarischen Hamburg auf die Arbeiterschaft zurückzuführen sei. Illustriert wurde dies durch eine Skizze des Hafens und der Stadtsilhouette, die vom Parteisymbol der NSDAP, einem Hakenkreuz auf rotem Untergrund, hinterlegt war. Ein kantiger Arbeiter in Verbindung mit der Überschrift „Hamburg" versuchte zu vermitteln, dass das städtische Proletariat sich hinter der NSDAP versammelte.[47]

Neben den sogenannten Bonzen nahm die *Brennessel* auch den Marxismus aufs Korn. So wurde etwa ein vermeintlich mangelnder Respekt gegenüber Veteranen des Ersten Weltkriegs, von denen viele Arbeiter waren, als „echt marxistisch" ausgewiesen.[48] Die Kritik des Marxismus ermöglichte, Brücken zum Bürgertum zu schlagen, dem dieses Denken zumeist verhasst war.[49] Neben der Wiederbelebung der ‚Dolchstoßlegende', nach der die proletarische Revolution 1918 den Sieg im Ersten Weltkrieg verhindert habe, hatte der zynische Kommentar auf den Marxismus, wie auch das gezielte Spiel mit dem Sozialcharakter des Bonzen, die Funktion, Verrat und Korruption nachzuweisen. „Mit dem Marxismus marschiert die Korruption", titelte 1933 ein NSDAP-Flugblatt aus München.[50] Auch in den *Kampfschriften* wurde die Chiffre des Bonzen eingesetzt, um die Arbeiterschaft zu erreichen. Mit theoretischen Begründungsversuchen gaben sich die Autoren nicht ab. Die Darstellungen der Funktionärsschicht als Bonzen, die sich markant von der Parteibasis unterschieden und auf deren Kosten lebten, war ein zentraler Bestandteil des vermeintlichen „Arbeiterverrats". Die *Kampfschriften* ermöglichten dabei aufgrund ihres Umfangs auch eine zielgerichtete Personalisierung, die sich vollständig in die Entlarvungs- und Erweckungsnarrative verweben ließ, die die NSDAP der Arbeiterschaft präsentierte.

So fokussierte etwa die gesamte 13. Ausgabe der *Kampfschrift* aus dem Jahr 1932 unter dem Titel *Brolatariat* auf die „Bonzokratie" in der SPD. Der verballhornte Titel verdichtete die Diagnose in der Person des SPD-Politikers Fritz Brolat. Dieser war aus

46 Vgl. Rudolf Kuckert, Bonzenlied, in: Die Brennessel 1, H. 4, 4, April 1931.

47 Mjölnir [Hans Schweitzer], Hamburg, in: Die Brennessel 1, H. 18, 7. Oktober 1931, Titelblatt.

48 Vgl. Syn [Peter Squenz], Echt marxistisch, in: Die Brennessel 1, H. 7, Mai 1931.

49 Dies zeigt unter anderem ein Druckerzeugnis des NSDAP-Politikers und späteren Ministerpräsidenten des Freistaats Braunschweig, Dietrich Klagges, das den *Kampfschriften* glich, aber außerhalb dieser Reihe erschien. Dietrich Klagges, Kampf dem Marxismus, Schriftenreihe der Reichspropaganda-Abteilung [der NSDAP, D.B.], H. 2, München 1931, 2, in: Archiv IfZ, Sig.: 11/Db 022.024–2/4.

50 Heinrich Himmler (verantwortlich), Mit dem Marxismus marschiert die Korruption, München 1933 (Flugblatt), in: Archiv IfZ, Sig.: 11/ZGB 001.010-V 1933a.

einfachen proletarischen Verhältnissen zum Direktor der Berliner Verkehrsgesellschaft (BVG) aufgestiegen, und hatte sich tief in den Berliner Sklarek-Skandal verstrickt.[51] „Natürlich Ostjude" lautete das Urteil des Autoren der *Kampfschrift*, das Herkunft und Glauben der in den Sklarek-Skandal verstrickten Unternehmer und Brüder Max, Leo und Willi Sklarek ausschlachtete.[52] Hiermit wurde das aus anderen *Kampfschriften* vertraute Bild popularisiert, nachdem der „deutsche Arbeiter" an der SPD-Basis kaum Einfluss auf die Partei nehmen könne, weil die Partei von einem „aus degenerierten Bürgersöhnen und jüdischen Intellektuellen bestehende[n] Literatenklüngel"[53] geleitet werde. Die Markierung der „Parteibonzen" erfolgte eben nicht nur als Juden und Bürger, sondern bewusst auch als Literaten, die sich als Intellektuelle von den „Schaffenden" unterschieden. Mit derartigen Narrativen bezichtigte die NSDAP die Arbeiterparteien des Verrats der Ideale der Arbeiterschaft. Um aufzeigen zu können, dass der Kommunismus seine Ziele längst aufgegeben habe, wurde so auch ohne Scheu Lenin gegen Stalin und den KPD-Vorsitzenden Ernst Thälmann in Anschlag gebracht. Unter Bezug auf eine Rede Stalins hielt er schon einleitend fest, dass Lenin einst all das gefordert habe, „was heute der Großkapitalist Stalin abschafft".[54] Thälmanns klassenkämpferische Rhetorik kontrastierten Berichte über die Zustände in sowjetischen Arbeitslagern. Angedeutet wurde, dass auch das von ihm als Ziel entworfene Sowjetdeutschland in „bolschewistischen Arbeitslagern" enden werde.[55] Kurz: Der Kommunismus habe in Sowjetrussland „vollständig versagt" und die Arbeiterführer seien durch Stalin „als *erbärmliche Lügner* entlarvt worden".[56]

## 2.3 Stil und Rhetorik – Emotion und Umkodierung

Bemerkenswert und für die angestrebte Durchsetzung der eigenen Motive zentral waren der literarische Stil und die Rhetorik der *Kampfschriften* sowie vieler in diesen Jahren verteilten Flugblätter. Die abgedruckten Texte suggerierten, die Arbeiter ernst zu nehmen, und inszenierten eine Strategie der Verbrüderung, indem die Texte bewusst an den Erfahrungshaushalt der Leser appellierten. Besonders deutlich wurde

---

51 Der Skandal war eine der schwersten Korruptionsaffären der Weimarer Republik, die alle Parteien außer der NSDAP betraf, vgl. Björn Weigel, Sklarek-Skandal (1929), in: Handbuch des Antisemitismus. Judenfeindschaft in Geschichte und Gegenwart, 8 Bände, Bd. 4: Ereignisse, Dekrete, Kontroversen, hg. von Wolfgang Benz, Berlin und Boston 2011, 381–383.

52 Vgl. Unger-Winkelried, Brolatariat, 23.

53 Franke, Arbeiterverrat, 1.

54 Franke, Schwindel des Bolschewismus, 15–21, hier: 15.

55 Ebd., 20.

56 Ebd., 21 (Hervorhebung im Original).

diese Strategie in der Ausgabe *Brolatariat.* Vorgeblich zum 60. Jahrestag des *Kommunistischen Manifests* verfasst, konstruierte sie ein Narrativ, das ganz auf eine emotionale Verbindung mit der Leserschaft setzte. Der Autor, Emil Unger-Winkelried, der sich hier als sozialdemokratischer Renegat zu erkennen gab, schuf bereits auf der ersten Textseite einen emotional aufgeladenen Bezugsrahmen zur Agitation der Arbeiterschaft. Dieser begann mit der direkten Anrede „Deutsche Arbeiter, herhören!", die keinen Zweifel ließ, an wen sich die Schrift richtete. Der Autor warb um das Vertrauen von Sozialisten und Kommunisten: „Lege dein Mißtrauen ab: Ich bin Arbeiter wie du!". Dieser Verweis auf die gemeinsame Herkunft aus der Arbeiterklasse sollte Vertrauen herstellen, um an das Wertegerüst der proletarischen Leserschaft andocken zu können. So machte den Sozialismus letztlich die innere Überzeugung aus, die den Autor mit den Lesern verband:

> Ich bin Sozialist, weil ich sozial bin. [...] Wir verstehen uns demnach. Du siehst, wir brauchen uns mit gelehrten Flohknackereien nicht die Zeit zu stehlen. Wir sind Arbeiter und darum bedarf es unter uns keiner weitschweifigen Erklärung.[57]

Im Auslassen dieser Erklärung und dem Verweis auf die „gelehrten Flohknackereien" lag erneut ein antiintellektueller Seitenhieb auf den Marxismus und die – häufig jüdischen – Denker, die attackiert und als Beweis für Korruption und ‚Arbeiterverrat' angeführt wurden.[58]

Diese emotionale und direkte Anrede fand auch anderswo strategische Verwendung. Ein im proletarischen Berliner Bezirk Neukölln erscheinendes Flugblatt, das vom in der Gaupropagandaleitung der NSDAP aktiven Ernst Braeckow herausgegeben wurde, sprach den „Sozialdemokrat[en]" als „liebe[n] Freund" an.[59] Auch wenn aufgrund der selektiv überlieferten Quellenbestände keine definitiven Aussagen möglich sind, scheinen ab 1932 insbesondere Sozialdemokraten an verschiedenen Orten Propagandaziel dieser Druckerzeugnisse geworden zu sein. „Sozialdemokraten! Arbeiter! Ihr werdet betrogen!"[60] (Abb. 2 und 3), „Die SPD., die Meisterin der Lüge"[61], „Wähler der SPD."[62] – dies waren sprechende Titel, die zei-

57 Alle Zitate in diesem Absatz aus Unger-Winkelried, Brolatariat, 3.

58 Ebd.

59 Ernst Braeckow (verantwortlich), Sozialdemokrat!, Berlin 1932, in: Archiv IfZ, Sig. 11/ZGb 001.025-II.1930/32.

60 Adolf Wagner (verantwortlich), Sozialdemokraten! Arbeiter! Ihr werdet betrogen!, München 1932, in: Archiv IfZ Sig. 11/ZGb 001.009-II.1930/32.

61 Johannes Engel (verantwortlich), Die SPD., die Meisterin der Lüge, Berlin 1932, Archiv IfZ Sig. 11/ZGb 001.030-III.1932a.

62 Hans Müller (verantwortlich), Wähler der SPD., München/Leipzig 1932, in: Archiv IfZ Sig. 11/ZGb 001.050-IV.1932.

gen, dass SPD-Wähler und -Anhänger von den Standpunkten der NSDAP überzeugt werden sollten. Immer wieder wurde dabei in Druckerzeugnissen in hoher Auflage dem „Bonzentum" der Kampf erklärt.[63] 1931 fand sich das oben mit der Schrift *Brolatariat* illustrierte Motiv des abtrünnigen Sozialdemokraten – der, als Kritiker der NSDAP gestartet, von ihrem Programm überzeugt worden war – auch in einem Flugblatt aus Stettin. Symbolträchtig schließt es mit der Aufforderung: „Her zu uns Alle, die es ehrlich meinen, die von Links und die von Rechts, und im Zeichen des Hakenkreuzes *in dem weißen Feld auf rotem Grund* wird der Sieg unser sein!"[64] Die NSDAP setzte sich durch diese Verwischung unterschiedlicher Herkünfte und politischer Gesinnungen als ‚Volkspartei des Protests' in Szene. Dass sie dabei die rote Farbe – ein fester Traditionsbestandteil der Arbeiterbewegung – betonte, deutet abermals an, wen sie für sich gewinnen wollte.

Dass die Nationalsozialisten solche emotionalisierten Erzählungen weit besser beherrschten als die traditionellen Arbeiterparteien, hatte unter anderem der kommunistische Psychoanalytiker Wilhelm Reich am Beispiel ‚linker' Nationalsozialisten wie Otto Strasser herausgestellt. Letzterer hatte selbst geäußert, dass der Grundfehler der Marxisten darin gelegen habe, dass sie durch ihren materialistischen Fokus auf die Praxis die „Seele und den Geist" leugneten oder gar „verlachten".[65] Durch „die Erörterung der objektiven sozialökonomischen Krisenprozesse" erreichte die politische Massenpropaganda der Marxisten laut Reich deshalb nur die „Minderheit der bereits in der linken Front Eingereihten".[66]

Klare, emotional aufgeladene Erzählungen waren ein bedeutender Teil der Rezeptur, mit der die Nationalsozialisten Arbeiter an sich binden konnten und hierdurch letztlich die Integrität der Institutionen der Arbeiterbewegung untergruben. In ihren Druckerzeugnissen wurden die Arbeiter nicht nur ernst genommen, sie wurden überhöht. Den Nationalsozialisten ging es nicht darum, die Arbeiter vorzuführen, sondern die sie repräsentierenden Parteien zu ‚enttarnen'. „Ihr seid erkannt!" hieß es plakativ gegen die SPD-Führung gerichtet.[67] *„Wir* Arbeiter sind erwacht" lautet der Titel eines Bildes, das im Wahlkampf zur Reichstagswahl

63 Paul Arendt (Hg.), Kampf dem Bonzentum, Sulzbach Oberpfalz 1931. Die Auflage des Druckerzeugnisses wurde mit 130.000–180.000 angegeben. Diese Angaben ergeben sich aus einem gleichnamigen Werbeflugblatt für die Schrift in: Archiv IfZ Sig. 11/ZGb 042-IV.1931.

64 Walter Drews, Warum ich mich als früher eifriger Sozialdemokrat zum Nationalsozialismus bekannte?, Stettin 1931 (Januar), in: Archiv IfZ Sig. 11/ZGb 001.060-II.1930/32 [Hervorhebung D.B.].

65 Wilhelm Reich, Massenpsychologie des Faschismus, Kopenhagen u. a. 1933, 15.

66 Ebd.

67 Franke, Arbeiterverrat, 24.

Sozialdemokraten! Arbeiter!

Ihr werdet betrogen!

Ihr glaubt es nicht? Erinnert Euch! Hier die Beweise:

I. Im Jahre 1918 versprach Euch der Rat der Volksbeauftragten:

1. Der Kapitalismus wird abgeschafft.
2. Jeder Werktätige erhält gerechte Entlohnung.
3. Die Republik garantiert jedem Arbeit und Brot.
4. Die Lebensmittelpreise werden herabgesetzt.
5. Die ungerechten Steuern werden beseitigt.
6. Schieber und Wucherer werden ihrer gerechten Strafe zugeführt.
7. In der Republik ist kein Platz für Korruption.
8. Unser Volk wird in Freiheit, Schönheit und Würde leben.

Ist es so geworden? — Nein! Es war Lüge!

II. Im Jahre 1924 jubelte der sozialdemokratische „Vorwärts":

Der Dawesplan muß im Interesse der Arbeiter angenommen werden. Die Dollarsonne wird über Deutschland aufgehen.

Ist es so geworden? — Nein! Es war Lüge!

III. Im Jahre 1929 erklärte am 9. Oktober 29 der soz.-dem. Minister Severing im Rundfunk:

„Würde nach dem Volksbegehren der Nationalsozialisten verfahren werden, so stürzte sich das deutsche Volk in… neue Inflation." Severing empfahl Annahme des Youngplanes.

Ein anderer System-Minister erklärte am 22. Oktober 1929 im Rundfunk:

„Während der ersten zehn Jahre wird der Youngplan eine Ersparung von rund 6 Milliarden ergeben, eine für die deutschen Finanzen und die deutsche Wirtschaft sehr bedeutsame Summe.… Jedenfalls wird für eine große Reihe der nächsten Jahre der Youngplan eine starke Erleichterung bringen."

Ist es so geworden? — Nein! Es war Lüge!

Der von Hindenburg unterschriebene und von den Ministern so empfohlene Youngplan hat gerade Euch in Not und Elend gestürzt. Ihr müßt hungern! Teilen Euere „Führer" die Not mit Euch? Nein, ihnen haben Youngplan und Notverordnungen nichts geschadet, im Gegenteil: sie haben sich durch Annahme aller Diktate in den Sesseln gehalten.
Damit es ihnen gut geht, deshalb mußtet Ihr Youngplan und Notverordnungen geduldig ertragen!

IV. Im Jahre 1930 schrieb die sozialdemokratische „Münchner Post":

in Nr. 205 vom 7. September: Man kann dem deutschen Volk nur wünschen, daß es wieder zu einer Regierung kommt, „die innen- und außenpolitisch mit mehr Weitblick an die Probleme herangeht, als die Regierung Brüning".

in Nr. 206 vom 10. September: Die Wähler haben das Wort. „Ihre Aufgabe ist es, den Bürgerblock genau so hinwegzufegen, wie am 28. Mai 1928, indem sie den Sozialdemokraten zu einem noch größeren Sieg verhelfen!"

in Nr. 209 vom 11. September: Die Finanzpolitik der Jahre 1924 bis 1928 war „traurig und beschämend". „Die Regierung Brüning hat die Politik fortgesetzt. Schluß damit!"

in Nr. 210 vom 12. September: Die Maßnahmen der Regierung Brüning „sind zu einem erheblichen Teil schwerste Schädigungen der schwächsten Kreise des Volkes. Sie sind hart und rücksichtslos."

Zur selben Zeit rief der sozialdemokratische Parteivorstand in einem Wahlflugblatt zur Reichstagswahl aus:

„Von einem Notopfer redet die Regierung (Brüning)! Die Reichen werden geschont, die Armen belastet, das ist die Taktik der Bürgerblock-Regierung Brüning. Ist das Recht? — Niemals!

und in einem zweiten Flugblatt:

„Helft uns den Bürgerblock zertrümmern!… Die Parteien des Bürgerblocks wollen die Sozialversicherung noch weiter verschlechtern, Löhne und Gehälter abbauen und die Arbeitszeit verlängern… Die Sozialdemokratie allein kämpft gegen die unsozialen Maßnahmen des Bürgerblocks."

Was haben aber die sozialdemokratische Reichstags-Fraktion und der sozialdemokratische Parteivorstand nach dem 14. September 1930 getan?

Sie haben am 18. Oktober 1930 durch Ablehnung der von den Nationalsozialisten gegen die Regierung Brüning gestellten Mißtrauensanträge

die Regierung Brüning unterstützt.

Was haben diese sogenannten Arbeiterführer weiter getan?

Sie haben jede Notverordnung der Regierung Brüning geschluckt, nur um in ihren Bonzensesseln zu bleiben.

Und was tun sie heute?

Sie rufen zur Wiederwahl Hindenburgs auf!

Arbeiter! Ihr wurdet 13 Jahre betrogen und sollt nun wieder betrogen werden.

Ausgerechnet Herrn von Hindenburg, gegen den vor sieben Jahren die rote Presse Sturm gelaufen hat.
Ausgerechnet Herrn von Hindenburg, der die Notverordnungen unterschrieben hat.
Ausgerechnet Herrn von Hindenburg, der seine schützende Hand über die Regierung Brüning hält
Ausgerechnet Herrn von Hindenburg sollt Ihr zum Reichspräsidenten wählen!

Nein! Schluss jetzt!

Der ehrliche Arbeiter hat dieses traurige Spiel satt. Er läßt sich nicht weiter mißbrauchen, nur damit es einigen um ihre Posten besorgten Parteifunktionären gut geht,

der Arbeiter wählt den Mann, der ihm seit 13 Jahren die Wahrheit gesagt hat, auch wenn er dafür von der bürgerlichen und roten Presse beschimpft und verleumdet wurde,

der Arbeiter wählt den Mann, der aus seinen eigenen Reihen kommt, der aus eigener Erfahrung die Not des schaffenden Menschen kennt,

der Arbeiter wählt den Arbeiter

ADOLF HITLER

zum Präsidenten des Deutschen Reiches.

**Abb. 2 und 3:** Flugblatt der NSDAP München 1932, Adolf Wagner (verantwortlich), „Sozialdemokraten! Arbeiter! Ihr werdet betrogen!"

im Juli 1932 von der Berliner NSDAP als Flugblatt verteilt wurde.[68] Vor dem Hintergrund einer durch ein aufziehendes Hakenkreuz beschienenen Industrieanlage ist darauf ein übergroßer Arbeiter abgebildet. Entschlossen und mit aufgekrempelten Ärmeln sieht er auf einen mit einem Messer bewaffneten Kommunisten und einen SPD-Politiker – möglicherweise den Parteivorsitzenden Otto Wels – herab, hinter dem ein elegant gekleideter ‚Einflüsterer' steht. Beide Politiker halten dem Arbeiter die aus den Druckerzeugnissen bekannten Losungen entgegen. Kontextlose Parolen wie „Sowjetrußland", „China den Chinesen" und „Gegen den Faschismus" wirken dem übergroßen Arbeiter gegenüber hilflos. Interessanterweise klagt der SPD-Vertreter nicht nur die „Hitlerbarone" an, sondern er verweist mit seinem Finger auf den Satz „Die Bonzen im Speck, das Volk im Dreck." Somit werden auch hier die Motive gegen die Arbeiterparteien aus den Druckerzeugnissen betont. Das Größenverhältnis und das körperliche Zurückweichen der sich ereifernden Kom-

68 Karoly Kampmann (Hg.), Wir Arbeiter sind erwacht, Berlin 1932, in: Archiv IfZ Sig. 11/ZGb 001.028-IV.1932. Hierzu: Falter, Hitlers Wähler, 270. Das Plakat ist in der digitalen Sammlung des Deutschen Historischen Museums online einsehbar, vgl. Plakat der NSDAP zur Reichstagswahl am 31. Juli 1932, Berlin 1932, Deutsches Historisches Museum, Berlin, Inv.-Nr.: 1988/1281.2. URL: https://www.dhm.de/lemo/bestand/objekt/wahlplakat-der-nsdap-1932.html (Letzter Zugriff: 27.3.2023).

munisten und Sozialdemokraten signalisiert dabei, dass der nun ganz offenkundig nationalsozialistisch gewordene riesenhafte Arbeiter nicht aufzuhalten sein würde. Zusätzlich unterstreicht diesen Eindruck der hinter seinen Beinen platzierte Reichskanzler Heinrich Brüning, der auf den Notverordnungsparagraphen §48 verweist, auf dessen Basis er regierte, und nun, um seine Macht fürchtend, eingeschüchtert nach oben blickt.

Diese nationalsozialistische Umkodierung des Arbeiters durch die Emotionalisierung eines vermeintlichen Verrats an einer tugendhaften Arbeiterschaft war der zentrale Fluchtpunkt der NS-Propaganda. Den Arbeitern sollte signalisiert werden, dass sie ihr sozialistisches Ziel vermeintlich *doch noch* erreichen könnten. Joseph Goebbels hatte am Ende seiner Rede im Berliner Sportpalast mit anschaulichen Sprachbildern genau diese Perspektive beschrieben. In Kurzform, in zwei fett hervorgehobenen Textblöcken, führte er hier die Strategie der Umkodierung des Proletariats zum Volk vor, die eine Emanzipation unter neuen Vorzeichen in Aussicht stellte (Abb. 4).

> Wir sind nicht nationale Sozialisten oder sozialistische Nationale, sondern wir sind Nationalsozialisten, das heißt, bei uns ist Nationalismus und Sozialismus eins geworden, eins, das man nicht mehr trennen kann; wo das eine ohne das andere nicht mehr besteht. [...]
>
> Der Marxismus würdigte den Arbeiter zur Hefe, zum Proletariat herab. Der Marxismus nahm der Arbeit ihr moralisches Ethos. Der Marxismus sah im Schicksal des Arbeitertums nur einen Fluch und hatte nicht mehr die schöpferische Kraft, der Arbeit einen neuen Sinn zu geben. Diesen am Boden liegenden Menschen geben wir den Begriff des Volkstums.[69]

# 3 Fazit

Im Angesicht des Triumphs der Nationalsozialisten beklagte der marxistische Philosoph Ernst Bloch 1933 den „revolutionären Schein" der NSDAP und beschrieb verschiedene „Entwendungen" ursprünglich linker Symbole und Aktions- und Agitationsformen. Er thematisierte die Diebstähle der roten Fahne, der „Straße" als Agitationsort, des roten Fahnenmeers sowie der Aufmärsche der Arbeiter und griff den NS-Begriff „Arbeitertum" auf, der den „Grundwiderspruch zwischen Kapital und Arbeit [...] verschmiert."[70] Praktisch zeitgleich, kurz nach der Machtergreifung der NSDAP im März 1933, zeigte das Titelbild der von der NSBO herausgegebenen Zeitschrift *Arbeitertum*, dass auf der Berliner KPD-Parteizentrale eine Haken-

69 Goebbels, Vom Proletariat zum Volk, 21–22.

70 Ernst Bloch, Inventar des revolutionären Scheins [1933], in: Gesamtausgabe, 16 Bände, Bd. 4: Erbschaft dieser Zeit, Frankfurt am Main 1962, 70–75, hier: 70–72. Vgl. hierzu: Paul, Aufstand der Bilder, 38.

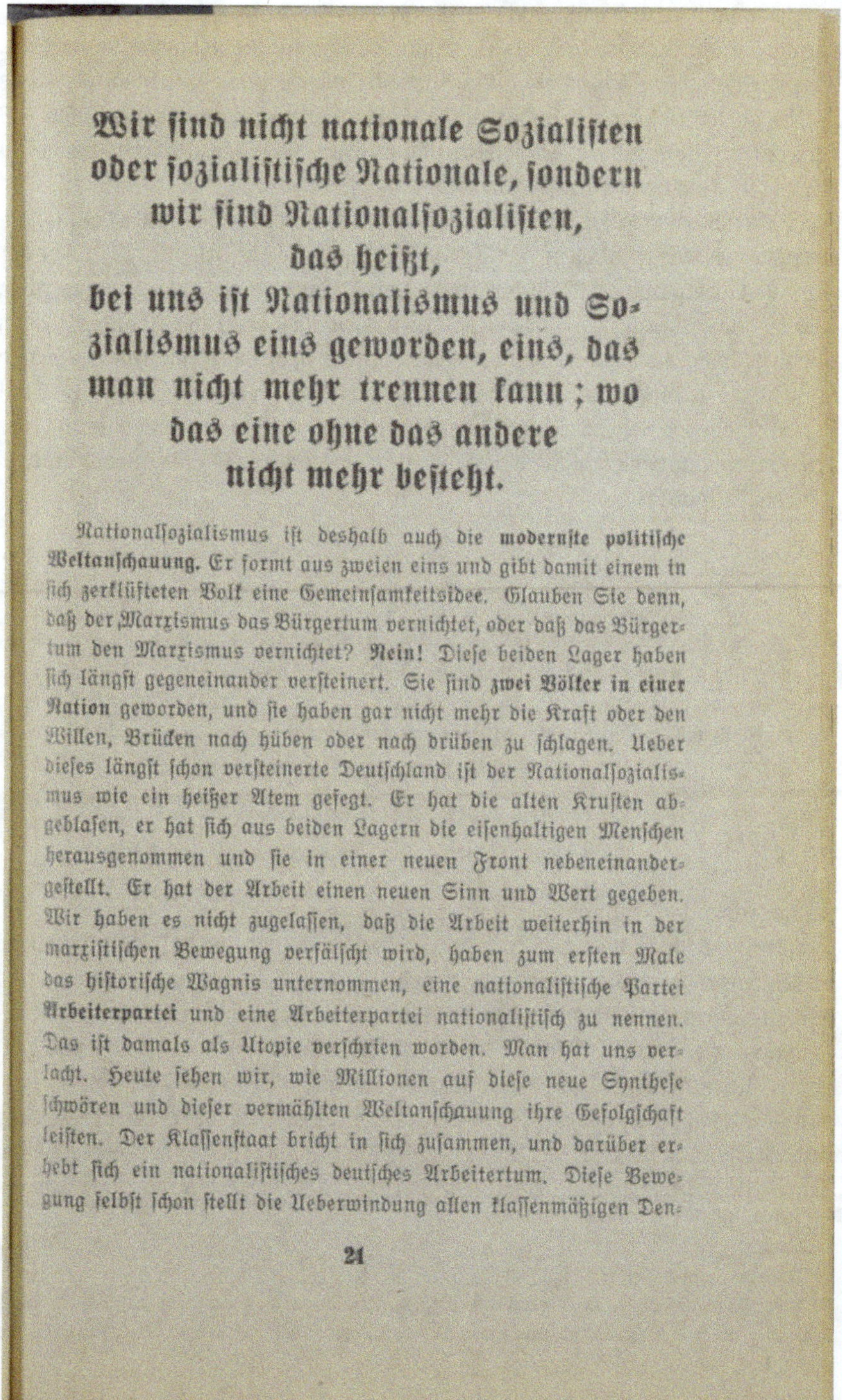

**Wir sind nicht nationale Sozialisten oder sozialistische Nationale, sondern wir sind Nationalsozialisten, das heißt, bei uns ist Nationalismus und Sozialismus eins geworden, eins, das man nicht mehr trennen kann; wo das eine ohne das andere nicht mehr besteht.**

Nationalsozialismus ist deshalb auch die **modernste politische Weltanschauung.** Er formt aus zweien eins und gibt damit einem in sich zerklüfteten Volk eine Gemeinsamkeitsidee. Glauben Sie denn, daß der Marxismus das Bürgertum vernichtet, oder daß das Bürgertum den Marxismus vernichtet? **Nein!** Diese beiden Lager haben sich längst gegeneinander versteinert. Sie sind **zwei Völker in einer Nation** geworden, und sie haben gar nicht mehr die Kraft oder den Willen, Brücken nach hüben oder nach drüben zu schlagen. Ueber dieses längst schon versteinerte Deutschland ist der Nationalsozialismus wie ein heißer Atem gefegt. Er hat die alten Krusten abgeblasen, er hat sich aus beiden Lagern die eisenhaltigen Menschen herausgenommen und sie in einer neuen Front nebeneinandergestellt. Er hat der Arbeit einen neuen Sinn und Wert gegeben. Wir haben es nicht zugelassen, daß die Arbeit weiterhin in der marxistischen Bewegung verfälscht wird, haben zum ersten Male das historische Wagnis unternommen, eine nationalistische Partei **Arbeiterpartei** und eine Arbeiterpartei nationalistisch zu nennen. Das ist damals als Utopie verschrien worden. Man hat uns verlacht. Heute sehen wir, wie Millionen auf diese neue Synthese schwören und dieser vermählten Weltanschauung ihre Gefolgschaft leisten. Der Klassenstaat bricht in sich zusammen, und darüber erhebt sich ein nationalistisches deutsches Arbeitertum. Diese Bewegung selbst schon stellt die Ueberwindung allen klassenmäßigen Den-

21

**Abb. 4:** Joseph Goebbels, *Vom Proletariat zum Volk* (Reihe *Kampfschrift*) 1932.

kreuzfahne wehte.[71] Zwei Wochen später erschienen in der Zeitschrift Bilder angeblicher ehemals kommunistischer Arbeiter, die nun den Arm zum Hitlergruß hoben.[72]

Deutlicher konnte die Niederlage der Arbeiterbewegung und der Arbeiterparteien nicht vorgeführt werden. Blochs Erschrecken über das Gelingen dieser Umkodierung ist verständlich. Gleichzeitig zeigt sein Entsetzen hierüber jedoch auch ein gewisses Eingeständnis, dass es die Linke nicht vermochte, sich dieser Strategie zu widersetzen – denn sie war bekannt. Hitler hatte bereits in *Mein Kampf* seine Absicht einer „Nationalisierung der Massen" skizziert und deutlich beschrieben, dass er das in einen „nationalen" und einen „radikal-marxistischen" Teil zerfallene Volk einen wolle.[73] Die „Nationalisierung der Massen" sollte ein Momentum generieren, das die „Masse unserer Arbeitnehmer" als „Reservoir" für die nationalsozialistische Bewegung erschloss.[74]

Der Kampf um Narrative, Bilder, Worte und Identitäten war für die NSDAP entscheidend, um während der Krisen der Weimarer Republik brüchig gewordene politische Bindungen gänzlich zu zerbrechen. Angesichts dessen wirken Blochs Feststellungen genau so hilflos wie der häufig wiederholte Hinweis, dass der Nationalsozialismus eine Mittelklassenbewegung gewesen sei oder dass der Faschismus an der Macht in parteioffizieller kommunistischer Definition „die offene, terroristische Diktatur der reaktionärsten, chauvinistischsten, am meisten imperialistischen Elemente des Finanzkapitals"[75] verkörpere. Denn derartige Feststellungen erklären nicht, wie es der NSDAP gelang, den Widerstand der Institutionen der Arbeiterbewegung entscheidend zu schwächen. Ein genauer Blick auf die Druckerzeugnisse hingegen hilft zu verstehen, mit welchen Strategien die Nationalsozialisten in proletarisch geprägten Gegenden ihre Ziele erreichten. Die NSDAP musste dabei keinesfalls die Hegemonie über die gesamte Arbeiterklasse erringen. Es reichte aus, *hinreichend* Rückhalt zu erlangen und die Arbeiterparteien *ausreichend* zu schwächen, um so verhindern zu können, dass diese an Stelle der NSDAP auf dem Höhepunkt der Krisen der Weimarer Republik an die Macht gelangten.

---

71 Vgl., [Anonym], „Hitler siegt!", in: Arbeitertum 3, 15. März 1933, 1.

72 Vgl., [Anonym], „Einst waren wir Kommunisten...", in: Arbeitertum 3, 1. Mai 1933, 19.

73 Adolf Hitler, Mein Kampf [1925]. Eine kritische Edition, 2 Bände, Bd. 1, hg. von Christian Hartmann, Thomas Vordermayer, Othmar Plöckinger und Roman Töppel, München und Berlin 2016, 865. Vgl. hierzu: George L. Mosse, Die Nationalisierung der Massen. Von den Befreiungskriegen bis zum Dritten Reich, Berlin 1976, 240–251.

74 Hitler, Mein Kampf, 885.

75 Georgi Dimitroff, Arbeiterklasse gegen Faschismus (Bericht auf dem VII. Weltkongreß der Kommunistischen Internationale, 2.8.1935), München 1972, Abschnitt I: Der Klassencharakter des Faschismus. URL: http://www.mlwerke.de/gd/gd_001.htm. Weblog 1999 (Letzter Zugriff: 20.11.2022).

Mit ihren Druckerzeugnissen bot die NSDAP hierfür passende propagandistische Waffen auf. Die ideologische Einseitigkeit, die rhetorische Vehemenz, die politischen Attacken auf den Gegner, dessen Verunglimpfung bei gleichzeitiger Überhöhung der NSDAP, das Beschwören eines Verrats und die rhetorisch geschickte Anbiederung an die Arbeiter – all dies zeichnet die Druckerzeugnisse im hier vorgestellten Sinne aus. Diese Dimensionen sind es, welche die Strategie der Propaganda, aber auch unterschiedliche Standpunkte einzelner Strömungen und deren Konflikte in der Bewegung besonders deutlich vor Augen führen. Die Analyse von Druckerzeugnissen bietet demnach eine Fülle an Anknüpfungspunkten für weitere Untersuchungen historischer, aber auch aktueller politischer Auseinandersetzungen.

In der Geschichtswissenschaft sind die Druckerzeugnisse und andere kleine Formate mit dem Stigma der ‚grauen Literatur' belegt. Sie sollten aus dieser geläufigen Containerkategorie befreit werden. Druckerzeugnisse müssen als literarische Formen ernst genommen werden, gerade weil sie zutiefst in politische Kämpfe verwoben sind und propagandistisch eingesetzt werden können. Sie sind Protestmedien par excellence, die sich seit Erfindung der Druckpresse kaum verändert haben. Konflikte aus ihnen heraus zu betrachten, birgt große analytische Potentiale zur Erfassung umstrittener politischer Gemengelagen, aber auch große Chancen zur Neuakzentuierung bekannter historischer Auseinandersetzungen. Dies praktisch am Beispiel des historisch fast schon ausanalysierten Aufstiegs der NSDAP zu zeigen, war das Ziel dieses Aufsatzes.

# Literaturverzeichnis

## Quellen

Arbeitertum, 1–3, 1931–1933.

Busch, Ernst, Der heimliche Aufmarsch. URL: https://www.youtube.com/watch?v=HYJmGaBMQJ8. Weblog 2017 (Letzter Zugriff: 27.3.2023).

Die Brennessel, 1–3, 1931–1933.

Flugblätter und Flugschriften der NSDAP, in: Archiv des Instituts für Zeitgeschichte München (IfZ), Sig. 11/ZGb 001: NSDAP 1920–1923, 1925–1945, hier auch: NSDAP/Reichsleitung.

Reihe Kampfschrift, 1931–1933 (Broschürenreihe der Reichspropaganda-Leitung der NSDAP), in: Archiv des Instituts für Zeitgeschichte München (IfZ), Sig. 11/Db 022: Reichspropagandaleiter der NSDAP, hier auch: Reichsring für Nationalsozialistische Propaganda und Volksaufklärung, Hauptkulturamt.

Weinert, Erich, Der Heimliche Aufmarsch [1927], Musik: Hanns Eisler. URL des Texts: https://erinnerungsort.de/lied/heimliche-aufmarsch-der-arbeiter-bauern-nehmt-die-gewehre/. Weblog 2018 (Letzter Zugriff: 27.3.2023).

## Forschung

Angenot, Marc, La parole pamphlétaire, in: Étude littéraires 11 (1978), H. 2, 255–264.
Asen, Robert, Seeking the 'Counter' in Counterpublics, in: Communication Theory 10 (2000), H. 4, 424–446.
Bellingradt, Daniel und Michael Schilling, Flugpublizistik, in: Handbuch Medien der Literatur, hg. von Natalie Binczek, Till Dembeck und Jörgen Schäfer, Berlin und Boston 2013, 273–289.
Bloch, Ernst, Inventar des revolutionären Scheins [1933], in: Gesamtausgabe, 16 Bände, Bd. 4: Erbschaft dieser Zeit, Frankfurt am Main 1962, 70–75.
Boltanski, Luc, Soziologie und Sozialkritik, Berlin 2010.
Broszat, Martin, Die Anfänge der Berliner NSDAP 1926/27, in: Vierteljahrshefte für Zeitgeschichte 8 (1960), H. 1, 85–118.
Bussemer, Thymian, Propaganda. Theoretisches Konzept und geschichtliche Bedeutung, Version 1.0. URL: http://docupedia.de/zg/bussemer_propaganda_v1_de_2013., Docupedia Zeitgeschichte. 02. 08. 2013 (Letzter Zugriff: 27. 3. 2023).
Dimitroff, Georgi, Arbeiterklasse gegen Faschismus (Bericht auf dem VII. Weltkongreß der Kommunistischen Internationale, 2. 8. 1935), München 1972, Abschnitt I: Der Klassencharakter des Faschismus. URL: http://www.mlwerke.de/gd/gd_001.htm. Weblog 1999 (Letzter Zugriff: 27. 3. 2023).
Evans, Richard J., Das Dritte Reich. 3 Bände, Bd. 1: Aufstieg, München 2005.
Falter, Jürgen W., Hitlers Wähler. Die Anhänger der NSDAP 1924–1933, überarb. Neuaufl. Frankfurt am Main und New York 2020.
Fraser, Nancy, Rethinking the Public Sphere, in: Social Text 25/26 (1990), H. 2/3, 56–80.
Goggans, Jan, Was Arbeiter lasen. Formen, Inhalte und Gebrauchsweisen der US-amerikanischen Arbeiterliteratur, 1830–1930, in: Arbeit – Bewegung – Geschichte 19 (2020), H. 2, 73–92.
Hall, Stuart, Kodieren/Dekodieren [1973], in: Ausgewählte Schriften, 5 Bände, Bd. 4: Ideologie, Identität, Repräsentation, hg. von Juha Koivisto und Andreas Mertens, Hamburg 2021, 66–80.
Hitler, Adolf, Mein Kampf [1925]. Eine kritische Edition, 2 Bände, Bd. 1, hg. von Christian Hartmann, Thomas Vordermayer, Othmar Plöckinger und Roman Töppel, München und Berlin 2016.
Kater, Michael H., Zur Soziographie der frühen NSDAP, in: Vierteljahreshefte für Zeitgeschichte 19 (1971), H. 2, 124–159.
Koch, Ursula E., Die Brennessel, in: Handbuch des Antisemitismus. Judenfeindschaft in Geschichte und Gegenwart, 8 Bände, Bd. 6: Publikationen, hg. von Wolfgang Benz, Berlin und Boston 2013, 81–82.
Kratzenberg, Volker, Arbeiter auf dem Weg zu Hitler. Die Nationalsozialistischen Betriebszellen-Organisationen, ihre Entstehung, ihre Programmatik, ihr Scheitern (1927–1934), Frankfurt am Main u. a. 1987.
Kühnl, Reinhard, Die nationalsozialistische Linke, 1925–1930, Meisenheim 1966.
Longerich, Gerd, Geschichte der SA, München 2003.
Monot, Pierre-Héli, Pamphlets, in: The Arts of Autonomy. Pamphleteering, Popular Philology, and the Public Sphere. URL: https://www.artsautonomy.net/research. Weblog 2021 (Letzter Zugriff: 27. 3. 2023).
Mosse, George L., Die Nationalisierung der Massen. Von den Befreiungskriegen bis zum Dritten Reich, Berlin 1976.
Neumann, Franz L., Behemoth. Struktur und Praxis des Nationalsozialismus, Neuausg., hg. von Alfons Söllner und Michael Wildt, Hamburg 2018.

Orwell, George, Introduction, in: British pamphleteers, 2 Bände, Bd. 1: From the Sixteenth Century to the French Revolution, hg. von dems. und Reginald Reynolds, London 1948, 7–16.
Pätzold, Kurt und Manfred Weißbecker, Geschichte der NSDAP, 1920–1945, 3. Aufl., Köln 2009.
Paul, Gerhard, Aufstand der Bilder. Die NS-Propaganda vor 1933, Bonn 1990.
Raymond, Joad, Pamphlets and pamphleteering in early modern Britain, Cambridge 2003.
Reich, Wilhelm, Massenpsychologie des Faschismus, Kopenhagen u. a. 1933.
Reichardt, Sven, Faschistische Kampfbünde. Gewalt und Gemeinschaft im italienischen Squadrismus und in der deutschen SA, 2. Aufl., Köln und Weimar 2009.
Schmitz-Berning, Cornelia, Vokabular des Nationalsozialismus, 2. Aufl., Berlin und New York 2007.
Schottenloher, Karl, Flugblatt und Zeitung. Ein Wegweiser durch das gedruckte Tagesschrifttum [1920], 2 Bände, Bd. 1: Von den Anfängen bis zum Jahre 1848, München 1985.
Siemens, Daniel, Sturmabteilung. Die Geschichte der SA, Bonn 2019.
Stein, Gerd, Lumpenprolatarier – Bonze – Held der Arbeit. Verrat und Solidarität. Kulturfiguren und Sozialcharaktere des 19. und 20. Jahrhunderts, Frankfurt 1985.
Thoburn, Nicholas, Anti-book on the Art and Politics of Radical Publishing, Minneapolis 2016.
Warner, Michael, Publics and Counterpublics, New York 2002.
Weigel, Björn, Sklarek-Skandal [1929], in: Handbuch des Antisemitismus. Judenfeindschaft in Geschichte und Gegenwart, 8 Bände, Bd. 4: Ereignisse, Dekrete, Kontroversen, hg. von Wolfgang Benz, Berlin und Boston 2011, 381–383.
Weigel, Björn, Barmat-Skandal [1925], in: Handbuch des Antisemitismus. Judenfeindschaft in Geschichte und Gegenwart, 8 Bände, Bd. 4: Ereignisse, Dekrete, Kontroversen, hg. von Wolfgang Benz, Berlin und Boston 2011, 37–39.
Weigel, Sigrid, Flugschriftenliteratur 1848 in Berlin. Geschichte und Öffentlichkeit einer volkstümlichen Gattung, Stuttgart 1979.
Whiteley, Gillian, „The Art of Pamphilos“. The Radical Art of Pamphleteering, in: Art, politics and the pamphleteer, hg. von ders. und Jane Tormey, London 2020, 5–28.

Jonathan Voges

# Die Welt im Kleinformat. *Q&A*, *Who is Who?* und andere Kleinformate im Dienst des Völkerbundes

Wie jedes Jahr seit Anfang der 1930er Jahre gab auch 1935 die Informationsabteilung des Völkerbundes – die Abteilung des Völkerbundsekretariats, die sich mit den Public Relations des Völkerbundes befasste – ein *Kleines Handbuch des Völkerbundes* heraus.[1] Das Buch erschien jährlich in jeweils revidierter Fassung in den unterschiedlichsten Sprachen (auf Englisch beispielsweise als *Essential Facts about the League of Nations*).[2] Mit jeder neuen Ausgabe wuchs der Umfang des Büchleins an; ‚klein' war in der 1935er-Ausgabe nunmehr nur noch relativ zu verstehen – sie hatte inzwischen schon über 350 Seiten, die Seitenanzahl der ersten Ausgabe betrug knapp über 100.[3] Der Band, 1933 in erster Auflage erschienen, enthält knappe Berichte über die Rolle des Völkerbundes in internationalen Konflikten, verweist auf Mitgliedschaften, Arbeiten der Kommissionen und Unterkommissionen und bemüht sich darum, diese Aktivitäten möglichst allgemeinverständlich und knapp der Öffentlichkeit zu präsentieren. Diese Ausführungen werden ergänzt um reichlich Kartenmaterial.[4]

Unter Zuhilfenahme dieses Materials, von Tabellen und Schaubildern, gibt das *Kleine Handbuch* einen Überblick über den Stand und die Bedeutung des Völkerbundes.[5] Warum aber galt ein derartiges Büchlein als wichtig – so wichtig, dass es kontinuierlich fortgeschrieben wurde? Welchen Quellenwert hat es für den Historiker und die Historikerin? Die konkreten Inhalte des Büchleins lassen sich auch aus anderen ausführlicheren Quellen extrahieren.[6] Das Büchlein selbst muss also von historischer Relevanz sein. In dieselbe Zeit fällt ein Wandel der Diplomatie mit und durch den Völkerbund, der auch dazu führte, dass breite Bevölkerungsschichten über Außenpolitik im Bilde sein sollten. Kleinformate – wie eben knappe Handbücher – sollten genau diese Informiertheit ermöglichen, ja garantieren. Im Vor-

---

1 Informationsabteilung des Völkerbundes (Hg.), Kleines Handbuch des Völkerbundes, Genf 1935.

2 Information Section (Hg.), Essential Facts about the League of Nations, Genf 1933.

3 Allerdings blieb es dann bei ungefähr 350 Seiten bis zur letzten Ausgabe von 1939, vgl. Information Section (Hg.), Essential Facts about the League of Nations, 10. Aufl., Genf 1939.

4 Auf Karten als politisch wirksames Kleinformat gehe ich in einem gesonderten Abschnitt ein.

5 Vgl. Informationsabteilung des Völkerbundes (Hg.), Kleines Handbuch, 5–38.

6 So zum Beispiel in den regelmäßig erscheinenden Jahrbüchern des Völkerbundes, vgl. z. B. Charles H. Levermore, Third Year Book of the League of Nations. For the Year 1922, New York 1923.

https://doi.org/10.1515/9783111003009-004

wort weist die Informationsabteilung des Völkerbundes jedoch auf einige Einschränkungen hin: „Diese Veröffentlichung, die von der Informationsabteilung des Völkerbundsekretariats herausgegeben wird, darf nicht als ein offizielles Dokument angesehen werden, für das der Völkerbund Verantwortung trägt."[7] Ein völkerrechtlich bindendes Vertragswerk war es schon einmal nicht – das hieße in der Sprache der Zeit „offizielles Dokument" –, ebenso wenig eine wissenschaftliche Analyse der internationalen Politik der Zwischenkriegszeit mit Fokus auf den Völkerbund.[8] Die Mitarbeiterinnen und Mitarbeiter des Völkerbundes wussten durchaus um die Komplexität der Disziplin, die sich später „International Relations" nennen sollte,[9] die durch Organe und Personen aus dem näheren und weiteren Umfeld des Völkerbundes, wie etwa die International Studies Conference,[10] mitbegründet wurde. Das *Kleine Handbuch* ist folglich weder juristisch abgesicherte Normsetzung, noch wissenschaftliche Abhandlung, sondern eine Schrift, die in die breite Öffentlichkeit wirken und informieren sollte und dafür Vereinfachungen unter dem Schlagwort von *essential facts* vornahm. Auf welche Krise der internationalen Politik der Zwischenkriegszeit versuchten die Völkerbundfreunde mit den Kleinformaten zu reagieren? Welche Strategien lagen diesen Bemühungen zugrunde und wie sollten sie wirken?

## 1 Die Waffe der Öffentlichkeit

Grundlage für meine folgenden Überlegungen ist die Tatsache, dass der Völkerbund selbst über keine realpolitische Macht verfügte; diese basale Erkenntnis wird in der Völkerbundforschung noch häufig übergangen bzw. pauschal als eines seiner Probleme benannt, die unweigerlich zu seinem Scheitern führen mussten.[11] Gegen Aggressoren konnten die Mitgliedsstaaten zwar wirtschaftliche Sanktionen verhängen[12] – doch dies nur einstimmig, sodass diesem vermeintlich scharfen Schwert

7 Informationsabteilung des Völkerbundes (Hg.), Kleines Handbuch, 5.

8 Vgl. dazu zeitgenössisch C.K. Webster und Sydney Herbert, The League of Nations in Theory and Practice, London 1933; William E. Rappard, The Geneva Experiment, Oxford 1931.

9 Vgl. David Long, Who Killed the International Studies Conference?, in: Review of International Studies 32 (2006), H. 4, 603–622.

10 Vgl. Michael Riemens, International Academic Cooperation on International Relations in the Interwar Period. The International Studies Conference, in: Review of International Studies 37 (2011), 911–928.

11 Auch wenn sich das inzwischen zu ändern scheint; vgl. Carolyn N. Biltoft, A Violent Peace. Media, Truth, and Power at the League of Nations, Chicago 2021.

12 Vgl. z. B. Anselm Doering-Manteuffel, Kollektive Sicherheit, Demokratie und Entspannungspolitik. Der historische Ort des Völkerbundes in der Geschichte, in: Teilungen überwinden. Europäi-

schon in der Satzung die Durchschlagskraft reduziert worden war.[13] Militärische Interventionen wären ebenfalls möglich gewesen, doch oblag es den Gremien des Völkerbundes nur, den Nationalstaaten Vorschläge darüber zu unterbreiten, welche Leistung von ihnen erbracht werden könnte – einfordern konnte er diese nicht und gerade die Staaten, die in diesem Fall besonders gefordert wären, allen voran Großbritannien, taten alles dafür, dass sie nicht in die Verlegenheit kämen, eine solche Anfrage zu erhalten.[14] Andere Staaten insbesondere des Commonwealth, so etwa Australien, zogen aus ihren Erfahrungen des Ersten Weltkriegs die Schlussfolgerung, dass sie nicht nochmals bereit wären, eigene Soldaten an einem weit entfernten Kriegsschauplatz zu opfern, den man die gesamte Zwischenkriegszeit hindurch am ehesten in Europa erwartete.[15] Die Idee der „collective security“ hatte so gerade unter den politischen Entscheidern wenige Freunde, sie war im Grunde nur ein „Mythos“ einiger liberaler Internationalisten, die eine vergleichsweise hohe Breitenwirkung entfalteten, wie George Egerton schon Anfang der 1980er Jahre herausgearbeitet hat.[16]

Weit interessanter als die Auflistung all der Schwachstellen des Völkerbundes ist aber, zu untersuchen, wie der Völkerbund bzw. genauer seine Mitarbeiterinnen und Mitarbeiter damit umgegangen sind, denn auch sie kannten seine Schwächen. Was dem Völkerbund zur Verfügung stehe, sei die „weapon of publicity“ und damit die „mobilisation of shame“,[17] wie es Alfred E. Zimmern, Vizedirektor des völkerbundeigenen Internationalen Instituts für geistige Zusammenarbeit[18] und später

sche und Internationale Geschichte im 19. und 20. Jahrhundert, hg. von Michaela Bachem-Rehm, Claudia Hiepel und Henning Türk, München 2014, 305–316.

**13** Das zeigte sich besonders deutlich, als nach dem italienischen Einmarsch in Abessinien genau dieses Mittel ergriffen werden sollte, vgl, Ruth Henig, The League of Nations. The Peace Conferences of 1919–1923 and Their Aftermath, London 2010, 166.

**14** Vgl. Eckhard Most, Großbritannien und der Völkerbund. Studien zur Politik der Friedenssicherung 1925 bis 1934, Frankfurt am Main und Bern 1981, 57.

**15** Vgl. Elmer Bendiner, A Time for Angels. The Tragicomic History of the League of Nations, New York 1975, 209.

**16** George W. Egerton, Great Britain and the League of Nations. Collective Security as Myth and History, in: The League of Nations in Retrospect. Proceedings of the Symposium, hg. von United Nations Library, Berlin und New York 1983 (= United Nations Library Geneva Serial Publications. Series E: Guides and Studies 3), 95–117.

**17** Alfred Zimmern, The League's Handling of the Italo-Abyssinien Dispute, in: International Affairs 14 (1935), 751–768; hier: 763.

**18** Vgl. Jonathan Voges, Eine Internationale der „Geistesarbeiter“? Institutionalisierte intellektuelle Zusammenarbeit im Rahmen des Völkerbundes, in: Grenzüberschreitende institutionalisierte Zusammenarbeit von der Antike bis zur Gegenwart, hg. von Christian Henrich-Franke, Claudia Hiepel, Guido Thiemeyer und Henning Türk, Baden-Baden 2019, 355–384.

Professor für internationale Beziehungen, zusammenfasste.[19] Da der Völkerbund nicht allein als Bund von Nationen bzw. Nationalstaaten gedacht wurde, sondern noch präziser als Gemeinschaft von Demokratien,[20] hatte es für die Völkerbundfreunde zentrale Bedeutung, „que l'homme de la rue pense de la Société des Nations", wie es der französische Schriftsteller Jules Romains in einem Vortrag am eben genannten Institut formulierte.[21] Zielsetzung war, auch die einfache Bevölkerung für den Völkerbund einzunehmen, sie zu mobilisieren, die jeweils eigene Regierung dazu zu verpflichten, sich den Prinzipien des internationalen Liberalismus unterzuordnen und damit den Völkerbund als Institution nicht nur zu stärken, sondern unabdingbar zu machen.[22]

## 2 *Essential Facts* statt Mobilisierung von Emotionen – die Rhetorik der Völkerbundpublikationen

Die Vordenker des Völkerbunds sahen sich der Aufklärung verpflichtet, ihre Argumentation beruhte auf Rationalität, nicht auf Emotionalität. Zwar forderte Jules Romains bei einer über das Internationale Institut für geistige Zusammenarbeit organisierten Intellektuellenversammlung noch Mitte der 1930er Jahre, dass der Völkerbund ein emotionaleres Narrativ benötige, einen eigenen Mythos, um die Menschen an sich zu binden, den man den nationalen Wir-Erzählungen gegenüberstellen könnte,[23] was allerdings keinen Anklang fand. Sieht man von einigen an

19 Zur Biographie vgl. Jeanne Morefiled, „A liberal in the muddle." Alfred Zimmern über Nationalität, Internationalität und Commonwealth, in: Jenseits der Anarchie. Weltordnungsentwürfe im frühen 20. Jahrhundert, hg. von Jens Steffek und Leonie Holthaus, Frankfurt am Main 2014, 96–123.

20 Schon der amerikanische Präsident Woodrow Wilson, einer der entschiedensten Vertreter des Völkerbundgedankens, auch wenn die USA letztlich nicht beitraten, begründete die Beteiligung der USA am Krieg damit, die „Welt sicher für die Demokratie" machen zu wollen. Ebenso legitimierte er auch die Gründung des Völkerbundes, vgl. Woodrow Wilson, Making the World „Safe for Democracy". Woodrow Wilson Asks for War [02.04.1917]. URL: http://historymatters.gmu.edu/d/4943/. (Letzter Zugriff: 04.10.2022).

21 Jules Romains, Ce que „l'homme dans la rue" pense de la Société des Nations, in: Ders., Problèmes européens, Paris 1933, 63–92.

22 Vgl. z. B. am Beispiel Großbritanniens Gilbert Murray, The British People and the League of Nations, in: Les origines et l'œuvre de la société des nations, 2 Bände, Bd. 1, hg. von Paul Munch, Kopenhagen 1923, 189–209.

23 Vgl. Institut international de coopération intellectuelle (Hg.), La formation de l'homme moderne, Paris 1936, 194–195.

Kinder, insbesondere an Mädchen, adressierten Büchlein ab, die Helden- und Heldinnengeschichten des Internationalismus anboten und einzelne besonders herausragende Persönlichkeiten, wie z. B. Marie Curie, als nachahmenswert anempfahlen,[24] funktionierte der Großteil der an Erwachsene gerichteten sogenannten „Völkerbundpropaganda“ anders, nämlich in Form der Vermittlung von *essential facts*. Aus der Kenntnis der Fakten, so der leitende Gedanke hinter dieser Strategie, werde sich die Zustimmung zum Völkerbund von selbst ergeben. Tief in der fortschrittsfreudigen Ideenwelt der Aufklärung verhaftet, ging man davon aus, die Menschen bräuchten nur eine Einführung in internationale Politik und sie würden erkennen, wie wichtig der Völkerbund für die weitere friedliche Entwicklung der Welt sei.[25]

Es bedurfte einer Reduktion der Komplexität internationaler Politik, um der Botschaft des Völkerbundes eine größere Breitenwirkung zu verschaffen. Die kleinformatigen Publikationen wie das *Kleine Handbuch* nehmen hier eine wichtige Funktion ein. Im Folgenden möchte ich auf drei weitere (Klein-)Formate eingehen, die jeweils ähnlich angelegt sind: zunächst das Projekt eines *Who is who?* des Völkerbundes und ein *Q&A*-Format, die durch Personalisierung und Vereinfachung Verhältnisse in der internationalen Politik für den Laien transparent machen. In einem gesonderten Unterkapitel beleuchte ich außerdem die bildliche Darstellung in Form einer (Welt-)Karte.

Das Internationale Institut für geistige Zusammenarbeit war ausführendes Organ der Internationalen Kommission für geistige Zusammenarbeit, in der sich prominente Wissenschaftler:innen und Intellektuelle wie Henri Bergson, Albert Einstein, Marie Curie oder Hendrik A. Lorentz versammelten, um sich darüber Gedanken zu machen, wie man den kulturellen und wissenschaftlichen Austausch unter den Nationen erleichtern – und so auch den Internationalismus als Geisteshaltung zumindest unter den akademischen Eliten der beteiligten Staaten verbreiten könnte.[26] Unter anderem arbeiteten sie an der Herausgabe eines internationalen *Who is who?*, das sich zum Ziel gesetzt hatte, internationale Politik auf einzelne Personen konzentriert zu erzählen und dann derart personifiziert in knapper Form einem breiten Publikum zugänglich zu machen. In einem latent bis manifest nationalistischen Umfeld hatte ein derart internationalistisches Anliegen

24 Vgl. Hebe Spaull, Women Peace-Makers, London 1924; dies., Champions of Peace, London 1926.

25 Ähnlich argumentiert die Völkerbundkennerin Gertrud Bäumer auch mit Bezug auf den Schulunterricht, vgl. Getrud Bäumer, Geschichtsunterricht als Mittel oder Hemmung der Völkerverständigung, in: Pädagogisches Zentralblatt 9 (1929), 575–583.

26 Vgl. Jean-Jacques Renoliet, L’UNESCO oublie. La Société des Nations et la coopération intellectuelle (1919–1946), Paris 1999.

erwartungsgemäß einen schweren Stand, es gab Streit darum, wen man porträtieren oder wie viele Personen aus welchen Staaten repräsentiert sein sollten.[27]

Der von der internationalen Organisation des Völkerbundes selbst in Gang gesetzte Prozess einer an Einzelpersonen orientierten, verknappten Geschichte der internationalen Politik seit dem Ende des Ersten Weltkriegs scheiterte also an nationalen Begehrlichkeiten. Andere Formate, wie das *Q&A*-Format, hatten größeren Erfolg, zumal dann, wenn sie gar nicht der internationalen Abstimmung bedurften, da sie von Völkerbundfreunden einer einzelnen Nation herausgegeben wurden.

Das *Q&A*-Format nahm die vermeintlich in der Bevölkerung grassierenden Fragen in Bezug auf den Völkerbund auf und beantwortete sie in knapper Form. Dies geschah auf eine Art und Weise, die den Völkerbund prinzipiell in gutem Licht erscheinen ließ.[28] Das *Q&A*-Format wurde von unterschiedlichen Autoren verwendet, wie etwa von Maurice Grigaut 1928 in Frankreich, dessen knappe Völkerbundpublikation bereits im Titel aus vier Fragen bestand: Was muss man vom Völkerbund wissen? Was ist er überhaupt? Was hat er schon getan? Und was kann man noch von ihm erwarten? Grigauts Text spiegelt allerdings die Struktur des Titels nicht wider und bot eher traditionell gegliederte Kapitel.[29] Dem Büchlein war eine Einleitung vorangestellt, die die politische Indifferenz als großes Problem ausmacht, das mit der Publikation behoben werden soll:

> Mal connaître la Société des Nations, c'est se laisser aller à son égard soit aux illusions, soit à l'indifférence. Les illusions seraient dangereuses, mais l'indifférence est plus dangereuse encore: si vous voulez la paix, préparez la paix.[30]

---

27 So beschwerte sich der niederländische Vertreter bei einer Versammlung der nationalen Kommissionen für geistige Zusammenarbeit 1929 – im Grunde die nationalen Ansprechpartner der internationalen Kommission für geistige Zusammenarbeit – darüber, dass man schon vor geraumer Zeit eine Liste mit niederländischen Vertretern zusammengestellt habe, erschienen sei bislang noch immer nichts, vgl. Protokoll: Commission Internationale de Coopération intellectuelle, Reunion des réprésentants des commissions nationales de coopération intellectuelle, Genf 18. Juli 1929, in: UNESCO Archiv IICI0000004680.

28 Andere Formate waren z. B. der knappe Überblick in Form günstiger und bekanntermaßen schmaler und kleinformatiger Buchreihen – wie z. B. des Reclam-Verlags, vgl. Johann Strunz, Der Völkerbund. Entstehung und Satzung, Organe und Geschäftsordnungen, Entwicklung und Wirkung in der großen Politik, 2. Aufl., Leipzig 1932. Wie häufig bei Kleinformaten warb man auch bei Reclam schon auf dem Cover mit dem – günstigen – Preis der Publikation (hier: „80 Pf.").

29 Er begann mit einem Überblick darüber, worum es sich beim Völkerbund handelte, stellte in einem zweiten großen Abschnitt die humanitären und sozialen Arbeiten des Völkerbunds vor und schloss mit den Möglichkeiten, die der Völkerbund für die Bewahrung des Friedens in der Zukunft bereitstellte.

30 Maurice Grigaut, Que faut-il savoir de la Société des Nations? Qu'est t'elle? Qu'a-t'elle fait? Que peut-on en attendre?, Paris 1928, Vorsatz.

Grigauts Ziel war es, explizit kein wissenschaftliches Werk zu verfassen, sondern der verbreiteten „connaissance très superficielle“ und „la foi un peu instinctive“ des Völkerbundes ein faktenbasiertes Bild entgegenzusetzen – denn jeder habe, so Grigaut, nicht nur die Möglichkeit, sondern die Pflicht („devoir“), den Völkerbund zu kennen.[31] Mit „jedem“ meinte er vor allem auch Arbeiter, denen er „une étude raisonnée“ anbieten wolle. Es gehe so darum, dass „la force morale de la ‚Société des Nations‘“ erhöht werde, man also durch einfach geschriebene – und vor allem vergleichsweise kurze – Texte neue Völkerbundadepten gewinne.[32]

Ganz ähnlich funktionierte auch eine Publikation der britischen League of Nations Union,[33] die die Charakterisierung als Kleinformat schon allein durch ihre äußere Beschaffenheit einlöst und darüber hinaus auch sehr deutlich auf die multiplen Krisenlagen mit Bezug auf den Völkerbund insbesondere in den frühen 1930er Jahren reagierte – und diesen durch knapp formulierte Fakten beizukommen suchte. Unwissenheit führe zu Indifferenz und Indifferenz auf lange Sicht unweigerlich zum Scheitern des Völkerbundes, so die Grundannahme. Dagegen sollte ein Eintreten für den Völkerbund gesetzt werden, das – so die Hoffnung – die Regierung(en) vor sich hertreiben könnte. *50 Facts & Figures about the League of Nations*,[34] nannte die League of Nations Union ihr *Q&A*. Es handelte sich dabei um ein schmales und mit einem Preis von zwei Pence günstiges Heftchen.[35] Der Aufbau ist simpel: Der von der League of Nations Union beauftragte Herausgeber Geo A. Innes sammelte fünfzig Fragen, die sich mit dem Völkerbund befassten und von denen er ausging, dass sie die Öffentlichkeit am meisten interessieren würden. Zwischen die einzelnen Fragen schaltete er Auszüge aus der Völkerbundsatzung und Testimonials prominenter Völkerbundfreunde, z. B. von Viscount Cecil, einem der wenigen konservativen Un-

31 Ebd., 3.

32 Ebd., 4.

33 Vgl. zur britischen *League of Nations Union* als zivilgesellschaftlicher Vorfeldorganisation des Völkerbunds allgemein Helen McCarthy, The British People and the League of Nations. Democracy, citizenship and internationalism, c. 1918–45, Manchester und New York 2011; Donald S. Birn, The League of Nations Union, 1918–1945, Oxford 1981. Zum weniger erfolgreichen deutschen Pendant – der Liga für Völkerbund – vgl. Jost Dülffer, Vom Internationalismus zum Expansionismus. Die Deutsche Liga für Völkerbund, in: Internationale Beziehungen im 19. und 20. Jahrhundert. Festschrift für Winfried Baumgart zum 65. Geburtstag, hg. von Wolfgang Elz und Sönke Neitzel, Paderborn 2003, 251–266.

34 Geo A. Innes, 50 Facts & Figures about the League of Nations, 5. Aufl., London 1931.

35 Den Preis druckte man auf den Umschlag, um – ähnlich wie beim Reclamheft – noch vor dem Erwerb die Verbindung aus günstigem Preis und kleinem Format deutlich zu machen.

terstützer des Völkerbundes in der britischen Politik.[36] Dieses Kleinformat im Kleinformat sollte die Glaubwürdigkeit und Überzeugungskraft erhöhen (Abb. 1).

Was sind nun die „facts and figures", die der Autor den Lesern anbietet? Was Innes vorlegte, ist erstens eine in fünfzig Einzelepisoden aufgesplittete und damit leicht konsumierbare Kurzdarstellung des Völkerbundes (Abb. 2). Er nahm die Frage-und-Antwort-Form dabei besonders ernst, eröffnete sie ihm doch die Möglichkeit, in kleine Abschnitte verpackt und als Dialog inszeniert eine Übersicht über die komplexe internationale Organisation des Völkerbundes anzubieten.

Zweitens verstand Innes „facts and figures" in dem Sinne, dass nur Eingang in die Broschüre fand, was dem Bild einer erfolgreichen Institution entsprach; Rückschläge, die es auch in den 1920er Jahren schon gegeben hatte, fehlen. Selbst die größte Hypothek des Völkerbundes, der Nichtbeitritt der USA, wird zwar erwähnt, aber darauf verwiesen, dass die USA zumindest „closely associated with many of the Commissions of the League" seien. Außerdem wird auf die Unterstützung innerhalb der Bevölkerung verwiesen: „[A]nd many citizens of the U.S.A. have helped the work of the League." Interessanterweise musste gerade für das USA-Beispiel der Satzspiegel verändert werden, um bei der Struktur des Heftchens bleiben zu können, pro Seite nur eine Frage samt Antwort abzudrucken (Abb. 4). Misserfolge in Erfolge umzudeuten benötigt offenbar mehr Raum.

Der dritte Aspekt betrifft die Pragmatik der Lektüre. Sicher ist es möglich, dass das Heftchen in einem Zug gelesen worden sein könnte, der Aufbau legt aber andere Formen der Rezeption nahe, die sich unter zwei Praktiken subsummieren lassen: der Lektüre in Portionen im Alltagsablauf und der Lektüre als *Q&A* zur Schulung von Multiplikatoren.

Die erste Praxis ist die Lektüre in Portionen: Das Heft hat Brusttaschenformat, es bietet sich an, in einem passenden Moment hervorgeholt und gelesen zu werden. Die Informationsaufnahme konnte so in den normalen Alltagsablauf als eine Art Selbststudium *to go* eingebaut werden. Den Völkerbund – und damit einhergehend auch die internationale Politik in toto – in 50 Fragen und Antworten verstehen zu können, war sowohl niederschwelliges Angebot, sich mit auswärtiger Politik zu beschäftigen, als auch persuasive Überzeugungsarbeit, für den multilateralen Ansatz des Völkerbundes eingenommen zu werden. Die Publikationen sind folglich ‚Druckerzeugnisse',[37] die Leser in eine bestimmte politische Richtung und Parteinahme mobilisieren wollen.

---

36 Vgl. Robert Cecil, A Great Experiment. An Autobiography, London 1941; Maja Bachofen, Lord Robert Cecil und der Völkerbund, Zürich 1959.

37 Verstanden hier wie von David Bebnowski vorgestellt, siehe seinen Beitrag „Die Umkodierung des Proletariats. Druckerzeugnisse im Kampf der NSDAP um die Arbeiterschaft" in diesem Band.

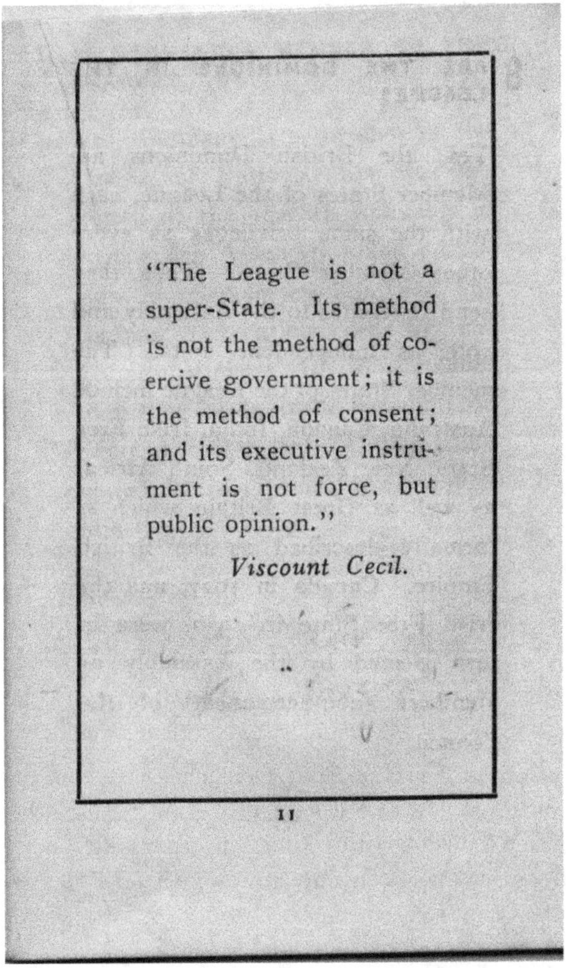

"The League is not a super-State. Its method is not the method of coercive government; it is the method of consent; and its executive instrument is not force, but public opinion."

*Viscount Cecil.*

11

**Abb. 1:** Geo A. Innes, *50 Facts & Figures about the League of Nations*, London 1931.

Die zweite Praxis tritt im Gebrauch der Lektüre als *Q&A* in Erscheinung, denn zugleich ist das Heftchen als Argumentationshilfe für Multiplikatoren zu verstehen. Es diente als Schulungsmaterial für ehrenamtliche Redner und Rednerinnen, damit diese in ihrer *peer group* für den Völkerbund und seine Ideale werben konnten. Die League of Nations Union stattete sie mit Vortragsmaterial aus, z. B. mit Karten,[38]

38 Ein Beispiel für eine solche Karte ist die *Hand Map of the World*, die für die Arbeit in Bildungskontexten konzipiert worden war und für Vorträge etc. als Wandkarte genutzt werden konnte, vgl. League of Nations Union (Hg.), The League of Nations Hand Map of the World. Illustrating Its

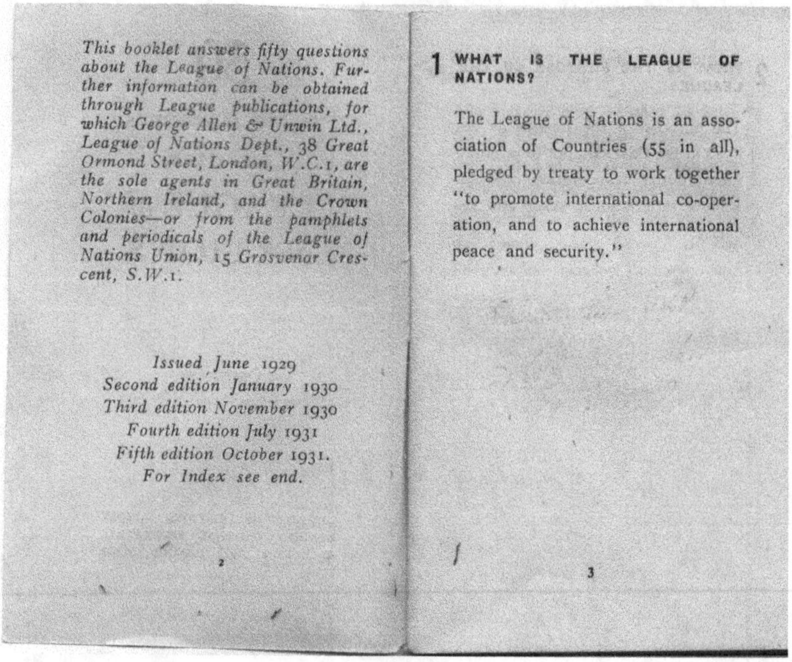

*This booklet answers fifty questions about the League of Nations. Further information can be obtained through League publications, for which George Allen & Unwin Ltd., League of Nations Dept., 38 Great Ormond Street, London, W.C.1, are the sole agents in Great Britain, Northern Ireland, and the Crown Colonies—or from the pamphlets and periodicals of the League of Nations Union, 15 Grosvenor Crescent, S.W.1.*

*Issued June 1929*
*Second edition January 1930*
*Third edition November 1930*
*Fourth edition July 1931*
*Fifth edition October 1931.*
*For Index see end.*

2

1 WHAT IS THE LEAGUE OF NATIONS?

The League of Nations is an association of Countries (55 in all), pledged by treaty to work together "to promote international co-operation, and to achieve international peace and security."

3

**Abb. 2:** Geo A. Innes, *50 Facts & Figures about the League of Nations*, London 1931.

oder eben auch mit dieser Broschüre. Sollte ein Völkerbundanhänger also in eine Diskussion über den Völkerbund verwickelt werden – sei es bei einer spezifischen Veranstaltung, sei es im privaten Umfeld – war es ihm möglich, das Heftchen hervorzuziehen und dem Kontrahenten die gewünschte Antwort zu liefern – die den Völkerbund natürlich in bestem Licht erscheinen ließ.

## 3 Die Welt im Kleinformat – die Weltkarte als Verdichtung

Landkarten machen symbolisch verdichtet und vor allem kartographisch verräumlicht politische Entwicklungen schnell erfassbar, bilden sie nicht lediglich ab,

Activities and the Territorial Changes since 1914, London [o. J.]. Deutet der Begriff der „Hand Map" noch darauf, dass es sich um ein Kleinformat handeln könnte, so zeigt sich, dass die Karte selbst recht großformatig war – zur besseren Mitnahme in Veranstaltungsräume etc. aber klein zusammengefaltet werden konnte.

sondern formen politische Realitäten vor.[39] Diese Potentiale nutzten auch die Völkerbundpropagandisten für sich, zeichneten Karten, in denen nicht nur die gegenwärtige Situation dargestellt wurde, sondern auch die möglichen Potentiale der neuen internationalen Organisation. Ein gutes Beispiel stammt aus der Schweiz der frühen 1920er Jahre.

Nach Gründung des Völkerbundes gab es in der sich als neutral verstehenden Schweiz eine intensive Debatte darüber, ob diese Mitglied des Völkerbundes sein sollte, was schlussendlich in einer Volksabstimmung geklärt werden sollte.[40] Die politische Auseinandersetzung über Beitritt oder Nichtbeitritt wurde auch über das Medium der Postkarte[41] – ein weiteres wichtiges Kleinformat insbesondere für das 19. und die erste Hälfte des 20. Jahrhunderts – ausgetragen. In diesem Kontext erschien 1920 eine Postkarte, die – vermeintlich – die Welt abbildet und die gezeigten Nationalstaaten ausweislich der Legende in Kategorien einteilt (Abb. 3). Weite Flächen in Europa, Nord- und Südamerika sind grün schraffiert dargestellt – die Farbe der Völkerbundstaaten –, andere Flächen sind gelb gepunktet. Diese sollten die „Staaten, deren spät. Eintritt vorgesehen ist" darstellen. Schon hier wird deutlich, dass die Karte eben nicht abbildet, was war, sondern was sein sollte: Dass Deutschland, eines der gelb gefärbten Länder, Mitglied werden sollte, würde wegen des scharfen Widerstands der ehemaligen Kriegsgegner (hier insbesondere Frankreich und Belgien) noch sechs Jahre dauern, die USA traten niemals bei. Rot markiert das „zur Zeit bolschewistische Rußland"; auch hier enthält die Karte ein dynamisches Moment, denn die Legende zeigt an, dass dieser Zustand nicht von Dauer sein würde. Einige weiße Flecken finden sich ebenfalls auf der Karte: Mexiko, Costa Rica, Albanien – und die Schweiz. Die vermittelte Botschaft war eindeutig: Wollte die Schweiz nicht im Club dieser Pariastaaten verharren, müsse sie Mitglied werden.

Dass die ‚Welt' zum Zweck der politischen Ziele arg zugerichtet werden musste, dass bestimmte Teile – sicher auch zur Schärfung des Arguments – schlichtweg weggelassen wurden (große Teile Afrikas und Asiens) und dass darüber hinaus in der Kartenmitte ein Schnitt gemacht werden musste, der eigentlich weit Ausein-

39 Vgl. zu diesen neueren Ansätzen eines kulturwissenschaftlichen Umgangs mit Kartographie u. a. Christof Dipper und Ute Schneider, Vorwort, in: Kartenwelten. Der Raum und seine Repräsentation in der Neuzeit, hg. von dens., Darmstadt 2006, 7–9; Ute Schneider, Kartographie als imperiale Raumgestaltung. Alexander (Sándor) Radós Karten und Atlanten, in: Zeithistorische Forschungen 3 (2006), 77–94; Jeremy Black, Maps and Politics, London 2000.

40 Zur Volksabstimmung und deren Ergebnis – 56,3 Prozent der Stimmberechtigten plädierten für einen Beitritt – vgl. Jakob Tanner, Geschichte der Schweiz im 20. Jahrhundert, München 2015, 156.

41 Vgl. zur Postkarte als behördlich genormtes Format zur Kommunikation: Eva Tropper und Timm Starl (Hg.), Format Postkarte. Illustrierte Korrespondenzen, 1900–1936, Wien 2014; Otto May, Zur Geschichte der Propaganda-Postkarte, Hildesheim 2012.

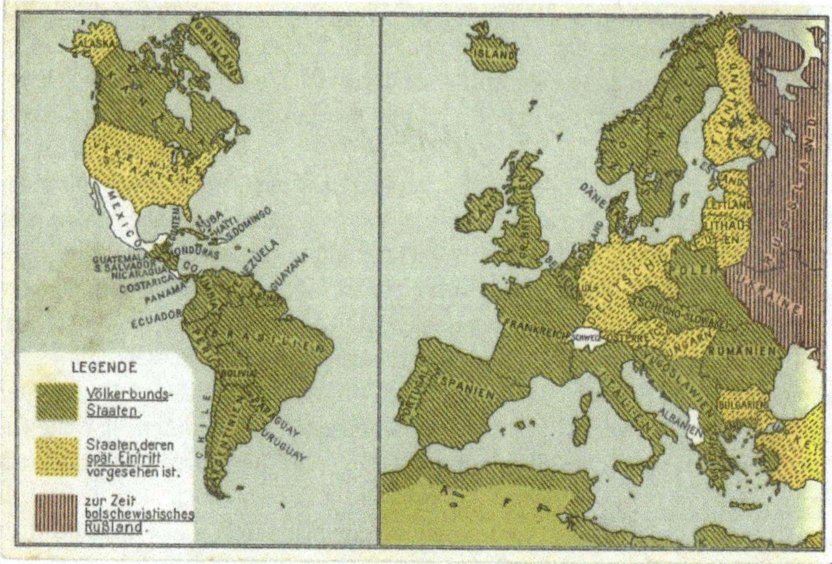


**Abb. 3:** Politische Bildpostkarte zur Volksabstimmung am 16.05.1920 zum Beitritt der Schweiz zum Völkerbund, Schweizerisches Aktionskomitee für den Beitritt zum Völkerbund, Zürich.

anderliegendes zumindest visuell eng zusammenrücken ließ, war dem Format der Postkarte geschuldet.

# 4 Schluss

Alle hier (an-)zitierten Kleinformate machen eines deutlich: Zeit seines Bestehens fuhr der Völkerbund selbst bzw. seine Unterstützer und Unterstützerinnen intensive Informationskampagnen, die sich unterschiedlicher kleiner Formate bedienten. Dass der Völkerbund keine oder keine ausreichende Public Relations-Arbeit geleistet hätte, wie schon während des Zweiten Weltkriegs behauptet wurde, ist also nicht richtig.[42]

Wie oben angedeutet, war der Völkerbund nicht nur als internationale Organisation eine Neuheit, sondern prägte eine neue Form der Außenpolitik. Erst mit der vom amerikanischen Präsidenten Woodrow Wilson ausgerufenen „neuen Diplomatie" sollte Außenpolitik dem öffentlichen (und demokratischen) Diskurs an-

42 Vgl. Dell G. Hitchner, The Failure of the League. Lesson in Public Relations, in: The Public Opinion Quarterly 8 (1944), H. 1., 61–71.

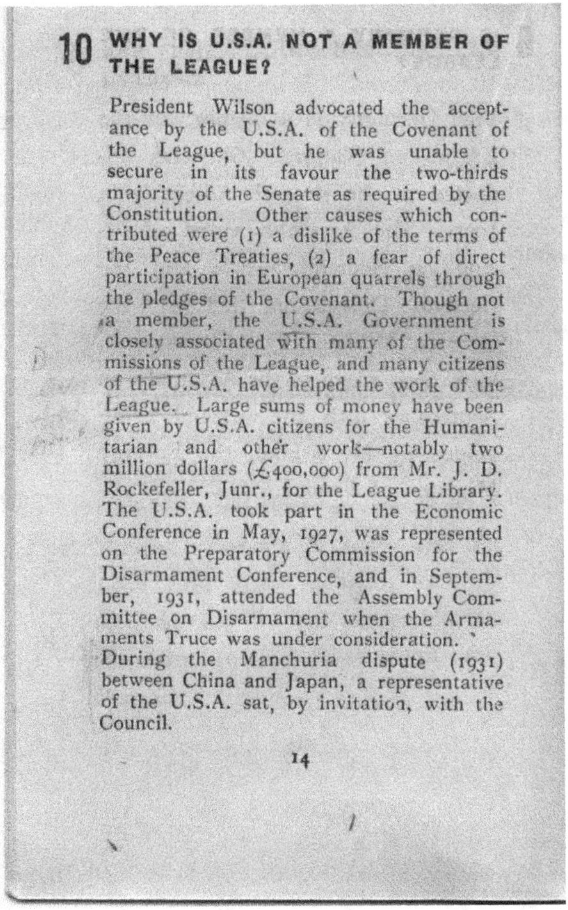

10 WHY IS U.S.A. NOT A MEMBER OF THE LEAGUE?

President Wilson advocated the acceptance by the U.S.A. of the Covenant of the League, but he was unable to secure in its favour the two-thirds majority of the Senate as required by the Constitution. Other causes which contributed were (1) a dislike of the terms of the Peace Treaties, (2) a fear of direct participation in European quarrels through the pledges of the Covenant. Though not a member, the U.S.A. Government is closely associated with many of the Commissions of the League, and many citizens of the U.S.A. have helped the work of the League. Large sums of money have been given by U.S.A. citizens for the Humanitarian and other work—notably two million dollars (£400,000) from Mr. J. D. Rockefeller, Junr., for the League Library. The U.S.A. took part in the Economic Conference in May, 1927, was represented on the Preparatory Commission for the Disarmament Conference, and in September, 1931, attended the Assembly Committee on Disarmament when the Armaments Truce was under consideration. During the Manchuria dispute (1931) between China and Japan, a representative of the U.S.A. sat, by invitation, with the Council.

14

**Abb. 4:** Geo A. Innes, *50 Facts & Figures about the League of Nations*, London 1931.

gehören und nicht mehr allein von professionellen Diplomaten in abgeschirmten arkanen Räumen ausdiskutiert werden.[43] Damit zusammenhängend gingen die Vertreter des Völkerbundes davon aus, dass schlichtweg das Wissen darum fehlte, wie Außenpolitik funktionierte, und Kenntnisse über andere Staaten und Erdteile allenfalls rudimentär in der Bevölkerung verbreitet waren. Um ‚vernünftige' Entscheidungen treffen zu können, musste genau dieses Wissen ausgebaut werden – mithilfe von kleinformatigen Publikationen, sei es in Form von schnell zu erfas-

43 Sehr deutlich hatte dies z. B. der Völkerbundkritiker Carl Schmitt schon 1925 herausgearbeitet, vgl. Carl Schmitt, Römischer Katholizismus und politische Form, München 1925, 47.

senden bildlichen Darstellungen (so das Beispiel der Postkarten-Karte),[44] sei es in den entsprechenden Broschüren und schmalen Büchlein. Sie sind nicht nur de facto Kleinformate, sondern weisen sich auch explizit als solche aus. *Kleines Handbuch des Völkerbundes*, *Little Book of the League of Nations* oder *Petit Manuel de la Société des Nations* waren keine zufällig gewählten Titel, sondern müssen als Versprechen der schnellen und leicht verständlichen Informationsvermittlung gelesen werden.[45] Gleiches gilt für die vorgestellten *Q&A*s, die zwar nicht mit der eigenen Kleinheit, wohl aber mit dem Hinweis auf leichte Konsumierbarkeit warben: Der Nutzer und die Nutzerin sollte ohne viel Aufwand, ohne größeres Vorwissen und ohne die Investition von großen zeitlichen Ressourcen in der Lage sein, sich einen Überblick über das Weltgeschehen zu verschaffen.

Die Kleinformate im Dienste des Völkerbundes sind so als Reaktion auf neue Formen der Außenpolitik – hier der Einbezug der Öffentlichkeit – wie auch auf eine chronisch krisenhafte internationale Situation in der Zwischenkriegszeit zu lesen. Die Kleinformate hatten eine große Aufgabe: Sie waren Teil der Präparierung des internationalen Publikums von nationalistisch gesinnten Bürgern eines Staates hin zu an der internationalen Kooperation interessierten Proto-Weltbürgern.

# Literaturverzeichnis

## Quellen

Bradfield, B., A Little Book of the League of Nations, 1920–1927, Genf 1927.
Bradfield, B., A Little Book on Intellectual Co-Operation, Genf 1930.
Grigaut, Maurice, Que faut-il savoir de la Société des Nations ? Qu'est t'elle ? Qu'a-t'elle fait ? Que peut-on en attendre?, Paris 1928.
Hitchner, Dell G., The Failure of the League. Lesson in Public Relations, in: The Public Opinion Quarterly 8 (1944), H. 1., 61–71.
Information Section (Hg.), Essential Facts about the League of Nations, Genf 1933.

44 Ein anderes Beispiel – ebenfalls aus dem Bereich der Post – sind Briefmarken; der Völkerbund gab eigene Marken heraus, die schnell zu erfassende Botschaften vermitteln, den Völkerbund veralltäglichen und ihn im Anschluss auch zur Freude der Philatelisten zum Sammelgut machen sollten, vgl. allgemein zum Kleinformat Briefmarke als Quelle der Geschichtswissenschaft Pierre Smolarski und Silke Vetter-Schultheiß (Hg.), Gezähnte Geschichte. Die Briefmarke als historische Quelle, Göttingen 2019.

45 Besonderen Ehrgeiz in dieser Richtung legte der beim Völkerbund akkreditierte britische Journalist B. Bradfield an den Tag, der zu den unterschiedlichsten Themenfeldern mit Völkerbundbezug „little books" vorlegte. Vgl. z. B. B. Bradfield, A Little Book of the League of Nations, 1920–1927, Genf 1927; B. Bradfield, A Little Book on Intellectual Co-Operation, Genf 1930.

Information Section (Hg.), Essential Facts about the League of Nations, 10. Aufl., Genf 1939.
Informationsabteilung des Völkerbundes (Hg.), Kleines Handbuch des Völkerbundes, Genf 1935.
Innes, Geo A., 50 Facts & Figures about the League of Nations, 5. Aufl., London 1931.
Innes, Geo A., Dealers in Destruction. Notes on the Menace to Peace in the Private Manufacture of armaments, and How It Can be Met, London 1934.
Institut international de coopération intellectuelle (Hg.), La formation de l'homme moderne, Paris 1936.
Jones, Robert und Stanley Simon Sherman, The League of Nations. From Idea to Reality. Its Place in History and in the World of To-Day, Bath u. a. 1929.
Levermore, Charles H., Third Year Book of the League of Nations. For the Year 1922, New York 1923.
Murray, Gilbert, The British People and the League of Nations, in: Les origines et l'œuvre de la société des nations, 2 Bände, Bd. 1, hg. von Paul Munch, Kopenhagen 1923, 189–209.
Romains, Jules, Problèmes européens, Paris 1933.
Schmitt, Carl, Römischer Katholizismus und politische Form, München 1925.
Spaull, Hebe, Women Peace-Makers, London 1924.
Spaull, Hebe, Champions of Peace, London 1926.
Strunz, Johann, Der Völkerbund. Entstehung und Satzung, Organe und Geschäftsordnungen, Entwicklung und Wirkung in der großen Politik, 2. Aufl., Leipzig 1932.

## Forschung

Bachofen, Maja, Lord Robert Cecil und der Völkerbund, Zürich 1959.
Bäumer, Gertrud, Geschichtsunterricht als Mittel oder Hemmung der Völkerverständigung, in: Pädagogisches Zentralblatt 9 (1929), 575–583.
Bendiner, Elmer, A Time for Angels. The Tragicomic History of the League of Nations, New York 1975.
Biltoft, Carolyn N., A Violent Peace. Media, Truth, and Power at the League of Nations, Chicago 2021.
Birn, Donald S., The League of Nations Union, 1918–1945, Oxford 1981.
Black, Jeremy, Maps and Politics, London 2000.
Cecil, Robert, A Great Experiment. An Autobiography, London 1941.
Dipper, Christof und Ute Schneider, Vorwort, in: Kartenwelten. Der Raum und seine Repräsentation in der Neuzeit, hg. von dens., Darmstadt 2006, 7–9.
Doering-Manteuffel, Anselm, Kollektive Sicherheit, Demokratie und Entspannungspolitik. Der historische Ort des Völkerbundes in der Geschichte, in: Teilungen überwinden. Europäische und Internationale Geschichte im 19. und 20. Jahrhundert, hg. von Michaela Bachem-Rehm, Claudia Hiepel und Henning Türk, München 2014, 305–316.
Dülffer, Jost, Vom Internationalismus zum Expansionismus. Die Deutsche Liga für Völkerbund, in: Internationale Beziehungen im 19. und 20. Jahrhundert. Festschrift für Winfried Baumgart zum 65. Geburtstag, hg. von Wolfgang Elz und Sönke Neitzel, Paderborn 2003, 251–266.
Dykmann, Klaas, How International Was the Secretariat of the League of Nations, in: The International History Review 37 (2015), 721–744.
Egerton, George W., Great Britain and the League of Nations. Collective Security as Myth and History, in: The League of Nations in Retrospect. Proceedings of the Symposium, hg. von United Nations Library, Berlin und New York 1983 (= United Nations Library Geneva Serial Publications. Series E: Guides and Studies 3), 95–117.

Henig, Ruth, The League of Nations. The Peace Conferences of 1919–1923 and Their Aftermath, London 2010.
Long, David, Who Killed the International Studies Conference?, in: Review of International Studies 32 (2006), H. 4, 603–622.
May, Otto, Zur Geschichte der Propaganda-Postkarte, Hildesheim 2012.
McCarthy, Helen, The British People and the League of Nations. Democracy, citizenship and internationalism, c. 1918–45, Manchester und New York 2011.
McCarthy, Helen, The League of Nations. Public Ritual and National Identity in Britain, c. 1919–56, in: History Workshop Journal 70 (2010), 108–132.
Morefiled, Jeanne, „A liberal in the muddle." Alfred Zimmern über Nationalität, Internationalität und Commonwealth, in: Jenseits der Anarchie. Weltordnungsentwürfe im frühen 20. Jahrhundert, hg. von Jens Steffek und Leonie Holthaus, Frankfurt am Main 2014, 96–123.
Most, Eckard, Großbritannien und der Völkerbund. Studien zur Politik der Friedenssicherung 1925 bis 1934, Frankfurt am Main und Bern 1981.
Rappard, William E., The Geneva Experiment, London 1931.
Renoliet, Jean-Jacques, L'UNESCO oublie. La Société des Nations et la coopération intellectuelle (1919–1946), Paris 1999.
Riemens, Michael, International Academic Cooperation on International Relations in the Interwar Period. The International Studies Conference, in: Review of International Studies 37 (2011), 911–928.
Schneider, Ute, Kartographie als imperiale Raumgestaltung. Alexander (Sándor) Radós Karten und Atlanten, in: Zeithistorische Forschungen 3 (2006), 77–94.
Smolarski, Pierre und Silke Vetter-Schultheiß (Hg.), Gezähnte Geschichte. Die Briefmarke als historische Quelle, Göttingen 2019.
Stagner, Ross, Public Opinion and Peace Plans, in: Public Opinion Quarterly 7 (1943), H. 2, 297–306.
Tanner, Jakob, Geschichte der Schweiz im 20. Jahrhundert, München 2015.
Tropper, Eva und Timm Starl (Hg.), Format Postkarte. Illustrierte Korrespondenzen, 1900–1936, Wien 2014.
Voges, Jonathan, „Erziehung im Sinne der Völkerversöhnung". Der Völkerbund als Gegenstand des Geschichtsunterrichts in der Weimarer Republik, in: Bildung und Demokratie in der Weimarer Republik, hg. von Andreas Braune, Sebastian Elsbach und Ronny Noack, Stuttgart 2022, 165–180.
Voges, Jonathan, Eine Internationale der „Geistesarbeiter"? Institutionalisierte intellektuelle Zusammenarbeit im Rahmen des Völkerbundes, in: Grenzüberschreitende institutionalisierte Zusammenarbeit von der Antike bis zur Gegenwart, hg. von Christian Henrich-Franke, Claudia Hiepel, Guido Thiemeyer und Henning Türk, Baden-Baden 2019, 355–384.
Webster, C.K. und Sydney Herbert, The League of Nations in Theory and Practice, London 1933.
Zimmern, Alfred, The League's Handling of the Italo-Abyssinien Dispute, in: International Affairs 14 (1935), 751–768.

# II Stabilisieren

Julia Steinmetz

# „Wahrheit erforschen, Gerechtigkeit üben"[1]. Die Sammlung Darmstaedter und ihre Dokumentation der Frauenbewegung

Die Weimarer Republik als Zeit des Krisenhaften einerseits und vorwärtsgewandter Umwälzungen andererseits war durchzogen von der Kritik an staatlichen Institutionen und daran anknüpfenden Wertvorstellungen, politischen Neupositionierungen und der Loslösung von tradierten Geschlechterordnungen. Eine wichtige Rolle übernahmen dabei Frauen und ihre Forderungen nach gleichen Rechten, Anspruch auf Bildung und politischer Teilhabe, die sie bereits ab Mitte des 19. Jahrhunderts lancierten. Als „Frauenbewegung"[2] Bedeutung erlangt, steht diese im engen Zusammenhang mit „den die Lage der Frau bestimmenden Institutionen, Staat, Gesellschaft, Familie etc.", wie die Frauenrechtlerin Gertrud Bäumer konstatiert.[3] Den Ursprung der Frauenbewegung verortet sie in dem Moment, „in dem man beg[ann], Institutionen nicht mehr als ein Gegebenes zu betrachten, sich nicht mehr mit ihnen gewissermaßen eins zu fühlen, sondern sich ihnen als Subjekt gegenüber zu stellen, sie anzusehen als etwas von Menschen Geschaffenes, durch Menschen Umzugestaltendes".[4]

Das Bedürfnis, Einfluss auf diese Institutionen zu nehmen und sie zu reformieren, steht programmatisch für die Frauenbewegung, die sich in unterschiedliche Tätigkeits- und Wirkungsfelder einteilte. Die Bewegung spannte sich vom gemäßigt-bürgerlichen Spektrum, aus dem sich zur Jahrhundertwende ein radikaler Flügel

1 Lina Morgenstern, 9.10.1899, SBB-PK, Handschriften und historische Drucke, Slg. Darmstaedter 2k 1859: Morgenstern, Lina, Bl. 3. Zur besseren Lesbarkeit werden die Signaturen in Kurzform angegeben. Das Material der Sammlung Darmstaedter gehört ausnahmslos zum Bestand der Abteilung Handschriften und historische Drucke, Staatsbibliothek zu Berlin Preußischer Kulturbesitz.

2 Der hier verwendete Begriff der Frauenbewegung adressiert der Analyse von Natascha Vittorelli folgend das übergeordnete historische Konzept und möchte keine eindeutige und somit eingrenzende Bestimmung vornehmen, sondern die „anhaltende Offenheit und Dynamik des Frauenbewegungs-Konzeptes" produktiv machen, vgl. Natascha Vittorelli, Wie Frauenbewegung geschrieben wird. Historisierung und Historiographie am Beispiel von Frauenbewegung der Habsburgermonarchie, in: Wie Frauenbewegung geschrieben wird. Historiographie, Dokumentation, Stellungnahmen, Bibliographien, hg. von ders. und Johanna Gehmacher, Wien 2009, 103–134, hier: 121.

3 Gertrud Bäumer, Die Geschichte der Frauenbewegung in Deutschland, in: Handbuch der Frauenbewegung, hg. von Helene Lange und Gertrud Bäumer, 5 Bände, Bd. 1: Die Geschichte der Frauenbewegung in den Kulturländern, Berlin 1901, 1–166, Hier: 4.

4 Ebd., 4.

https://doi.org/10.1515/9783111003009-005

herausbildete, bis hin zur proletarischen Frauenbewegung.[5] Trotz ihrer unterschiedlichen Ideale und sozialen Hintergründe einte sie der Wunsch, den Wandel von gesellschaftlichen und institutionellen Ordnungen einzuläuten und für Gleichberechtigung einzustehen – Forderungen, die in eine unbekannte Zukunft wiesen und Irritations- sowie Auflösungsprozesse zur Folge hatten.[6]

Ihre Anliegen und auch Reformgedanken brachten bereits die Vorreiterinnen der bürgerlichen Frauenbewegung Louise Otto-Peters, Helene Lange und Lina Morgenstern schreibend oder in öffentlichen Reden zum Ausdruck. Dabei waren sie keineswegs auf ein „Spezialgebiet innerhalb der Frauenfrage" beschränkt, wie die Frauenrechtlerin Hedwig Dohm betont.[7] Die meisten Akteurinnen waren vielseitig engagiert und publizierten zu einem breiten Themenspektrum in „Aufsätzen, Broschüren und Büchern", die oftmals in Nähe zu Vereinen herausgegeben wurden.[8] Die Vereine bildeten als dichtes Netz das „organisatorische Rückgrat" der Frauenbewegung, das sich ab 1894 unter dem Dachverband Bund Deutscher Frauenvereine versammelte.[9] Heute geben die Publikationen der Aktivistinnen nicht nur

---

5 Vgl. Anne-Laure Briatte, Bevormundete Staatsbürgerinnen. Die „radikale" Frauenbewegung im Deutschen Kaiserreich, Frankfurt am Main 2020, 12–15. Mit Blick auf die Stimmrechts- und Sittlichkeitsbewegung stellt Ulla Wischermann die Bedeutung sozialer Netzwerke zur Stiftung „kollektiver Identität und kollektivem Handeln" sowie als zentrale „Mobilisierungsressource[]" der Frauenbewegung heraus, vgl. Ulla Wischermann, Frauenbewegungen und Öffentlichkeiten um 1900. Netzwerke – Gegenöffentlichkeiten – Protestinszenierungen, Königstein und Taunus 2003, 125–154, hier: 126.

6 Somit gingen die Frauen gegen gesellschaftliche und rechtliche Einschränkungen vor, die ihnen keine Rechte einräumten, was ab der Mitte des 19. Jahrhunderts zum Widerstand der Frauen führte, vgl. Ute Frevert, Frauen-Geschichte. Zwischen bürgerlicher Verbesserung und neuer Weiblichkeit, Frankfurt am Main 1987. Dazu beigetragen hatten ebenfalls die tiefgreifenden Veränderungen, denen die deutsche Gesellschaft um die Jahrhundertwende ausgesetzt war, vgl. dazu Rüdiger vom Bruch, Das wilhelminische Kaiserreich. Eine Zeit der Krise und des Umbruchs, in: Krisenwahrnehmungen in Deutschland um 1900. Zeitschriften als Foren der Umbruchszeit im wilhelminischen Reich, hg. von Uwe Puschner und Michel Grunewald, Bern 2010, 9–24.

7 Hedwig Dohm führt diesbezüglich aus: „Erziehung, Schule, Universität, Ehe und Liebe, Frauenstimmrecht, das Verhältnis der Mutter zum Kinde, Hauswirtschaft… über alle Themata habe ich geschrieben.", vgl. Hedwig Dohm an Ludwig Darmstaedter, 10.12.1911, Slg. Darmstaedter 2k 1875: Dohm, Hedwig, Bl. 1.

8 Ebd.

9 Kerstin Wolff, Die Funktion von Briefen in der Frauenbewegung, in: Handbuch Brief. Von der Frühen Neuzeit bis zur Gegenwart, hg. von Marie Isabel Matthews-Schlinzig, Jörg Schuster, Gesa Steinbrink und Jochen Strobel, Berlin 2020, 1337–1346, hier: 1337. Mit der Machtergreifung der Nationalsozialisten lösten sich die Vereinsstrukturen notgedrungen auf, was einen großen Einschnitt für die deutsche Frauenbewegung bedeutete. Mit Blick auf die Netzwerke von Akademikerinnen konnte Christine von Oertzen zeigen, dass nach der Machtergreifung einerseits „Vernetzungsstrukturen innerhalb der NS-Organisationen" aufgebaut wurden, andererseits transnationale Or-

Einblick in die damaligen Debatten und Aushandlungsprozesse sozialer sowie politischer Fragen, sie sind mitunter auch die einzigen verfügbaren Quellen zur historischen Frauenbewegung. Als solche weckten sie jedoch erst Ende der 1960er Jahre das Interesse der historiographischen Forschung, um die Geschichte dieser ‚frühen' Frauenbewegung aufzuarbeiten und Quellenmaterial zusammenzutragen.[10] Zu ersten Gründungen von Archiven und Dokumentationszentren, die explizit diese Schriften der Frauenbewegung verwahren, um Archivmaterial und Nachlässe ergänzen und als Zeitzeugnisse der Frauenbewegung bereitstellen, kam es erst in den 1980er Jahren.[11]

In Vergessenheit geraten ist indes das Dokumentationsprojekt der Sammlung Darmstaedter, das bereits Anfang des 20. Jahrhunderts die Frauenbewegung und ihre Entwicklungen dokumentierte. Begonnen als Sammlung von Autographen, hatte der Sammler Ludwig Darmstaedter (1846–1927) handschriftliche Schriftstücke von Persönlichkeiten zusammengetragen, die auf ihrem Gebiet geistige Leistung vollbracht oder zu deren Fortschritt maßgeblich beigetragen hatten. Erklärtes Ziel war es, durch die chronologische Ordnung und Sortierung dieser Handschriften von Gelehrten, Ingenieuren sowie Persönlichkeiten aus Kultur und Gesellschaft nach Wissensgebieten oder Tätigkeitsbereichen die Entdeckungen und menschlichen Geistesleistungen als (Wissens-)Geschichte in ihren Dokumenten sichtbar zu machen. Darunter auch handschriftliche Aufzeichnungen, Porträtfotografien und Zeitungsausschnitte von Frauen, die das facettenreiche Bild der Frauenbewegung einfangen und überliefern. In welcher Form sich dies in die Dokumente einschreibt, welche materiellen Spezifika die Schriftstücke auszeichnen und inwiefern ihre Provenienz von Bedeutung ist, soll anhand von Fallbeispielen aus der Sammlung Darmstaedter gezeigt werden. Im Zentrum meines Beitrags steht die Frage, wie aus

---

ganisationen an Bedeutung gewannen, vgl. Christine von Oertzen, Strategie Verständigung. Zur transnationalen Vernetzung von Akademikerinnen 1917–1955, Göttingen 2012, 392.

**10** Zu den kommentierten Quellensammlungen gehören Margrit Twellmann, Die deutsche Frauenbewegung. Ihre Anfänge und erste Entwicklung 1843–1889, 2 Bände, Bd. 2: Quellen, Meisenheim am Glan 1972; Sabine Hering und Cornelia Wenzel (Hg.), Frauen riefen, aber man hörte sie nicht. Die Rolle der deutschen Frauen in der internationalen Frauenfriedensbewegung zwischen 1892 und 1933, Kassel 1986.

**11** Als überregionales „Archiv der deutschen Frauenbewegung" wurde 1984 in Kassel das Forschungs- und Bildungszentrums zu Frauenalltag und Frauenbewegung in Deutschland im 19. und beginnenden 20. Jahrhundert gegründet, dem eine Bibliothek und ein Archiv angegliedert sind. Onlinepräsenz: URL: https://addf-kassel.de/index.php. (Letzter Zugriff: 22.07.2022). Andere Archive wählen nicht selten einen regionalen oder personenbezogenen Schwerpunkt, um ihre Bestände aufzubauen. Dazu gehören bspw. das Louise-Otto-Peters-Archiv in Leipzig (gegründet 1997), das FFBIZ- Feministische Archiv in Berlin (1980) und das Archiv des 1979 gegründeten Internationalen Arbeitskreises Frau und Musik in Köln.

einer akkumulierten Vielzahl kleiner schriftlicher Formate in den 1920er Jahren eine *Dokumentation* der vielschichtigen Frauenbewegung entstehen konnte, welche die Zeiten überdauerte und als Quellenbestand nun erstmals vorgestellt wird.

## 1 Die (Selbst-)Dokumentation der Frauenbewegung um 1900

> Die Geschichte aller Zeiten und die unsrige ganz besonders lehrt es, daß Diejenigen auch vergessen wurden, welche an sich selbst zu denken vergaßen! welche [sic] nicht entschieden eintraten für ihre Rechte, welche unthätig stehen blieben [.][12]

Die Frauenbewegung, ihre Protagonistinnen und deren unterschiedliche Tätigkeitsbereiche, die Vereinsstrukturen sowie ihre konkreten Forderungen wurden aus kulturwissenschaftlicher, feministischer und historischer Perspektive, aber auch dem Feld der Geschlechterforschung in den letzten Jahrzehnten untersucht und ihre Geschichte wieder sichtbar gemacht.[13] Die Anfänge dieser Beschäftigung gehen auf engagierte Akteurinnen der Frauenbewegung zurück, die bereits um 1900 darum bemüht waren, ihre Schriften vor der Zerstreuung zu bewahren und öffentlich zugänglich zu machen, aber auch die Entwicklung der Bewegung zu dokumentieren. Einerseits, um Mitstreiterinnen Material als Argumentationshilfe an die Hand zu geben, andererseits, um die eigene Geschichte festzuhalten. Zu diesem Zweck gründeten sich auch Bibliotheken, die diese graue Literatur sammelten und an die Frauenvereine angegliedert waren, sowie kleine Vereinsarchive zur Bewahrung wichtiger Dokumente.[14]

---

12 Louise Otto-Peters, Das Recht der Frauen auf Erwerb. Blicke auf das Frauenleben der Gegenwart, Hamburg 1866, 67.

13 Exemplarisch sei auf folgende Studien verwiesen: Richard J. Evans, The feminist movement in Germany. 1894–1933, London 1976; Theresa Wobbe, Gleichheit und Differenz. Politische Strategien von Frauenrechtlerinnen um die Jahrhundertwende, Frankfurt am Main und New York 1989; Magdalena Gehring, Vorbild, Inspiration oder Abgrenzung? Die Amerikarezeption in der deutschen Frauenbewegung im 19. Jahrhundert, Frankfurt am Main 2020. Trotzdem ist die Geschichte der Frauenbewegung nach wie vor ein unterbelichteter Aspekt. So werden Frauen als Akteurinnen politischer und sozialer Diskurse der Zwischenkriegszeit im jüngst erschienenen Handbuch der Weimarer Republik von Nadine Rossol und Benjamin Ziemann nur am Rande erwähnt, vgl. Nadine Rossol und Benjamin Ziemann, Aufbruch und Abgründe. Das Handbuch der Weimarer Republik, Darmstadt 2021.

14 Die meisten dieser frühen Archive und Bibliotheken sind den Umbruchszeiten zum Opfer gefallen und existieren nicht mehr, was die prekäre Quellenlage erklären mag.

Auch Publikationen waren um diesen Ansatz bemüht, wie das von Gertrud Bäumer und Helene Lange herausgegebene *Handbuch der Frauenbewegung* (1901–1906) exemplarisch zeigt. Dieses war ganz der Bemühung verschrieben, historische Hintergründe mit aktuellen Fakten zusammenzuführen und das „umfangreiche Quellenmaterial der ganzen Bewegung" – die Bäumer und Lange als „rein geistige Bewegung, als eine Folge moderner Geistesentwicklung" verstanden wissen wollten – mit einzubeziehen.[15] Dabei stellte die Quellenbeschaffung eine besondere Herausforderung dar, denn die Quellen mussten aus Privatbesitz sowie Bibliotheksbeständen, „vergilbten Zeitungsbänden und Parlamentsakten" zusammengetragen werden und die Dokumentation blieb doch unvollständig.[16] Gleichzeitig hatten Staatsarchive als zentrale Speicher und Verwahrungsorte von Akten und handschriftlichen Urkunden nationaler Tragweite in der Gründungsphase des Nationalstaats neue Bedeutung erlangt und galten als „Gedächtnisorte".[17] Handschriften von Frauen sucht man in diesen staatlichen Institutionen jedoch vergeblich, was die Historikerinnen Johanna Gehmacher und Natascha Vittorelli vom „Archiv als einer Frauen systematisch ausblendenden Institution" sprechen lässt.[18]

Die Vielschichtigkeit der Frauenbewegung nahmen die Herausgeberinnen wiederum zum Anlass, ihr Handbuch in übergreifende sowie einflussreiche Themengebiete und Tätigkeitsbereiche aufzugliedern. Leitend waren die soziale Frauentätigkeit, Fragen der Frauenbildung und beruflicher Perspektiven, die Sittlichkeitsfrage oder politische Gleichberechtigung.[19] Unmöglich schien es Bäumer und Lange hingegen „jede Einzelerscheinung im Laufe der Bewegung" aufzunehmen, weshalb sie nur jene Momente hervorheben, „an die der Fortschritt der Bewegung anknüpft, und die für die nachfolgenden Schritte bestimmend werden" sollten.[20]

---

**15** Helene Lange, Vorwort, in: Handbuch der Frauenbewegung, hg. von Gertrud Bäumer und Helene Lange, Bd. V–X, hier: I, VII und IX. Indem auf wichtige Schriften hingewiesen und Entwicklungslinien der Bewegung auch im internationalen Kontext aufgezeigt werden, ist das Handbuch ein Nachschlagewerk, das „ebenso wie auf andern Gebieten [...] das Material sammelt und gestaltet darbietet", ebd., VI.

**16** Ebd., VII. Auf die „(Zer-)Streuung der Referenzen" und deren Auswirkung auf die feministische Theoriebildung, die „sich nicht an zentralen Instituten, sondern an unterschiedlichen Orten und in verschiedenen Gruppen vollzogen hat", weisen Naomie Gramlich und Annika Haas hin: vgl. Gramlich und Haas, Situiertes Schreiben mit Haraway, Cixous und Grauen Quellen, in: Zeitschrift für Medienwissenschaft 11 (2019), H. 1, 38–52.

**17** Vgl. Wolfgang Ernst, Das Archiv als Gedächtnisort, in: Archivologie. Theorien des Archivs in Philosophie, Medien und Künsten, hg. von Markus Knut Ebeling und Stephan Günzel, Berlin 2009, 177–200, hier: 183.

**18** Johanna Gehmacher und Natascha Vittorelli, Einleitung, in: Wie Frauenbewegung geschrieben wird. Historiographie, Dokumentation, Stellungnahmen, Bibliographien, hg. von dens., 9–26, hier: 14.

**19** Lange, Vorwort, VIII. Vgl. auch die weiteren vier Bände des Handbuchs.

**20** Ebd., VII–IX.

Das Ausblenden von Einzelerscheinungen bedeutete jedoch, dass die persönlichen Stimmen und Einzelschicksale der Protagonistinnen nur bedingt zur Sprache kommen. Dabei geben gerade die persönlichen Aussagen einen eindrücklichen Blick in die Bewegung und ihre Kämpfe.

So thematisiert die Frauenrechtlerin Hedwig Dohm in einem Schriftstück den Kampf gegen jene Vorurteile, die mit der Frauenbewegung „weltumstürzlerische Intentionen" und die „Geburt des Chaos" verbanden.[21] Ein Chaos, „durchgellt von den Rabenrufen der Souffragettes", das Dohm als emanzipatorischen Befreiungsschlag deutet, und aus dem, wie sie schreibt, „die Sterne in denen – nach Schiller – unzerbrechlich, unvergänglich die ewigen Rechte der Menschen hangen" hervorgehen.[22] Die Forderungen nach Gleichberechtigung und Mitspracherecht der Frauen ließen die gesellschaftlichen Ordnungen erbeben, die nach Einschätzung von Anna Pappritz „das weibliche Geschlecht seit Jahrtausenden immer zurückgesetzt und unterdrückt, [...] die Ausbildung seiner Persönlichkeit unterbunden und gehemmt" hatten, wie sie in ihrem Lebenslauf schildert.[23] Auch Lida Heymann sieht die Ursprünge für die Krisen ihrer Gegenwart in der Entmündigung der Frau und fordert „daß man den Frauen Einfluß an allen maßgebenden Stellen im Staat verschaffen müsse".[24] Diese Ausschnitte aus persönlichen Dokumenten der Frauenbewegung zeichnen ein deutliches Bild der Forderungen sowie Zukunftsbilder der Akteurinnen und eröffnen einen Blick auf das Zeitgeschehen aus dem Sichtwinkel der Frauen. In der Sammlung Darmstaedter sind diese Stimmen in Briefen, Lebensläufen und Tätigkeitsberichten überliefert und können die Geschichte der Frauenbewegung um die persönliche Sicht der Frauenrechtlerinnen als Facette erweitern.

## 2 Die Dokumenten-Sammlung Darmstaedter

Ludwig Darmstaedter hatte Anfang des 20. Jahrhunderts damit begonnen, persönliche Schriftstücke von Akteurinnen der Frauenbewegung zu sammeln. Bereits in den 1880er Jahren interessierte er sich für die Autographe von Wissenschaftlern und Ingenieuren, die mit ihrer Forschung neues Terrain beschritten und deren Handschriften er zu einem Quellenapparat zur Erforschung der Geschichte der

21 Hedwig Dohm, „Viele Leute halten die [...]", Dezember 1911, Slg. Darmstaedter 2k 1875: Dohm, Hedwig, Bl. 2.

22 Ebd.

23 Anna Pappritz, „Mein Lebenslauf", o. D., Slg. Darmstaedter 2k 1896: Pappritz, Anna, Bl. 2.

24 Lida Gustava Heymann, [Tätigkeitsbericht], Dezember 1917, Slg. Darmstaedter 2k 1900: Lida Gustava Heymann, Bl. 3–4.

Wissenschaft und Technik anlegte. 1907 stiftete er seine Sammlung der Königlichen Bibliothek, blieb jedoch weiterhin als Kuratoriumsmitglied tätig und weitete die Sammelaktivitäten aus. Dabei folgte Darmstaedter seiner Idee, Autographe als kleine dokumentarische Formen einzusetzen. Unabhängig von institutionellen Vorgaben konnte somit eine Dokumentationsform entstehen, die das handschriftliche Unikum zum Repräsentanten mit Verweischarakter transformierte. 1919 schrieben sich die dokumentarischen Qualitäten auch in den Namen ein – der „irreführende[] Name[] Autographen-Sammlung" war ab sofort „durch Dokumenten-Sammlung ersetzt".[25]

Mit dieser Fokussierung war gleichzeitig auch die aktive Dokumentation von Entwicklungen der unmittelbaren Gegenwart stärker adressiert. Dem Bedürfnis folgend, die dynamischen Veränderungen der eigenen Gegenwart aufzuzeigen, sollte die Dokumentation als Zeitgeschichte *avant la lettre* den undurchsichtigen Strudel der Ereignisse durchbrechen und durch die historische Perspektivierung entschleunigen.[26] Dies bedeutete, die sich überschlagenden Ereignisse in Dokumentenform zu bringen und die vielschichtigen Umwälzungen als einzelne Fortschritte und Geistesleistungen abzuspeichern. Mit Zusammenbringen handschriftlicher Schriftstücke als Belege historischer Entwicklungen und ihrer Systematisierung bediente sich der Sammler den Verfahren des Dokumentarischen, worunter die Medienwissenschaftler Friedrich Balke und Oliver Fahle die „Akte der Beglaubigung und des Beweisens, des Registrierens und Zertifizierens" verstehen.[27] Das Interesse der Sammlung Darmstaedter an der Dokumentation und die Wahl des Materials waren an den Prinzipien der aufkeimenden Dokumentationsbewegung orientiert, welche die Juristen Paul Otlet und Henri La Fontaine 1895 mit ihrem Office Internationale de Bibliographie in Brüssel angestoßen hatten. Unter „Dokumentation" verstanden sie „das graphische Gedächtnis der Menschheit", also jenen „materiellen Teil unseres Wissens", der „Informationen und Auskünfte" zum Erwerb von Wissen für die wissenschaftliche Forschung und das Studium bereitstellen sollte.[28] Dazu galt es, Dokumente als „Material im Rohzustand" zusammenzutragen, dieses zu organisieren und in Beziehung zu setzen, um der Utopie eines universellen Wissensspeichers – eines „Weltgedächtnis[ses]" – einen Schritt näher

25 Ludwig Darmstaedter an Otto Toeplitz, 30.07.1919, Slg. Darmstaedter: Schriftwechsel ab 1910. T, o. P.

26 Ludwig Darmstaedter, Naturforscher und Erfinder. Biographische Miniaturen, Bielefeld und Leipzig 1926, 1.

27 Friedrich Balke und Oliver Fahle, Dokument und Dokumentarisches. Einleitung in den Schwerpunkt, in: Zeitschrift für Medienwissenschaft 6 (2014), H. 2, 10–17, hier: 11.

28 Paul Otlet, Die Dokumentation [1907], in: Von der systematischen Bibliographie zur Dokumentation, hg. von Peter Frank, Darmstadt 1978, 353–362, hier: 353f.

zu kommen.[29] Die Dokumenten-Sammlung Darmstaedter partizipierte an diesem Gedankenmodell und akkumulierte Papierobjekte im Kleinformat, verdichtete zerstreute und diffuse Informationen zu einer Dokumentation historischer Ereignisse.

Den Wunsch nach Speicherung und Akkumulierung verstreuten Materials sowie der Dokumentation historischer Entwicklungen hatten auch Lange und Bäumer mit ihrem *Handbuch der Frauenbewegung* verfolgt. Doch im Gegensatz zu Lange und Bäumer wählte Darmstaedter den Zugang über die Persönlichkeiten und folgte der Idee, seine Gegenwart und somit auch die Frauenbewegung in ihren Handschriften einzufangen und als Dokumentation in kleinen Formen anzulegen (Abb. 1).

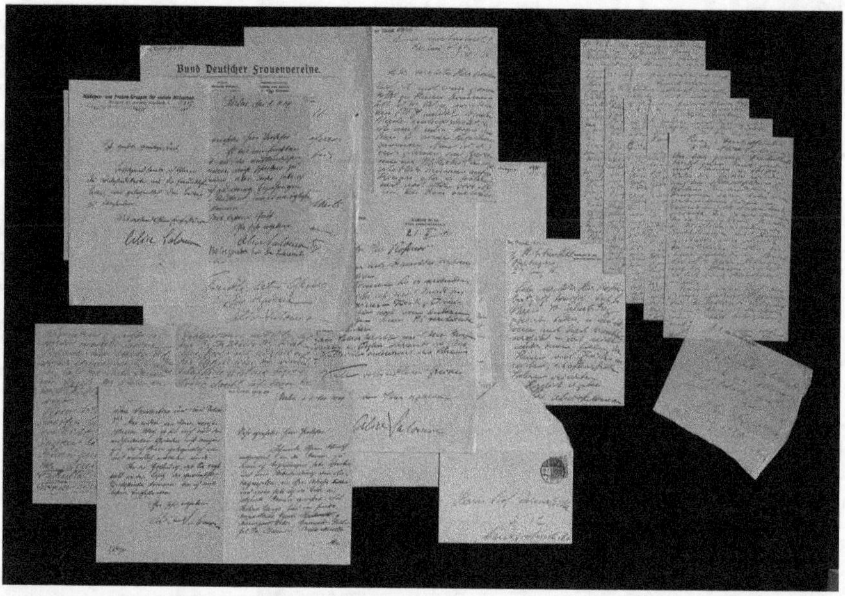

**Abb. 1:** Alice Salomon [Inhalt der Autographenmappe], SBB-PK, Handschriften und historische Drucke, Slg. Darmstaedter 2k 1900: Salomon, Alice.

Bemerkenswert ist, dass es sich dabei nicht nur um Autographe der bekannten Vertreterinnen, wie etwa Minna Cauer, Auguste Goldschmidt und Hedwig Heyl handelt, sondern auch Autographe weniger prominenter Frauen darunter sind. So wie jene der Pädagogin Lili Droescher, der Initiatorin des Verbands deutscher Haus-

29 Ebd., 358 und 362. Bei Otlet ist das „Weltgedächtnis […] ein riesiger intellektueller Mechanismus, dazu bestimmt, das zerstreute und diffuse Wissen zu erfassen und zu verdichten […].“, ebd.

frauenvereine Martha Voss-Zietz und Elise von Hopffgarten (1869–1951), Begründerin des Pfadfinderinnenvereins. Letztere spielte auch für die Materialakquise der Sammlung Darmstaedter eine besondere Rolle. Denn lag der Fokus der Sammeltätigkeit Darmstaedters im Allgemeinen auf Papierobjekten, die über den Handel, persönliche Kontakte und direkte Abfragen für die Sammlung akquiriert wurden,[30] hebt sich der Bestand von Handschriften der Frauenbewegung durch drei Merkmale davon ab: Erstens, die Bandbreite unterschiedlicher Formate, zu denen Briefe, Tätigkeitsberichte, kurze Manuskripte oder Sonderdrucke und Lebensläufe zählen; zweitens, die hohe Zahl an Dokumenten, die eigens für die Sammlung angefertigt wurden und drittens, die Akquirierung des Materials durch das persönliche Netzwerk des Sammlers.

## 3 Darmstaedter und die Frauenbewegung. Netzwerke und Infrastrukturen

Die Verbindung Ludwig Darmstaedters zu Akteurinnen der Frauenbewegung geht auf die 1880er Jahre und den Kontakt zur Frauenrechtlerin Hedwig Heyl (1850–1934) zurück. Diese war in zahlreichen Unternehmungen der bürgerlichen Frauenbewegung aktiv und hatte verschiedenste Projekte in Berlin angestoßen, darunter die Gründung einer Koch- und Haushaltsschule für Frauen (1884) und die Initiierung des deutschen Lyceum-Clubs in Berlin (1905).[31] Heyls Koch- und Haushaltsschule war an den Berliner Verein für Volkserziehung (1874) angegliedert, zu dem das von Henriette Schrader-Breymann geführte Pestalozzi-Fröbel-Haus, ein Mädchenheim (1881) sowie ab 1908 die von Alice Salomon initiierte Soziale Frauenschule gehörten. Das Wirkungsfeld lag auf dem Schwerpunkt der (pädagogischen) Ausbildung junger Frauen sowie der Jugend- und Kindererziehung. Als eine der frühesten Ausbildungsstätten für sozialpädagogische Berufe stellte das Modellprojekt wichtige Weichen für die

30 Der Autographenhandel stellte eine wichtige Ressource für die Sammlung dar, spielte zum Erwerb von Handschriften der Frauenbewegung aber eine untergeordnete Rolle. Der Markt orientierte sein Angebot vornehmlich an der Nachfrage und bot kaum Autographe von sozial oder politisch engagierten Frauen an. Im Vergleich zum sonstigen Bestand der Sammlung Darmstaedter fällt auf, dass von den Frauen in der Regel nur wenige und oft kurze Dokumente vorliegen. Vollständige Nachlässe von Aktivistinnen gibt es keine.

31 Hedwig Heyl übernahm innerhalb der Frauenbewegung Repräsentationsaufgaben und vertrat sie auf internationalen Kongressen. Sie war Mitglied in diversen Clubs und Vereinen, darunter auch dem Deutsch-Kolonialen Frauenbund, der sich 1907 gründete und 1908 an die Deutsche Koloniale Gesellschaft angeschlossen wurde, die Heyl bis 1918 leitete. Die rassistische Grundeinstellung der Gesellschaft hinterfragte sie nicht, vgl. Hedwig Heyl, Aus meinem Leben, Berlin 1925.

Erwerbstätigkeit von Frauen im sozialen Bereich. Darmstaedter war ab 1884 Mitglied des Berliner Vereins für Volkserziehung und übernahm das Amt des Schatzmeisters. Ab 1889 stand er dem Verein zudem als stellvertretender Vorstand vor und übernahm nach dem Tod des Vorsitzenden Karl Schrader im Mai 1913 kurzzeitig auch die laufenden Geschäfte.[32] Briefe zwischen Heyl sowie Schrader und Darmstaedter thematisieren finanzielle und personelle Vereinsangelegenheiten und zeugen von einem engen Austausch.[33] Darüber hinaus engagierte sich Darmstaedter in der Jugendfürsorge und der Anti-Alkoholbewegung, korrespondierte mit der Sozialreformerin Alice Salomon und sicherte die Finanzierung des ersten Jugendgefängnisses in Deutschland, welches aus der Reformbewegung des Jugendstrafrechts hervorging.[34]

Durch sein sozialreformerisches Engagement in die lokalen Vereinsstrukturen involviert, stand Darmstaedter mit verschiedensten Persönlichkeiten der Frauenbewegung, der Wohlfahrt und der sozialen Fürsorgepraxis in Kontakt, die ihrerseits enge Kontakte zueinander pflegten.[35] Diese Verbindungen haben auch Eingang in die Dokumenten-Sammlung gefunden: Als Einträge im Akzessionsjournal, welche die Materialeingänge in die Sammlung mit Verweis auf die schenkende Person verzeichnen; in einzelnen Autographen, die direkt auf Darmstaedter Bezug nehmen und gewünschte Kontaktdaten weitergeben und in Briefen, die das zentrale Kom-

32 Dies geht aus den Verwaltungsberichten des Vereins hervor, vgl. Berliner Verein für Volkserziehung (Hg.), Verwaltungsbericht des Vorstandes des Berliner Vereins für Volkserziehung, Berlin 1884–1916. Von der Übernahme der Geschäfte 1913 berichtet das Schreiben Mary Lyschinska an Darmstaedter, vgl. Mary Lyschinska an L. Darmstaedter, 12.05.1913, Slg. Darmstaedter 2k 1910: Lyschinska, Mary, Bl. 1–2.

33 Vgl. die Briefe in Slg. Darmstaedter 2k 1870: Heyl, Hedwig und Slg. Darmstaedter 2l 1886: Schrader, Karl.

34 Zum Engagement in der Jugendfürsorge vgl. die Korrespondenz mit Margarete Dittmer, Slg. Darmstaedter 2k 1908: Dittmer, Margarete. Darmstaedter war Mitglied des Berliner Frauenvereins gegen Alkoholismus, wie aus einem Bericht von 1910 hervorgeht. Auch pflegte er Kontakt zum Verein gegen den Mißbrauch geistiger Getränke, vgl. Berliner Frauenverein gegen den Alkoholismus, Bericht über das 3. Geschäftsjahr des Berliner Frauenvereins gegen den Alkoholismus. 1. Januar 1910 bis 31. Dezember 1910, Berlin 1910. Zum Briefwechsel mit Alice Salomon vgl. Slg. Darmstaedter 2k 1900: Salomon, Alice. Zu Darmstaedters Engagement zur Einrichtung eines Jugendgefängnisses in Wittlich vgl. Freudenthal, Berthold, Ludwig Darmstaedterund das Jugendstrafrecht, in: Ludwig Darmstaedter, Ehrenmitglied des Staatsinstituts für Experimentelle Therapie und des Georg Speyer Hauses in Frankfurt am Main zu seinem 80. Geburtstage am 9. August 1926, hg. vom Georg-Speyer-Haus, Berlin 1926, 42–51.

35 Dass die Vernetzung als Kulturtechnik der Moderne gelten kann, haben die Beiträge von folgendem Sammelband herausgearbeitet: Jürgen Barkhoff, Hartmut Böhme und Jeanne Riou, Netzwerke. Eine Kulturtechnik der Moderne, Köln 2004. Das Digitale Deutsche Frauenarchiv ermöglicht die graphische Darstellung der Netzwerkstrukturen. Vgl. bspw. das Netzwerk, in welches Alice Salomon eingebunden war, URL: https://www.digitales-deutsches-frauenarchiv.de/akteurinnen/alice-salomon#actor-network. (Letzter Zugriff: 22.07.2022).

munikationsmittel der Akteurinnen der Frauenbewegung darstellten. Die Netzwerke können als Infrastrukturen der Sammelpraxis bezeichnet werden und bildeten die Voraussetzungen, um den Bestand von Handschriften aus der Frauenbewegung aufzubauen. Wie diese Kontakte eingesetzt wurden, lässt sich exemplarisch an Autographensendungen aufzeigen, die 1921 durch das Engagement von Elise von Hopffgarten in die Sammlung Darmstaedter eingingen.

## 4 Elise von Hopffgarten – Dokumentaristin der Frauenbewegung

Das Akzessionsjournal der Sammlung Darmstaedter verzeichnet für das Jahr 1921 drei Eingänge von Handschriftenkonvoluten, die von Elise von Hopffgarten[36] übergeben wurden. Als enge Mitarbeiterin Hedwig Heyls hatte von Hopffgarten ab 1906 ehrenamtlich im deutschen Lyceum-Club gearbeitet, der Frauen ein Forum des geistigen Austauschs bot und Vorträge sowie Ausstellungen veranstaltete.[37] Sie war auch Begründerin und erste Vorsitzende des Bundes deutscher Pfadfinderinnen, gab eine Vereinszeitschrift heraus und verfasste ein Pfadfinderbuch für Mädchen (1912). Durch ihre Vereinstätigkeiten in ständigem Kontakt mit einer Vielzahl aktiv engagierter Frauen wundert es nicht, dass sie 1920 im Namen Ludwig Darmstaedters per brieflicher Anfrage Dokumente abfragte. Ihrer Bitte um Dokumentenmaterial wurde zahlreich nachgekommen und so übergab sie am 22. Januar 1921 „22 Briefe bedeutender Frauen u. 9 M[anuskripte]., 20. Jh.", wie es im Akzessionsjournal heißt.[38] Darunter auch die Zusendung der Frauenrechtlerin Anna Pappritz (Abb. 2).

Weitere 47 Briefe waren es am 13. Juni 1921 und 21 weitere am 11. Juli 1921, darunter auch solche aus der eigenen Korrespondenz. Für ihre Sammeltätigkeit

36 Elise von Hopffgarten gehört zu den fast vergessenen Akteurinnen der Frauenbewegung. Stephan Schrölkamp und Wilfried Breyvogel legten jedoch kürzlich einen ersten „biografischen Grundriss" vor, der von Hopffgartens Rolle in der Pfadfinderinnenbewegung beleuchtet: Wilfried Breyvogel und Stephan Schrölkamp, Elise von Hopffgarten (1869–1951). Die verkannte Gründerin. Ein biografischer Grundriss, in: Die Pfadfinderinnen in der deutschen Jugendkultur, hg. von Helmut Bremer und Wilfried Breyvogel, Wiesbaden 2020, 21–79.

37 Der Deutsche Lyceum-Club wurde nach englischem Vorbild gegründet und gliederte sich in diverse Sektionen, die Veranstaltungen planten, Frauenengagement förderten und als Plattformen Frauen mit gleichen Interessen zusammenbrachten. Konzerte, Vorträge zu politischen oder sozialen Themen wechselten sich mit literarischen Lesungen und Spielenachmittagen ab. Siehe hier etwa die Vereinszeitschrift: Deutscher Lyceum-Club (Hg.), Offizielles Organ des Deutschen Lyceum-Clubs, 1907–1934.

38 Akzessionsjournal der Sammlung Darmstaedter, Jahr 1921, Eintrag Nr. 362, o. P.

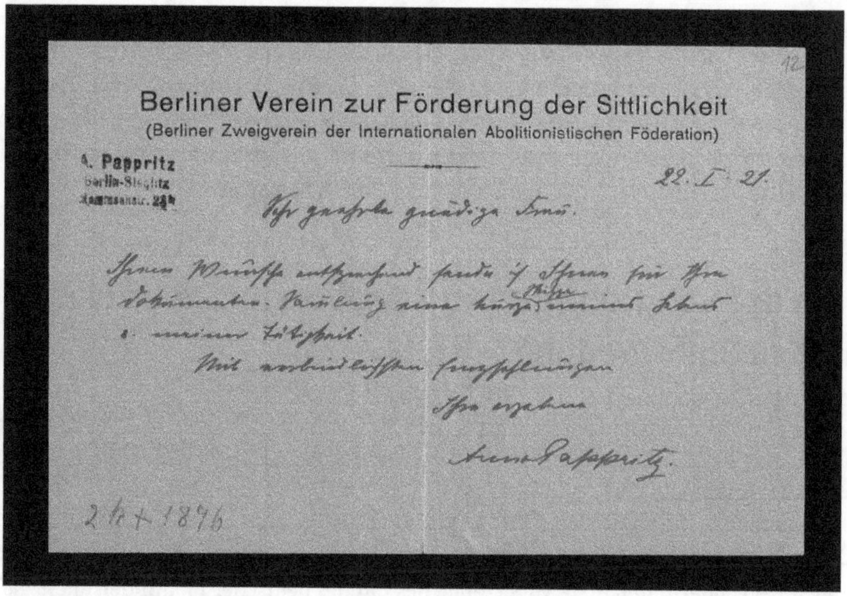

12

Berliner Verein zur Förderung der Sittlichkeit
(Berliner Zweigverein der Internationalen Abolitionistischen Föderation)

A. Pappritz
Berlin-Steglitz

22. I. 21.

Sehr geehrte gnädige Frau.

Ihrem Wunsche entsprechend sende ich Ihnen für Ihre Dokumenten-Sammlung eine kurze Skizze meines Lebens u. meiner Tätigkeit.

Mit verbindlichsten Empfehlungen
Ihre ergebene
Anna Pappritz.

2k + 1896

**Abb. 2:** Anna Pappritz an Elise von Hopffgarten, 22.01.1921, SBB-PK, Handschriften und historische Drucke, Slg. Darmstaedter 2k 1896: Pappritz, Anna Bl. 12.

wurden Elise von Hopffgarten 395 Mark ausgezahlt.[39] Unter den Einsenderinnen waren die Frauenrechtlerin Else Lüders, die auf sozialpädagogischem Feld engagierte Alice Salomon, aber auch Martha Voss-Zietz und Elisabet Böhm-Lamgarbe, die in der Jugendfürsorge aktive Frieda Duensing sowie Marie Gräfin von Schwerin-Löwitz, Vorsitzende des deutsch-evangelischen Frauenbundes. Eine ganze Bandbreite unterschiedlicher Protagonistinnen, deren Vernetzung und Interaktion insbesondere in den Briefen zum Ausdruck kommt, die aus den Privatkorrespondenzen in die Sammlung übergingen.[40] In den eigens erstellten Dokumenten, zu denen Lebensläufe, Tätigkeitsberichte aber auch Wahlsprüche gehören, kommen hingegen persönlichere Facetten ans Licht.

Else Lüders antwortete auf die Anfrage von Hopffgartens zunächst mit Skepsis und fragte sich, ob sie denn bereits „würdig genug für die Dokumentensammlung" sei. Dennoch fand sie den „Grundgedanken sehr schön" und wollte das Projekt gern

39 Vgl. im Akzessionsjournal folgende Nummern: acc. 1920.362; acc. 1921.51; acc. 1921.58. Vgl. auch die dazugehörigen Zugangslisten Nr. 78 und 79 der Slg. Darmstaedter.

40 Kerstin Wolff stellt heraus, dass die Frauenbewegung „durch die persönliche Briefkultur getragen wurde". Vgl. Kerstin Wolff, Die Funktion von Briefen in der Frauenbewegung, 1338.

unterstützen.[41] Ihr „Einzelschicksal" schildert Lüders als „ein typisches Frauenschicksal unserer Zeit", weshalb sie ihrer biographischen Schilderung durchaus „einen gewissen Wert als Zeitdokument" zuschreibt.[42] Unter dem Titel „Von der ‚höheren Tochter' zum Regierungsrat" beschreibt sie, wie ihr erster Kontakt zur Frauenbewegung 1899 ihren Weg zur Sozialpolitikerin und schließlich zur Regierungsrätin im Reichsarbeitsministerium beeinflusste. Gleichzeitig unterstreicht sie, dass sich in ihrem persönlichen Lebensweg „ein Stück Frauenbewegung" widerspiegelt.[43] Eine Beobachtung, die auch auf weiteres Material zutrifft, das Elise von Hopffgarten zusammenbrachte. So sah ebenfalls die in der Sittlichkeitsbewegung aktive Anna Pappritz in ihrem „Los ein typisches Frauenschicksal", das sie mit anderen teilte, ohne Zugangsmöglichkeit zu Bildung, „vollkommen durch die Familientradition gehemmt und gefesselt".[44] Wie sie in ihrem Lebenslauf berichtet, fand sie erst in der Frauenbewegung den „Boden, in dem ich wurzeln und mich entfalten konnte" und das „Tätigkeitsgebiet, was meiner ganzen Veranlagung entsprach."[45] Der Lebenslauf zeichnet den Weg einer Frau nach, die sich aus dem bürgerlichen Korsett befreite und schließlich vehement für die Entkriminalisierung der Prostitution eintrat – der individuelle Lebensweg wird hier zur Schilderung politischer Reformprozesse.

Eingesandte Manuskripte und Berichte bilden wiederum die unterschiedlichen Tätigkeitsgebiete und behandelten Fragen ab, die in ihrer Ausführlichkeit sehr unterschiedlich ausfallen. Darunter etwa der Bericht „Der Verband deutscher Hausfrauenvereine" von Martha Voss-Zietz, der als Reinschrift in ihrer steilen Handschrift überliefert ist. Das Manuskript „Jung-Deutschland" von Alice Salomon hingegen ist ein Konvolut loser Blätter mit Ausstreichungen und Korrekturen und bildet den Schreibprozess mit ab (Abb. 3).[46]

Doch so unterschiedlich diese Dokumente auch sind, sie alle zeigen die Entwicklungen der Frauenbewegung aus subjektiver Sicht, blicken zurück, markieren wichtige Wendepunkte und propagieren Zukunftsvisionen, wie sie in anderen

---

41 Else Lüders an Elise von Hopffgarten, 21.11.1920, Slg. Darmstaedter 2k 1899: Lüders, Else, Bl. 1$^{r}$.

42 Ebd., Bl. 1$^{r}$ und 1$^{v}$.

43 Ebd., Bl. 3$^{r}$.

44 Anna Pappritz, „Lebenslauf", o. D., Slg. Darmstaedter 2k 1896: Pappritz, Anna, Bl. 2. Pappritz vertrat federführend den Abolitionismus in der Frauenbewegung und setzte sich für die Abschaffung der staatlich reglementierten Prostitution ein, vgl. dazu ihre Schriften, die sie im Lebenslauf aufführt, ebd., Bl. 5–6.

45 Ebd., Bl. 3.

46 Martha Voss-Zietz, „Der Verband deutscher Hausfrauenvereine" o. D., Slg. Darmstaedter 2k 1890: Voss-Zietz, Martha, Bl. 1–5; Alice Salomon, „Jung-Deutschland" o. D., Slg. Darmstaedter 2k 1900: Salomon, Alice, Bl. 1–8.

Medien selten zum Ausdruck kommen und schreiben gleichzeitig ein Stück Geschichte der Frauenbewegung mit.

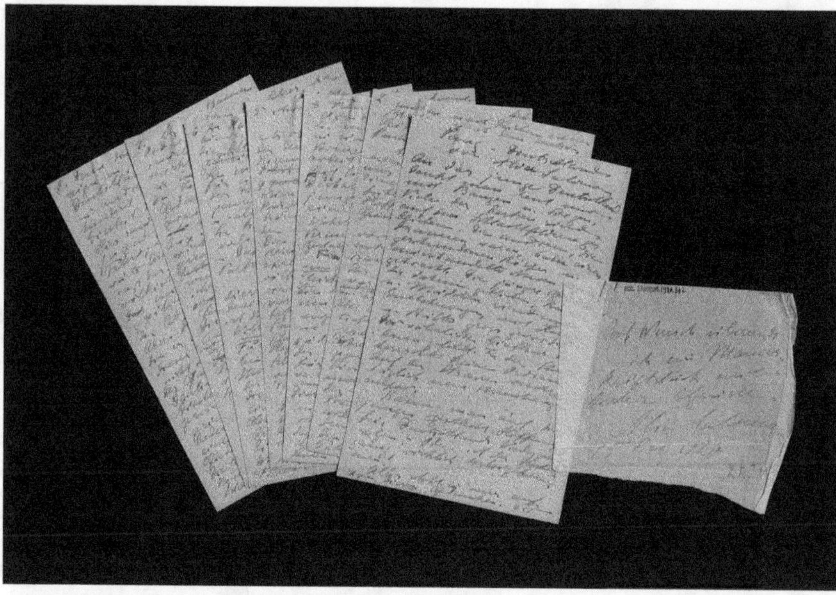

**Abb. 3:** Alice Salomon, Manuskript „Jung-Deutschland" und Notiz [o. D.], SBB-PK, Handschriften und historische Drucke, Slg. Darmstaedter 2k 1900: Salomon, Alice, Bl. 1–9.

## 5 Dokumente ordnen – Frauenbewegung historisieren

Der Eingang dieser Dokumente in die Sammlung war verbunden mit der Einordnung dieser disparaten und vereinzelten Schriftstücke in eine Struktur aus Kategorien, die in einzelne Wissensfelder aufgeteilt ist. Zunächst wurden sie der übergeordneten Sammlungskategorie „2 Philosophische Wissenschaften – humane Bestrebungen" zugeordnet – in der Sammlungsklassifikation auch umschrieben als „Bestrebungen zur Verbesserung des Loses der Menschheit".[47] Weitere Unterkategorien ordnen die Papierobjekte der „Frauenbewegung" zu und teilen die Bewegung in „sociale Frauenfra-

47 Ludwig Darmstaedter, Verzeichnis der Autographensammlung. Königliche Bibliothek zu Berlin, Berlin 1909, 3.

ge", „Volkserziehung", „radikale Frauenbewegung" und „Jugendfürsorge" ein.[48] Diese Auffächerung ist zum einen Ausdruck der vielseitigen Facetten der Frauenbewegung, aber auch Anzeichen des Versuchs, die unterschiedlichen Tätigkeiten und Wirkungsfelder unter Kategorien zu subsumieren, die durch das Material repräsentiert werden. Somit verfügen die Schriftstücke als Dokumente über eine weitere Betrachtungsebene, die über den biographischen Zugang hinausgeht und repräsentativen Charakter hat. Dass sich die Frauen dessen sehr wohl bewusst waren, haben die Dokumente von Else Lüders und Anna Pappritz gezeigt. Als Momentaufnahmen sind die Papierobjekte gleichzeitig Zeugnisse einer Selbstdokumentation, welche die Frauen für künftige Generationen verfassten und so das Überlieferungsbild ihrer Bewegung aktiv mitgestalteten. Eingegangen in die Dokumenten-Sammlung Darmstaedter fügten sie sich in einen Materialkorpus ein, der angelegt war, um als Ferment historischer Forschung bereitzustehen. Somit wurde ein heterogener Korpus an Dokumenten hervorgebracht, der einerseits Geschichte(n) erzählen sollte, in den sich aber gleichzeitig die eigene Gegenwart eingeschrieben hatte. Diese doppelte Historizität zeichnet insbesondere jenes Handschriftenmaterial aus, das auf Anfrage verfasst wurde: Tätigkeitsberichte, Lebensläufe und Wahlsprüche, aber auch die Briefe als Indikatoren des aktiven Netzwerks. Dabei waren wiederum Frauenrechtlerinnen die aktive Kraft hinter den Dokumentationsbestrebungen, wie das Engagement von Elise von Hopffgarten gezeigt hat.

Allen politischen Umwälzungen und gesellschaftlichen Krisen zum Trotz haben die Dokumente der politisch aktiven Frauen in der Sammlung Darmstaedter die Zeit überdauert. Die Frauenbewegung mit ihren verschiedenen Tätigkeitsbereichen und Organisationsstrukturen ist hier neben den Protagonisten wissenschaftlicher, politischer und gesellschaftlicher Entwicklung dokumentiert und wird so integraler Bestandteil eines breiteren historischen Kontextes. Gleichzeitig wird das Spektrum der Frauenbewegung durch Zuschreibungen und Kategorien festgesetzt. Dies hatten auch schon die Herausgeberinnen des *Handbuchs der Frauenbewegung* vorgenommen, im Falle der Sammlungskategorien sind diese jedoch als Fremdzuschreibung zu werten.[49] Die Sammlung als Ganzes stellt einen Korpus historischen Quellenmaterials

---

**48** Vgl. hier die unterschiedlichen Autographenmappen des bereits zitierten Quellenmaterials.
**49** Dies wirft Fragen nach Eigen- und Fremdzuschreibungen auf, die an dieser Stelle nicht ausgeführt werden können. Weiterführend erscheint ein verstärkter Fokus auf die Frage, wer über wen schreibt und welche Aneignungsprozesse oder Deutungshoheiten auf die Forschung und deren Ergebnisse einwirken, lohnenswert. Dass dies bereits für die Überlieferung und Quellensicherung von Bedeutung ist, hat die Analyse zeigen können. Die Schärfung dieses Blickwinkels in der Forschung bedeutet nicht nur die Reflektion über die Medien der Geschichtsschreibung und deren Überlieferung, sondern berührt gleichzeitig Fragen nach Machtverhältnissen und gesellschaftlichen Konventionen.

bereit, dessen Ziel es war, nicht weniger als die „restlose“[50] Dokumentation historischer Entwicklungen und des Zeitgeschehens in seiner Universalität anzustreben – ein Unterfangen, das sich durch einen Hang zu spezifischen Formaten auszeichnet und eigene Dokumentationsformen entwickelte. Dass die sonst marginalisierten Protagonistinnen der Frauenbewegung nicht fehlen durften, beweist die Vielzahl kleiner Dokumente aus ihrer Feder, welche die Stimmen der Frauen in das Dokumentationsprojekt menschlicher Geistesleistungen eingeschrieben haben. Als Zeitdokumente im Kleinformat werden sie durch die Sammlung zum Ausdruck einer Periode des Wandels und der Umbrüche, Seite an Seite mit Schriftgut von Gelehrten und Politikern. Sie fordern dazu auf, sie mit der gleichen Aufmerksamkeit zu betrachten und die Entwicklungen zu Beginn des 20. Jahrhunderts als ein umfassendes Bild einzufangen.

# Literaturverzeichnis

## Quellen

Berliner Frauenverein gegen den Alkoholismus, Bericht über das 3. Geschäftsjahr des Berliner Frauenvereins gegen den Alkoholismus: 1. Januar 1910 bis 31. Dezember 1910, Berlin 1910–1916.

Berliner Verein für Volkserziehung (Hg.), Verwaltungsbericht des Vorstandes des Berliner Vereins für Volkserziehung, Berlin 1884.

Sammlung Darmstaedter, SBB-PK, Handschriften und historische Drucke: Akzessionsjournal der Sammlung Darmstaedter.

- Slg. Darmstaedter 2k 1859: Morgenstern, Lina.
- Slg. Darmstaedter 2k 1870: Heyl, Hedwig.
- Slg. Darmstaedter 2k 1875: Dohm, Hedwig.
- Slg. Darmstaedter 2l 1886: Schrader, Karl.
- Slg. Darmstaedter 2k 1890: Voss-Zietz, Martha.
- Slg. Darmstaedter 2k 1896: Pappritz, Anna.
- Slg. Darmstaedter 2 k 1899: Lüders, Else.
- Slg. Darmstaedter 2k 1900: Heymann, Lida Gustava.
- Slg. Darmstaedter 2k 1900: Salomon, Alice.
- Slg. Darmstaedter 2k 1908: Dittmer, Margarete.
- Slg. Darmstaedter 2k 1910: Lyschinska, Mary.
- Slg. Darmstaedter: Schriftwechsel ab 1910. T.

Darmstaedter, Ludwig, Verzeichnis der Autographensammlung. Königliche Bibliothek zu Berlin, Berlin 1909.

50 Die „Restlosigkeit“ als Topos universaler Großprojekte um 1900 hat Markus Krajewski in seiner Studie betrachtet, vgl. Markus Krajewski, Restlosigkeit. Weltprojekte um 1900, Frankfurt am Main 2006, 21.

Darmstaedter, Ludwig, Naturforscher und Erfinder. Biographische Miniaturen, Bielefeld und Leipzig 1926.

Deutscher Lyceum-Club (Hg.), Deutscher Lyceum-Club. Offizielles Organ des Deutschen Lyceum-Clubs, 1907.

Freudenthal, Berthold, Ludwig Darmstaedter und das Jugendstrafrecht, in: Ludwig Darmstaedter, Ehrenmitglied des Staatsinstituts für Experimentelle Therapie und des Georg Speyer Hauses in Frankfurt am Main zu seinem 80. Geburtstage am 9. August 1926, hg. vom Georg-Speyer-Haus, Berlin 1926, 42–51.

Heyl, Hedwig, Aus meinem Leben, Berlin 1925.

Lange, Helene und Gertrud Bäumer (Hg.), Handbuch der Frauenbewegung, 5 Bände, Bd. 1: Die Geschichte der Frauenbewegung in den Kulturländern, Berlin 1901.

Otlet, Paul, Die Dokumentation [1907], in: Von der systematischen Bibliographie zur Dokumentation, hg. von Peter Frank, Darmstadt 1978, 353–362.

Otto-Peters, Louise, Das Recht der Frauen auf Erwerb. Blicke auf das Frauenleben der Gegenwart, Hamburg 1866.

## Forschung

Balke, Friedrich und Oliver Fahle, Dokument und Dokumentarisches. Einleitung in den Schwerpunkt, in: Zeitschrift für Medienwissenschaft 6 (2014), H. 2, 10–17.

Barkhoff, Jürgen, Hartmut Böhme und Jeanne Riou, Netzwerke. Eine Kulturtechnik der Moderne, Köln 2004.

Breyvogel, Wilfried und Stephan Schrölkamp, Elise von Hopffgarten (1869–1951). Die verkannte Gründerin. Ein biografischer Grundriss, in: Die Pfadfinderinnen in der deutschen Jugendkultur, hg. von Helmut Bremer und Wilfried Breyvogel, Wiesbaden 2020, 21–79.

Briatte, Anne-Laure, Bevormundete Staatsbürgerinnen. Die „radikale“ Frauenbewegung im Deutschen Kaiserreich, Frankfurt 2020.

Bruch, Rüdiger vom, Das wilhelminische Kaiserreich. Eine Zeit der Krise und des Umbruchs, in: Krisenwahrnehmungen in Deutschland um 1900. Zeitschriften als Foren der Umbruchszeit im wilhelminischen Reich, hg. von Uwe Puschner und Michel Grunewald, Bern 2010, 9–24.

Ernst, Wolfgang, Das Archiv als Gedächtnisort, in: Archivologie. Theorien des Archivs in Philosophie, Medien und Künsten, hg. von Markus Knut Ebeling und Stephan Günzel, Berlin 2009, 177–200.

Evans, Richard J., The feminist movement in Germany. 1894–1933, London 1976.

Hering, Sabine und Cornelia Wenzel (Hg.), Frauen riefen, aber man hörte sie nicht. Die Rolle der deutschen Frauen in der internationalen Frauenfriedensbewegung zwischen 1892 und 1933, Kassel 1986.

Frevert, Ute, Frauen-Geschichte. Zwischen bürgerlicher Verbesserung und neuer Weiblichkeit, Frankfurt am Main 1987.

Gehmacher, Johanna und Natascha Vittorelli, Einleitung, in: Wie Frauenbewegung geschrieben wird. Historiographie, Dokumentation, Stellungnahmen, Bibliographien, hg. von dens., Wien 2009, 9–26.

Gehring, Magdalena, Vorbild, Inspiration oder Abgrenzung? Die Amerikarezeption in der deutschen Frauenbewegung im 19. Jahrhundert, Frankfurt am Main 2020.

Gramlich, Naomie und Annika Haas, Situiertes Schreiben mit Haraway, Cixous und Grauen Quellen, in: Zeitschrift für Medienwissenschaft 11 (2019), H. 1, 38–52.

Krajewski, Markus, Restlosigkeit. Weltprojekte um 1900, Frankfurt am Main 2006.
Oertzen, Christine von, Strategie Verständigung. Zur transnationalen Vernetzung von Akademikerinnen 1917–1955, Göttingen 2012.
Rossol, Nadine und Benjamin Ziemann (Hg.), Aufbruch und Abgründe. Das Handbuch der Weimarer Republik, Darmstadt 2021.
Twellmann, Margrit, Die deutsche Frauenbewegung. Ihre Anfänge und erste Entwicklung. 1843–1889, 2 Bände, Bd. 2: Quellen, Meisenheim am Glan 1972.
Vittorelli, Natascha, Wie Frauenbewegung geschrieben wird. Historisierung und Historiographie am Beispiel von Frauenbewegung der Habsburgermonarchie, in: Wie Frauenbewegung geschrieben wird. Historiographie, Dokumentation, Stellungnahmen, Bibliographien, hg. von ders. und Johanna Gehmacher, Wien 2009, 103–134.
Wischermann, Ulla, Frauenbewegungen und Öffentlichkeiten um 1900. Netzwerke – Gegenöffentlichkeiten – Protestinszenierungen, Königstein und Taunus 2003.
Wobbe, Theresa, Gleichheit und Differenz. Politische Strategien von Frauenrechtlerinnen um die Jahrhundertwende, Frankfurt am Main und New York 1989.
Wolff, Kerstin, Die Funktion von Briefen in der Frauenbewegung, in: Handbuch Brief. Von der Frühen Neuzeit bis zur Gegenwart, hg. von Marie Isabel Matthews-Schlinzig, Jörg Schuster, Gesa Steinbrink und Jochen Strobel, Berlin 2020, 1337–1346.

Andreas Schmid

# Kleinformate der Weltkunst. Serielle Bildbände nach Hedwig Fechheimer und Carl Einstein

In der Ausstellung der Afrika-Sammlung im Ethnologischen Museum des Humboldt Forums gibt es einen Raum mit Schaumagazinen, die Objekte nach Sammlungszusammenhängen sortieren. Über einer Vitrine, die unter anderem Zepter, Beile und einen beschnitzten Elefantenstoßzahn zeigt, steht zum Beispiel „Bastian, Loango-Expedition 1873–1876“, über einer anderen „Ankermann, Kamerun 1908–1909“. In dieser Reihe von Vitrinen findet sich auch eine, die überschrieben ist mit „Einstein, ‚Afrikanische Plastik‘ 1922“. Ausnahmsweise verweist der Titel nicht auf eine Expedition oder eine museale Sammlung, sondern auf den gleichnamigen Bildband, den der Kunsthistoriker Carl Einstein 1921 im Wasmuth-Verlag veröffentlichte. Das Berliner Museum für Völkerkunde – heute das Ethnologische Museum – gab 20 Objektfotografien für den Abdruck in *Afrikanische Plastik* frei, wo sie in einem Tafelteil am Ende des Bandes in schwarz-weiß, zweidimensional und in relativ einheitlicher Größe zu sehen sind.[1] Die Vitrine stellt heute einige der vor 100 Jahren fotografierten Objekte aus. Kennt man den Abbildungsteil in Einsteins Bildband, fällt ein Detail besonders auf: Die Größe der Objekte in der Ausstellung ist völlig unterschiedlich. Eine 72 Zentimeter hohe Reliquiarfigur der Fang steht neben einer 27,5 Zentimeter hohen weiblichen Skulptur aus dem Königreich Urua im heutigen Kongo. Während sich beim Durchblättern des Bildbands mit seinen beinahe gleichgroßen Abbildungen der Eindruck einer verblüffenden Ähnlichkeit einstellt, stechen die Unterschiede ins Auge, wenn der fotografische Kanon der *Afrikanischen Plastik* in die Plastiken der Vitrine überführt wird. Mit dem epistemischen Übersetzungsschritt vom Bildband in das Schaumagazin ändern sich aber nicht nur die Skalierung und Vergleichbarkeit der Objekte. Die museale Präsentation stellt sie auch in neue Nachbarschaften. Im Humboldt Forum reiht sich die Einstein gewidmete Vitrine ein zwischen weiteren Vitrinen – „Baumann, Portugiesisch-Angola 1930“ und „Ausstellung ‚Afrikanische Plastik‘ 1922“. Einsteins *Afrikanische Plastik* von 1921 erschien in der Bildbandreihe *Orbis Pictus* und stand als siebter Band

1 Eine Liste der Provenienz der Objekte, die in *Afrikanische Plastik* abgebildet sind, hat Jean-Louis Paudrat erstellt, vgl. Carl Einstein, Les arts de l'Afrique, hg., übers. und Einleitung von Liliane Meffre, Anmerkungen von Jean-Louis Paudrat, Arles 2015, 269–276.

https://doi.org/10.1515/9783111003009-006

zwischen *Indische Miniaturen der islamischen Zeit* von Sattar Kheiri und *Altmexikanische Kunstgeschichte* von Walter Lehmann.

Populäre Bildbandreihen wie *Orbis Pictus* ermöglichten in den frühen 1920er Jahren eine Kooperation von Kunstgeschichte, Ethnologie und Archäologie, die das bis dahin weitgehend auf die wissenschaftliche Theorie beschränkte Versprechen einer ‚Weltkunst' medienpraktisch einlöste. Gegeben hatten dieses Versprechen Kunsthistoriker:innen wie Ernst Grosse, der 1894 mit Hilfe der Ethnologie *Die Anfänge der Kunst* aufspüren wollte und damit den Aufschlag für eine evolutionistische Theorie der *Kunst aller Zeiten und Völker* machte.[2] So setzte auch in der Kunstgeschichte eine Tendenz ein, die Carlos Spoerhase als Hochskalierung des geisteswissenschaftlichen Gegenstandsbereichs auf die Kategorie der Welt beschrieben hat.[3]

Die Hochskalierung von verschiedenen Künsten zu einer Weltkunst und der Erfolg dieses Konzepts verdankte sich aber nicht der Entdeckungs- oder Schöpfungsleistung einzelner Wissenschaftler:innen oder Avantgarden. Die Weltkunst wurde nicht *erfunden*, vielmehr wurde sie im kooperativen Mediengebrauch *hergestellt*. Der folgende Beitrag vollzieht diese medienpraktischen Voraussetzungen in drei Schritten nach und untersucht dabei, erstens, das Drucken von Abbildungen, zweitens, das Kleinskalieren von ethnologischen Objekten und schließlich das Serialisieren von Bildbänden.

Der erste Abschnitt verfolgt die Verfahren und Funktionen von Objektabbildungen in ethnologischen Arbeiten über afrikanische Kunst. Die Drucktechnik, aber auch die Anordnung der Abbildungen auf der Seite und ihr Verhältnis zum Text haben wesentlichen Anteil an ihrer Bedeutung. Sammlungskataloge wie Felix von Luschans *Die Karl Knorrsche Sammlung der Benin-Altertümer* (1901) zeigen darüber hinaus, wie sich Bildbände mit der musealen Präsentation von Objekten verbünden oder ihr entgegenstellen können.

Im zweiten Abschnitt rücken Kunstsammler:innen und Avantgarden in den Fokus, die der Initiative der Ethnologie folgen und vor allem fotografische Reproduktionen von außereuropäischen Objekten in neue Zusammenhänge einordnen. Skalierung und andere Bildbearbeitungsverfahren ermöglichen nicht nur eine beschleunigte Zirkulation der Objekte als Fotos, sondern verändern einmal mehr ihre Bedeutung. *Die Plastik der Ägypter* (1914) von Hedwig Fechheimer und

---

2 Vgl. Susanne Leeb, Die Kunst der Anderen. „Weltkunst" und die anthropologische Konfiguration der Moderne, Berlin 2015, 69–101.

3 Vgl. Carlos Spoerhase, Skalierung. Ein ästhetischer Grundbegriff der Gegenwart, in: Ästhetik der Skalierung, hg. von dems., Steffen Siegel und Nikolaus Wegmann, Hamburg 2020, 5–15, hier: 5–6.

*N****plastik* (1915)[4] von Carl Einstein unterscheiden sich bei aller Ähnlichkeit gerade in ihrem Umgang mit dem Problem des Maßstabs von Objektfotografien.

Im dritten Abschnitt wendet sich der Beitrag der Zeit der Weimarer Republik zu. In auflagenstarken Bildbandreihen wird die Idee der Weltkunst als Replik auf die krisenhafte Zeit nach dem Ersten Weltkrieg materiell umgesetzt. Formatvorlagen für diese Reihen findet man in den Bänden Einsteins und Fechheimers, die jenseits von Fragen nach Werk und Autorschaft als kooperative Medien neu perspektiviert werden können. Nicht nur das Foto kennzeichnet eine Mischung aus Robustheit und Formbarkeit, auch das Buch und sein Format erfahren im Mediengebrauch wiederholte Umdeutungen und bedingen ein spezifisches visuelles Wissen von Weltkunst.

## 1 Drucken und Fotografieren: Afrikanische Kunst in der Ethnologie

Die Ethnologie im 19. Jahrhundert hat es weitgehend vermieden, afrikanische Objekte in Gebrauchsgegenstände, kunstgewerbliche Erzeugnisse und Kunstwerke zu unterteilen. Als Georg Schweinfurth 1875 sein großzügig illustriertes Werk über die *Artes Africanae* publizierte, waren darin noch Alltagsobjekte, Musikinstrumente und Plastiken unterschiedslos auf einer Bildtafel versammelt (Abb. 1). Schweinfurth interessierte sich vor allem für das „wirtschaftliche Leben der Central-Afrikaner“,[5] nicht etwa für die künstlerische Qualität der Objekte. Gleichzeitig rückte er die lithografischen Abbildungen der Objekte schon in ein komplementäres Verhältnis zu ihrer musealen Sammlung und Präsentation in den ethnographischen Abteilungen europäischer Museen. Gewidmet war der Band Adolf Bastian, der 1873 das Berliner Museum für Völkerkunde gegründet hatte. Bastian unternahm zahllose Expeditionen, die auch dazu dienten, möglichst viele Objekte vermeintlich vom Untergang bedrohter Kulturen vor dem Verlust zu retten. Dafür warb auch Schweinfurth in *Artes Africanae*. Gleichzeitig setzte er sich von Bastian ab, der das gründliche Erfassen und Katalogisieren der Objekte vernachlässigte. Im Berliner Museum und andernorts seien Informationen oft „irrthümlich oder ungenau angegeben“,[6] kritisierte Schweinfurth. In seinem Band zeigte er die abgebildeten Objekte deshalb

4 Der vollständige Titel von Einsteins Bildband wird im Literaturverzeichnis angegeben. Da der exakte Wortlaut für das Argument allerdings keine Rolle spielt, verzichte ich im Interesse der Lesbarkeit auf das Ausschreiben des N-Worts im Haupttext.

5 Georg Schweinfurth, Artes Africanae. Abbildungen und Beschreibungen von Erzeugnissen des Kunstfleisses centralafrikanischer Völker, Leipzig und London 1875, IX.

6 Ebd.

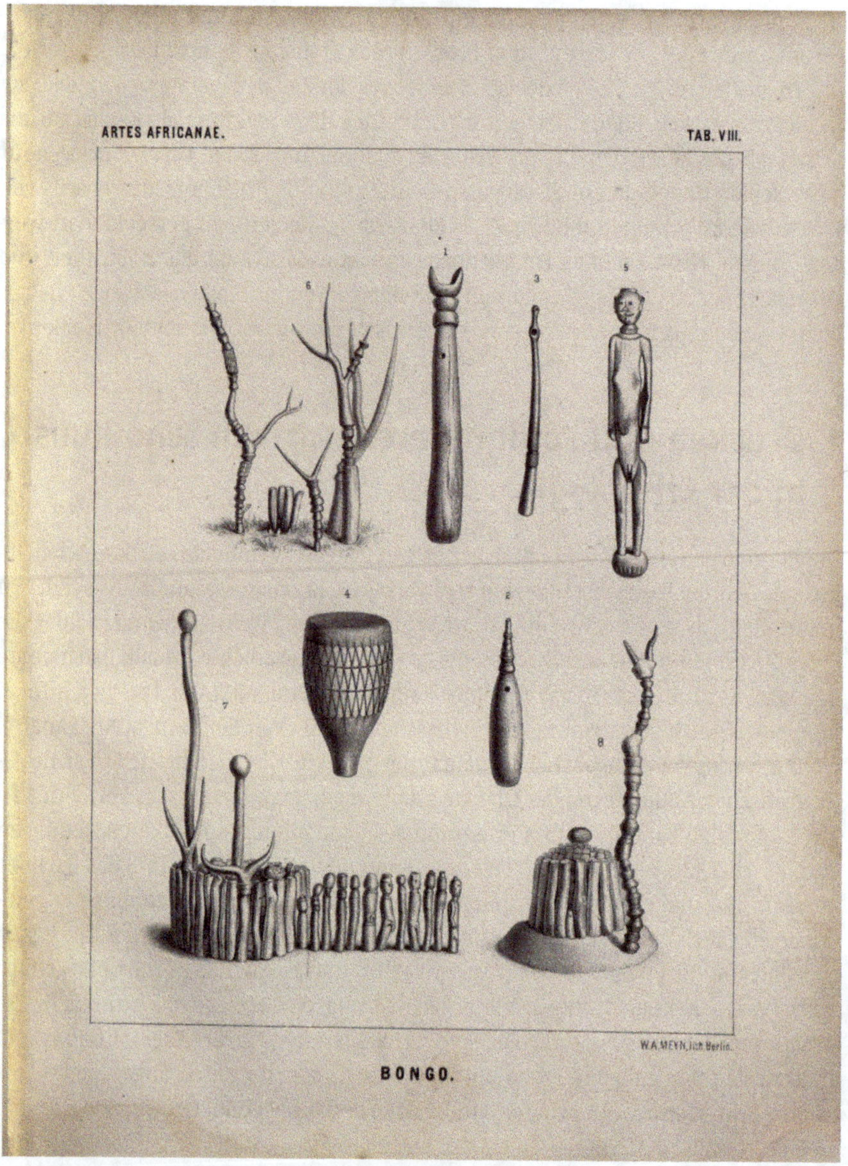


**Abb. 1:** Georg Schweinfurth, *Artes Africanae* (1875).

neben Hinweisen auf die Herkunftskultur, ihre Region und das Wirtschaftsleben. Damit wurde das Museum aber lediglich ergänzt, die Lithografien sollten die direkte Betrachtung nicht ersetzen.

Schweinfurths weiter Begriff von *artes* wurde nicht erst durch die Avantgarde oder die Kunstgeschichte, sondern bereits durch die Ethnologie eingeschränkt. Der Ethnologe Leo Frobenius veröffentlichte in den späten 1890er Jahren erste Aufsätze, die sich in ihrer Objektauswahl und -beschreibung dezidiert an Begriffen der Ästhetik und der Kunstgeschichte orientierten. Während sein enger gefasster Kunstbegriff zwar mit einer neuen Bewunderung der afrikanischen Kunst *als Kunst* verbunden war, richtete sich das ethnologische Interesse auch bei Frobenius zunächst nicht auf die künstlerischen Eigenschaften der Objekte. In *Die bildende Kunst der Afrikaner* (1897) formuliert er als primäres Erkenntnisinteresse, dass die Ethnographie „Gegenstände unbekannter Provenienz mit Hilfe der Ornamentlehre bestimmen kann".[7] Kunstwerke und besonders Ornamente dienten ihm dazu, „Fragen der Cultureinflüsse"[8] zu klären und damit die Entwicklung von Kulturkreisen, so die wesentliche Begriffsprägung seines Frühwerks, nachzuvollziehen.[9] Begleitet wird dieses Vorhaben von zahlreichen Textabbildungen – insgesamt 73 auf acht Seiten. Frobenius spricht im Text von „Reihe"[10] oder „Entwicklungsreihe"[11] und meint damit das Nebeneinander der Objekte sowohl als Zeichnungen auf der Seite als auch in ihrem vermeintlichen genealogischen Zusammenhang (Abb. 2). Das serielle Darstellungsverfahren wiederholt und bestätigt das ethnologische Entwicklungsprinzip. Die Abbildungen erzeugen im Dialog mit dem Text ihre eigene Evidenz.

Diesen vornehmlich illustrativen Charakter teilten aber nicht alle Abbildungen in ethnologischen Publikationen; gerade dann nicht, wenn es ihre Hauptaufgabe war, museale oder private Sammlungen zu katalogisieren. Ein einschlägiges Beispiel dafür ist Felix von Luschans *Die Karl Knorrsche Sammlung von Benin-Altertümern im Museum für Länder- und Völkerkunde in Stuttgart* (1901). Der Lebensmittelindustrielle Carl Knorr, bis heute für seine Pulversuppe bekannt, gehörte zu den frühen privaten Sammler:innen der Bronzen, die das British Empire bei seiner Invasion des Königreichs Benin 1897 geraubt hatte.[12] Die größte deutsche Sammlung entstand im Berliner Völkerkundemuseum unter der Leitung Luschans, der sich seit 1898 verstärkt der Erforschung der Bronzen in kleineren Arbeiten widmete, bevor

7 Leo Frobenius, Die bildende Kunst der Afrikaner, Wien 1897, 10.

8 Ebd.

9 Vgl. Hans-Jürgen Heinrichs, Die fremde Welt, das bin ich. Leo Frobenius, Wuppertal 1998, 38.

10 Frobenius, Die bildende Kunst der Afrikaner, 8 und 9.

11 Ebd., 6, 8 und 13.

12 Vgl. Barbara Plankensteiner (Hg.), Benin. Könige und Rituale. Höfische Kunst aus Nigeria. Gent 2007; Dan Hicks, The Brutish Museums. The Benin Bronzes, Colonial Violence and Cultural Restitution, London 2020, 99–151.

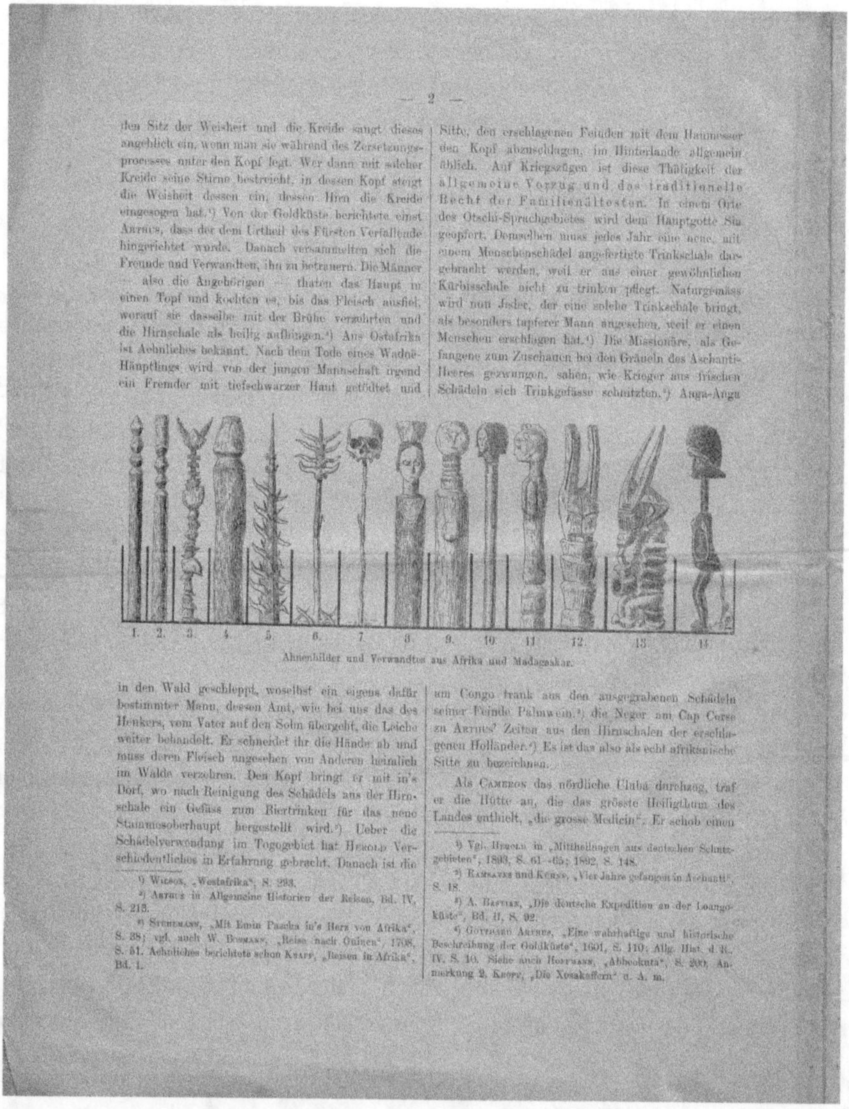

— 2 —

den Sitz der Weisheit und die Kreide saugt dieses angeblich ein, wenn man sie während des Zersetzungsprocesses unter den Kopf legt. Wer dann mit solcher Kreide seine Stirne bestreicht, in dessen Kopf steigt die Weisheit dessen ein, dessen Hirn die Kreide eingesogen hat.[1] Von der Goldküste berichtete einst Artus, dass der dem Urtheil des Fürsten Verfallende hingerichtet wurde. Danach versammelten sich die Freunde und Verwandten, ihn zu betrauern. Die Männer — also die Angehörigen — thaten das Haupt in einen Topf und kochten es, bis das Fleisch ausfiel, worauf sie dasselbe mit der Brühe verzehrten und die Hirnschale als heilig aufhingen.[2] Aus Ostafrika ist Aehnliches bekannt. Nach dem Tode eines Wadoe-Häuptlings wird von der jungen Mannschaft irgend ein Fremder mit tiefschwarzer Haut getödtet und

Sitte, den erschlagenen Feinden mit dem Haumesser den Kopf abzuschlagen, im Hinterlande allgemein üblich. Auf Kriegszügen ist diese Thätigkeit der allgemeine Vorzug und das traditionelle Recht der Familienältesten. In einem Orte des Otschi-Sprachgebietes wird dem Hauptgotte Sia geopfert. Demselben muss jedes Jahr eine neue, mit einem Menschenschädel angefertigte Trinkschale dargebracht werden, weil er aus einer gewöhnlichen Kürbisschale nicht zu trinken pflegt. Naturgemäss wird nun Jeder, der eine solche Trinkschale bringt, als besonders tapferer Mann angesehen, weil er einen Menschen erschlagen hat.[1] Die Missionäre, als Gefangene zum Zuschauen bei den Gräueln des Aschanti-Heeres gezwungen, sahen, wie Krieger aus frischen Schädeln sich Trinkgefässe schnitzten.[2] Anga-Anga



Ahnenbilder und Verwandtes aus Afrika und Madagaskar.

in den Wald geschleppt, woselbst ein eigens dafür bestimmter Mann, dessen Amt, wie bei uns das des Henkers, vom Vater auf den Sohn übergeht, die Leiche weiter behandelt. Er schneidet ihr die Hände ab und muss deren Fleisch ungesehen von Anderen heimlich im Walde verzehren. Den Kopf bringt er mit in's Dorf, wo nach Reinigung des Schädels aus der Hirnschale ein Gefäss zum Biertrinken für das neue Stammesoberhaupt hergestellt wird.[3] Ueber die Schädelverwendung im Togogebiet hat Herold Verschiedentliches in Erfahrung gebracht. Danach ist die

[1] Wilson, „Westafrika“, S. 293.

[2] Artus in Allgemeine Historien der Reisen, Bd. IV, S. 213.

[3] Stuhlmann, „Mit Emin Pascha in's Herz von Afrika“, S. 38; vgl. auch W. Bosmann, „Reise nach Guinea“, 1708, S. 51. Aehnliches berichtete schon Krapf, „Reisen in Afrika“, Bd. 1.

am Congo trank aus den ausgegrabenen Schädeln seiner Feinde Palmwein,[3] die Neger am Cap Corse zu Artus' Zeiten aus den Hirnschalen der erschlagenen Holländer.[4] Es ist das also als echt afrikanische Sitte zu bezeichnen.

Als Cameron das nördliche Uluba durchzog, traf er die Hütte an, die das grösste Heiligthum des Landes enthielt, „die grosse Medicin“. Er schob einen

[1] Vgl. Herold in „Mittheilungen aus deutschen Schutzgebieten“, 1893, S. 61–65; 1892, S. 148.

[2] Ramsayer und Kühne, „Vier Jahre gefangen in Aschanti“, S. 18.

[3] A. Bastian, „Die deutsche Expedition an der Loangoküste“, Bd. II, S. 92.

[4] Gotthard Artus, „Eine wahrhaftige und historische Beschreibung der Goldküste“, 1601, S. 110; Allg. Hist. d. R. IV, S. 10. Siehe auch Hoffmann, „Abbeokuta“, S. 200, Anmerkung 2. Kropf, „Die Xosakaffern“ u. A. m.

**Abb. 2:** Leo Frobenius, *Die bildende Kunst der Afrikaner* (1897).

er die Ergebnisse 1919 in seinem dreibändigen Hauptwerk *Die Altertümer von Benin* zusammentrug.

Der für Knorr erarbeitete Katalog ist nicht nur im Kontext von Luschans Werkbiographie interessant, sondern auch hinsichtlich seiner Abbildungspolitik.

William Tufts Brigham, ein US-amerikanischer Ethnologe, hatte bereits 1898 auf die Vorreiterrolle Luschans auf dem Gebiet der Objektfotografie hingewiesen:

> Very few museums had a system of photography; indeed the Museum für Völkerkunde at Berlin, where the accomplished Dr. von Luschan is a skilled photographer, was the only one prepared to exchange photographs of its contents.[13]

Mit einer einzigen Ausnahme basierten alle der 72 Abbildungen in Knorrs Katalog auf Fotografien, die Luschan vermutlich im Frühjahr 1899 angefertigt und seinem Auftraggeber zusammen mit druckfertigen Kopien zur Verfügung gestellt hatte.[14] Anders als Schweinfurth und Frobenius setzte Luschan nicht auf Handzeichnungen, sondern auf Halbtonreproduktionen. Die Qualität derselben stellte ihn aber nicht zufrieden:

> Da dieser Bericht in grosser Auflage gedruckt werden soll, wurden aus Sparsamkeit alle Abbildungen in Zinkätzung hergestellt, aber bei Stücken mit viel Details ein so grosser Maassstab gewählt, dass man den Verzicht auf Lichtdruck nicht als allzugrossen Mangel empfinden dürfte.[15]

Die Zinkätzung hatte den ökonomischen Vorteil, dass sie auf demselben Verfahren basierte wie der Textdruck, nämlich dem Hochdruckverfahren, weshalb nicht zwei separate Arbeitsschritte nötig waren, um Bilder und Buchstaben auf dieselbe Seite zu bringen. Erforderlich wurde das bei der Kombination von Text mit Flachdruckverfahren wie etwa dem Lichtdruck, der entsprechend aufwändiger und teurer war, aber höhere Qualität versprach.[16]

Trotz des Verzichts auf optimale Bildqualität beruhte der Katalog auf dem Glauben an die Durchsichtigkeit ‚fotorealistischer' Reproduktionen.[17] Es ging nicht in erster Linie um die Illustration eines ethnologischen Arguments, sondern um die vollständige Katalogisierung und bildliche Wiedergabe der Knorrschen Sammlung.

---

13 Zit. in Elizabeth Edwards, Raw Histories. Photographs, Anthropology and Museums, Oxford und New York 2001, 54.

14 Vgl. Brief Carl Heinrich Knorrs an Felix von Luschan vom 10. März 1899, Staatsbibliothek zu Berlin – Preußischer Kulturbesitz, Abt. Handschriften und Historische Drucke, Nachlass Felix von Luschan: Ka. Kies-Kol (undokumentierter Kasten), Korr.: C. H. Knorr.

15 Felix von Luschan, Die Karl Knorrsche Sammlung von Benin-Altertümern im Museum für Länder- und Völkerkunde in Stuttgart, Stuttgart 1901, 5–6.

16 Vgl. Frank Heidtmann, Wie das Photo ins Buch kam. Der Weg zum photographisch illustrierten Buch [...], Berlin 1984, 596 und 666.

17 Vgl. Wendy Grossman, From Ethnographic Object to Modernist Icon. Photographs of African and Oceanic Sculpture and the Rhetoric of the Image, in: Visual Resources 23 (2007), H. 4, 291–336, hier: 292.

Tafel XII.

Abb. 72. Runde Figur, 8179, anscheinend jünger als die meisten übrigen Benin-Stücke. Etwa 1/3 d. w. G.

**Abb. 3:** Felix von Luschan, *Die Karl Knorrsche Sammlung von Benin-Altertümern* (1901).

Dementsprechend kündigte sich hier bereits die Ablösung der Textillustration durch Bildtafeln an, die in den 1920er Jahren folgen sollte (Abb. 3).[18] Nach der Versendung der ersten Exemplare betonte Knorr in einem Dankesschreiben an Luschan, dass die Sammlung ohne den Katalog kaum Beachtung gefunden hätte. Im Zeichen der Aufmerksamkeitsökonomie schloss die Bildpublikation eine Medienallianz mit dem ethnologischen Museum. Durch die Halbtonreproduktionen von Fotografien wurden verstellte Sammlungsbestände nicht nur beworben, wie bei Schweinfurth, sondern zugänglich gemacht. Da man, wie Luschan behauptete, aus der direkten Anschauung der Objekte mehr lernen konnte, „als aus langen theoretischen Abhandlungen“,[19] übernahmen die vermeintlich transparenten Abbildungen selbst die Rolle des Arguments, statt es nur zu illustrieren. An die Stelle der Lektüre einer ethnologischen Studie konnte die Betrachtung von Katalogen und Bildbänden treten, in denen die Bildtafeln vorgaben, einen ebenso unverstellten Blick auf die Objekte zu ermöglichten, wie das Glas einer Museumsvitrine.

Diese Vorstellung von Unmittelbarkeit ging in Luschans Beschreibung der Bronzen selbst ein:

> Wie in einem grossen ethnographischen Prachtwerke und mit fast photographischer Treue sehen wir da die Benin-Leute des 16. und 17. Jahrhunderts vor uns, greifbar und in wahrhaft monumentaler Form.[20]

Der schmale Katalog für Knorr entwarf im Kleinformat ein mehrschichtiges Ideal medialer Unmittelbarkeit, dessen Potential Luschan erst „in einem grossen ethnographischen Prachtwerke“, seiner dreibändigen Benin-Studie im Folio-Format ausschöpfen sollte. Es entsprach dann auch der Präferenz für die direkte Anschauung, dass zwei der drei gewichtigen Bände für Abbildungen reserviert waren, diesmal im kostspieligeren Lichtdruck.

## 2 Kleinskalieren und Zirkulieren: Bildpraktiken der Avantgarde

Manche der „70 photographische[n] Aufnahmen und druckfertigen Adjustierungen von ebensoviel Copien“,[21] die Luschan Knorr gegen Honorar zur Verfügung stellte,

---

**18** Vgl. Walter Grasskamp, André Malraux und das imaginäre Museum. Die Weltkunst im Salon, München 2014, 81–82.

**19** Luschan, Die Karl Knorrsche Sammlung, 10.

**20** Ebd., 15.

**21** Brief Carl Heinrich Knorrs an Felix von Luschan vom 10. März 1899.

sollten später in anderen Kontexten und Formaten ein Weiterleben führen – so etwa, wenn Carl Einstein in der Zeitschrift *Documents* den in Luschans Katalog abgebildeten ‚Fetischbaum' aus Benin bespricht.[22] Die „infinite recodability"[23] der Fotos und die Option ihrer vorübergehenden Stabilisierung in Drucksachen war Voraussetzung für ihre weite Zirkulation und ihre Einbindung in neue kooperative Praktiken. Das Interesse an der Mobilisierung von Objektfotos verband den Sammler Knorr und den Ethnologen Luschan mit Kunsthändler:innen wie Joseph Brummer. Brummer hatte sich zuerst an der Bildhauerei versucht, bevor er 1909 in Paris ein Antiquitätengeschäft gründete, das sich rasch zu einer einschlägigen Adresse für den Kunstmarkt der Stadt entwickelte.[24] Sein Angebot war nicht auf afrikanische Werke konzentriert. In seinem Geschäft reihten sich Antike und Mittelalter an zeitgenössische Objekte, Europa an Afrika. Die Fotografie diente ihm einerseits zur systematischen Dokumentation der Objekte in seinem Besitz, andererseits aber mehr noch als Marketinginstrument.[25] Die Objekte sollten nicht nur bewundert, sondern vor allem gekauft werden.

Um seine Reichweite zu erhöhen, ging er Allianzen mit der europäischen Avantgarde ein, die ihre eigenen Werke neben ihren außereuropäischen ‚Gegenstücken' zeigen wollte. Umgesetzt wurde dieses kontrastive Verfahren, das zum Standardrepertoire der Avantgarde gehörte, einerseits als Ausstellungskonzept, andererseits in der Fotoreproduktion.[26] Brummer engagierte sich für beide Varianten: So beteiligte er sich mit afrikanischen Objekten aus seiner Sammlung im Dezember 1913 an der von Carl Einstein mitorganisierten Ausstellung in der Berliner Neuen Galerie mit dem Titel *Picasso – N****plastik*.[27] Einige Monate zuvor waren Objekte aus Brummers Sammlung in Prag zu sehen gewesen. Organisiert wurde die Ausstellung von der tschechischen Kubistengruppe Skupina výtvarných umělců [Gruppe bildender Künstler] und wie in Berlin kamen afrikanische Plastiken und Picasso-Büsten zusammen. In der Juni-Ausgabe ihrer Zeitschrift *Umělecký měsíčník* berichtete die Gruppe über das Ereignis.[28] Der Bericht wurde zusammen mit dem Foto einer afri-

22 Vgl. Einstein, Les arts de l'Afrique, 278–279.

23 Edwards, Raw Histories, 5.

24 Vgl. Yaëlle Biro, African arts between curios, antiquities, and avant-garde at the *Maison Brummer*, Paris (1908–1914), in: Journal of Art Historiography 12 (2015), H. 2. URL: https://arthistoriography.wordpress.com/12-jun-2015/ (Letzter Zugriff: 13.07.2022), 6.

25 Vgl. ebd., 11.

26 Ein wichtiges und bereits viel besprochenes Beispiel ist der Almanach des Blauen Reiter, vgl. Grasskamp, André Malraux und das imaginäre Museum, 90–97.

27 Vgl. Heike Neumeister, Carl Einstein's *N****plastik*. Early twentieth-century avant-garde encounters between art and ethnography, Birmingham 2010, 81–125 und 332–337.

28 Vgl. Nicholas Sawicki, The View From Prague. Moderní revue (1894–1925); Volné směry (1896–1949); Umělecký měsíčník (1911–14); Revoluční sborník Devětsil (1922); Život (1922); Disk (1923–5);

kanischen Skulptur gedruckt (Abb. 4). Die Büste, etwa 63 Zentimeter hoch, stammt nicht, wie die Bildunterschrift behauptet, aus Madagaskar, sondern ist eine Arbeit der Fang im westlichen Zentralafrika. Auf einer Doppelseite schaut sie der ersten kubistischen Plastik Picassos, die seine damalige Partnerin Fernande Olivier darstellt, direkt ins Gesicht. Diese Begegnung ist äußerst voraussetzungsreich. Sie ist nicht die bloße Abbildung eines Kontrasts, den bereits die Ausstellung leistete. Vielmehr übersetzt erst der Mediengebrauch von Fotografie, Bildbearbeitung und Druck die benachbart aufgestellten Objekte in einen Bereich suggestiver Vergleichbarkeit.

**Abb. 4:** *Umělecký měsíčník*, 2. Jg., Heft 8 (1913).

Die Maße der fotografierten Objekte mussten für ihre Einpassung in das Zeitschriftenformat deutlich verringert werden. Diese Verkleinerung erlaubte zunächst eine gesteigerte Mobilität und Zirkulationsweite der Büsten als Bilder. In diesem Sinn ist die Kleinskalierung der Plastiken Bedingung der Hochskalierung ihrer Verbreitung.[29] Damit sind die Implikationen dieser Medienpraktik aber noch nicht

Pásmo (1924–6); and ReD (1927–31), in: The Oxford Critical and Cultural History of Modernist Magazines, 3 Bände, Bd. 3: Europe 1880–1940, hg. von Peter Brooker, Sascha Bru, Andrew Thacker und Christian Weikop, Oxford 2013, 1074–1098, hier: 1083.

**29** Vgl. Carlos Spoerhase und Nikolaus Wegmann, Skalieren, in: Historisches Wörterbuch des Mediengebrauchs, 3 Bände, Bd. 2, hg. von Heiko Christians, Matthias Bickenbach und Nikolaus Wegmann, Köln u. a. 2018, 412–424, hier: 418. Zur Praxis des Verkleinerns allgemein vgl. Maren Jäger, Ethel Matala erschöpft. Mit ihren 41,3 Zentimetern Höhe ist Picassos Frauenbüste deutlich kleiner als die Fang-Plastik, erscheint in der Gegenüberstellung aber fast gleich groß. Nach der Kleinskalierung, die den Größenunterschied durch einen einheitlichen Maßstab hätte erhalten können, erzeugt erst die *Gleich*skalierung den Eindruck zweier unmittelbar vergleichbarer Objekte.[30] Für ihre buchstäbliche Begegnung auf Augenhöhe war ein weiterer Schritt in der Bildbearbeitung nötig: Um die Blickachsen so präzise aufeinander abzustimmen, musste die Fang-Plastik nicht nur stärker verkleinert, sondern zudem am unteren Ende abgeschnitten werden.

Die epistemische Transformation des Objekts im Mediengebrauch wiederholte sich beim nächsten und prominentesten Auftritt der Fang-Büste beziehungsweise ihrer Fotografie: in Carl Einsteins *N****plastik* (1915). Mit der Picasso-Ausstellung in der Berliner Neuen Galerie 1913 war Einstein zwar zunächst am avantgardistischen Projekt des Kontrasts von ‚Primitive' und ‚Moderne' beteiligt, wandte sich für seinen einflussreichen Bildband allerdings davon ab. In seinen „Anmerkungen zur Methode" zu Beginn des Textteils reflektiert er diese Veränderung seines Zugriffs auf afrikanische Kunst:

> Die kurze Darstellung afrikanischer Kunst wird sich den Erfahrnissen neuerer Kunst nicht entziehen dürfen, zumal das geschichtlich Wirkende stets Folge der unmittelbaren Gegenwart ist. Jedoch sollen diese Beziehungen erst später entwickelt werden, um auf einem Gegenstand zu verharren und nicht durch Vergleiche zu stören.[31]

Einsteins methodologische Empfehlung, auf Vergleiche zumindest zeitweise zu verzichten, wird in der Fotoreihe im umfangreicheren Abbildungsteil des Bandes umgesetzt. Darin erscheint die Fang-Büste einmal mehr als verändertes Objekt: nicht mehr als Vergleichsmoment auf Augenhöhe mit Picasso, sondern als eigenständige Repräsentantin afrikanischer Plastik. Dementsprechend sind die zwei Ansichten der Büste, frontal und im Profil, die in der Zeitschrift *Umělecký měsíčník* auf zwei weit voneinander entfernt liegenden Seiten auftauchen, nun auf einer Doppelseite direkt nebeneinander gerückt (Abb. 5). Bei Einstein steht die Büste in ihrer Profilaufnahme nicht im Blickkontakt mit einer anderen, sie vervollständigt stattdessen das Doppel einer Art anthropometrischen Aufnahme.[32]

---

de Mazza und Joseph Vogl (Hg.), Verkleinerung. Epistemologie und Literaturgeschichte Kleiner Formen, Berlin und Boston 2020.

30 Vgl. Spoerhase/Wegmann, Skalieren, 419.

31 Carl Einstein, N****plastik, Leipzig 1915, VI.

32 Vgl. Edwards, Raw Histories, 62; Heike Neumeister, Verisimilitude, Artistry and Alterity. Carl Einstein and the African Object as Subject of Aesthetic Renewal c. 1915–1935, in: The Challenge of the Object. 33rd Congress of the International Committee of the History of Art, Congress Proceedings, 4 Bände, Bd. 3, hg. von Petra Krutisch und Georg Ulrich Grossmann, Nürnberg 2013, 798–802, hier: 800.

**Abb. 5:** Carl Einstein, *N****plastik* (1920 [1915]).

Betrachtet man nur diese zwei Seiten, regt tatsächlich nichts zu einem Vergleich an. Blättert man allerdings durch die Reihe der 119 Abbildungen, wird die Praktik der Gleichskalierung wieder relevant: Durch die Skalierung stiftet der Band eine Vergleichbarkeit zwischen nicht weiter spezifizierten Objekten, die *pars pro toto* die afrikanische Kunst überhaupt repräsentieren sollen. Nicht um den Vergleich zweier augenscheinlich verwandter Stile (Kubismus und Fang) geht es Einstein, sondern um die Vereinheitlichung oder Kanonisierung *eines* Stils (afrikanisch). Dadurch, dass äußerst diverse Objekte aus verschiedenen Teilen Afrikas alle beinahe gleich groß zu sehen sind, entsteht der Eindruck einer homogenen afrikanischen Kunst, was wiederum ihrer generalisierenden Analyse im Textteil entspricht.[33] Einsteins Band wirkte damit wesentlich an der Herstellung eines Kanons afrikanischer Kunst mit, der bis heute westliche Selektionskriterien, Fotoästhetiken und Ausstellungs-

33 Zum Eindruck einer homogenen Reihe tragen neben der bislang unbeachteten Skalierung auch andere Faktoren bei, etwa die Freistellung der Objekte vor einem einfarbigen Hintergrund und die zentrale Positionierung auf der Seite, vgl. Grossman, From Ethnographic Object to Modernist Icon, 296.

formen als Norm festschreibt und damit afrikanische Umgangsweisen mit afrikanischen Objekten delegitimiert.[34]

Davon ausgehend lässt sich Klaus Kiefers prominente These, Einstein habe „den Diskurs oder die Gattung ‚afrikanische Kunst' erst geschaffen",[35] anders zuspitzen: Einsteins entscheidender Beitrag zur Erfindung dieser Gattung war nicht so sehr ihre Beschreibung im Vokabular der europäischen Ästhetik oder ihre Valorisierung als autonome Kunst. Als Einsteins Studie 1915 veröffentlicht wurde, hatten sich Ethnologie und Kunstgeschichte bereits darum bemüht, den vormals als Kuriositäten oder Kunsthandwerk abqualifizierten Objekten durch die Zuschreibung von Kunstwert zu neuem Ansehen zu verhelfen. Auch den Stil der Objektfotografie im Abbildungsteil konnte man bereits in Sammlungskatalogen wie *Die Karl Knorrsche Sammlung* sehen. Die eigentliche Leistung der *N****plastik* bestand in der Präsentation afrikanischer Objekte in einer visuell einheitlichen und ästhetisch vereinheitlichenden Sequenz.[36]

Dabei versuchte Einstein nicht, den Eindruck einer allzu homogenen Bilderreihe mithilfe paratextueller Elemente zu kompensieren. Sowohl in den zeitgenössischen Rezensionen als auch in der späteren Forschung wurde immer wieder bemerkt, dass bei Einstein Hinweise auf Provenienz, Datierung und den Sammlungskontext fehlen. Wenig beachtet blieb allerdings das Fehlen der Maßangaben, die bei ethnographischen Objektfotografien zur Konvention gehörten. Luschans Katalog zur Knorrschen Benin-Sammlung enthält neben einem „Verzeichnis der beschriebenen Stücke mit Angabe der Nummern und der Grössenverhältnisse"[37] unter jeder Bildtafel eine ungefähre Maßstabsangabe, wie beispielsweise „etwa 1/3 d[er] w[irklichen] G[röße]".[38] In anderen ethnologischen Publikationen, wie dem *Handbook to the Ethnographical Collections* (1910) des British Museum, sind für die Aufnahme der Objekte teilweise Referenzskalen im Bild platziert, die eine nachträgliche Rekonstruktion der Größe erlauben.

Näher an Einstein als die Sammlungskataloge war *Die Plastik der Ägypter* (1914) der Kunsthistorikerin und Ägyptologin Hedwig Fechheimer. Die beiden verband eine langjährige Freundschaft, die sie 1910 auf eine in der Forschung lange über-

34 Vgl. Sylvester Okwunodu Ogbechie, Making History. African Collectors and the Canon of African Art. The Femi Akinsanya African Art Collection, Mailand 2011, 57.

35 Klaus Kiefer, Diskurswandel im Werk Carl Einsteins. Ein Beitrag zur Theorie und Geschichte der europäischen Avantgarde, Tübingen 1994, 175.

36 Zoë Strother geht so weit, die fotografische Reihenbildung bei Einstein als Initialzündung der Kunstgeschichtsschreibung Afrikas zu bewerten, vgl. Zoë Strother, Looking for Africa in Carl Einstein's *N****plastik*, in: African Arts 46 (2013), H. 4, 8–21, hier: 11.

37 Luschan, Die Karl Knorrsche Sammlung, 94–95.

38 Ebd., Tafel VII.

sehene gemeinsame Ägyptenreise führte.[39] Weil Fechheimers Band im Textteil einige argumentative Übereinstimmungen aufweist und zudem ein Jahr früher erschien, wurde er in der Forschung teilweise als Vorlage für *N****plastik* eingeschätzt.[40] Insbesondere Sylvia Peuckert hat die Festlegung auf diese Einflussrichtung problematisiert und nahegelegt, eher von einer parallelen Arbeit an verwandten Projekten auszugehen.[41]

Der äußerst erfolgreiche Bildband über die ägyptische Kunst entspricht auch in seinem Format Einsteins *N****plastik* weitgehend. In beiden Bänden überwiegen die Bildtafeln gegenüber dem Textteil, was im Fall von Fechheimer eine Vorgabe des Cassirer-Verlags war.[42] Auch hinsichtlich der Fotoästhetik und der Beschränkung auf eine Abbildung pro Bildtafel ähneln sich die beiden Bände stark. Im Unterschied zu Einstein aber stellt Fechheimer Bildunterschriften bereit, die neben einer Datierung, dem aktuellen Ort, dem Material und einer kurzen Beschreibung in der Regel auch eine Größenangabe der abgebildeten Objekte enthalten (Abb. 6).

Die Angabe des Maßstabs diente dazu, die Effekte von denjenigen Bildbearbeitungsvorgängen zu korrigieren, die erst die suggestive Wirkung des Vergleichs in *Umělecký měsíčník* oder der Kanonbildung in *N****plastik* möglich machten. Einstein entschuldigte das Fehlen der sonst üblichen Daten nachträglich, 1921, mit den Kriegsbedingungen, unter denen sein Bildband erschienen war: „Mein erstes Bändchen ist ein Torso, weil es vom Verleger herausgegeben wurde, während ich im Lazarett lag."[43] Im gleichen Brief erwähnt er allerdings auch sein zweites ‚Bändchen', *Afrikanische Plastik* (1921), das im Unterschied zu seinem Vorgänger Literatur-, Provenienz- und Größenangaben enthält. Helmut Lethen hat deshalb vermutet, dass Einsteins Entschuldigung eher eine Ausrede war, mit der er die Diskrepanz zwischen seinem älteren, ästhetisch-isolierenden, und seinem gegenwärtigen, kontextualisierenden Zugriff auf die afrikanische Plastik kaschieren wollte.[44] Die beiden Bildbände eignen sich insofern durchaus dazu, einen „Diskurswandel",[45] „ethnological turn"[46] oder zumindest eine wissenschaftliche

39 Vgl. Sylvia Peuckert, Hedwig Fechheimer und die ägyptische Kunst. Leben und Werk einer jüdischen Kunstwissenschaftlerin in Deutschland, Berlin 2014, 73–86.

40 Vgl. Kiefer, Diskurswandel im Werk Carl Einsteins, 168–170.

41 Vgl. Peuckert, Hedwig Fechheimer und die ägyptische Kunst, 132–151.

42 Vgl. ebd., 87.

43 Carl Einstein, Briefwechsel 1904–1940, hg. von Klaus Kiefer und Liliane Meffre, Stuttgart 2020, 173.

44 Vgl. Helmut Lethen, Masken der Authentizität. Der Diskurs des Primitivismus in Manifesten der Avantgarde, in: Manifeste. Intentionalität, hg. von Hubert van den Berg, Amsterdam und Atlanta 1998, 227–258, hier: 237.

45 Kiefer, Diskurswandel im Werk Carl Einsteins.

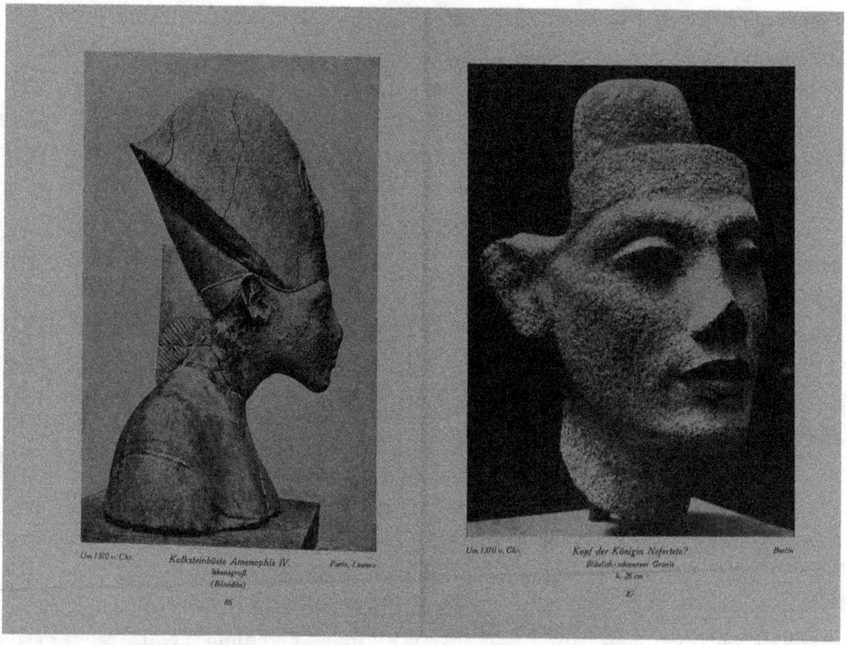

**Abb. 6:** Hedwig Fechheimer, *Die Plastik der Ägypter* (1922 [1914]).

Wende[47] im Werk Einsteins zu demonstrieren. Sieht man allerdings vom Werkzusammenhang und der intellektuellen Biografie des Autors ab, kann der bislang weniger beachtete medienhistorische Stellenwert der Bildbände in den Blick rücken.[48]

46 Charles Haxthausen, Fatal Attraction. Carl Einstein's ‚Ethnological' Turn, in: Regarding the Unknown. Encounters of Art History and Anthropology from 1870 to 1970, hg. von Joseph Imorde und Peter Probst, Los Angeles [im Erscheinen].

47 Vgl. Strother, Looking for Africa, 14.

48 Eine Ausnahme ist Anselm Franke und Tom Holert (Hg.), Neolithische Kindheit. Kunst in einer falschen Gegenwart, ca. 1930, Berlin 2018.

## 3 Serialisieren und Hochskalieren: Weltkunst als Medieneffekt

Dass den Abbildungen in der zeitgenössischen Rezeption mehr Aufmerksamkeit geschenkt wurde als dem einigermaßen kryptischen Analyse-Teil, hätte Einstein nicht überraschen müssen.[49] Sein Buch war selbst wesentlich an der kunstpublizistischen Wende von illustriertem Textband zu textuell gerahmtem Bildband beteiligt.[50] In einem vielzitierten Brief an Tony Simon-Wolfskehl drückte er dennoch seinen Missmut darüber aus, dass die *N****plastik* „ohne die Bilderchen keine Sau gelesen"[51] hätte. Es waren aber nicht die Abbildungen allein, die Einsteins Bildband – und ebenso *Die Plastik der Ägypter* – zu einem folgenreichen Moment der Mediengeschichte werden ließen. Vielmehr prägten die beiden Bände ein Bildbandformat, das nach 1920 in populären Buchreihen Karriere machen sollte, an denen Einstein und Fechheimer wiederum selbst mitarbeiteten. In diesen Reihen fand die um 1900 initiierte Kollaboration von Archäologie, Ethnologie und Kunstgeschichte ihren öffentlichkeitswirksamsten Ausdruck, nämlich in der medialen Realisierung ihres größten gemeinsamen Nenners, der Weltkunst.

In den Paratexten der Bände wird die Kunst als gemeinschaftsstiftendes Antidot gegen die spaltende Kriegspolitik und die Krise der internationalen Beziehungen positioniert.[52] Die Reihe *Geist, Kunst und Leben Asiens*, die später in *Kulturen der Erde* umgetauft werden sollte,[53] eröffnete ein Band über *Java* (1920), in dessen Vorwort Karl With schreibt:

> Die Zeit des Hasses und der Fremdheit muss überwunden werden. Die Menschheit der Erde darf nicht länger ein wild zersplittertes Chaos sein. Unser Weltgefühl und unser Lebensbewußtsein muß das Ganze der Erde und ihrer Menschheit in sich einschließen.[54]

---

49 Zur Bedeutung der Bilder gegenüber dem Text der *N****plastik* in der zeitgenössischen Rezeption vgl. Grossman, From Ethnographic Object to Modernist Icon, 297–299.

50 Vgl. Grasskamp, André Malraux und das imaginäre Museum, 102.

51 Einstein, Briefwechsel 1904–1940, 331.

52 Für weitere Beispiele der kunsthistorischen Weltemphase im Sinne einer globalen ‚Stilgemeinschaft' vgl. Leeb, Die Kunst der Anderen, 220–233.

53 Ausführlicher zu dieser Reihe des Folkwang-Verlags vgl. Rainer Stamm, Vom imaginären Weltkunst-Museum zur Neuen Sachlichkeit, in: Autopsie. Deutschsprachige Fotobücher 1918 bis 1914, 2 Bände, Bd. 1, hg. von Manfred Heiting und Roland Jaeger, Göttingen 2012, 82–97.

54 Karl With, Java. Brahmanische, buddhistische und eigenlebige Architektur und Plastik auf Java, Hagen 1920, VII.

Für diese neue Einheit brauchte es vereinheitlichende Maßnahmen. Ab 1920 zählte dazu die Serialisierung von Bildbänden, die für die Ausbildung und Verbreitung eines visuellen Wissens der Weltkunst maßgeblich war. Erst mithilfe weitgehend stabiler Reihenformate konnte das Versprechen einer Nachbarschaft der Künste der Welt, das die Kunstgeschichte schon vor 1900 theoretisch formuliert hatte, in die (Medien-)Praxis umgesetzt werden. Die Bildbände von Fechheimer und Einstein waren unabhängig voneinander in Reihen dieser Art eingebunden und sind aufschlussreich sowohl als Beispiele für die praktische Verfertigung von Weltkunst als auch für den kooperativen Charakter von Mediengebrauch überhaupt.

*Die Plastik der Ägypter* erschien erstmals 1914 im Bruno Cassirer-Verlag und bekam noch im selben Jahr eine zweite Auflage. Das Buch war ein Publikumserfolg und machte Fechheimer als Expertin für ägyptische Kunst bekannt.[55] Cassirer baute auf diesen Erfolg, als er den Band nach dem Ersten Weltkrieg erneut herausgab, diesmal als Anfang einer neuen Reihe mit dem Titel *Exotische Plastik. Die Plastik des Ostens und der Primitiven in Einzeldarstellungen.* Bevor weitere Bände erscheinen konnten, wurde die Reihe von William Cohn übernommen und als *Kunst des Ostens* geographisch enger gefasst. *Die Plastik der Ägypter* blieb, inzwischen in vierter Auflage, der erste Band der Reihe. Insgesamt brachte Cohn von 1921 bis 1925 elf Bände heraus. Dazu zählten auch Fechheimers *Ägyptische Kleinplastik* (Band 3, 1921) sowie *Die Ostasiatische Tuschmalerei* (Band 6, 1922) von Ernst Grosse, mit dem die Reihe eine personelle Kontinuität zur frühen kunsthistorischen Debatte um Weltkunst herstellte.

*Die Plastik der Ägypter* war nicht nur der erste Band, sondern auch die Formatvorlage der Reihe. Die Abmessungen der Bücher wurden vereinheitlicht und der Umfang ähnlich gehalten. Auch die paratextuelle Rahmung der Fotografien in den Bänden stimmt weitgehend überein: eine ungefähre Datierung, der Ort des besitzenden Museums, der Objektname, Hinweise auf Material und Größe. Zusätzlich folgen am Ende der Einleitung stets einordnende Kommentare zu den einzelnen Tafeln. Der Verlag konnte mithilfe dieser Serialisierung eines Erfolgsprodukts beim Publikum auf eine „Produktloyalität"[56] spekulieren, die durch die Wiedererkennbarkeit des Formats ermöglicht wurde. Aus dem Einzelwerk *Die Plastik der Ägypter* wurde so ein Sammelobjekt, das zur Komplettierung der Reihe motivierte. Umgekehrt wird das Format von Fechheimers Band als solches erst durch seine Serialisierung auffällig.[57]

55 Vgl. Peuckert, Hedwig Fechheimer und die ägyptische Kunst, 90.

56 Gabriele Schabacher, Serialisieren, in: Historisches Wörterbuch des Mediengebrauchs, 3 Bände, Bd. 1, hg. von Heiko Christians, Matthias Bickenbach und Nikolaus Wegmann, Köln u. a. 2014, 498–520, hier: 512.

57 Vgl. Michael Niehaus, Was ist ein Format?, Hannover 2018, 27.

Neben dem wirtschaftlichen Kalkül hat das Reihenformat aber auch epistemische Implikationen für das Konzept der Weltkunst. In den Verlagsanzeigen für beide Reihen, in denen Fechheimers Band den Auftakt machte, heißt es:

> Jeder Band ist für sich abgeschlossen; in ihrer Gesamtheit aber werden die Bände ein eindrucksvolles Bild einer noch geheimnisvoll im Zwielicht daliegenden Kunstwelt geben und Bausteine sein zu einer Weltkultur und Weltkunstgeschichte.[58]

Im Verhältnis des einzelnen Bildbands zur gesamten Reihe wird die Idee einer Weltkunst als verbindende Einheit unterschiedlicher Kulturen materiell manifestiert. Während der einzelne Band die Individualität der Kunst einer Kultur abbilden soll, begründet die gesamte Serie den homogenen, vergleichbaren Charakter dieser Kulturen als Weltkunst. Bei Frobenius waren noch Abbildungs- und Entwicklungsreihe parallelgeschaltet, sodass das Nebeneinander von Objekt-Abbildungen das Nacheinander von Kulturentwicklung gleichzeitig illustrieren und argumentativ bestätigen konnte. Auch bei der *Kunst des Ostens* waren Mediengebrauch und Argument miteinander verkoppelt. Das Standardformat und die Serialität plausibilisierten eine Vergleichbarkeit distinkter Kulturen. Insofern wiederholte die Bildbandreihe im Cassirer-Verlag auf der Ebene des Buchs, was die einzelnen Bildbände von Fechheimer und Einstein schon auf der Ebene der Abbildungen erprobt hatten: die Herstellung eines ästhetischen Kanons mit den Mitteln technischer Standardisierung. Durch die Separierung der einzelnen Nummern der Reihe konnte der homogenisierende Effekt aber im gleichen Zug relativiert werden.

Wie Fechheimer war auch Einstein nach dem Ersten Weltkrieg an einer Bildbandreihe beteiligt, die sich die Popularisierung von Weltkunst auf die Fahne geschrieben hatte: Im Wasmuth-Verlag gab Paul Westheim zwischen 1920 und 1925 die Reihe *Orbis Pictus/Weltkunst-Bücherei* in insgesamt 20 Bänden heraus. 1921 erschien darin als siebter Band Einsteins *Afrikanische Plastik.* Neben einem Buch über die griechische Plastik konzentrierte sich die Reihe vor Einsteins erstem Beitrag auf asiatische Kunst. Danach folgten unter anderem die indigene Kunst Nordamerikas, islamische Architektur, aber auch ältere deutsche und französische Kunst. Den sechzehnten Band der Reihe, *Der frühere japanische Holzschnitt*, lieferte erneut Einstein.[59]

58 Zit. in: Fechheimer, Die Plastik der Ägypter, Berlin 1920.

59 Eine Übersicht über sämtliche Bände der Reihe bietet Tom Holert, Orbis Pictus/Weltkunst-Bücherei, Ernst Wasmuth, Berlin 1920–1925, in: Neolithische Kindheit. Kunst in einer falschen Gegenwart, ca. 1930, hg. von Anselm Franke und Tom Holert, Berlin 2018, 300–302.

Wie Charles Haxthausen bemerkt hat, gehorchen sämtliche Bände einem einheitlichen Format von 48 Bildtafeln und einer kurzen Einleitung.[60] Daneben wurden aber noch weitere Elemente standardisiert. Das Layout des Abbildungsteils ähnelte anfangs desjenigen in der *Kunst des Ostens*; eine Reihe, die Westheim gut kannte.[61] Mit dem vierten Band änderte sich das Format von *Orbis Pictus* allerdings: Ein Literaturverzeichnis wurde ergänzt und ein detaillierteres Abbildungsverzeichnis ersetzte die Bildunterschriften. Die Abbildungen waren nur noch mit einer Nummer versehen und standen jetzt für sich. Das Layout der folgenden Bände stimmte mit dem in Einsteins *N****plastik* überein. So ist nicht auszuschließen, dass Westheim für die veränderte Bildpräsentation seiner Reihe Einsteins einschlägiges Buch als Formatvorlage verwendete.[62] In die Reihe wurde der Band allerdings nicht integriert, vielleicht weil er dem Format in einigen Punkten nicht entsprochen hätte: In der *N****plastik* fehlten das Abbildungsverzeichnis und die Literaturangaben, während die deutlich höhere Anzahl an Bildtafeln und die großzügigeren Abmessungen des Bandes den Rahmen von *Orbis Pictus* gesprengt hätten. Der Wasmuth-Verlag setzte auf eine günstigere Produktion, zu der das luxuriösere Format der *N****plastik* nicht passte. Die Funktion von Einsteins Studie als Formatvorlage konzentrierte sich demnach auf die Isolation der Fotos und die strikte Trennung von Text- und Bildteil, die den Wasmuth-Verlag und den Herausgeber Westheim zur Umgestaltung ihrer eigenen Reihe inspiriert haben könnte.

Zu einem jeweils unterschiedlichen Grad waren die beiden vor dem Weltkrieg erarbeiteten Bildbände von Hedwig Fechheimer und Carl Einstein die medienpraktischen Bedingungen für die vielrezipierten Weltkunst-Reihen der Weimarer Republik. Während der Nazidiktatur verlor das Konzept der Weltkunst seine Virulenz und kehrte erst durch die Vermittlung von André Malraux in die junge Bundesrepublik zurück. Seine großangelegte Reihe *Universum der Kunst* folgte wiederum den Vorbildern der Zwischenkriegszeit in ihrer Dialektik von monographisch gesonderten Einzelkulturen und seriell verbundener Weltkunst.[63] Ästhetische Kanonisierung blieb weiterhin auch eine Konsequenz technischer Standardisierung: Weltkunst als Medieneffekt.

---

60 Vgl. Carl Einstein, A Mythology of Forms. Selected Writings on Art, hg., übers. und kommentiert von Charles W. Haxthausen, Chicago und London 2019, 65.

61 Westheim zitiert den zweiten Band, William Cohns *Indische Plastik*, im ersten Band seiner eigenen Reihe, vgl. Paul Westheim, Indische Baukunst, Berlin 1920, 15.

62 Westheim und Einstein gaben 1925 gemeinsam den *Europa-Almanach* heraus und kannten sich bereits seit spätestens 1920, als Einstein zum ersten Mal an Westheims Zeitschrift *Das Kunstblatt* mitarbeitete.

63 Vgl. Grasskamp, André Malraux und das imaginäre Museum, 122–130.

## 4 Schluss

Aus einer autorzentrierten Perspektive haben Kunstgeschichte und Germanistik danach gefragt, ob Fechheimer Einstein inspiriert hat oder umgekehrt, und ob die *Afrikanische Plastik* einen Bruch mit der *N****plastik* darstellt oder die Kontinuitäten überwiegen. Jenseits der Autorschaft jedoch können Medien wie Bildbände als „kooperativ erarbeitete Kooperationsbedingungen“[64] in den Blick genommen werden.

Als einheitlich formatierte Serienprodukte machen Bildbände besonders deutlich, dass nicht alle inhaltlichen oder bedeutungstragenden Elemente dem Namen auf dem Cover zugeschrieben werden können. Dass zum Beispiel Einsteins zweiter Bildband *Afrikanische Plastik* weniger Abbildungen enthält als *N****plastik* hat nicht so sehr mit seiner ethnologischen Wende zu tun, die vielleicht eine genauere Analyse einer geringeren Zahl an Objekten empfohlen hätte, als vielmehr mit einer Anpassung an den Reihenstandard von *Orbis Pictus*. Dies gilt auch für das Vorhandensein eines Literaturverzeichnisses, das die Forschung gelegentlich als Beleg für Einsteins Diskurswandel aufgefasst hat, jedoch primär vom Format der Reihe abhängig ist.

So haben Medienpraktiken Anteil an einer Bedeutungskonstitution jenseits der Autorschaft: Die Drucktechnik erlaubt unterschiedliche Grade an Transparenz und Evidenzbildung, der einzelne Band skaliert diverse Objekte auf ein vergleichbares Format, die Reihe vereinheitlicht diverse Künste zu einer Weltkunst. Als Formatvorlagen waren *Die Plastik der Ägypter* und *N****plastik* auch Kooperationsbedingungen. Sie gaben für die Bildband-Reihen der 1920er ein Format vor, in dem die Begegnung von Archäologie, Ethnologie und Kunstgeschichte organisiert werden konnte.

Diese Perspektive eliminiert den Spielraum autorschaftlicher Intervention aber keineswegs. Mit dem standardisierten Format von *Orbis Pictus* brach Einstein an einem bemerkenswerten Punkt. Abweichend von den anderen Bänden der Reihe gab er im Abbildungsverzeichnis der *Afrikanischen Plastik* die Größe der dargestellten Objekte an. Was ein Zugeständnis an die Konventionen ethnologischer Abbildungsbeschriftung gewesen sein könnte, kann ebenso gut auch der Beleg eines reflektierten Mediengebrauchs Einsteins sein.

Kehren wir zurück ins Humboldt Forum, vor die Vitrine „Einstein, ‚Afrikanische Plastik‘ 1922“: Allein die gemeinsame Abbildung im Bildband vor rund einhundert

64 Erhard Schüttpelz und Sebastian Gießmann, Medien der Kooperation. Überlegungen zum Forschungsstand, in: Navigationen. Zeitschrift für Medien- und Kulturwissenschaften 15 (2015), H. 1, 7–55, hier: 15.

Jahren ermöglicht und legitimiert das Nebeneinander der Objekte in der heutigen Vitrine. Damit bestätigt das Schaumagazin im Ethnologischen Museum die These Sylvester Ogbechies, dass die Wahrnehmung des Materiellen durch seine Medien bestimmt wird. Das Bild des Objekts ersetzt das Objekt selbst als Gegenstand des Diskurses.[65] Zugespitzt könnte man formulieren: Das Schaumagazin zeigt nicht fotografierte Objekte, sondern objektgewordene Fotografien. Wenn damit einzelne Seiten des Bildbands auf das Format einer Vitrine skaliert und die numerischen Maßstabsangaben plastisch gemacht werden, entwickelt das ‚Originalformat' der Objekte Irritationspotential: Plötzlich fällt auf, dass nicht nur das Bild, sondern das visuelle Wissen überhaupt formatiert ist und von seiner Formatierung bestimmt wird.

## Literaturverzeichnis

Biro, Yaëlle, African arts between curios, antiquities, and avant-garde at the *Maison Brummer*, Paris (1908–1914), in: Journal of Art Historiography 12 (2015), H. 2. URL: https://arthistoriography.wordpress.com/12-jun-2015/ (Letzter Zugriff: 13.07.2022).

British Museum (Hg.), Handbook to the Ethnographical Collections, London 1910.

Cohn, William, Indische Plastik, Berlin 1921.

Edwards, Elizabeth, Raw Histories. Photographs, Anthropology and Museums, Oxford und New York 2001.

Einstein, Carl, Negerplastik, Leipzig 1915.

Einstein, Carl, Afrikanische Plastik, Berlin 1921.

Einstein, Carl, Der frühere japanische Holzschnitt, Berlin 1922.

Einstein, Carl, Les arts de l'Afrique, hg., übers. und Einleitung von Liliane Meffre, Anmerkungen von Jean-Louis Paudrat, Arles 2015.

Einstein, Carl, A Mythology of Forms. Selected Writings on Art, hg., übers. und kommentiert von Charles W. Haxthausen, Chicago und London 2019.

Einstein, Carl, Briefwechsel 1904–1940, hg. von Klaus Kiefer und Liliane Meffre, Stuttgart 2020.

Fechheimer, Hedwig, Die Plastik der Ägypter, Berlin 1914.

Fechheimer, Hedwig, Die Plastik der Ägypter, Berlin 1920.

Franke, Anselm und Tom Holert (Hg.), Neolithische Kindheit. Kunst in einer falschen Gegenwart, ca. 1930, Berlin 2018.

Frobenius, Leo, Die bildende Kunst der Afrikaner, Wien 1897.

Grasskamp, Walter, André Malraux und das imaginäre Museum. Die Weltkunst im Salon, München 2014.

Grosse, Ernst, Die Anfänge der Kunst, Freiburg im Breisgau und Leipzig 1894.

65 Vgl. Sylvester Okwunodu Ogbechie, Transcultural Interpretation and the Production of Alterity. Photography, Materiality, and Mediation in the Making of „African Art", in: Art History and Fetishism Abroad. Global Shiftings in Media and Methods, hg. von Gabriele Genge und Angela Stercken, Bielefeld 2014, 113–128, hier: 115.

Grosse, Ernst, Die ostasiatische Tuschmalerei, Berlin 1923.

Grossman, Wendy, From Ethnographic Object to Modernist Icon. Photographs of African and Oceanic Sculpture and the Rhetoric of the Image, in: Visual Resources 23 (2007), H. 4, 291–336.

Haxthausen, Charles, Fatal Attraction. Carl Einstein's ‚Ethnological' Turn, in: Regarding the Unknown. Encounters of Art History and Anthropology from 1870 to 1970, hg. von Joseph Imorde und Peter Probst, Los Angeles [im Erscheinen].

Heidtmann, Frank, Wie das Photo ins Buch kam. Der Weg zum photographisch illustrierten Buch anhand einer bibliographischen Skizze der frühen deutschen Publikationen mit Original-Photographien, Photolithographien, Lichtdrucken, Photogravuren, Autotypien und mit Illustrationen in weiteren photomechanischen Reproduktionsverfahren. Eine Handreichung für Bibliothekare und Antiquare, Buch- und Photohistoriker, Bibliophile und Photographiksammler, Publizisten und Museumsleute, Berlin 1984.

Heinrichs, Hans-Jürgen, Die fremde Welt, das bin ich. Leo Frobenius, Wuppertal 1998.

Holert, Tom, Orbis Pictus/Weltkunst-Bücherei, Ernst Wasmuth, Berlin 1920–1925, in: Neolithische Kindheit. Kunst in einer falschen Gegenwart, ca. 1930, hg. von Anselm Franke und Tom Holert, Berlin 2018, 300–302.

Hicks, Dan, The Brutish Museums. The Benin Bronzes, Colonial Violence and Cultural Restitution, London 2020.

Jäger, Maren, Ethel Matala de Mazza und Joseph Vogl (Hg.), Verkleinerung. Epistemologie und Literaturgeschichte Kleiner Formen, Berlin und Boston 2020.

Kiefer, Klaus, Diskurswandel im Werk Carl Einsteins. Ein Beitrag zur Theorie und Geschichte der europäischen Avantgarde, Tübingen 1994.

Leeb, Susanne, Die Kunst der Anderen. „Weltkunst" und die anthropologische Konfiguration der Moderne, Berlin 2015.

Lethen, Helmut, Masken der Authentizität. Der Diskurs des Primitivismus in Manifesten der Avantgarde, in: Manifeste. Intentionalität, hg. von Hubert van den Berg, Amsterdam und Atlanta 1998, 227–258.

Luschan, Felix von, Die Karl Knorrsche Sammlung von Benin-Altertümern im Museum für Länder- und Völkerkunde in Stuttgart, Stuttgart 1901.

Luschan, Felix von, Die Altertümer von Benin, 3 Bände, Berlin und Leipzig 1919.

Neumeister, Heike, Carl Einstein's *Negerplastik*. Early twentieth-century avant-garde encounters between art and ethnography, Diss. Birmingham 2010.

Neumeister, Heike, Verisimilitude, Artistry and Alterity. Carl Einstein and the African Object as Subject of Aesthetic Renewal c. 1915–1935, in: The Challenge of the Object. 33rd Congress of the International Committee of the History of Art, Congress Proceedings, 4 Bände, Bd. 3, hg. von Petra Krutisch und Georg Ulrich Grossmann, Nürnberg 2013, 798–802.

Niehaus, Michael, Was ist ein Format?, Hannover 2018.

Ogbechie, Sylvester Okwunodu, Making History. African Collectors and the Canon of African Art. The Femi Akinsanya African Art Collection, Mailand 2011.

Ogbechie, Sylvester Okwunodu, Transcultural Interpretation and the Production of Alterity. Photography, Materiality, and Mediation in the Making of „African Art", in: Art History and Fetishism Abroad. Global Shiftings in Media and Methods, hg. von Gabriele Genge und Angela Stercken, Bielefeld 2014, 113–128.

Peuckert, Sylvia, Hedwig Fechheimer und die ägyptische Kunst. Leben und Werk einer jüdischen Kunstwissenschaftlerin in Deutschland, Berlin 2014.

Plankensteiner, Barbara (Hg.), Benin. Könige und Rituale. Höfische Kunst aus Nigeria. Gent 2007.

Sawicki, Nicholas, The View From Prague. Moderní revue (1894–1925); Volné směry (1896–1949); Umělecký měsíčník (1911–14); Revoluční sborník Devětsil (1922); Život (1922); Disk (1923–5); Pásmo (1924–6); and ReD (1927–31), in: The Oxford Critical and Cultural History of Modernist Magazines, 3 Bände, Bd. 3, Europe 1880–1940, hg. von Peter Brooker, Sascha Bru, Andrew Thacker und Christian Weikop, Oxford 2013, 1074–1098.
Schabacher, Gabriele, Serialisieren, in: Historisches Wörterbuch des Mediengebrauchs, 3 Bände, Bd. 1, hg. von Heiko Christians, Matthias Bickenbach und Nikolaus Wegmann, Köln u. a. 2014, 498–520.
Schüttpelz, Erhard und Sebastian Gießmann, Medien der Kooperation. Überlegungen zum Forschungsstand, in: Navigationen. Zeitschrift für Medien- und Kulturwissenschaften 15 (2015), H. 1, 7–55.
Schweinfurth, Georg, Artes Africanae. Abbildungen und Beschreibungen von Erzeugnissen des Kunstfleisses centralafrikanischer Völker, Leipzig und London 1875.
Spoerhase, Carlos und Nikolaus Wegmann, Skalieren, in: Historisches Wörterbuch des Mediengebrauchs, 3 Bände, Bd. 2, hg. von Heiko Christians, Matthias Bickenbach und Nikolaus Wegmann, Köln u. a. 2018, 412–424.
Spoerhase, Carlos, Skalierung. Ein ästhetischer Grundbegriff der Gegenwart, in: Ästhetik der Skalierung, hg. von Carlos Spoerhase, Steffen Siegel und Nikolaus Wegmann, Hamburg 2020, 5–15.
Stamm, Rainer, Vom imaginären Weltkunst-Museum zur Neuen Sachlichkeit, in: Autopsie. Deutschsprachige Fotobücher 1918 bis 1914, 2 Bände, Bd. 1, hg. von Manfred Heiting und Roland Jaeger, Göttingen 2012, 82–97.
Strother, Zoë, Looking for Africa in Carl Einstein's *Negerplastik*, in: African Arts 46 (2013), H. 4, 8–21.
Westheim, Paul, Indische Baukunst, Berlin 1920.
With, Karl, Java. Brahmanische, buddhistische und eigenlebige Architektur und Plastik auf Java, Hagen 1920.

## Archivmaterial

Brief Carl Heinrich Knorrs an Felix von Luschan vom 10. März 1899, Staatsbibliothek zu Berlin – Preußischer Kulturbesitz, Abt. Handschriften und Historische Drucke, Nachlass Felix von Luschan: Ka. Kies-Kol (undokumentierter Kasten), Korr.: C. H. Knorr.

Kira Kaufmann

# „E. spielt Diabolo". Das Medium Eleonore Zugun, kleine Formen und okkulte Phänomene

Als im Februar des Jahres 1925 in Talpa, einem Dorf im Bezirk Dorohoi in Nordrumänien, plötzlich Gegenstände durch die Luft wandern, Steine aus dem Flussbett durch verschlossene Fenster schweben und Kratzspuren und Wundmale am Körper des Mädchens Eleonore Zugun auftreten, ist klar, dass seltsame Dinge vor sich gehen, die erforscht und aufgeklärt werden müssen. Der Redakteur Kubi Klein der *Czernowitzer Allgemeinen Zeitung* berichtet regelmäßig über die Vorgänge und spricht bald von Spukgeschehen.[1] Umgehend reist die Wiener Gräfin Zoë Wassilko-Serecki, die selbst in der Nähe von Talpa geboren worden war, in die Bukowina. Sie wird Eleonore Zugun, die im Fokus der Phänomene steht, zu sich nach Wien holen und über zwei Jahre begleiten und beobachten. Die „Spukerscheinungen in Talpa"[2] sind zum einen ein prototypisches Beispiel jener merkwürdigen Begebenheiten und seltsamen Ereignisse, die in diesem Beitrag im Vordergrund stehen, zum anderen bildet der Fall von Talpa eine folgenreiche Ausnahme, denn die eingehende Beobachtung der Phänomene führt schließlich im Jahr 1927 zur Gründung der Österreichischen Gesellschaft für Psychische Forschung – jener Institution, die sich mit der wissenschaftlichen Erforschung unerklärter Phänomene befasst und als Österreichische Gesellschaft für Parapsychologie bis heute besteht.[3]

1 Der erste, der Nachforschungen zu den Phänomenen anstellte, war der Ingenieur und Okkultist Fritz Grunewald aus Berlin. Er veröffentlichte seine Studien zuerst 1925 in der spiritistischen Monatsschrift des Revalo-Bundes. Nach Grunewalds plötzlichem Tod setzte Wassilko-Serecki die Untersuchungen fort, vgl. Fritz Grunewald, Untersuchung der Spukphänomene in Talpa und Sicherstellung ihres mediumistischen Charakters, in: Psychische Studien 52 (1925), H. 7, 407–409; Alois Konecny, Spukphänomene in Talpa (Bukowina), in: Psychische Studien 52 (1925), H. 6, 327–330. Konecny zitiert die tschechische *Nàrdoni Publica* sowie die *Allgemeine Zeitung in Czernowitz*, welche „Detailnachrichten über Teufelserscheinungen in Talpa" brachte, ebd., 327.

2 [Anonym], Spukerscheinungen in Talpa, in: Zentralblatt für Okkultismus 19 (1925), H. 4, 190–191.

3 Peter Mulacz, der amtierende Präsident der *Österreichischen Gesellschaft für Parapsychologie*, hat die Ereignisse um Eleonore Zugun Ende der 1990er Jahre eingehend erforscht. Hier, in seinem Besitz und im Archiv der Gesellschaft, befindet sich auch der Nachlass der Gräfin Wassilko-Serecki. Ein Teilnachlass liegt im Freiburger *Institut für Grenzgebiete der Psychologie und Psychohygiene*. An dieser Stelle sei Peter Mulacz herzlich für seine umfassende Unterstützung bei der Recherche zu diesem Beitrag gedankt.

https://doi.org/10.1515/9783111003009-007

Der Fall der Eleonore Zugun ist durch schriftliche Zeugnisse unterschiedlicher Art belegt: Es gibt minutiös geführte Sitzungsprotokolle, präzise Mitschriften, formlose Notizen, Nachträge, Anfechtungen, Gegendarstellungen, einen wissenschaftlichen Sammelbericht.[4] 1927 wurde zudem ein Film gedreht, der die beobachtbaren, aber flüchtigen Phänomene am Körper des Mediums fixieren und überliefern sollte. Im Zentrum dieses Beitrags steht allerdings die Neujahrsausgabe der *Vossischen Zeitung* vom 1. Januar 1927, die in der Sonntagsbeilage Texte von Personen einer Untersuchungskommission versammelte, welche von November 1926 bis Januar 1927 bei den Berliner Sitzungen der Eleonore Zugun und Gräfin Wassilko-Serecki anwesend waren. In der Beilage stehen Texte von Paul Schlesinger (alias Sling), Moritz Goldstein und Alfred Döblin neben Beiträgen der Gräfin und mehrerer Ärzte. Zugun – ohne Frage ein wichtiger Fall für die Geschichte der Parapsychologie – war zugleich Gegenstand des Feuilletons, wie die Beilage eindrücklich zeigt.

Der folgende Beitrag gliedert sich in drei Abschnitte. In Folge wird von einer Vielzahl sehr unterschiedlicher kleiner Textformen die Rede sein, der Materiallage zum Fall Zugun entsprechend. Grundsätzlich folgen meine entlang der Texte erarbeiteten Beobachtungen der theoretischen Prämisse, dass „[i]hr Kleinsein […] nicht als Gegebenheit betrachtet [wird], sondern als Resultat von Operationen der Verkleinerung, d. h. der Ein- und Aussparung zugunsten ästhetischer und erkenntnispraktischer Gewinnziele."[5] So nützt, wie der erste Abschnitt zeigen soll, das kompakte, kurze, seltsame Erlebnis in schriftlicher Form der Dissemination der okkulten Begebenheit und steht letztlich im Dienst der Verschiebung etablierter Wissensgrenzen. Die Kürze in der Schilderung des seltsamen Ereignisses wird als situatives Erfordernis eines erkenntnistheoretischen Anspruchs deutlich, der in den Grenzwissenschaften der Zwischenkriegszeit vorherrschend war und expansiv betrieben wurde. Im zweiten Abschnitt wird der Fokus auf das Feuilleton der *Vossischen Zeitung* gerichtet. Autor:innen linksliberaler Zeitungen zeigen durch ihre Beiträge eine Verlagerung von quantitativen zu qualitativen Aspekten der Beobachtung, die für die kleine Form bestimmend werden. Das ästhetische Potential von Verdichtung und Verknappung wird im dritten Abschnitt noch einmal aufgegriffen und in den Kontext des spiritistischen Sitzungsprotokolls zurückgeführt. Der Zugun-Fall produziert über die Verschränkung von Beobachtung und Verschriftlichung, die

4 Vgl. Dokumente im Archiv des Freiburger *Instituts für Grenzgebiete der Psychologie.* Die Protokolle wurden aufbereitet und zum Teil transkribiert in Priska Pytlik, Spiritismus und ästhetische Moderne – Berlin und München um 1900. Dokumente und Kommentare, Tübingen und Basel 2006, 586–640.

5 Maren Jäger, Ethel Matala de Mazza und Joseph Vogl, Einleitung, in: Verkleinerung. Epistemologie und Literaturgeschichte kleiner Formen, hg. von Maren Jäger, Ethel Matala de Mazza und Joseph Vogl, Berlin und Boston 2020, 1–12, hier: 2.

im Drang nach Dokumentation ineinandergreifen, eine Art von Textur, an der sich sowohl wissenschaftliches als auch künstlerisches Interesse entzündet. Ein kurzer Seitenblick auf den Film von 1927 verdeutlicht das enge Zusammenwirken von Wissenschaft und Kunst, Dokumentation und Montage. So zeigt sich das Feuilleton zwischen Literatur und Journalismus im Zugun-Fall inmitten eines ideologisch-weltanschaulichen, epistemologischen und ästhetischen Spannungsfeldes. Das krisenhafte Moment begegnet als Einbruch der Irrationalität und äußert sich auch formal als offene Frage nach dem Umgang mit dem Nichtwissen und der damit einhergehenden Ungewissheit.

## 1 Okkultistische Umschau: Seltsame Ereignisse und verschriftlichte Spontanerlebnisse

Verschriftlichte Spontanerlebnisse gelten in der Parapsychologie als empirische Quellensammlung, als unverzichtbares Material. Das Okkulte sei ein Grenzgebiet, wie Henri Birven, Herausgeber der Zeitschrift *Hain der Isis – Zeitschrift für Magie als Kulturproblem und Weltanschauung*, festhält.[6] Empirisches Wissen sei per se unabgeschlossen, es unterliege „einer unaufhörlichen Erweiterung und Vervollständigung“.[7] Der Okkultismus versteht sich demnach als jene Wissenschaft, die dieser Vervollständigung Folge leistet und dadurch bestehende Wissensgrenzen verschiebt. Das Okkulte halte – im Gegensatz zum Wunder – an der prinzipiellen Erklärbarkeit scheinbar unerklärlicher Phänomene fest:

> „Okkult“ ist ein Grenzbegriff, dazu bestimmt, eine Klasse von Tatsachen solange zu umfassen, als sie auf dem von der Wissenschaft noch nicht erforschten Grenzgebiet liegen.[8]

Verschriftlichte seltsame Erlebnisse in Form von knappen Erzählungen oder Berichten erweisen sich somit als Instrumente eines Transfers, der die Grenzen des etablierten Wissens erweitern und durchbrechen will. Sie bezeugen das derzeit noch nicht Erklärbare. Unmittelbares, individuelles Erleben drängt auf allgemeingültige, überindividuelle Erklärung. Hans Sexauer erhebt in diesem Zusammenhang

6 Vgl. Henri Birven, Der Sinn des „Okkulten“ als Grenzbegriff, in: Das Wunder (1928), H. 1, 28–32. Birven war ein zentraler Protagonist der okkulten Weltanschauung, *Hain der Isis* erschien zwischen 1927 und 1932.

7 Ebd., 28.

8 Ebd.

die Anekdote zur „reichsten Quelle der Parapsychologie“.[9] Ähnlich wie Birven legt er besonderes Augenmerk auf die *Sammlung* von Spontanerlebnissen aller Art, also von Erlebnissen und Ereignissen, die von unerklärlichen Begebenheiten berichten; diese stünde am Beginn der Parapsychologie als Wissenschaft.[10]

> Der anekdotische Bericht ist die uralte Bezugsquelle aller okkulten Phänomene, ohne die die Parapsychologie nicht denkbar wäre; ohne die spontanen unvorhergesehenen Erlebnisse, die immer wieder beunruhigen oder erschüttern, würde das Denken gar nicht in eine Richtung gelenkt werden, in der man alle gängigen Pfade verlässt und sich in einem Bereich von Unsicherheit und Fragwürdigkeit bewegen muss. Nur sind sie es, die immer wieder dazu zwingen, sich mit einer sonst veralteten, magischen Weltanschauung auseinanderzusetzen.[11]

In der verschriftlichten Anekdote bewahrt sich die mündliche Unmittelbarkeit des Erzählens als Kern des Erlebens, welcher Sexauer zufolge zwar nicht wissenschaftlich sei, zugleich aber gerade aufgrund dieser Lebhaftigkeit nicht ignoriert werden könne.[12] Neben der außerordentlichen Qualität der Unmittelbarkeit wird das quantitative Moment für die Aufbereitung der verschriftlichten Spontanerlebnisse entscheidend. Gerade in der *Fülle* seltsamer, merkwürdiger oder unerklärlicher Phänomene, die alltäglich von Menschen erlebt und geteilt werden, versuchen einschlägige Zeitschriften der Grenzwissenschaften die Unzulänglichkeit des vorherrschenden wissenschaftlichen Paradigmas zu verdeutlichen. Das ‚materialistische‘ beziehungsweise ‚mechanische‘ Weltbild der Zwischenkriegszeit wird in einen ursächlichen Zusammenhang mit den Erschütterungen des Krieges und den damit einhergehenden Entfremdungserfahrungen gestellt. Der Parapsychologe Albert Freiherr von Schrenck-Notzing spricht 1925 in einer Rezension vom „Untergang der mechanischen Weltanschauung“ durch Parapsychologie und Paraphysik.[13] Er sieht seine Forschung mediumistischer Phänomene als Teil einer umfassenden Umgestaltung der Weltanschauung, die den Vorrang des Geistes vor der Materie beweisen

---

**9** Hans Sexauer, Die Anekdote in der Parapsychologie, in: Neue Wissenschaft 12 (1964), H. 2, 17–23, hier: 17.

**10** Vgl. Peter Ringger, Parapsychologie. Die Wissenschaft des Okkulten, Zürich 1957. Ringger zitiert in seiner Einführung eine berühmte seltsame Begebenheit aus Schopenhauers *Parerga und Paralipomena*, Band 1, worin in einer Fußnote ein Wahrtraum unter Zeugenaussage überliefert ist, den Schopenhauer aus der *Times* vom 2. Dezember 1852 bezieht. In diesem Traum markierte eine Forelle vorab jenen Ort im Flussbett, wo der Bruder des Ertrunkenen später den Leichnam fand, vgl. Peter Ringger, Das Weltbild der Parapsychologie, Freiburg im Breisgau 1959, 33.

**11** Sexauer, Anekdote, 17.

**12** Vgl. ebd.

**13** Schrenck-Notzing bespricht T. K. Oesterreich: Die philosophische Bedeutung der mediumistischen Phänomene, in: Psychische Studien 52 (1925), H. 3, 129–133, hier: 133.

möchte. Das verstärkte Interesse an Spiritismus und Séancen lässt sich nicht zuletzt auf die zahlreichen Toten des Ersten Weltkrieges zurückführen, mit welchen Hinterbliebene in Kontakt zu treten versuchten.[14] Zeitungen und Zeitschriften fungierten als internationale Drehscheiben im Austausch von Erfahrungen, worin sonderbare Begebenheiten gezielt als Belege und Beweise reproduziert wurden. Die kalkulierte Umverteilung von Wissen und das Infragestellen von Wissenschaftlichkeit ging so mit einer gezielten Dissemination von Wissen einher, denn seltsame Ereignisse, wie Spuk- oder Spontanerlebnisse, sollten gerade in ihrer Masse und Alltäglichkeit medial sichtbar gemacht werden. Im Fall der oft anekdotischen, seltsamen Erlebnisse erlaubt die Kürze der Form das Zitieren und Zirkulieren der beschriebenen Begebenheit. Es kommt mitunter zu einer Art ‚Recycling‘: Okkulte Blätter beziehen seltsamen Erlebnisse aus der internationalen Tagespresse und spielen sie gesammelt an das interessierte Publikum zurück. Rubriken wie „Okkultistische Umschau“[15] oder „Kleine Mitteilungen“[16] bilden einen Pressespiegel, der okkulte Phänomene aus internationalen Blättern zitiert, paraphrasiert und gebündelt aufbereitet. Ein paar Beispiele: Im *Zentralblatt für Okkultismus* von 1925/26, wo unter Berufung auf das Hamburger *Mittagsblatt* vom 4. Mai 1925 von „Spukerscheinungen in Talpa“ berichtet wird, ist zugleich auch von einem „Liebestrank-Prozeß“ am Wiener Strafgericht die Rede.[17] Über die „[e]igenartige Wirkung des Blitzes“ berichtet in derselben Rubrik das Pariser *Petit Journal*, und der Beitrag „Der Träumer als Detektiv“ erzählt von Frank Triggiani, der im Traum ermittelt (wie eine New Yorker Zeitung anführt).[18]

Der massenhafte Einbruch des Unerklärlichen ist allerdings als ein Symptom der Zeit zu werten, das weit über kolportierte Spukerlebnisse hinausweist und auch Journalismus und Feuilleton der Weimarer Republik erreicht. Das quantitative Moment, wie für die Fülle an seltsamen Erlebnissen in okkulten Blättern zentral, tritt vor dem Anspruch einer umfassenderen Auseinandersetzung mit dem Unerklärlichen der Zeit in den Hintergrund. Okkultes geschieht nicht parallel, sondern inmitten des Zeitgeschehens. Journalistische und feuilletonistische Texte suchen einen eigenen Umgang mit der Atmosphäre zunehmender Irrationalität. In seinem Sammelband *Das Wunderbare oder die Verzauberten. Propheten in deutscher Krise* (1932) geht

---

14 Vgl. Vera Kaulbarsch, Untotenstädte. Gespenster des Ersten Weltkriegs in der literarischen Moderne, Boston 2018; vgl. Priska Pytlik, Okkultismus und Moderne. Ein kulturhistorisches Phänomen und seine Bedeutung für die Literatur um 1900, Paderborn 2005.

15 So im *Zentralblatt für Okkultismus* (1907–1933) am Ende von jedem Heft, das zirka drei Druckseiten umfasst und bis zu sieben Meldungen führt.

16 *Zeitschrift für Parapsychologie* (1926–1934), vormals *Psychische Studien.*

17 [Anonym], Ein Liebestrank-Prozeß, in: Zentralblatt für Okkultismus 19 (1926), H. 8, 380.

18 [Anonym], Zweites Gesicht, in: Zentralblatt für Okkultismus 19 (1925), H. 1, 47.

Herausgeber Rudolf Olden im einleitenden Beitrag der Frage nach, wie „in der kurzen Geschichte der deutschen Republik ein so ungeheurer Umschwung vom Rationalen zum Irrationalen geschehen [konnte], daß auch der Blinde ihn sehen muß."[19] Hitlers Erfolg in der Mobilisierung der Massen sei eine Herausforderung an den Intellekt, die Erklärung seines Einflusses mit Begriffen wie „Suggestion", „Charisma" oder „Identifikation" nicht hinreichend zu erklären. Olden sind die politischen Entwicklungen unheimlich, er identifiziert das Irrationale mit dem vorherrschenden *Wunderbaren*, das im Volk zunehmend um sich greife:

> Politik [...] könnte man auch dahin definieren, daß sie ein ewiger Kampf zwischen der ratio und dem Wunderbaren ist. In der Krise kommt die ratio ins Gedränge, ihre Waffen, die gerade noch scharf schnitten, sind plötzlich stumpf, der Zweifel frißt an ihr, sie emigriert oder wird eingesperrt. Es ist die Große Zeit. Ist ein Volk satt, sein Gehirn unbelastet, so vermag es wieder seinen Vorteil abzuwägen, die Zeiten werden klein, langweilig und heiter. Gott schenke uns eine kleine Zeit.[20]

Olden reagiert mit den ‚kleinen' Beiträgen auf die unheimlichen politischen Entwicklungen einer Zeit, deren Bedrohlichkeit in den Ansprüchen ihrer selbsternannten ‚Größe' liegt. Das Irrationale ist inhärenter Bestandteil einer Krise, zu der sich die Vernunft verhalten muss. Der Sammelband *Das Wunderbare* – verlegt im Rowohlt-Verlag – war das erste Produkt eines Stammtisches in der Anhalter Straße, Berlin-Mitte. Die Autorin Gabriele Tergit skizziert in ihren Erinnerungen[21] die Stimmung, in welcher Oldens Erklärungsversuch Gestalt annahm, und zeigt, wie differenziert, aber zugleich politisch ambivalent der Kreis der Beiträger besetzt war: Walter Kiaulehn, der „rationale Berliner",[22] schreibt über Heilquellen, die sich als gewöhnliches Berliner Leitungswasser erweisen, Oldens Ehefrau, Christine Fournier, „nicht ohne billige Ironie über die Christian Science",[23] der Wiener Journalist Rafael Hualla über Heilung durch Stromstöße; „Olden, der dem Wunderglauben an Hitler beikommen wollte, wußte nicht, daß Hualla selber sein Hakenkreuz unterm Revers trug."[24] Während Okkultismus und Parapsychologie als Disziplinen dem noch nicht rational Erschlossenen, dem Unerforschten, wissenschaftlich nachgehen wollen, spürt der linksliberale Herausgeber Rudolf Olden

19 Rudolf Olden (Hg.), Propheten in Deutscher Krise. Das Wunderbare oder die Verzauberten, Berlin 1932, 7–20, hier: 16.

20 Ebd., 20.

21 Gabriele Tergit, Etwas Seltenes überhaupt. Erinnerungen, hg. von Nicole Henneberg, Frankfurt am Main 2018, 42–47. Für diesen Hinweise danke ich herzlich Maddalena Casarini.

22 Ebd., 44.

23 Ebd., 45.

24 Ebd., 44.

unter dem Etikett des „Wunderbaren" dem Erstarken des Nationalsozialismus in der akuten politische Situation nach. Beide Aspekte können als Auseinandersetzung mit dem irrational Anmutenden verstanden werden,[25] dessen weltanschauliche Konsequenzen sich in allen gesellschaftlichen Bereichen der Weimarer Republik als seltsame und bedrohliche Ungleichzeitigkeit bemerkbar machen. Tergit bringt diese anachronistische Spannung wie folgt auf den Punkt:

> Alchemisten, Teufelsbeschwörer, Sterndeuter, Medizinmänner, die ganze mühselig gebändigte mittelalterliche Armee der Dummheit und Grausamkeit hielt Manöver ab bei elektrischem Licht, Staubsaugern und Zentralheizung. Man fühlte, es würde nicht mehr lange dauern, bis sie Scheiterhaufen errichten würden für Juden und Bücher[.][26]

Die Untersuchung der Phänomene um Eleonore Zugun fällt somit in eine überspannte Atmosphäre, beherrscht vom Krisengefühl der letzten Jahre der Weimarer Republik. Kunst, Wissenschaft und Politik drängen in Journalismus und Feuilleton darauf, im Schreiben zugleich eine Haltung zum Unerklärlichen zu finden.

## 2 Das Medium Eleonore Zugun in der Beilage zur *Vossischen Zeitung*

Die Beilage zur Neujahrsausgabe der *Vossischen Zeitung* von Januar 1927 bietet Gelegenheit, das Zusammenwirken kleiner Formen in ihrer Suche nach einer Haltung zum Unerklärlichen anhand eines konkreten Falls zu beobachten. In unterschiedlichen Konstellationen prominenter Gäste[27] traf man sich gegen Jahreswechsel 1926/27 um die „Fokusperson" Eleonore Zugun in der Berliner Pension Astoria, Hardenbergstraße 15. Neben den Beiträgen des Feuilletonisten und Gerichtsreporters Paul Schlesinger, alias Sling, („Wie sie zu uns kam"), des Psychoanalytikers Heinrich Körber („Eleonores Psyche") und der Gräfin Zoë Wassilko-

25 So spricht auch ein Beitrag in der *Literarischen Welt* von einer „Epoche allgemeiner Dissoziation des abendländischen Lebens". Dieses sei geprägt durch den Wechsel von Herrschaftssystemen und politischen Umbrüchen, also von einem „Auflösungs- und Ausgleichsprozeß", worin sich der Okkultismus als selbständige Denkform etabliere, vgl. L. St. [Ludwig Steinecke], Wissenschaft und Okkultismus, in: Die Literarische Welt (1931), 372–374, hier: 372.

26 Tergit, Etwas Seltenes überhaupt, 43.

27 Auch Max Dessoir war zugegen, wie aus den Sitzungsprotokollen hervorgeht. Pytlik dechiffriert den skeptischen „Professor D." aus Schlesingers Beitrag als Max Dessoir, der, den Sitzungsprotokollen zufolge, am 6. Dezember 1926 anwesend war, vgl. Pytlik, Spiritismus, 615.

Serecki („Wer sie ist") umfasst die Beilage zudem Texte von Walther Kröner („Die Phänomene"), Josef Löbel („Meine Entlarvung") und Karl Zimmer („Endogen oder exogen"); die Reihe beschließen der Arzt und Autor Alfred Döblin („Der Teufel der kleinen Eleonore") und der Journalist Moritz Goldstein („Zusammenhang der Zusammenhänge").[28]

Mit wenigen einleitenden Worten kündigt die *Vossische Zeitung* das Unterfangen an: Man finde hier „Aufsätze", die „jeder für sich und unabhängig von den Mitbeobachtern" verfasst habe (B[1]). Als Überschrift wählt man einen handschriftlichen Schriftzug, der sich grafisch deutlich vom gedruckten Wort abhebt und an den Modus der automatischen Niederschrift paranormaler Phänomene erinnert (Abb. 1).

Die Initiatorin Gräfin Wassilko-Serecki versammelte unter ihren ‚Mitbeobachtern' allerdings nicht nur (uns heute noch bekannte) Autoren oder Journalisten. Heinrich Körber, einer der Anwesenden, war Sanitätsrat, Arzt und Psychoanalytiker. Gemeinsam mit Otto Juliusburger gründete er 1905 den Deutschen Monistenbund, engagierte sich für Mutterschutz und war 1920 Gründungsmitglied der Berliner psychoanalytischen Vereinigung.[29] Walther Kröner,[30] die zentrale Person der Berliner Untersuchungskommission um die Gräfin,[31] wird von Paul Schlesinger als Homöopath apostrophiert (B[1]). Kröners Publikationen und Herausgebertätigkeit verdeutlichen seinen Einsatz für den Okkultismus als Arzt und „Parapsychiker".[32] Sein Sammelbericht wurde in der *Ärztlichen Rundschau* veröffentlicht.[33] Anwesend war zudem Josef Löbel, jener zu Lebzeiten berühmte Kurarzt und Autor, dem auch Joseph

---

28 Beilage zur Vossischen Zeitung, 1. Jan. 1927, Nr. 1. Zur besseren Orientierung werden die unpaginierten Seiten der Beilage hier in eckiger Klammer gezählt, im Folgenden zitiert mit der Sigle B und der Angabe der Seite.

29 Vgl. Carl Müller-Braunschweig, Dr. Heinrich Koerber [=Nachruf], in: Internationale Zeitschrift für Psychoanalyse 13 (1927), H. 4, 465–467.

30 Kröner war den Recherchen von Peter Mulacz zufolge ab 1. Mai 1933 Mitglied Nr. 2010580 der NSDAP. Publikationen erschienen bis 1955.

31 Kröner stellte sich auch nach der Entlarvung des Mediums 1927 hinter die Gräfin und bekräftigte die Wissenschaftlichkeit der Untersuchungen.

32 So Döblin nach Pytlik, Spiritismus, 657, vgl. Walther Kröner, Die Wiedergeburt des Magischen. Das Magische als natürliche Funktion des Unbewussten. Mit einer Einführung von Prof. Dr. Hans Driesch, Leipzig 1939; vgl. ders., Der Untergang des Materialismus und die Grundlegung des biomagischen Weltbildes, Leipzig 1939; vgl. ebenso Kröners Beitrag über „Parapsychologie" in der Literarischen Welt (1931), vgl. ders., Vom Okkultismus zur Parapsychologie, in: Die Literarische Welt 32/33 (1931), zit. nach: Zeitgemäßes aus der 'Literarischen Welt' von 1925–1932, hg. von Willy Haas, Stuttgart 1936, 345–348. Für diesen Hinweis danke ich Caroline Adler.

33 Walter Kröner, Sammelbericht über die Ergebnisse der in Berlin vorgenommenen Untersuchung der Phänomenik des Mediums Eleonora Zugun während der Monate November 1926 bis Januar 1927, in: Ärztliche Rundschau 37 (1927), H. 8, 121–127.

Nr. 1
Sonnabend (Morgen)

Beilage zur Vossischen Zeitung

1927
1. Januar

Das Medium Eleonora Zugun

**Das 13jährige rumänische Bauernmädchen Eleonora Zugun, das in Begleitung der Wiener Okkultistin Gräfin Wassilko die europäischen Hauptstädte bereist, um ihre medialen Fähigkeiten zu zeigen, ist bei seinem Aufenthalt in Berlin im Auftrage der „Vossischen Zeitung“ mehrere Wochen hindurch beobachtet worden. Was die Teilnehmer der Sitzungen gesehen oder gedacht haben, geben sie in den folgenden Aufsätzen wieder, und zwar jeder für sich und unabhängig von den Mitbeobachtern. Mag der Leser sich danach über die Phänomene und ihre Bedeutung ein eigenes Urteil bilden.**

## Wie sie zu uns kam

Aus einem fingierten Tagebuch

Von

**Eling**

25. November. Der homöopathische Arzt Dr. Kröner und der Journalist Kubi Klein aus Czernowitz sitzen bei mir, reden sehr viel von einem kleinen Medium aus Rumänien, das von einem scheußlichen Draku beherrscht wird. Ich erinnere mich an Zeitungsnotizen über ihr Debut, Kubi Klein frischt es in mir auf. Bauernmädchen, Steine fliegen auf offenem Feld, ein ganzer Ochse verschwindet aus seinem Gespann. Tolle Sachen. Kubi Klein als Entdecker hingefahren, nimmt das Medium mit nach Hause. Gräfin Wassilko nimmt die Kleine nach Wien, wo Dutzende von Sitzungen gemacht werden, nach Paris, nach London. Jetzt ist die Gräfin mit der Kleinen hier. Berliner Okkultisten interessieren sich brennend, möchten auch Versuche unternehmen. Man sucht einen Verlag zur Finanzierung. Hm.

26. November. Juchhe, der Verlag finanziert.

27. November. Warum eigentlich? Weil ich so neugierig bin.

28. November. Auf was bin ich eigentlich neugierig? Unter uns gesagt: Nicht sosehr auf Eleonore Zugun, wie auf mich. Ich möchte gern wissen, ob ich Okkultist bin. Die Sache ist nämlich noch nicht raus. Es wäre eine neue Leidenschaft — und ich brauche gerade eine. Uebrigens hat mir Kröner erzählt, daß die Steine nicht mehr so heftig fliegen, wie einst im Mai. Draku, der böse Geist, kratzt und beißt die arme Eleonore. Manchmal schmeißt er auch noch. Gleichviel. Ein tüchtiger Draku macht auch mich zum Okkultisten.

5. Dezember. Ich war mit Professor D. da, einem großen Skeptiker. Draku verhielt sich äußerst reserviert. Skeptiker sind ihm greulich. Heut biß er nicht mal.

6. Dezember. Die Gräfin: „Schade, gestern wollte er gar nicht. Aber denken Sie, gerade als Sie mit Professor D. hinausgingen, flog ein Teeglas gegen die Tür!“

10. Dezember. Draku fängt an, mich zu langweilen. Dafür ist Döblin erschienen. Arzt und Dichter. Sieht auch aus wie ein Draku.

11. Dezember. Die Wissenschaftler treten sich auf die Füße. Professor Buschke waltet als Dermatologe, Professor Zimmer als Zoologe, Döblin als Döblin.

12. Dezember. Sanitätsrat Körber sagt aus wallendem Patriarchenbart mit gütigem Lächeln: „Döblin, Sie können nicht ernst sein.“ Und Döblin verzieht sein Drakugesicht: „Wenn die andern so ernst sind, kann ich nicht.“

14. Dezember. Ich konstatiere einen großen Gegensatz. Professor Buschke sagt: „Ich verstehe nur von Haut, und ich interessiere mich nur für Haut, von Okkultismus verstehe ich nichts“ Döblin aber sagt: „Ich interessiere mich nur für Okkultismus, Haut ist mir Wurscht.“

15. Dezember. Neues Phänomen: Draku spuckt. Er spukt nicht, er spuckt. Plötzlich hat Eleonore ganz nasse Stellen am Arm, im Nacken. Man hat die edle Flüssigkeit aufgehoben, um sie mikroskopisch zu untersuchen.

16. Dezember. Man hat untersucht. Es ist Spucke. Aber wer hat gespuckt?

17. Dezember. Man ist auf eine geniale Idee gekommen: Jeder soll Jod schlucken, weil Jod sich nachher im Speichel feststellen läßt. Ich opponiere: Man soll ein Glas mit Jod hinstellen, für Draku zum Trinken. Wenn er dann wieder spuckt, und es ist Jod drin, war's Draku. Keine Einigung zu erzielen. Da mein Antrag abgelehnt ist, ziehe ich mich still aber beleidigt zurück.

20. Dezember. Ich habe mich auf Herz und Nieren geprüft: ich bin immer noch kein Okkultist. Kein Tintenfaß kam geflogen. Kein Ochse ist verschwunden. Daß es Spucke gibt, wußte ich schon vorher.

24. Dezember. Ich habe mich beruhigt. Und halte mich an das Bridgebuch des Grafen Wassilko. Das hat Bridge vorm Okkultismus voraus: beim Bridge gibt's keine Wunder.

## Eleonores Psyche

Von

**Sanitätsrat Dr. med. Heinrich Koerber**

Wenn man versucht, die mehrhundertfach einwandfrei, das heißt, frei von betrügerischen Einschlägen, festgestellten Hautphänomene des Mediums Eleonore Zugun von der psychologischen Seite her zu erklären, so ist das Resultat nicht restlos befriedigend.

## Wer sie ist

Von

**Zoé Gräfin Wassilko Serecki**

Eleonora Zugun ist die Tochter rumänischer Bauern und wurde am 24. Mai 1913 in dem kleinen Dorfe Talpa (Bezirk Dorohoi, Nord-Rumänien) geboren. Soviel sich in niederen Volksschichten des Ostens überhaupt feststellen läßt, waren in ihrer Familie

**Abb. 1:** „Das Medium Eleonora Zugun“, in: Beilage zur *Vossischen Zeitung*, 1. Januar 1927 [Ausschnitt].

Roth in der Figur des Badearztes Dr. Skowronnek aus Franzensbad im *Radetzkymarsch* (1932) ein Denkmal setzte.[34] Karl Zimmer war ein Berliner Professor für Zoologie und mit Thomas Mann bekannt.[35]

In der Beilage treffen somit Beiträge von Ärzten und Wissenschaftlern, die Teil der Untersuchungskommission um Gräfin Wassilko-Serecki und das Medium Eleonore Zugun waren, auf Texte von Autoren und Journalisten des linksliberalen Lagers, die ebenso als Beobachtende zugegen waren. Sling – das ist Paul Schlesinger, berühmt für seine Gerichtsreportagen und einer der bekanntesten Redakteure des Blattes – eröffnet mit einem Beitrag unter dem Titel „Wie sie zu uns kam. Aus einem fingierten Tagebuch" (B[1]). Der Text besteht aus kurzen Eintragungen vom 25. November bis 24. Dezember. Er erwähnt eingangs den Arzt Dr. Kröner und den Journalisten Kubi Klein aus Czernowitz; sie „reden viel von einem kleinen Medium aus Rumänien, das von einem scheußlichen Draku beherrscht wird" (B[1]). Dieser „Draku" – rumänisch für „Teufel" – sei ein „unflätiger Bursche", wie Döblin es formuliert (B[3]), er kratzt, beißt, bespuckt und stößt das Mädchen gewaltvoll zu Boden. Sling möchte sich nun selbst ein Bild machen, mehr noch interessiert ihn aber die Frage, ob er selbst ein Okkultist sei: „Die Sache ist nämlich noch nicht raus. Es wäre eine neue Leidenschaft – und ich brauch gerade eine" (B[1]). Mit ironischer Distanz schildert er in kurzen Sätzen die Begebenheiten und Phänomene, die sich während seiner Anwesenheit ereignen. Schlesinger imitiert in seinem Beitrag einen protokollarischen Stil, formal ist die Beschreibung zeitlich getaktet, er beginnt mit der Aufzählung der Anwesenden, um weiter fortzufahren:

> Eleonore steht zwischen uns, hantiert mit ihrem Diabolo. Bei dieser Tätigkeit zeigt sich Draku am angriffslustigsten. Sie also steht und spielt. Zuck. Drei Schrammen auf dem Arm, schwellen auf. Zuck. Biß auf der oberen Handfläche – sieht wirklich so aus, wie mit feinen Zähnchen eingedrückt. Schwillt auf, verschwindet. Zuck. Eine feste Schramme auf dem andern Arm. Man sieht die Hautfetzen abstehen. Tolle Sache. Zwanzig Phänomene in einer Stunde. Die Frage nur: ist's Eleonore oder Draku? (B[1])

34 Josef Löbel starb, nachdem er 1933 vertrieben wurde, 1942 in Prag. Mit der Arisierung von Knaurs Gesundheitslexikon, das erstmals 1930 erschien, wovon Löbel als Erstautor gilt, wurde er erfolgreich aus dem kulturellen Gedächtnis verdrängt. Peter Voswinckel hat als erster die Lebens- und Werkgeschichte Josef Löbels eingehend recherchiert, um dem Vergessen entgegenzuwirken. Vgl. Peter Voswinckel, Dr. Josef Löbel (1882–1942), Franzensbad/Berlin. Botschafter eines heiteren deutschen Medizin-Feuilletons in Wien–Berlin–Prag, 2. Aufl., Berlin 2019.

35 Vgl. Peter Mulacz, Im Rotlicht erhebt sich ein Taschentuch – und „Fragwürdigstes" geschieht im „Zauberberg". Thomas Mann und die Parapsychologie, in: Faszination des Okkulten. Diskurse zum Übersinnlichen, hg. von Wolfgang Müller-Funk und Christa Agnes Tuczay, Tübingen 2008, 365–399, hier: 370, 384, 386.

Die Skepsis des Beobachters zeigt sich in der rhetorisch demonstrativen Überhöhung der banalen Beobachtung. Das doppelte Bild der Eleonore, die „Diabolo spielt“ – wobei ein bekanntes Geschicklichkeitsspiel mit der Täuschung, dem betrügerischen Vorspielen, überblendet wird – spricht auch Döblin an, der in seinem Text ebenso darauf Bezug nimmt: „Sie spielt!“ (B[3]). Nüchtern wird die Tätigkeit im Sitzungsprotokoll vom 25. November 1925 vermerkt: „Sie hatte den Diabolo in der linken Hand in Gesichtshöhe und liess ihr Handgelenk spielerisch kreisen, indem sie fortgesetzt den Diabolo ansah.“[36] Schlesinger wiederum greift das spielerische Moment rhetorisch auf und setzt es als lautliches Homonym in Szene: „15. Dezember. Neues Phänomen: Draku spuckt. Er spukt nicht, er spuckt“ (B[1]). Als Draku sich schriftlich durch Eleonores Hand äußert und „etwas zum Naschen und Medizin“ (B[1]) wünscht, und man Aspirin und ein Kuchenstück auf den Ofensims legt, formuliert der Beobachter Sling explizit seinen Zweifel:

> Die Gräfin sagt: „Wenn Sie immerzu hinsehen, nimmt er bestimmt nicht.“ / (Das eben sind die Schwierigkeiten, die sich meiner okkulten Entwicklung entgegenstemmen.) Aber ich sehe nicht mehr hin. Niemand sieht hin. Dafür erzählt die Gräfin von Tintenfässern, die flogen – einst im Mai. Durch verschlossene Türen nachts ins Bett. Alles schwarz. Ich gäbe was drum, wenn jetzt ein Tintenfaß käme und meinem ebenfalls anwesenden Kollegen Moritz Goldstein mitten auf die Nase. Kommt aber nicht. (B[1])

Das Ablenkungsmanöver, das dem Beobachter Sling zur Irritation gereicht, zeichnet sich im Beitrag ebenso als kleiner Abweg in Form eines dezenten Seitenhiebs auf den Kollegen Goldstein ab. Slings Ironisierung entgegnet der angespannten Erwartungshaltung der Beobachtung mit einer Geste kommentierender Vorwegnahme, die einerseits die Spannung zitiert, sie andererseits aber auch lächerlich macht. Poetologisch wurzeln Skepsis und Ironie in einer Distanz, die Sling durch das fingierte Tagebuch dem Setting des Beobachtens entnimmt und formal zitiert, um das Beobachten als Beobachtetes im Kontext des Feuilletons – also auf einer anderen, übergeordneten kompositorischen Ebene – formal zu brechen. Oder anders: Er macht sich in seinem Beitrag lustig, ohne sich festzulegen, zeigt sich allerdings dabei sichtlich unbeeindruckt.

Moritz Goldsteins Beitrag unter dem Titel „Zusammenhang der Zusammenhänge“ schlägt einen anderen Ton an (B[3]): Zu Slings ironischer Distanz, der vorsichtig formulierten Skepsis der Wissenschaftler (Körber, Löbel, Zimmer) und der Befürwortung durch den engsten Kreis um die Gräfin Wassilko-Serecki (Kröner) tritt Goldstein hinzu, der für Offenheit, genaue Prüfung und Aufgeschlossenheit gegenüber dem noch unbekannten Wissen plädiert. Auch Goldstein ist ein Feuil-

36 Aussage Frau Dr. Kröner, 25. November 1925, zit. nach Pytlik, Spiritismus, 601.

letonist und zudem studierter Germanist, nach Slings Tod 1928 wird er mit dem Namen „Inquit" zu dessen Nachfolger als Gerichtsberichterstatter der *Vossischen Zeitung*. Wie bereits Goldsteins Beitragstitel zeigt, geht es um das Entdecken verborgener Zusammenhänge; das Sammeln und Sichten von Fällen sei „Sache der exakten Beobachtung" (B[3]). Er wertet den aufgeschlossenen Umgang mit dem (noch) Unerklärlichen als notwendigen Teil eines anstehenden Paradigmenwechsels.

> Freilich kann man dem Okkultismus aus Aberglauben anhängen. Freilich gibt es Betrug, Tricks und Taschenspieler-Kunststücke, die man aus Dummheit nicht merken würde. Aber, nachdem wir in Europa so lange Zeit klug und aufgeklärt gewesen sind, ist jetzt möglicherweise der Punkt erreicht, wo der fortgeschrittenste Fortschritt sich zum Okkultismus bekennt und wo gerade die Dummheit und der Aberglaube nicht sehen will. Es gibt nämlich auch eine Dummheit der Sinne, die aus vorgefaßter Meinung das Sichtbare nicht sieht und das Hörbare nicht hört, und es gibt ein abergläubisches Vertrauen in die sogenannten Wissenschaften, das sich nicht vorstellen kann, daß auch Wahrheit sich ändert. (B[3])

Goldsteins Beitrag nimmt Eleonore Zugun zum Anlass, über die wissenschaftshistorischen Konsequenzen nachzudenken, die sich an ihrem Fall abzeichnen. Goldstein zufolge sei es Aufgabe der Forschung, kontinuierlich von der Philosophie zur Wissenschaft zu gelangen. An diesem erkenntnistheoretischen Übergang sei der Okkultismus als Forschungsrichtung aktiv beteiligt: „Denn okkult ist ja nur ein Ausdruck für Nichtwissen, ein X" (B[3]). So sieht er im Okkulten weniger eine Grenze als eine Schwelle vom Nicht-Wissen zum Wissen.

Während Goldstein ausgehend von den Phänomenen über die Zukunft der Wissenschaft im Allgemeinen nachdenkt, widmen sich andere Beiträger einzelnen, konkreten Aspekten. Besondere Aufmerksamkeit gilt der Haut des Mediums: Wurf-Phänomene, sogenannte Apporte, treten zurück, Kratz- und Spuckphänomene nehmen zu. Man trägt Fettschminke auf, um zu eruieren, ob die Kratz- und Bissspuren äußerlich oder innerlich verursacht werden. Über die endogenen oder exogenen Ursachen der Phänomene gibt es Kontroversen und unterschiedliche Standpunkte unter den anwesenden Ärzten. Heinrich Körber beobachtet in seinem Text über „Eleonores Psyche" insbesondere ihre Haut (B[1]). Er ordnet die Phänomene, die auf der „Körperebene" (B[1]) der Haut vorkommen, im präzisen Ton des Mediziners in bestehende Wissenskonzepte ein. Die Symptome seien als „direkte seelische Projektionen" bereits bekannt (B[1]). Die Hautphänomene der Eleonore Zugun seien allerdings nicht typisch psychogen bzw. endopsychisch – also aus dem eigenen Körper kommend –, so Körber. Die auftretenden Bisse entziehen sich einer rein medizinischen Erklärung, die in ähnlichen Fällen auf endogene Ursachen abzielte:

> Auf beiden Ober- und Unterarmen, auf den Händen, am Hals, Nacken, Stirne, Wangen massenhafte Eindrücke, wie von Fingernägeln, stumpfgespitzen Gegenständen oder kleinen Hohlmeißeln herrührend; sehr häufig deutliche Bißeinwirkungen, scheinbar von sechs Ober- und sechs Unterzähnen bewirkt. Des weiteren massenhaft auftretende Kratzer mit Hautabschürfungen, blutige Bürstenstriche, auch Buchstabenschrift mit Arabeskenschnörkeln auf der Haut, wie mit einem Blaustift ausgeführt. (B[1])

Wie Körber die Beobachtungen für „unwiderlegliche Feststellungen eines neuen Tatsachenkomplexes“ (B[1]) hält, an dem die Forschung nicht vorübergehen dürfe, spricht auch der Arzt Löbel von „zwingenden Bedingungen“, unter denen er einzelne Phänomene beobachten durfte (B[2]), also Beobachtungsbedingungen, die Betrug in Form äußerlicher Einwirkung ausschlössen. Zugleich stellt er allerdings grundsätzlich in Frage, was im Kreis um die Gräfin Wassilko-Serecki, der sich Tag für Tag zu Experimenten trifft, überhaupt als Beweis gelten könne. Der Arzt Löbel überschreibt seinen Beitrag mit dem Titel „Meine Entlarvung“ und berichtet von einer gewissen Abfolge und damit Vorhersehbarkeit in der Entstehung der Kratz- und Druckspuren am Körper des Mediums, die ihn skeptisch stimmen (B[2]). Doch selbst dann, wenn er in *einem* Fall Betrug nachweisen würde, fragt er, was gelte das im Kreis der Beobachter? Selbst wenn mehrmals geschwindelt worden wäre, wer könne behaupten, dass der hundertste Fall kein echtes Phänomen sei? Er könne das nicht behaupten, hält allerdings fest: „Interessant ist nur ein Kalb mit *sechs* Beinen; *vier* Beine haben alle Kälber“ (B[2], Hervorhebung im Original). Für Löbel ist also die von den Befürwortern als exogen bezeichnete Ursache, die auf die Existenz eines Draku schließen lassen müsste, nicht ohne weiteres gegeben. Er hält daran fest, die Hautphänomene mit dem derzeitigen Wissen der Medizin weiter zu erforschen und aufzuklären. Bei allen Einwänden kommt Löbel dennoch zu dem Schluss, die Frage nach der *Echtheit* der Phänomene bejahen zu müssen. Er beendet seinen Beitrag mit einem Zitat Walther Rathenaus, wonach der Nachweis und die Erforschung geistiger Fernwirkung „das Reich des Geistes als wahrhafte Welt wissenschaftlich etablieren [würde]“ und sieht darin die *prinzipielle* Bedeutung der trivialen Phänomene am Medium Zugun (B[2]). Löbel referiert damit, ähnlich wie Goldstein, auf einen Paradigmenwechsel innerhalb der wissenschaftlichen Aufmerksamkeit, der durch die Erforschung okkulter Phänomene vorangetrieben werde.

Der Beitrag von Gräfin Zoë Wassilko-Serecki unter dem Titel „Wer sie ist“ schildert die Geschichte Eleonore Zuguns. Zugun wird am 24. Mai 1913 geboren und „galt bis zum Februar 1925 als völlig normales Kind“ (B[1]). Wassilko-Serecki geht als einzige Beiträgerin auf den Beginn des „Teufelspuks“ ein, zu welchem es unterschiedliche Überlieferungen gibt. Immer wieder taucht allerdings die „uralte[ ]

Großmutter" auf, die das Enkelkind verflucht haben soll (B[1]).[37] Nach Einsetzen der Phänomene wird Eleonore, damals dreizehn Jahre alt, ‚herumgereicht' und „sogar drei Wochen lang im Czernowitzer Irrenhause interniert" (B[1]).

> Im Januar 1926 kam Eleonora Zugun zu mir nach Wien, begleitet von jenem Herrn der ‚Czernowitzer Zeitung' [d.i. Kubi Klein, Anm. K.K.], dessen Verdienst es war, seinerzeit Welt und Wissenschaft auf sie aufmerksam gemacht zu haben. Des Kindes mediale Kräfte übertrafen meine Erwartungen um ein Vielfaches und produzierte geradezu Unerhörtes. (B[1])

Wassilko-Serecki spricht von bis zu 3000 beobachteten Phänomenen. Die Gräfin besucht mit Eleonore die Hauptstädte Europas und ist von der Echtheit der Phänomene überzeugt. Nicht die Erklärung, wohl aber die Realität der Phänomene stehen für sie außer Frage: „[D]ie Fundamente der einzelnen Beobachtungen sind unerschütterlich" (B[2]). Ihr Vorhaben, eine umfassende parapsychologische Monographie über ihre Forschungen zu veröffentlichen, wurde allerdings nicht in die Tat umgesetzt, es blieb bei einem schmalen Band, publiziert im wenig renommierten Barth-Verlag.[38]

Die Skepsis gegenüber dem Medium Zugun war groß. Fanny Moser, eine Biologin, zeichnete in den 1930er Jahren den Zugun-Fall nach und stellte gravierende Mängel in der Vorgehensweise der Berliner Untersuchungskommission fest.[39] Die ersten Betrugsvorwürfe äußerte bereits 1927 der Münchner Arzt Hans Rosenbusch im *Berliner Tageblatt.*[40] Er warf Wassilko-Serecki vor, Zugun bei „Trickmanövern"[41] aktiv unterstützt zu haben, was wiederum von Seiten der Gräfin zu einer Klage

---

37 Mulacz hat die mündlichen Berichte recherchiert und mit den Publikationen verglichen. Im Februar 1925 soll Eleonore in einem Waldstück eine 2-Lei-Münze gefunden haben, die sie entgegen der Anweisung ihres Bruders in Süßigkeiten investierte und diese auch nicht mit ihrer Cousine teilen wollte. Die Großmutter, die des Streits zwischen den Kindern überdrüssig war, bezeichnete das gefundene Geld als „Teufelsgeld"; den Teufel habe Eleonore gemeinsam mit den Süßigkeiten geschluckt. Ab dem darauffolgenden Tag traten die Phänomene auf, vgl. Peter Mulacz, Historical Profile in Poltergeist Research, in: From Shaman to Scientist. Essays on Humanity's Search for Spirits, hg. von James Houran, Lanham 2004, 127–190, hier: 145; vgl. Peter Mulacz, Der Spukfall Eleonore Zugun (Der „Spuk von Talpa") 1925–1927. URL: http://zugun.parapsychologie.info/. (Letzter Zugriff: 18.07.2022).

38 Vgl. Zoë Wassilko-Serecki, Der Spuk von Talpa, Leipzig 1926.

39 Vgl. Pytlik, Spiritismus, 588–589. Vgl. Fanny Moser, Der Okkultismus. Täuschungen und Tatsachen, Zürich 1935, 737–741.

40 Vgl. Hans Rosenbusch, Die Entlarvung des rumänischen Teufels, in: Berliner Tageblatt, 20. Februar 1927, Nr. 86, 21–22 [= 5.–6. Beiblatt].

41 Hans Rosenbusch, Der Fall Wassilko-Zugun, in: Zeitschrift für kritischen Okkultismus und Grenzfragen des Seelenlebens 3 (1928), 155–159, hier: 155. Ders., Aus der Zugun-Literatur, in: Zeitschrift für kritischen Okkultismus und Grenzfragen des Seelenlebens 3 (1928), 45–55.

wegen Ehrenbeleidigung führte.[42] Öffentliche Unterstützung fand Wassilko-Serecki durch eine Reihe Wiener Universitätsprofessoren, die in der *Neue Freien Presse* vom 27. Februar 1927 für die Echtheit und Integrität der Phänomene einstanden.[43] Im März 1928 wird Eleonore Zugun nach Rumänien zurückreisen und fortan als Friseurin ihren Lebensunterhalt eigenständig verdienen.[44] Sie stirbt 1996 in Dorohoi nicht unweit von Talpa, dem Dorf ihrer Kindheit.

## 3 Verselbstständigung des Materials

Ein Großteil der Aufzeichnungen zum Fall Zugun besteht aus Protokollen (mit zahlreichen Nachträgen und Notizen), die minutiös von Aufbau und Verlauf der Sitzungen berichten. Ort und Zeit, sowie die Position des Mediums werden darin ebenso vermerkt wie das Kommen und Gehen der Beobachter:innen.[45] Die Germanistin Priska Pytlik stellt in ihrer Anthologie *Spiritismus und ästhetische Moderne* einzelne, ausgewählte Protokollberichte neben die kürzeren und genau komponierten Beiträge der Beilage der *Vossischen Zeitung*. Die Auswahl vermittelt einen „Eindruck von der detaillierten und akribisch geführten Dokumentation der Geschehnisse während der Zusammenkünfte mit dem Medium".[46] Pytliks Arrangement zeigt einen aufschlussreichen Kontrast zwischen den Schilderungen im Rahmen eines feuilletonistischen Textes und dem nah am Geschehen geführten Protokoll. Beide sind zu Text verarbeitete Beobachtungen, verschriftlichte ‚seltsame Begebenheiten'. Die Phänomene um das Medium Zugun führen im Medium der Schrift zu unterschiedlichen Arten von Text, die auf die Erwartungshaltung im Moment der Sitzung unterschiedlich Bezug nehmen. In der Medientransposition von Blick zu Schrift, der schriftlichen Reinszenierung von Sichtbarem, zerfallen die

42 Es wurde in zweiter Instanz entschieden, dass es sich bei Rosenbuschs Einwänden um berechtigte Kritik in wissenschaftlichen Angelegenheiten handle und damit keine Ehrenbeleidigung vorliegen würde, vgl. Zoë Wassilko-Serecki und W. Regnault, Der Beleidigungsprozeß Gräfin Wassilko gegen Dr. Rosenbusch, in: Zeitschrift für Parapsychologie 3 (1928), H. 3, 162–184; vgl. insb. Zoë Wassilko-Serecki, Kritische Analyse der Angriffsargumente und „Betrugsbeweise" des Dr. Rosenbusch, ebd., 164–184.

43 Hans Hahn u. a., Die Phänomene der Eleonore Zugun. Wiener Gelehrte für Gräfin Zoe Wassilko, in: Neue Freie Presse, 27. Februar 1927, Nr. 22433, 14.

44 Wassilko-Serecki hatte Eleonore Zugun ermöglicht, diesen Beruf in Wien zu erlernen, vgl. Mulacz, Poltergeist, 148.

45 Aus dem in der *Ärztlichen Rundschau* veröffentlichten Sammelbericht Walther Kröners schließt die Germanistin Priska Pytlik, dass „er selbst die Protokolle entweder einer der anwesenden Personen diktiert oder sie selbst niedergeschrieben [hatte]", Pytlik, Spiritismus, 611.

46 Ebd.

protokollierten Eindrücke zu Versatzstücken, die sich verselbstständigen und ihren Weg in andere Ausdrucksformen – und andere Medien – finden. In der Akribie der Protokolle, die dem Wunsch nach beweiskräftiger Beobachtung verschrieben sind, gewinnt das sprachliche Material eine radikale Äußerlichkeit; zudem wird durch die Fokussierung auf einzelne Vorgänge im zeitlichen Ablauf der Zusammenhang zwischen einzelnen Sätzen gelockert. Einzelne Sätze verselbstständigen sich. Das Medium Zugun fasziniert Ärzte, aber auch Literaten – wieso? Eine mögliche Antwort liegt in der besonderen Materialität des Mediums, der Greifbarkeit und Körperlichkeit der beobachteten Phänomene. Diese werden in der schriftlichen Bearbeitung selbst zu phänomenalen Beobachtungen. Man könnte auch sagen, der Kern des Erlebens, wie Sexauer ihn als wissenschaftlichen Motor erwähnt,[47] bleibt erhalten und setzt sich fort. Die Auseinandersetzung mit der Sichtbarkeit wird in der literarischen Bearbeitung zu einem Spiel mit der Selbstreferentialität der Schrift, wie ich in Folge zeigen möchte, – mit jenem Medium also, in welchem die medialen Phänomene zur Verhandlung stehen.

Die listenartigen Sitzungsprotokolle von Körber und Wassilko-Serecki (Abb. 2) sortieren die Phänomene vertikal und beschreiben sie nach konkreten Parametern, die in der Tabelle horizontal angegeben sind: Sie werden datiert nach „Zeit der Anmeldung“, beschrieben nach Art (in „Zahl, Grösse, Verlauf“), zudem verzeichnet man die „Stellung des Mediums“ sowie die „Stellung seiner Hände“ und lässt in der rechten äußeren Spalte Raum für „Bemerkungen“.

47 Vgl. Sexauer, Anekdote, 17.

Fortsetzung vom 26.XI.26
Verlauf der Sitzung
Phänomene

| Nr. | Zeit der Anmeldung | Art des Phänomens Zahl, Grösse, Verlauf | Stellung des Mediums Stellung seiner Hände | Bemerkungen |
|---|---|---|---|---|
| 1 | 7.54 | r. U.Arm, Beuges. unteres Drittel. Druckknopf mit deutl. Verdünnung d. Schminksch. im Hof u. Wallbildung am Rand d. Eindruckes. | R. U.Arm wurde v. Prof. Zimmer gehalten. | Mehrere Personen umstehen E. |
| 2 | 7.55 | l. U.Arm Kleinfinger-S. Schwacher Bürstenkratzer, ganz schwache aber deutliche Rillenbildung, ca. 4 × 10 cm in d. Schminke | | E., dauernd von fast allen Teilnehmern umstanden u. beobachtet, spielt Diabolo |
| 3 | 7.59 | r. O.Arm Beuge-S. 6 cm ü. Ellenb. Druckknopf Abdr. ausserh. d. Schminkschicht mit deutl. Schminkverfärbung. | | Sit. wie oben. Durch leichtes Darüberwischen v. Prof. Z. Hand verschwindet die Schminke unverhältnismässig leicht. |
| 4 | 8.04 | R. U.Arm Druckkn. | E. spielt D. | Beobachter umsitzen i. Halbkr. E. und beobachten sie. |
| 5 | 8.05 | 3 Querkratzer l. O.Arm Beuge-S. üb. Ellenb. ausserh. d. Schminksch. ohne Exk. | E. wird gerade untersucht. | Das Phä. entsteht während Prof. Z. die Hand hält und unter den Augen d. Gräfin, die die Stelle genau fixiert zu haben angibt. |
| 6 | 8.07 | r. Halsseite Kratzer | | Entsteht während Unters. d. vorherigen. |
| | | Dr. Goldstein geht zum Essen. | | |
| 7 | 8.08 | r. U.Arm Beuge-S. üb. d. Handgel. wie die vorherigen. | | Sit. wie oben |

**Abb. 2:** Auszug aus dem Berliner Protokoll vom 26. November 1926.

Die ästhetische Besonderheit der protokollierten Beobachtungen liegt in einer Separierung, die durch die Taxonomie des geführten Beobachtens angelegt ist: Die vertikale Achse verzeichnet das quantitative Moment und setzt es zudem in einen zeitlichen Ablauf. Die horizontale Achse lenkt den Fokus der Beobachtung auf qualitative Eigenschaften. Nicht nur die Stellung des Mediums, sondern – genauer – die Stellung seiner Hände bildet das verzeichnete Augenmerk. Der Fokus auf die Fokusperson Zugun erzeugt einen eigenen Fokus: hier die Hände. Fokussierung erzeugt Partialisierung, denn wie die Körperteile, so lösen sich einzelne Sätze bei der Lektüre des Protokolls aus dem Zusammenhang des protokollierten Ablaufs, indem durch die Verklammerung horizontal und vertikal verlaufender Parameter in der Tabelle das lineare Lesen aufgelöst wird. Einzelne Beobachtungen kursieren nunmehr als einzelne Sätze, die sich dem individuellen Moment der Lektüre zur Montage anbieten. Der imaginäre Raum der Tabelle, der entstanden ist, um die Realität so genau als möglich abzubilden, fördert eigenständige Sätze, die aus dem Inneren des Beobachter:innen-Kreises nach außen drängen. Im minutiösen mimetischen Begehren des Protokolls, das jede Kleinigkeit verzeichnet und damit sprachlich nachbildet, verselbständigt sich das statische Gefüge und setzt einzelne Sätze frei. Sätze wie „E. meldet plötzlich Kopfschmerzen", „Biss link. Handrücken ausserhalb d. Schminke", „Löffelfall hinter E. Löffel ist trocken", „Spucke unterhalb linkem Ellbogen" oder „E. spielt Diabolo" verfügen in ihrer Knappheit über besondere Beweglichkeit im beobachteten Material, die im beobachtenden Material – den Mitschriften und Protokollen – erhalten bleibt.

Das genaue Dokumentieren und Beobachten im Minutentakt erhielt zudem Unterstützung durch einen Film. Vermutlich wurde der zirka zehnminütige Dokumentarfilm unter dem Titel *Die Hautphänomene der Eleonore Zugun*[48] bei der Sitzung vom 4. Februar 1928[49] im Aufnahme-Atelier des Münchner Filmkonzerns EMELKA gedreht.[50] Man sieht, wie Eleonore mehrmals auf den Tisch schlägt (wo sich das Bild des ‚Draku' befindet), woraufhin sich auf der Haut Quaddeln, Quetschflecken, Kratzspuren und Zahnabdrücke zeigen.

48 Die Hautphänomene der Eleonore Zugun, EMELKA-Kulturfilm-Gesellschaft, Deutschland 1927.
49 Vgl. Zoë Wassilko-Serecki, Erwiderung auf Dr. Rosenbuschs „Schlußwort zum Falle Wassilko-Zugun", in: Zeitschrift für Parapsychologie 3 (1928), H. 6, 359–367, hier: 360.
50 Vgl. Wassilko-Serecki, Kritische Analyse der Angriffsargumente und „Betrugsbeweise" des Dr. Rosenbusch, 166.

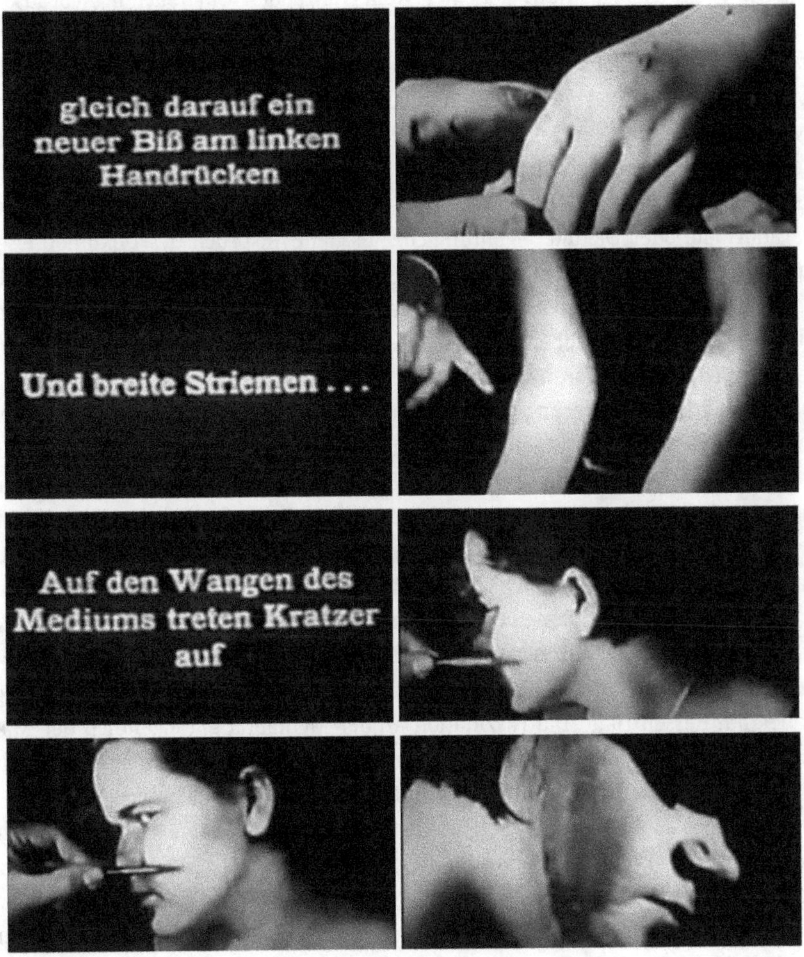


**Abb. 3:** Szenen aus dem Dokumentarfilm *Die Hautphänomene der Eleonore Zugun* (EMELKA 1927).

Das Sitzungsprotokoll wird zum Film-Skript, der einzelne Satz zur Einstellung. Der Text wird zum Film. So kündigt der Satz „[G]leich darauf ein neuer Biß am linken Handrücken" für Minute 9:23 die passende Einstellung an, die das Wort in das Bild – eine Nahaufnahme des Handrückens, auf dem sich ein Biss abzeichnet – zurückführt (Abb. 3). Tonlos werden die Schnitte von kurzen Texteinblenden auf schwarzem Hintergrund begleitet, die zum Teil wörtlichen Formulierungen aus den Protokollen folgen. Die Faszination am Medium Zugun folgt letztlich dem Reiz desjenigen Materials, das aus dem Wunsch nach Fixierung entsteht und sich tendenziell entzieht. Flüchtiges muss aufgezeichnet werden. Das Phänomen ist flüchtig und bedarf der

Fixierung. Die Aufzeichnung geht der weiterführenden Untersuchung voraus. Im Kern bleibt das dadurch entstandene Dokument allerdings jenes seltsame Ereignis, das aus der Dissemination von Wissen sowohl Verankerung im öffentlichen Bewusstsein als auch Verbreitung im aktuellen Diskurs verspricht. Der Fall Zugun ist symptomatisch, denn er zeigt, wie aus der Dokumentation im Protokoll einzelne Zeilen hervorgehen, die sich lösen, um Grenzen unterschiedlicher Textformen, Medien und Disziplinen zu durchwandern – wie dem kolportierten Wissen um das Paranormale oder Okkulte eigentümlich. Aus dem Anspruch des Dokumentierens entstehen Sequenzen, Handgriffe, kleine Bewegungen; aus der Reduktion auf den Fokus entstehen Szenen. Es bleibt eine Leistung der Beobachter:innen, den letzten Zusammenhang herzustellen. Der Kern der Wahrheit – in der Anekdote als unmittelbarste Form beschworen und überliefert – zerfällt in einzelne Sätze und Bilder. Durch die mediale Fixierung der mediumistischen Phänomene sollen sich Leser:in und Zuschauer:in selbst ein Bild machen. Die dokumentierende Aufbereitung der Beobachtungen – sei es hier in Form der Sitzungsprotokolle oder des Films – fokussiert auf die besondere Eigenständigkeit des Beobachteten. Es steht für sich, oder wie Franz Blei es nennt, es ist „nichts als Faktizität".[51] Das Gesehene und nunmehr Gezeigte verfügt in seiner bloßen Sichtbarkeit über eine besondere ästhetische Qualität. Die Autoren Döblin und Sling sehen nicht nur die Fokusperson Zugun, sie sehen, *wie* sie als *Medium* in den Fokus gerät und arbeiten in ihren Texten mit ebendieser *Medialität der Szenerie*, die sich noch dazu am Körper des Mädchens abzeichnet – genauer, auf dessen Haut. Die Faszination an der Medialität gilt eigentlich der Materialität. Diese Faszination wird in den Beiträgen von Sling, aber vor allem von Döblin, produktiv und literarisch greifbar, wie in Folge gezeigt werden soll.

Wenn Priska Pytlik nun fragt, ob Alfred Döblin, der bei den Berliner Sitzungen mehrmals anwesend war, „diesem Gegenstand mehr als Arzt oder mehr als Schriftsteller und Dichter begegnete",[52] so kann mit Blick auf die Verselbstständigung des Materials und die eben umrissene Verwiesenheit von Materialität und Medialität der Versuch einer Antwort gegeben werden. Die Montage ist jene Technik, die im Schneiden und Kleben der Verselbstständigung der Einzelteile folgt, wodurch der Zusammenhang nur noch eingedenk der Grenzen und Brüche hergestellt werden kann. Ebendiese Schnitte in der Kette intendierter bruchloser Beweisführung – die für die Gruppe um Wassilko-Serecki als kontinuierlich zu erbringender Legitimationsbeweis von zentraler Wichtigkeit ist –, lassen das aus der Beobachtung hervorgehende, schriftliche Material produktiv werden: Wissenschaft

51 Franz Blei, Schrenck-Notzing. Mediumistische Materialisationen [=Rezension], in: Die Weissen Blätter. Eine Monatsschrift 1 (Dez. 1913), Nr. 4, 71–72, hier 71.

52 Pytlik, Spiritismus, 611.

und Kunst operieren sozusagen an derselben ‚Schnittstelle‘. Sowohl der wissenschaftliche Wert als auch der besondere ästhetische Reiz liegen im einzelnen Satz, der in seiner Knappheit reine Sichtbarkeit belegen und objektiv verbürgen soll. Unerklärliches zu beobachten macht Oberflächen substanziell; radikal Äußerliches wird zur ersten Schicht der angedachten Vertiefung.

Das Arrangement der Texte zu Eleonore Zugun in der Beilage der *Vossischen Zeitung* zeigt, wie in Erwartung von Phänomenen das Faszinosum durch die teilnehmenden Beobachter:innen beschworen und zugleich in Zaum gehalten wird. Schlesingers fingiertes Tagebuch gibt vor, etwas zu sein, das es durch die paratextuelle Bestimmung zugleich offenlegt: Es verzeichnet die Beobachtungen eben in *fingierter* Form. Realität artikuliert sich im Fingierten, weil der Verdacht auf Fingiertes von der tatsächlich getätigten Beobachtung nicht loskommt. Ein solches Spiel mit unterschiedlichen Formen von Repräsentation beobachteter Realität in der Schrift ist in Slings Text zugleich ein Kunstgriff des Feuilletons. Er persifliert in seinem Beitrag die Haltung des Protokollierens und schließt mit der Bemerkung, dass er sich künftig an das „Bridge-Buch des Grafen Wassilko“ halten werde: „Beim Bridge gibt's keine Wunder“ (B[1]).[53] Von dieser Perspektive aus fasst Sling nun Döblins Position: „10. Dezember: Draku fängt an, mich zu langweilen. Dafür ist Döblin erschienen. Arzt und Dichter. Sieht auch aus wie ein Draku“ (B[1]). Döblin selbst spricht in seinem Beitrag über den „Teufel der kleinen Eleonore“ (B[3]), von Besessenheit und Dämonie. Im Verlauf der Sitzung ist er stellenweise irritiert von der Stärke der wirksamen Kraft, die man dem „Draku“ zuschreibt. Wie auch Schlesinger geht Döblin auf das eindrückliche Zu-Boden-Gehen des Mädchens ein: „Er [der Draku, K.K.] schlägt sie mit einem Hieb in das Kreuz zu Boden. Das habe ich einmal angesehen“ (B[3]). Döblin schildert ihr wiederholtes „schreckliches Hinstürzen“ und schließt mit den Worten: „Ich habe schon hunderte Hysterische hinfallen sehen; das war es hier nicht. Aber ich diskutiere jetzt nicht die Vorgänge“ (B[3]). Döblin diskutiert nicht, er beschreibt. So beschreibt er in seinem Beitrag auch das automatische Schreiben der Eleonore. Im Medium der Schrift beschreibt der Beobachter Döblin das schreibende Medium:

> Dann setzt sich Eleonore hin, läßt sich einen Bleistift in die Hand drücken und schreibt auf großen Blättern, ohne auf das Papier zu blicken, rumänische Worte. Das ist das automatische Schreiben. Ihre Hand führt, sagt sie, der „Draku“. Uebrigens hat er einmal geschrieben: Mich liebt er. Nun, die Eleonore und ich stehen gut zusammen. Sie hat auch einmal zu mir gesagt, ich hätte selbst einen Teufel, – was nicht ganz ohne ist. (B[3])

53 Sling zieht das Kartenspiel dem Okkultismus vor, es bleibt aber sozusagen in der Familie. Der Vater der Gräfin Zoë Wassilko-Serecki hatte ein Buch über Bridge publiziert, vgl. Stefan Wassilko-Serecki, Auktions-Bridge und Kontrakt-Bridge, 2. Aufl., Wien, Leipzig 1926.

Die 'endogene' Kraft der Selbstreferenzialität, die diese gedoppelte Schreibszene hervorbringt, ist kaum zu fassen und zudem unheimlich („nicht ganz ohne"). Döblin begegnet ihr mit dem Verweis auf einen attestierten Teufel, indem er sich zugleich mit dem Medium solidarisiert. Der Adressat der Liebeserklärung bleibt im Personalpronomen unentschieden, aber man fühlt sich angesprochen („Mich liebt er"). Im erwähnten „Zusammenstehen" (B[3]) von Zugun und Döblin zeigt sich eine weitere Qualität der Montage, die sich im Kontiguen, also im jeweils Angrenzenden, bemerkbar macht. Durch die Verhandlung des Angrenzenden – des beobachteten (und momentan nicht zu erklärenden) Phänomens, das anrührt, den plötzlichen Einfall, die nächste Beobachtung, den auftauchenden Satz – macht sich etwas noch nicht Bestimmbares, noch nicht Erklärbares bemerkbar. Es fordert unleugbare Präsenz. Das neue Wissen inkludiert ein Nicht-Wissen, jene Unbekannte, die Goldstein mit der Variable X markiert (vgl. B[3]). Was haben die Kratzspuren, Quaddeln, Kratzer und Bisse zu bedeuten? – Der Draku ist als Erklärung bereits Produkt der beobachteten Phänomene. Er ist genaugenommen eine Lektüre jener Zeichen, die das Medium den Leser:innen bietet. Im Umgang mit der Haut des Mediums zeigt sich die jeweilige Profession des Beobachters. Ob Arzt oder Autor verdeutlicht sich in der Lektüre der Zeichen am Körper des Mediums Zugun, die wiederum durch den jeweiligen Beitrag in der Beilage erschlossen werden kann. So schreibt Sling:

> 14. Dezember. Ich konstatiere einen großen Gegensatz. Professor Buschke sagt: „Ich verstehe nur von Haut, und ich interessiere mich nur für die Haut, von Okkultismus verstehe ich nichts." Döblin aber sagt: „Ich interessiere mich nur für Okkultismus, Haut ist mir Wurscht." (B[1])

Ausgehend vom Medium, über die Position der Hände (wie im Protokoll beobachtet), hin zum Fokus auf die Haut, wie es den Dermatologen Abraham Buschke ausschließlich interessiert, erkennt Schlesinger für Döblin in der Haut *das Material.* Metonymisch über das Fleisch verbunden, ist das Material das Wichtigste und zugleich das Unwichtigste, wie in der Redewendung „ist mir Wurscht" zugleich mit angelegt. Ob Arzt oder Dichter, die Tätigkeit beider Professionen trifft sich in der Montage des Äußerlichen und Beobachtbaren: im Schnitt ins Material. So ist auch die Geschichte vom Franz Biberkopf für jene „lohnend", die wie er „in einer Menschenhaut" wohnen und vom Leben mehr wollen als das berühmte Butterbrot.[54] Döblins Entscheidung für den Schnitt ins Material ist schon allein deshalb für die kleine Form interessant, da sie die große radikal infrage stellt. Walter

54 Alfred Döblin, Berlin Alexanderplatz. Die Geschichte vom Franz Biberkopf [1929], 46. Aufl., München 2007.

Benjamin, der in *Berlin Alexanderplatz* den Teufel wiederholt „al fresco“ an die Wand gemalt sieht,[55] hält fest: „Die Montage sprengt den ‚Roman‘, sprengt ihn im Aufbau wie auch stilistisch, und eröffnet neue, sehr epische Möglichkeiten. Im Formalen vor allem. Das Material der Montage ist ja durchaus kein beliebiges. Echte Montage beruht auf dem Dokument.“[56]

# 4 Schluss

Eleonore Zugun zog aufgrund der großen Menge an Phänomenen die Aufmerksamkeit einer Vielzahl an Personen auf sich. Vertreter:innen aus Parapsychologie, Medizin, Journalismus und Literatur folgten der Einladung zu den Sitzungen, um selbst zu sehen, um sich selbst ein Bild zu machen und die beobachtbaren Phänomene und Umstände, unter denen sie auftraten, einzuordnen. Pytlik vermerkt, dass es keine Äußerungen Döblins zu den Betrugsvorwürfen um Zugun und die Gräfin Wassilko-Serecki gegeben habe.[57] Selbst der Schwindel ist also im ästhetischen Reiz der vereinzelten Beobachtung als Potenzialität, und somit Möglichkeit, aufgehoben, denn der Satz „E. stehend, spielt D.“[58] enthält in kompaktester Form ein radikal mehrdeutiges Bild. Döblin formuliert es in seinem Beitrag wie folgt: „Eleonore tut das Harmloseste von der Welt: sie spielt Diabolo (welcher Einfall: sie spielt Diabolo, sie spielt Teufel)“ (B[3]). Diese Ambivalenz spiegelt sich auch im doppeldeutigen Genitiv in der Überschrift von Döblins Beitrag, „Der Teufel der Eleonore“. Die Texte in der Beilage der *Vossischen Zeitung* sind nicht einfach nur Verschriftlichungen von Eindrücken, sondern generieren zum Teil aus den beobachteten Ereignissen, aus ihrer Rätselhaftigkeit und mitunter auch Widersprüchlichkeit, eine besondere ästhetische Qualität. Zugleich verfügen sie als Einzelbeiträge, zur Beilage versammelt, über ein jeweils daran Angrenzendes, das in der Relation den einzeln angeschlagenen Ton kontrastiert und mitbestimmt: Die Ironie von Sling trifft auf die Akribie eines Doktor Kröner; formal bezieht die ironische Persiflage allerdings aus dem akribischen Sitzungsprotokoll ihren Biss und bleibt damit auf einen Referenzrahmen verwiesen, der sich der wissenschaftlichen Dokumentation verschrieben hat. In Summe geben die einzelnen Beiträge der Beilage ein Panorama gegenseitigen Beobachtens zu erkennen.

55 Walter Benjamin, Die Krisis des Romans. Zu Döblins „Berlin Alexanderplatz“, in: Gesammelte Schriften, 7 Bände, Bd. III: Kritiken und Rezensionen, hg. von Hella Tiedemann-Bartels, Frankfurt am Main 1991, 230–236, hier: 235.

56 Ebd., 232.

57 Vgl. Pytlik, Spiritismus, 589 und 591.

58 Protokoll vom 26. November 1926, Phänomen Nr. 16, 9.50 Uhr, zit. nach Pytlik, Spiritismus, 607.

Die Texte aus dem Umfeld der Eleonore Zugun geben Sätze frei, die dazu neigen, den Kontext zu wechseln: Protokollsätze werden ebenso zu fingierten Tagebuchzeilen wie zu Filmszenen. Das Feuilleton operiert an der Schnittstelle zwischen Journalismus und Literatur, das Poetische entsteht nicht nur aus dem Material, sondern entspringt auch gewissen Erwartungen, die an die Form des Feuilletons gebunden sind. So stehen die feuilletonistischen Beiträge über das Medium Eleonore Zugun in einem ästhetisch produktiven Spannungsverhältnis zwischen Wissenschaft und Kunst, die sich im Spiegel der Zeit dem unerklärlichen Vorgehen und der einnehmenden Materialität des jeweiligen Mediums gleichermaßen widmen.

## Literaturverzeichnis

[Anonym], Ein Liebestrank-Prozeß, in: Zentralblatt für Okkultismus 19 (1926), H. 8, 380.

[Anonym], Spukerscheinungen in Talpa, in: Zentralblatt für Okkultismus 19 (1925), H. 4, 190–191.

[Anonym], Zweites Gesicht, in: Zentralblatt für Okkultismus 19 (1925), H. 1, 47.

Benjamin, Walter, Die Krisis des Romans. Zu Döblins „Berlin Alexanderplatz", in: Gesammelte Schriften, 7. Bände, Bd. III: Kritiken und Rezensionen, hg. von Hella Tiedemann-Bartels, Frankfurt am Main 1991, 230–236.

Birven, Henri, Der Sinn des „Okkulten" als Grenzbegriff, in: Das Wunder (1928), H. 1, 28–32.

Blei, Franz, Schrenck-Notzing. Mediumistische Materialisationen [=Rezension], in: Die Weissen Blätter. Eine Monatsschrift 1 (Dez. 1913), Nr. 4, 71–72.

Döblin, Alfred, Berlin Alexanderplatz. Die Geschichte vom Franz Biberkopf [1929], 46. Aufl., München 2007.

Grunewald, Fritz, Untersuchung der Spukphänomene in Talpa und Sicherstellung ihres mediumistischen Charakters, in: Psychische Studien 52 (1925), H. 7, 407–409.

Hahn, Hans, u. a., Die Phänomene der Eleonore Zugun. Wiener Gelehrte für Gräfin Zoe Wassilko, in: Neue Freie Presse, 27. Februar 1927, Nr. 22433, 14.

Jäger, Maren, Ethel Matala de Mazza und Joseph Vogl, Einleitung, in: Verkleinerung. Epistemologie und Literaturgeschichte kleiner Formen, hg. von Maren Jäger, Ethel Matala de Mazza und Joseph Vogl, Berlin und Boston 2020, 1–12.

Kaulbarsch, Vera, Untotenstädte. Gespenster des Ersten Weltkriegs in der literarischen Moderne, Boston 2018.

Konecny, Alois, Spukphänomene in Talpa (Bukowina), in: Psychische Studien 52 (1925), H. 6, 327–330.

Kröner, Walter, Sammelbericht über die Ergebnisse der in Berlin vorgenommenen Untersuchung der Phänomenik des Mediums Eleonora Zugun während der Monate November 1926 bis Januar 1927, in: Ärztliche Rundschau 37 (1927), H. 8, 121–127.

Kröner, Walter, Vom Okkultismus zur Parapsychologie, in: Die Literarische Welt 32/33 (1931), zit. nach: Zeitgemäßes aus der ‚Literarischen Welt' von 1925–1932, hg. von Willy Haas, Stuttgart 1936, 345–348.

Kröner, Walter, Die Wiedergeburt des Magischen. Das Magische als natürliche Funktion des Unbewussten. Mit einer Einführung von Prof. Dr. Hans Driesch, Leipzig 1939.

Kröner, Walter, Der Untergang des Materialismus und die Grundlegung des biomagischen Weltbildes, Leipzig 1939.

Moser, Fanny, Der Okkultismus. Täuschungen und Tatsachen, 2 Bände, Zürich 1935.
Müller-Braunschweig, Carl, Dr. Heinrich Koerber [=Nachruf], in: Internationale Zeitschrift für Psychoanalyse 13 (1927), H. 4, 465–467.
Mulacz, Peter, Im Rotlicht erhebt sich ein Taschentuch – und „Fragwürdigstes" geschieht im „Zauberberg". Thomas Mann und die Parapsychologie, in: Faszination des Okkulten. Diskurse zum Übersinnlichen, hg. von Wolfgang Müller-Funk und Christa Agnes Tuczay, Tübingen 2008, 365–399.
Mulacz, Peter, Historical Profile in Poltergeist Research, in: From Shaman to Scientist. Essays on Humanity's Search for Spirits, hg. von James Houran, Lanham 2004, 127–190.
Mulacz, Peter, Der Spukfall Eleonore Zugun (Der „Spuk von Talpa") 1925–1927. URL: http://zugun.parapsychologie.info/. (Letzter Zugriff: 18.07.2022).
Olden, Rudolf (Hg.), Propheten in Deutscher Krise. Das Wunderbare oder die Verzauberten, Berlin 1932, 7–20.
Pytlik, Priska, Okkultismus und Moderne. Ein kulturhistorisches Phänomen und seine Bedeutung für die Literatur um 1900, Paderborn 2005.
Pytlik, Priska (Hg.), Spiritismus und ästhetische Moderne – Berlin und München um 1900. Dokumente und Kommentare, Tübingen und Basel 2006.
Ringger, Peter, Parapsychologie. Die Wissenschaft des Okkulten, Zürich 1957.
Ringger, Peter, Das Weltbild der Parapsychologie, Freiburg im Breisgau 1959.
Rosenbusch, Hans, Die Entlarvung des rumänischen Teufels, in: Berliner Tageblatt, 20. Februar 1927, Nr. 86, 21–22 [= 5.–6. Beiblatt].
Rosenbusch, Hans, Der Fall Wassilko-Zugun, in: Zeitschrift für kritischen Okkultismus und Grenzfragen des Seelenlebens 3 (1928), 155–159.
Rosenbusch, Hans, Aus der Zugun-Literatur, in: Zeitschrift für kritischen Okkultismus und Grenzfragen des Seelenlebens 3 (1928), 45–55.
Schrenck-Notzing, Albert Freiherr von, T[raugott] K[onstantin] Oesterreich. Die philosophische Bedeutung der mediumistischen Phänomene [=Rezension], in: Psychische Studien 52 (1925), H. 3, 129–133.
Sexauer, Hans, Die Anekdote in der Parapsychologie, in: Neue Wissenschaft 12 (1964), H. 2, 17–23.
St., L. [Steinecke, Ludwig], Wissenschaft und Okkultismus, in: Die Literarische Welt (1931), 372–374.
Tergit, Gabriele, Etwas Seltenes überhaupt. Erinnerungen, hg. von Nicole Henneberg, Frankfurt am Main 2018.
Vossische Zeitung, 1. Januar 1927, Nr. 1, Beilage zum Sonnabend (Morgen), unpaginiert [Seitenzählung in eckiger Klammer]
- Döblin, Alfred, Der Teufel der kleinen Eleonore [3]
- Goldstein, Moritz, Zusammenhang der Zusammenhänge [3]
- Koerber, Heinrich, Eleonores Psyche [1]
- Kröner, Walther, Die Phänomene [2]
- Löbel, J[osef], Meine Entlarvung [2]
- Sling [=Paul Schlesinger], Wie sie zu uns kam [1]
- Wassilko-Serecki, Gräfin Zoë, Wer sie ist [1]
- Zimmer, C[arl], Endogen oder exogen? [2–3]

Voswinckel, Peter, Dr. Josef Löbel (1882–1942), Franzensbad/Berlin. Botschafter eines heiteren deutschen Medizin-Feuilletons in Wien–Berlin–Prag, 2. Aufl., Berlin 2019.
Wassilko-Serecki, Stefan, Auktions-Bridge und Kontrakt-Bridge, 2. Aufl., Wien und Leipzig 1926.
Wassilko-Serecki, Zoë, Der Spuk von Talpa, Leipzig 1926.

Wassilko-Serecki, Zoë und W. Regnault, Der Beleidigungsprozeß Gräfin Wassilko gegen Dr. Rosenbusch, in: Zeitschrift für Parapsychologie 3 (1928), H. 3, 162–184.
Wassilko-Serecki, Zoë, Kritische Analyse der Angriffsargumente und „Betrugsbeweise" des Dr. Rosenbusch, in: Zeitschrift für Parapsychologie 3 (1928), H. 3, 164–184.
Wassilko-Serecki, Zoë, Erwiderung auf Dr. Rosenbuschs „Schlußwort zum Falle Wassilko-Zugun", in: Zeitschrift für Parapsychologie 3 (1928), H. 6, 359–367.

## Video

Die Hautphänomene der Eleonore Zugun. EMELKA-Kulturfilm-Gesellschaft, Deutschland 1927. © Archiv Peter Mulacz.

Saskia Haag

# Hermann Bahrs „Tribüne für den Tag“. Zum „Tagebuch“ im *Neuen Wiener Journal* und seiner Rezeption in der *Fackel*

Tagebücher erfahren an der Wende vom 19. zum 20. Jahrhundert eine deutliche Konjunktur, die sich mit den Erfahrungen einer beschleunigten Modernisierung in Zusammenhang bringen lässt.[1] Diese Erfahrungen finden, so ist vielfach festgestellt worden, im augenblicksgebundenen, fragmentarischen Charakter des Tagebuchs und der Selbstthematisierung des schreibenden Subjekts die ihnen entsprechende literarische Form.[2] Dabei ist zu beobachten, dass die „Bestimmung der Gattung [...] diffus“[3] wird; Tagebücher beschränken sich nicht mehr introspektiv auf die Erforschung des Selbst, sondern werden auch wieder – in Anlehnung an die ältere chronistische Tradition – zu Arbeitsjournalen, Materialsammlungen und Notizbüchern des Alltags, erscheinen als hybride Formen mit unterschiedlichen Funktionen und gehen Verbindungen mit anderen Gattungen wie etwa dem Roman ein.[4] Vor diesem Hintergrund erstaunt es kaum, auch in Zeitungen auf ein Tagebuch zu stoßen. Das Massenmedium Zeitung – das nicht zuletzt die kleine Form des Feuilletons hervorgebracht hat[5] –, erlaubt es, Texte verschiedenen Genres aufzunehmen, „Unverbundenes nebeneinander, aber [...] [im] Rahmen einer einigenden Seite“ zu präsentieren und in schneller Folge zu zirkulieren, wie Anke te Heesen gezeigt hat.[6] Zudem scheinen Tagebuch und (Tages-)Zeitung einerseits auf denselben zeitlichen Horizont ausgerichtet zu sein, ist doch für beide der Tag die konstitutive Einheit; dieser steht mit den ihm zugeschriebenen unterschiedlichsten großen und kleinen Ereignissen für sich, wird aber auch in eine Serie weiterer Tage eingereiht. Ande-

1 Vgl. zuletzt Ulrike Vedder und Sabine Kalff, Tagebuch und Diaristik seit 1900. Einleitung, in: Zeitschrift für Germanistik. Neue Folge 26 (2016), H. 2, 235–242, hier: 239–240; grundlegend Peter Boerner, Tagebuch, Stuttgart 1969, 51–57.

2 Vgl. Ralph-Rainer Wuthenow, Europäische Tagebücher. Eigenart, Formen, Entwicklung, Darmstadt 1990, 15.

3 Sibylle Schönborn, Tagebuch, in: Reallexikon der deutschen Literaturwissenschaft. Neubearb. d. Reallexikons der deutschen Literaturgeschichte, hg. von Jan-Dirk Müller, 3., neu erarb. Aufl., Berlin u. a. 2003, 574–577, hier: 575.

4 Vgl. ebd., 576.

5 Vgl. zuletzt grundlegend Hildegard Kernmayer, Sprachspiel nach besonderen Regeln. Zur Gattungspoetik des Feuilletons, in: Zeitschrift für Germanistik. Neue Folge 22 (2012), H. 3, 509–523.

6 Anke te Heesen, Der Zeitungsausschnitt. Ein Papierobjekt der Moderne, Frankfurt am Main 2006, 46.

https://doi.org/10.1515/9783111003009-008

rerseits ist die Zeitung in der Regel eine kollektive Unternehmung, während das Diarium ein einziges – wie auch immer fragmentiertes – Subjekt zum Autor hat, das zumindest primär niemanden außerhalb der Intimität seines Denkens adressiert.

Wenn der Schriftsteller und Kritiker Hermann Bahr ab dem Jahr 1916 mehrere hundert als „Tagebuch" betitelte Artikel im *Neuen Wiener Journal* veröffentlicht, so geschieht das in diesem Spannungsfeld zwischen der titelgebenden Gattung der Artikelserie und dem Publikationsmedium. Es stellt sich die Frage, welche Rolle dieses „Tagebuch" in einer der größten österreichischen Tageszeitungen der Epoche spielt, zumal die Serie zu einem historisch bedeutsamen Zeitpunkt einsetzt: Österreich-Ungarn befindet sich seit gut zwei Jahren im Krieg und der Tod des langjährigen Kaisers Franz Joseph I. am 21. November 1916 bedeutet einen Wechsel an der Spitze der Monarchie.

## 1 Zur Formatierung des „Tagebuchs"

Für den 53-jährigen Hermann Bahr, der sich in den 1890er Jahren einen Namen als Programmatiker einer kosmopolitischen Moderne gemacht und die Literatur des Jungen Wien mit Nachdruck propagiert hatte, bedeuten die Jahrzehnte nach 1900 wie für so viele seiner Altersgenossen eine Umorientierung, die als „Konservativwerden"[7] beschrieben wurde und Bahr in seinem Spätwerk vermehrt mit politischen und kulturkritischen Themen an die Öffentlichkeit treten lässt.[8] In diesem Zusammenhang ist Bahrs Artikelserie im *Neuen Wiener Journal* zu verorten. Ein Brief an dessen Redaktion vom November 1916 dokumentiert nicht nur Bahrs Anliegen, sich in einer Zeit des Umbruchs regelmäßig öffentlich zu Wort zu melden, sondern auch die Suche nach einem entsprechenden Publikationsmedium. Die Rede ist zunächst von einer „ganz kleine[n], nur von mir geschriebene[n] Zeitschrift", dann aber meint Bahr, „es wäre praktischer, diese Zeitschrift gewissermaßen in Ihrem Blatte herauszugeben, [...] immer unter demselben Titel, ‚Tagebuch von Hermann Bahr'". Hier wolle er „aphoristisch alles, was mich

7 Barbara Beßlich, Das Junge Wien im Alter. Spätwerke (neben) der Moderne (1905–1938), Wien, Köln, Weimar 2021, 16.

8 Vgl. grundlegend die Studie von Barbara Beßlich, die sich mit dem ‚Weiter Schreiben' der Jungwiener beschäftigt und unter anderem Bahrs Ideen zu Europa und seine Wendung zu Katholizismus und Mystik im Kontext der politisch-gesellschaftlichen Umbrüche nach 1918 diskutiert, ebd., 9–44, 137–158, 167–198.

gerade bewegt, […] immer möglichst kurz, immer möglichst bunt" darstellen.[9] Dass Bahrs Texte, die in der Folge tatsächlich im *Journal* erscheinen, nicht ‚unter dem Strich' platziert werden, ist überraschend, charakterisieren ähnliche Formulierungen doch üblicherweise feuilletonistische Beiträge, wie unter anderem einer von Bahrs eigenen Texten mit dem Titel „Feuilleton" (1890) belegt.[10] Stattdessen werden die Texte als Kolumne formatiert: Am 24. Dezember 1916 erscheint das „Tagebuch"[11] zum ersten Mal im von Jakob Lippowitz seit 1893 herausgegebenen *Neuen Wiener Journal*,[12] wo es mit einigen Unterbrechungen jeden Sonntag bis Ende November 1931 ein bis zwei Spalten füllt.

Eine redaktionelle Notiz, die der ersten Kolumne Bahrs vorangestellt wird, weist in einer Metapher auf die Formatierung[13] des „Tagebuchs" in der Zeitung hin. Man freue sich, Hermann Bahr „eine Tribüne für den Tag zu errichten",[14] und schreibt dem damit bezeichneten Format einerseits Prestige und Öffentlichkeitswirksamkeit zu, andererseits werden auch dessen Limitationen angedeutet. Wie die Redaktion klar macht, ermöglicht eine Kolumne die regelmäßige Adressierung der Leserschaft von einer herausgehobenen, prominenten Position aus, oft indem der Kolumnist sich als eine Figur entwirft, die eine persönliche Beziehung zu ihrem

9 [Anonym], Wie Hermann Bahr sein „Tagebuch" im „Neuen Wiener Journal" veröffentlichte. Unveröffentlichter Brief des Dichters aus dem Kriegsjahr 1916, in: Neues Wiener Journal, 24. Dezember 1933, 19–20, hier: 19 (Hervorhebung im Original).

10 Vgl. Hermann Bahr, Feuilleton, in: Freie Bühne für modernes Leben 1 (1890), 665–667; außerdem Hermann Bahr, Das Feuilleton, in: Das Unterhaltungsblatt der Vossischen Zeitung, 15. Januar 1926, 1.

11 Bereits in den Jahren zuvor in unregelmäßigen Abständen in zwei anderen Blättern veröffentlicht: 1905 und 1906 erscheinen unter diesem Titel Texte in *Der Weg*, 1908 in *Morgen*. Zum „Tagebuch" vgl. v. a. Kurt Ifkovits, Zur Einleitung, in: Tagebuch aus dem „Neuen Wiener Journal" 1927–1931, hg. von Kurt Ifkovits, Weimar 2015, 9–51 und Martin Anton Müller, Tagebuch. https://www.univie.ac.at/bahr/bibliografie-der-tagebuchs. (Letzter Zugriff: 15.7.2022). Diese Website stellt eine wertvolle Ressource für weiterführende Untersuchungen zu einem nur teilweise edierten Werk dar. Ferner sind zu nennen: Donald G. Daviau, Hermann Bahrs veröffentlichte und unveröffentlichte Tagebücher, in: Österreichische Tagebuchschriftsteller, hg. von Donald G. Daviau, Wien 1994, 21–64; Jacques Le Rider, Kein Tag ohne Schreiben. Tagebuchliteratur der Wiener Moderne, Wien 2002, 119–125.

12 Für einen Überblick zum Profil des *Journals* vgl. Das Neue Wiener Journal: Geschichte und Beispieljahr 1921. URL: https://litkult1920er.aau.at/themenfelder/neues-wiener-journal/. (Letzter Zugriff: 15.7.2022).

13 Zur Frage der Formatierung vgl. Michael Niehaus, Was ist ein Format?, Hannover 2018, 41–47. Ganz allgemein kann ein Format als das definiert werden, „was schon vorab festgelegt und nicht mehr Gegenstand einer Wahl ist" (39). Zu Format und Massenmedien, insbesondere der Tageszeitung vgl. auch 65–78.

14 Redaktionsnotiz zu Hermann Bahr, Tagebuch, in: Neues Wiener Journal, 24. Dezember 1916, 7–8, hier: 7.

Publikum unterhält.[15] Im Kontext moderner Massenkommunikation spielt dabei zudem ein ökonomisches Motiv eine Rolle, nämlich die Kundenbindung, wie auch auf Autorenseite eine gewisse finanzielle Absicherung.[16] Die Beschränkung auf „den Tag" wiederum bezieht sich auf den begrenzten Horizont der Tageszeitung, aber auch auf den Titel der Kolumne – das „Tagebuch", das im Unterschied zur öffentlichen Rednertribüne, als die das Zeitungsformat vorgestellt wird, die enge, intime Schreibsituation evoziert. Dass dieser in mehrerer Hinsicht paradoxen Titelwahl Bahrs freilich die deutliche Absicht zugrundeliegt, sich die diaristische Gattung zunutze zu machen, stellen vor allem die Datumsangaben heraus, die die Kolumne durchwegs gliedern. Sie ist nicht nur als „Tagebuch" etikettiert, sondern organisiert Texte, die dezidiert als Beiträge zu einem öffentlichen Diskurs intendiert sind,[17] nach dem Vorbild täglicher Einträge in ein Buch; es handelt sich also mitnichten um einen Abdruck privater Notizen in der Zeitung.

Zugleich existieren solche Notizen durchaus, denn seit den 1880er Jahren verfasst Bahr private tagebuchartige Aufzeichnungen. Praktisch mit der Gattung Tagebuch vertraut, müssen ihm Ähnlichkeit und Differenz dessen, was er für das *Journal* schreibt, täglich deutlich vor Augen stehen. Will man Aufschluss über die Genese einer Artikelserie gewinnen, die „lange Jahre hindurch zu den beliebtesten und meistgelesenen Beiträgen"[18] des *Neuen Wiener Journals* gehörte, so ist nach dem intrikaten Verhältnis zwischen diesen beiden ab 1916 parallel geführten ‚Tagebüchern' und der damit verbundenen Schreibpraxis zu fragen.[19] Es zeigt sich, dass im *Journal* die Fragmente des Tages einer rhetorischen Konsolidierung unterzogen werden, ohne dass das „Tagebuch" Reiz des Subjektiven und Intimen einbüßte. Nicht nur lässt Bahr hier die Öffentlichkeit nach eigenen Worten an „alle[m], was mich bewegt", teilhaben; im Format der Kolumne werden gerade diese flüchtigen Einzelheiten zu einer Säule der alten politischen, sozialen und kulturellen Ordnung.

---

**15** Vgl. Thomas Pekar, Kolumne, in: Historisches Wörterbuch der Rhetorik. 10 Bände, hg. von Gert Ueding, Bd. 4, Tübingen 1998, Sp. 1152–1154. Für eine auch den historischen Zusammenhang erhellende aktuelle Diskussion des Formats vgl. Peter Weissenburger, Was ist eine Kolumne?. URL: https://taz.de/Was-ist-eine-Kolumne/!5692780/. (Letzter Zugriff: 2.10.2022).

**16** Vgl. Ifkovits, Zur Einleitung, 18.

**17** Vgl. die detaillierte Dokumentation sämtlicher Beiträge bei Müller, Tagebuch.

**18** [Anonym], Wie Hermann Bahr sein „Tagebuch" im „Neuen Wiener Journal" veröffentlichte, 19.

**19** Dass dies zum gegenwärtigen Zeitpunkt nur punktuell möglich ist, liegt vor allem daran, dass diese Aufzeichnungen bislang nur bis einschließlich 1908 ediert sind. Für jene fünfzehn Jahre, in denen Bahr sein „Tagebuch" für das *Neue Wiener Journal* schreibt, muss auf die im Österreichischen Theatermuseum verwahrten Handschriften zurückgegriffen werden. Hermann Bahr, Tagebücher, Skizzenbücher, Notizhefte [1885–1908], hg. von Moritz Csáky, 5 Bände, Wien u. a. 1994–2003.

## 2 Distanzierung

Anders als der starke Aktualitätsbezug von ‚Journal' – Zeitung und Tagebuch – suggeriert, ist Hermann Bahrs „Tagebuch" eng mit Praktiken der Distanzierung verknüpft. Die „Tribüne für den Tag", die ihm von der Redaktion des *Neuen Wiener Journals* gewährt wird, ist in mehrerlei Hinsicht vom Tagesgeschäft entfernt. Zunächst rückt sie im Raum der Zeitung von den politischen Neuigkeiten des Tages ab, die auf den ersten Seiten zu finden sind; üblicherweise ist Bahrs Kolumne auf den Seiten vier oder fünf platziert. Auch hinsichtlich des Datums der ‚Einträge' nimmt das „Tagebuch" Abstand vom Tagesdatum des *Journals*, in dessen Zeithorizont es eingebettet ist, indem es in der Regel ca. vierzehn Tage zurückliegende Daten anführt.

Das erste „Tagebuch" etwa, erschienen am 24. Dezember 1916 (Abb. 1), ist zwischen 5. und 14. Dezember situiert und distanziert sich auf programmatische Weise auch auf einer inhaltlichen Ebene von den Schlagzeilen des Tages, die im dritten Jahr des Weltkrieges selbst am Weihnachtstag diesem Thema gelten. Denn während das *Journal* mit einer „Friedensnote der Schweiz" titelt und die folgenden Seiten beinahe ausschließlich Verhandlungsbemühungen und Gefechtsberichten gewidmet sind, zieht sich das „Tagebuch" in klösterliche Abgeschiedenheit zurück:

> 5. Dezember. Im Kloster Seckau. Auf dem Wege von Knittelfeld hat man es plötzlich unversehens hoch oben in der Ferne vor sich: fest und breit, ganz still, geheimnisvoll. [...] In der Welt soll irgendwo Krieg sein. Unglaublich. Ja man hört ihn hier sogar zuweilen. Ein dumpfes Geräusch, von der Kärntner Front her. Aber hier ist eine andere Welt. Es gibt noch eine andere Welt! Und die vermeintliche, die sich für die wirkliche hält, wird hier nur allenfalls wie ein wunderlich dumpfes Ohrensausen vernommen.[20]

Nicht nur wird hier von einem distanzierten, apersonalen Blick berichtet, der den Lärm des Krieges zu einem bloßen merkwürdigen Nebengeräusch herabstuft,[21] der Bericht selbst verdankt sich einer Distanzierung. Denn geschrieben hat Bahr diese Passage wie alle anderen nicht am angegebenen Datum, sondern er hat auch dieses „Tagebuch" im Laufe der folgenden Wochen nach Maßgabe der Produktionsabläufe beim *Journal* verfasst.[22] Dieser distanzierte zeit-räumliche Schreibmoment ist es

---

20 Bahr, Tagebuch, in: Neues Wiener Journal, 24. Dezember 1916, 7.

21 Zugleich betreibt Bahr andernorts unverblümte Kriegspropaganda, vgl. etwa den Band *Kriegssegen* (1915). Zu Bahrs Kriegspublizistik vgl. Barbara Beßlich, Hermann Bahrs „Ideen von 1914", in: Aggression und Katharsis. Der Erste Weltkrieg im Diskurs der Moderne, hg. von Petra Ernst, Sabine A. Haring und Werner Suppanz, Wien 2004, 57–75.

22 Vgl. Hermann Bahr, Aufzeichnungen [Dezember 1916], Theatermuseum Wien, HS_VM2110Ba.

Nr. 8318 Sonntag Neues Wiener Journal 24. Dezember 1916 Seite 7

Reizend sah das aus und reizend war das blumenfrische Prinzeßchen in ihrem einfachen dunklen Blusenkleidchen und dem schlicht um den Kopf gelegten Haar. Hoheit „Baba" trägt einen Hängezopf, das Schöpfchen von einer Masche gekrönt, die Händchen halten eine Spielzeugschachtel ganz fest; wohl eine Belohnung für das gute Zeugnis. Die Umgangssprache zwischen Erzherzogin Augusta und ihren Kindern ist Ungarisch.

Erzherzogin Augusta trägt das dunkle Gewand des Roten Kreuzes und als einzigen Schmuck eine dichte Reihe von Ordensauszeichnungen en miniature. Ihre Haltung ist aufrecht, ihre belebte, feinakzentuierte Sprache, nur selten von einer Geste begleitet. Inneren Anteil verrät bloß der wechselnde Ausdruck der geistvollen Augen.

Die Hoheit spricht von der bevorstehenden Krönung.

„Am 27. Dezember überreiche ich Ihrer Majestät an der Spitze der Frauendeputation das Krönungskleid. Es ist weiß mit Goldstickereien, nach einem Original im Besitze der Fürstin Irma Esterhazy. Nur sind dort die Farben dunkel. Ihre Majestät hat die weiße Farbe gewünscht. Nach der Krönung wollen wir die Kaiserin um die Erlaubnis bitten, das Krönungskleid für wohltätigen Zweck vom großen Publikum besichtigen zu lassen. Die Stickereien sind prachtvoll und es wird Tag und Nacht daran gearbeitet, damit es nur ja zur Zeit fertig wird."

Dann erzählt die Erzherzogin, daß die einzige Unterbrechung der regelmäßigen Tagesarbeit die Ankunft und Abfertigung des Kuriers bildet. „Wenn es halbwegs möglich ist, bekomme ich natürlich täglich Nachricht von meinem Mann," sagt sie, „ebenso von meinem Vater." Dann wieder gleitet das Gespräch über Gebiete verschiedener Art, auf den Sommeraufenthalt in Ischl.

„Meine Eltern haben die Griesvilla geerbt und Erzherzogin Valerie die Kaiservilla", erzählt die hohe Frau. „Wenn meine Eltern nach Ischl reisen, komme ich natürlich auch hin! Jetzt steht die Krönung im Brennpunkt der Interessen, wir bekommen Einquartierung, Erzherzog Karl Stephan und Familie." Naturgemäß verharrt das Gespräch bei diesem hohen Herrn, dem gegenwärtig gleichfalls das allgemeine Interesse gilt.

Die Vorbereitungen zu den Krönungsfestlichkeiten sind in vollem Gange. „Die Majestäten werden oft in Budapest sein", meint Ihre kaiserliche Hoheit.

„Nun muß ich rasch meinem Mann schreiben, der Kurier wartet." Damit ist die Audienz zu Ende. Drei Viertelstunden sind im Flug verronnen und waren erfüllt von Anregung und Eindrücken, wie sie nur eine fesselnde Persönlichkeit ihrer Umgebung zu vermitteln vermag.

## Wenn ein Minister geht . . .

Eine rückschauende Betrachtung.

Von

Siegmund Schlesinger.

Mit der Umwertung der Dinge und der Begriffe, die im Zeitverlaufe geschehen, hat auch der Ministertitel unbändig viel von seiner Inhaltlichkeit und seinem Nimbus verloren. Je mehr sich das Ministerwerden verdemokratisiert und erleichtert hat — du lieber Himmel, jeder kleine Beamte, der ein bißchen Grütze im Kopf hat, trägt ja heutzutage, wie dereinst die Korporale Napoleons den Marschallstab im Tornister, ein mögliches Ministerportefeuille in seiner Aktentasche, freilich das Entlassungsgesuch gleich auch dabei —, in demselben Maße ist das Aufhören, Minister zu sein, leichter und weniger empfindlich geworden. Von der Tragik eines genickbrecherischen „Sturzes" ist wenig mehr da — das muß schon ein Gewaltigster und zur ragendsten Machthöhe Gelangter sein, wie es etwa Bismarck gewesen, bei dem von einem Sturze mit der erschütternden Wirkung eines großen Schicksalswechsels gesprochen wurde. Von der mäßigen Mittelhöhe heutiger gewöhnlicher Ministerschaften „stürzt" man selten nieder, man steigt sachte herab, mehr oder minder rasch, und „tritt zurück" — entweder in die Bequemlichkeit eines gänzlichen Ruhestandes hinein oder auf einen anderen Posten hin. Auch die stolzen Wonnen des Ministerseins haben viel von ihrem Lockreiz eingebüßt und weniger skeptisch, als ehedem in den alten Zeiten einer patriarchalischen befehlerischen Ministerschaft, darf man es manchem Demissionierten glauben, daß er froh sei, die „Sekkatur" losgeworden zu sein, und daß er ein Opfer gebracht habe, als er die Last auf sich genommen. Die Familienumgebungen, die Verwandtschaften und Freundschaften freilich, die mögen es mitunter wohl mit weherem Verlustgefühle verspüren, wenn so eine Ministerglorie für sie erlischt. Es ist doch gar zu hübsch, sagen zu können: „Unser Onkel, der Finanzminister" — oder „Mein Freund, der Ministerpräsident . . ."

Ich selbst habe einmal einen Minister, einen Ministerpräsidenten sogar, in meiner engeren Verwandtschaft gehabt, den ich aber nie gesehen und niemals kennen gelernt habe, denn es war ein „Fernminister" in fremdem, jetzt feindlichem Lande. Und zwar war's ein gewiß hochinteressanter, eine der markantesten Zeitpersönlichkeiten, kein Minderer als Georges Clémenceau, der jetzige grimme Deutschen- und folglich auch Oesterreicherhasser, der sich aber damals noch als Karlsbader Kurgast mit gelegentlichem Abstecher nach Wien recht gemütlich bei uns fühlen konnte. In seine Familie hinein hatte eine Nächstverwandte von mir geheiratet, nach Paris hin. Da war Clémenceau noch ausschließlich der berufsmäßige „Ministerstürzer", der jedem Kabinett beim Amtsbeginn gleich als das verbildlichte Memento mori gegenüberstand. Mit einem Male ließ er es sich beifallen, selber an die Spitze eines „großen Ministeriums" zu treten und wir hatten den mächtigsten Mann Frankreichs in der Verwandtschaft. Aber von irgendeinem Eitelkeitskitzel ließ sich in der ganzen Sippe nichts vermerken, das große Ereignis wurde mit dem ruhigsten Gleichmute behandelt, der dann auch nicht die mindeste Alterierung erfuhr, als nach fünf Jahren — ohnedem eine riesig lange Lebenszeit für eine französische Regierung — der „Ministerstürzer" der ungewohnten Beschäftigung mit dem Regieren müde wurde und, von der Sehnsucht nach dem früheren eigentlichen Berufe gepackt, sich selber stürzte. Faktisch geschah es so. Das heißt, richtiger gesagt, die Sehnsucht nach dem geliebten Karlsbad war's, die ihn zum Ministerselbstmord trieb. Sein ärztliches Wissen mahnte ihn — er ist ja bekanntlich Arzt —, die langentbehrte Kur nicht weiter zu missen, und so benutzte er eine Mißhelligkeit mit den Amtskollegen, eine Meinungsverschiedenheit, die Kabinettskrise herbeizuführen — und ein paar Tage später saß er ganz glückselig in dem böhmischen Kurort, wo er einem seiner österreichischen Verwandten mit heroischem Pathos vorjammerte: „Ach, wenn Sie wüßten, wie tödlich langweilig das Regieren ist!" Nichts von einer geringsten Gemütserschütterung in ihm und nichts in dem ganzen Kreise um ihn her.

Dagegen habe ich als junger Mensch, die erste Gelegenheit gehabt, einen wirklichen „Sturz" in nächster Nähe zu beobachten und in mitfühlender Teilnahme davon gestreift zu werden. Der Mann selbst war nicht von allzu hoch geschwungener Bedeutung der Persönlichkeit — aber er war auf eine Machthöhe gestellt, von der herab es wohl einen „Sturz" geben konnte, der hier auch ein Frauengemüt und einen Frauenstolz schwer treffen mußte. FML. Baron Kempen meine ich, den Obersten der Polizei- und Gendarmeriegewalt in den fünfziger Jahren, der eine merkwürdige Mischung von altmilitärischem Gamaschentum und sensitiver Herzenspoesie war. Diese sprach sich in dem Kultus für eine Frau aus, die in gleicher Wärme und Verehrung an ihm hing. Die Beziehungen zwischen den beiden waren ein ziemlich offenes Geheimnis und die Dame war infolgedessen natürlich der Gegenstand vielfacher Huldigungen und auch eine Zielstätte für Bittsteller aller Art. Ich war Lehrer ihres Knaben und wurde, trotz meiner jungen Jahre, in die Intimitäten des Hauses hineingezogen, derart, daß ich mich des persönlichen Vertrauens eines von Amts wegen mißtrauischsten Staatsfunktionärs, des Polizeiministers, berühmen konnte. Und nun kamen die Katastrophen von 1859 und damit auch die Krise, die dem System und dem Ministerium Bach ein Ende machte. Auch Kempen, obwohl er in vielen wesentlichen Punkten gegen Bach Stellung genommen hatte, wurde in die Krise miteinbezogen und mußte seinen Platz räumen. Das geschah sogar in recht kränkender Weise. Vermutlich durch eine „Schlamperei" der expedierenden Organe geschah es, daß er seine Enthebung zu allererst gedruckt in der amtlichen „Wiener Zeitung" zu lesen bekam und ihm das kaiserliche Handschreiben erst nachher zugestellt wurde. Der alte Soldat empfand die Kränkung tief und tiefer noch den Schmerz, weniger des Machtverlustes, als daß man ihn aus der Aktivität wegwies, seine Tätigkeit für nicht mehr ersprießlich ‚erklärte. Wirklich mit blutendem Herzen schrieb er, ehe er von dem Schauplatze seines langjährigen Waltens schied, am Bureautische ein Briefchen an die Freundin, worin es hieß: „Zum letztenmal steige ich die kleine Treppe nieder, über die das Glück so oft zu mir emporgestiegen ist." Die rückwärtige Treppe war das, welche die Dame zu benutzen pflegte, wenn sie ihn im Amte besuchte. Dann ging er mit wunder Seele zum letztenmal aus dem Tor des Regierungshauses in der Schenkenstraße. Und eine fiebernde Hast nahm er mit sich, zu zeigen, daß er denn doch noch nicht so ganz unbrauchbar geworden sei, daß er trotz des aufgezwungenen Ruhestandes noch immer die Hände zu rühren wisse. In dem ärgsten Rummel der Amtsgeschäfte hatte er nie so wenig Zeit gehabt, wie jetzt als Pensionierter, hatte er sich immer ein paar Minuten abzugewinnen gewußt, wenn man zu ihm in sein Ministerbureau kam. Jetzt, nachdem die ihm belassen gebliebene Amtswohnung zum stillen Privatheim geworden war, hörte man jedesmal von ihm die klagende Entschuldigung, wie kurz gemessen seine Zeit sei, weil er so ungeheuer viel zu tun habe. Er spiegelte sich selber eine noch gesteigerte Aktivität vor.

Die Freundin aber bekam das Fehlen der entschwundenen Herrlichkeit rasch und scharf zu fühlen — die Supplikanten und die zu Dank verpflichtet Gewesenen blieben aus. Darunter einer, der durch die manchmal doch sichtbar werdende Bekundung einer waltenden Nemesis nach Jahren darauf an sich selber dieses Verlassenwerden, wenn die Macht entglitten ist, zu erfahren bekommen sollte. Das war Dr. Karl Giskra, der spätere machtvolle Bürgerminister. Damals hatte er, als Konzipient Dr. Mühlfelds, sich Zutritt zu der Dame zu verschaffen gewußt, um durch ihre Vermittlung einem ungarischen Klienten der Kanzlei, Nikolaus v. Kiss, die Rückgabe seiner im Jahre 1849 beschlagnahmten Güter zu erwirken. Für sich selbst aber hatte der noch von 1848 her politisch kompromittierte und dadurch in seiner advokatischen Tätigkeit Behinderte durch die weibliche Intervention die Loslösung von diesem hemmenden Bann und die Ermöglichung der selbständigen Advokatur erreicht. Er war dann des öfteren Gast bei der Protektorin und versäumte keine Gelegenheit, die eine von der gesellschaftlichen Sitte gebotene Aufmerksamkeit heischte — bis Kempen nicht mehr Minister war. Von da an war auch Giskra baldigst verflüchtigt und stellte seine Besuche ein. Ich selbst sah ihn dann nicht mehr, bis ich ihn wieder im Salon einer Dame traf, der er seine, ich möchte sagen — um aller Mißdeutung vorzubeugen — politische Verehrung gewidmet hatte. Er war da schon der einflußstarke Parlamentarier geworden, der in Kürze zum maßgebendsten Manne des Bürgerministeriums emporwuchs. Und in dem nämlichen Salon erlebte ich auch seinen Fall mit, der in einen brennenden Ehrgeiz hineinfuhr und ihn zum fressenden und zerfressenden Brande aufwühlte. Geistig und physisch wurde der blendend begabte Staatsagitator dadurch zerstört und ums Leben gebracht. Mit ihm litt die Freundin, die in gleichen Beziehungen zu Beust stand und auch dessen Weh mitzuempfinden hatte, als er vom Amte, und, was ihm besonders antat, von Wien scheiden mußte, dessen Luft für ihn, den doch nur Eingewanderten, die einzig atembare Lebensatmosphäre geworden zu sein schien. Dies Ministerabschiedsweh äußerte sich, im Gegensatze zu dem glutvollen Giskra, als stille, zehrende Melancholie.

Ganz anders sah ich einen Ministergenossen der beiden seinem Amtssitze den Rücken kehren — mit einer Spottgrimasse und einem schneidenden Hohngelächter. Das war Dr. Johann Nepomuk Berger, die wie mit lauter Schröpfköpfen arbeitende Zunge, der „Sprechminister" des ersten Bürgerministeriums. Ein paar Tage, nachdem er aus der Regierung ausgetreten war, bekam ich von ihm zwei beschriebene Foliobogen, von seiner Hand beschrieben, die er mir zur Veröffentlichung übersandte. Verse enthielt der eine, Stachelreime stacheligster Art gegen Regierungen und Regierende, die es unbegreiflich machten, wie der Schreiber solcher Spottverse es je über sich gebracht habe, selber ein Regierender zu sein und sich auf einen mit derartigen Spitzigkeiten gepolsterten Ministerstuhl zu setzen. Das andere Blatt enthielt mit gleicher satirischer Aetztinte geschriebene Kulissengeheimnisse aus der Redaktion eines offiziösen Blattes, das einige Zeit vorher von eben der Ministerfraktion des zwiespältig gewordenen Ministeriums, der er, Dr. Berger, angehört hatte, ins Leben gerufen worden war. Einen Teil der Epigramme brachte ich zum Abdruck, die „Enthüllungen" beließ ich in der Verhüllung, um selbst ein nachträgliches Bedauern zu ersparen, wenn er aus dem Zustande der momentanen Gereiztheit heraus sein würde.

Zwei Gelehrte, große Herren der Wissenschaft, sah ich dann später, beim Rücktritt des zweiten Bürgerministeriums, mit aller philosophischen Gelassenheit und Würde des Gelehrten über die Schwellen ihrer Amtszimmer herausschreiten — den Spötter Dr. Unger mit heiterer, den Grübler Dr. Glaser mit ernster Würde. Und an die Zwei gemahnt mich jetzt die Abschiedsweise Ernst v. Koerbers, der zwei Tage nach seiner Demission auf die Rednertribüne der kaiserlichen Akademie der Wissenschaften als deren Kurator mit einer großzügigen Rede tritt — das Kundtun eines wirklichen „otium cum dignitate", einer würdevollen Muße, abseits von dem Wust der Geschäfte.

## Tagebuch.

Von

Hermann Bahr.

Das Tagebuch von Hermann Bahr, in dem dieser Meister der impressionistischen Schilderung seine Gedanken und Beobachtungen vor dem Flusse der Ereignisse niederlegt, wird von nun an im „Neuen Wiener Journal" regelmäßig erscheinen. Das „Tagebuch" hat seinerzeit, als es in Wiener Zeitschriften, und dann in Buchform veröffentlicht wurde, das berechtigte Aufsehen erregt, das Hermann Bahrs Aufsätzen immer zu folgen pflegt, und ist auch jetzt, da es die Silhouette eines in seinem Sinne und in seinen Wünschen gewandelten Hermann Bahr zeigt, des allgemeinen großen Interesses sicher. Ohne mit den Auffassungen des geschätzten Autors immer übereinzustimmen — diesen Vorbehalt muß man bei Hermann Bahr stets machen —, darf man sich doch freuen, ihm eine Tribüne für den Tag zu errichten.

Die Redaktion.

5. Dezember. Im Kloster Seckau. Auf dem Wege von Knittelfeld hat man es plötzlich unversehens hoch oben in der Ferne vor sich: fest und breit, ganz still, geheimnisvoll. Wirklich wie der Knabe sich Monsalvat gedacht hat! Und nun kann man den Blick nicht mehr davon wenden. In der Welt soll irgendwo Krieg sein. Unglaublich. Ja man hört ihn hier sogar zuweilen. Ein dumpfes Geräusch, von der Kärntner Front her. Aber hier ist eine andere Welt. Es gibt noch eine andere Welt! Und die vermeintliche, die sich für die wirkliche hält, wird hier nur allenfalls wie ein wunderlich dumpfes Ohrensausen vernommen. — Ich muß den ganzen Tag immer wieder an ein Wort Hebbels denken, es gebe ein einziges Mittel zum wahren Glück, nämlich: alles Unwesentliche von selbst wegzuwerfen, bevor das Schicksal es noch fordern kann, das Wesentliche dann aber zu verteidigen wie das Leben selbst. — Aber freilich gehörte dazu, daß man erst Wesen vom Unwesen unterscheiden lernte, und gerade zum Gegenteil werden wir doch erzogen! Unsere ganze „Bildung" besteht darin, Wesen mit Unwesen in einen Knopf zu drehen, den niemand mehr aufbringt. Dann aber wundern wir uns, zu verdursten nach Leben. Hier fließen die lebendigen Brunnen und die verdurstenden Menschen wissen es nicht! — Ich fand den alten Spruch bestätigt, daß der Mönch im Geiste, wer es auch immer sei, Christus ehrt.

7. Dezember. Graz. — Nachricht vom Tode Hans Richters. Er steht noch vor mir, das Netz in der Hand, mit dem er in Bayreuth einkaufen ging, bedächtig vor sich hin, aufrecht, breit, gemächlich, ein wohlgemuter, standfester Bürgersmann. Mir war's anfangs nicht leicht, ihn innerlich aufzunehmen, die Schatten Hugo Wolfs und Mahlers standen zwischen uns. Ich habe mich dann aber doch der klaren Tüchtigkeit seines Wesens ergeben müssen. Er war vom Handwerk in seine Kunst gekommen, das ist der redlichste Weg (den es leider in der Literatur nicht gibt, die hat kein Handwerk, so läßt sie jeden Gaukler ein). Aber wer freilich lange Lehrling war, bevor er Meister wurde, traut denen nicht, die schon als Meister geboren sind. Und dann war auch Wagner für ihn ein so überwältigend großes, ihn ganz erfüllendes Erlebnis, daß er fortan keinen Platz mehr hatte für andere. Dieses Erlebnis konnte nicht wiederholt werden, und das war es, was er den anderen nie verzieh. Wenn sie nicht die Kraft hatten, ihn noch einmal erleben zu lassen, was er an Wagner erlebt. Was wollten sie dann überhaupt? Frechheit! Sie kamen ihm alle neben Wagner überflüssig vor. Mir aber ist er mit der Zeit in all seiner Wunderlichkeit wert geworden als ein gutes Beispiel einer Menschenart, die sich fast nur noch in der Generation vor der meinen findet. Es sind Menschen, die sozusagen in zwei Stockwerken leben, einem Festsaal oben, den man nur an Feiertagen betritt, und nur in den besten Kleidern, sonst aber unbenutzt läßt, alles Gerät sorgsam überzogen, daß nichts verstaubt, und der eigentlichen Häuslichkeit gemütlich enger Stuben unten, worin man im Schlafrock das tägliche Leben über sich ergehen läßt, der erhabenen Empfindungen, die man oben gehegt, nur noch als nachklingender Erinnerungen bewußt, die man ja beim nächsten Fest wieder auffrischen wird, ohne sich doch in der Woche viel mit ihnen einzulassen. Der Hans Richter der „Meistersinger" war von dem Hans Richter, der einkaufen ging, rein abgeschieden. Daß er die beiden so rein geschieden halten konnte, war seine Kraft; denn sie hätten schlecht miteinander gehaust, einer wäre zu kurz gekommen, und er brauchte beide. Aber freilich mußten ihm also Hugo Wolf und Mahler, die von ihrer Kunst aus das tägliche Leben so verzehrten, bis nichts mehr davon übrig blieb, unverständlich, ja unheimlich sein. — Bei Rosegger. Er lehnt im Sofa, mit einem Gesicht so trüb wie der Regentag draußen. Zu dem Ehrwürdigen, das er immer schon hatte, kommt nun noch das Alter und verklärt den lieben Mann. Dabei tritt das Bäurische hervor, der Anflug städtischer Art verblaßt, auch wirkt er jetzt schon fast historisch. Feiner, ländlicher alter Herr, etwa an den Hagestolz Stifters in der Zeichnung von Johann Nepomuk Geiger erinnernd. Im Gespräch verjüngt er sich, wie ja fast alle nicht mehr ganz jungen Menschen die Gewohnheit haben, nicht den Augenblick auszusprechen, sondern ihren üblichen Ton mechanisch und gleichsam in ihrer eigenen Abwesenheit für sich reden zu lassen; man wird mit den Jahren immer mehr zum Grammophon seiner Redensarten, mir geht's ja auch schon so und ich wundere mich oft, was da der weiland Hermann Bahr auf einmal wieder alles erzählt, aus mir heraus. Er hat einen sehr angenehmen Ton erlebter Weisheit, die von Ironie glänzt, aber nicht der zynischen Ironie der großen Stadt, sondern einer steirischen, einer herzlichen, die bloß verschämte Güte ist. Wir sprechen von Pötzl, von Chiavacci (der, amputiert, sagte: „Nun haben mich meine beiden Beine sitzen gelassen"), von lauter Toten. Schließlich gibt er mir Grüße an meine Frau auf, mit der er in geheimem Briefwechsel zu stehen bekennt, was ich schamlos finde, sein Bekenntnis nämlich, nicht die Tatsache, die ich wußte; bessere Gatten wissen derlei Geheimnisse stets.

**Abb. 1:** *Neues Wiener Journal* vom 24. Dezember 1916, 7.

auch, auf den die wiederholten Deiktika „hier“ und „nun“ viel eher verweisen als auf das wahrnehmende Ich, das als Pronomen – im Unterschied zum anonymen „man“ – gar nicht präsent ist. Das „hier“ der „andere[n] Welt“, von der Bahr schreibt, markiert daher den Ort des „Tagebuchs“ selbst, der dem großen Weltgeschehen gegenübergestellt und als die eigentlich „wirkliche“ Welt bezeichnet wird.[23]

Diese Rhetorik der Distanzierung lässt sich auch am Beispiel eines konkreten historischen Ereignisses beobachten, nämlich der Verkündigung einer Amnestie durch Kaiser Karl I. im Sommer 1917. Dieser hochbrisante Erlass, mit dem Personen, die wegen politischer Delikte wie Hochverrat oder Majestätsbeleidigung verurteilt waren, begnadigt wurden,[24] findet sowohl in Bahrs privaten Aufzeichnungen als auch im „Tagebuch“ seinen Niederschlag. Während das *Neue Wiener Journal* am 3. Juli 1917 titelt: „Allgemeine politische Amnestie“ und Bahr privat an ebendiesem Tag und den drei folgenden seine „Seligkeit“ darüber notiert,[25] widmet sich erst knappe zwei Wochen später das „Tagebuch“ im *Journal* vom 15. Juli dem Thema.[26] Zu diesem Zeitpunkt ist dort nur mehr vereinzelt von der überraschenden kaiserlichen Begnadigung, die im Reichsrat weitgehend auf Ablehnung stieß,[27] die Rede, das „Tagebuch“ aber greift nun die Euphorie vom Monatsanfang auf: „3. Juli. Amnestie! Da hätt ich heut am liebsten auf offenem Markt laut aufgeweint vor Seligkeit!“[28] Wie umstritten die Entscheidung des Kaisers war und welche Debatten folgten, bleibt unausgesprochen; stattdessen schließt sich eine ganze Spalte an, in der das Ereignis aus seinem privaten wie tagespolitischen Kontext entfernt und der junge Kaiser als Erlöserfigur gefeiert wird, die eine „Auferstehung Österreichs“ durch allgemeine Versöhnung einleite. Indem die Kolumne das konkrete Ereignis der Amnestie in einen ahistorischen, religiösen Deutungshorizont stellt, vollzieht sie selbst jene „Wendung ins Weite, zur ganzen Welt“, welche Karls „Politik der Liebe“ in weltgeschichtlichen Rang versetze.[29] Die knappen, fragmentarischen Notate der privaten Aufzeichnungen zum aktuellen Tagesgeschehen werden für einen zweiten, zeitlich nachgeordneten, mehrfach redigierten und erweiterten ‚Tagebucheintrag‘ genutzt und zu einem relativ geschlossenen Text komponiert. Dieser endet nicht nur mit einem Zitat aus dem Finale von Beethovens *Fidelio*, in dem der Gefangenenchor den Tag der Freiheit preist, sondern mit der Vision von einem „Kaiserfest“ und einem

23 Bahr, Tagebuch, in: Neues Wiener Journal, 24. Dezember 1916, 7.

24 Vgl. Manfried Rauchensteiner, Der Erste Weltkrieg und das Ende der Habsburgermonarchie 1914–1918, Wien u. a. 2013, 775–779.

25 Hermann Bahr, Aufzeichnungen [Juli 1917], Theatermuseum Wien, HS_VM2110Ba.

26 Vermutlich am 7. Juli „an Journal“ geschickt, ebd.

27 Vgl. dazu Rauchensteiner, Der Erste Weltkrieg, 778.

28 Hermann Bahr, Tagebuch, in: Neues Wiener Journal, 15. Juli 1917, 5.

29 Ebd.

allumfassenden – katholischen – Auftrag zum Weltfrieden.[30] Dieses Vorgehen kann als exemplarisch für Bahrs wöchentlichen Auftritt im *Neuen Wiener Journal* gelten: Aus der distanzierten Perspektive des Sonntags nimmt das „Tagebuch" das eine oder andere vergangene Geschehen in den Blick, um es für seine Leserschaft in den größeren Kontext eines konservativen Weltbildes einzuordnen. Angesichts der mit dem Thronwechsel verbundenen Unwägbarkeiten – zumal in Kriegszeiten – wird Bahrs Kolumne ihrem Namen auch in politischer Hinsicht gerecht, nämlich als Stütze der Monarchie.

## 3 Amplifikation

Stabilisierend wirkt auch ein weiteres bereits angedeutetes Verfahren des „Tagebuchs". Die Kolumne amplifiziert das, was in den privaten Aufzeichnungen skizzenhaft festgehalten wird, wobei darunter nicht allein die Ausformulierung von Erlebnissen und Gedanken zu verstehen ist, sondern vor allem die Einfügung neuer Elemente, die – wie schon im Falle der Amnestie und des *Fidelio* – die Bezugnahme auf andere und allgemeinere Sinnhorizonte ermöglichen. Oftmals greifen die Amplifikationen des „Tagebuchs" mit großer Geste um Jahrzehnte und Jahrhunderte zurück und geben sich damit als Versuch zu erkennen, im gegenwärtigen Moment eine Orientierung innerhalb überindividueller Zeiträume zu bieten. Im vorgeblichen Schreiben über den Tag weitet sich der Blick in Richtung größerer temporaler Einheiten, unter denen insbesondere die Epoche und die Generation herausstechen. Ein Beispiel aus dem Feld der Literatur, das der Kritiker Bahr seit den 1890er Jahren maßgeblich mitgeprägt hatte, zeigt, dass es dem ‚Überwinder des Naturalismus' und Propagator der Moderne[31] auch später noch um die autoritative Periodisierung literarischer Erscheinungen geht. Am 26. August 1917 notiert Bahr in seinen privaten Aufzeichnungen (Abb. 2):

30 Ebd. Zu Bahrs Katholizismus und der „Wiederkehr der alten Götter" vgl. Beßlich, Das Junge Wien im Alter, 167–198. Wie sich Bahr im „Tagebuch" dann Ende 1918 zu neuer Republik und Revolution positioniert, hat Norbert Christian Wolf dargestellt: Norbert Christian Wolf, Revolution in Wien. Die literarische Intelligenz im politischen Umbruch 1918/19, Göttingen 2018, 219–229.

31 Vgl. v. a. Bahrs einflussreiche Schriften *Zur Kritik der Moderne* (1890) und *Die Überwindung des Naturalismus* (1891). Zuletzt wurde gezeigt, inwiefern Bahr weniger als „Trendsetter" denn als „Zeiterscheinung" verstanden werden kann: Martin Anton Müller, Claus Pias und Gottfried Schnödl (Hg.), Hermann Bahr – Österreichischer Kritiker europäischer Avantgarden, Bern, Wien u. a. 2014.

mit Buschbeck, der viel von Berlin, [?] Lasker-Schüler, Becher, Herwarth Walden, auch vom bairischen Maler Klee erzählt, über Dopplersteig Forsthaus (im Haus die ganze Familie M[?]), Reitsteig zurück.[32]

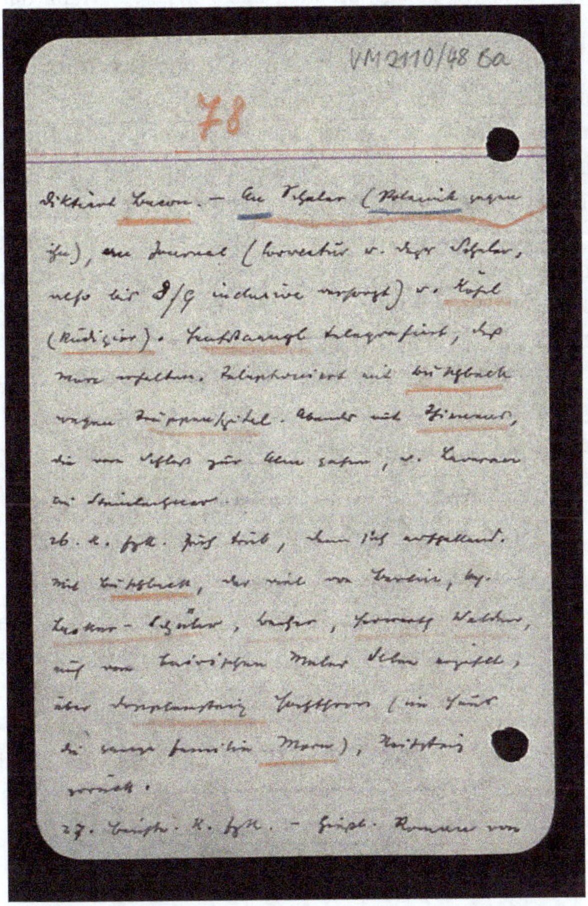


**Abb. 2:** Hermann Bahr, Aufzeichnung, Juli 1917.

Im „Tagebuch“, das drei Wochen später erscheint, ist diesem Augusttag beinahe eine ganze Spalte gewidmet, in der die Definition einer Abfolge literarischer Generationen im Zentrum steht. Zunächst wird in die Schilderung der mit Erhard Buschbeck (1889–1960), späterer Dramaturg am Wiener Burgtheater, unternommenen Wanderung am Salzburger Untersberg ein Name inseriert, der die Reflexion über Schriftstellergene-

32 Hermann Bahr, Aufzeichnungen [Juli 1917], Theatermuseum Wien, HS_VM2110Ba.

rationen gewissermaßen anstößt: „Wir wandern wieder, wo wir einst mit Georg Trakl wanderten", heißt es. „Nun ist er tot und ist unsterblich. Aber wie Hölderlin eben jetzt erst von dieser jüngsten deutschen Jugend ganz erlebt wird", werde wohl nur ein späteres „Geschlecht" Trakl würdigen, „diesen Schatten Dostojewskis."[33] Wenn darauffolgend die privat notierten Namen Else Lasker-Schüler, Johannes R. Becher, Herwarth Walden und Paul Klee um die von Theodor Däubler, George Grosz und den Brüdern Herzfelde ergänzt werden, tritt im *Journal* diese „neue[ ] Generation"[34] in Erscheinung. Sie stehe nun „leibhaftig vor mir. Es ist endlich wieder eine, die sich als Generation fühlt [...]! Wir, die zwischen 1857 und etwa 1874 Geborenen, waren die letzte."[35] Durch Expansion „leibhaftig" erzeugt werden größere Zusammenhänge, in denen sich das Einzelne verankern lässt, sodass man die Leistung der Kolumne als eine auch im Hinblick auf das intellektuelle Leben stabilisierende bezeichnen kann.

Dabei stützt sich das „Tagebuch" nicht zuletzt auf seinen Titel. So wenig diese Texte, die „ausschließlich für die Publikation in einer Tageszeitung verfasst"[36] wurden, verglichen mit den privaten Aufzeichnungen tatsächlich ein Tagebuch darstellen und eindeutig dieser Gattung zuzurechnen sind,[37] so signifikant erscheint vor diesem Hintergrund die Wahl des Titels, die zweifellos auf das metaphorische Potenzial des Tagebuchs spekuliert. Denn die Kolumne perspektiviert ihre einzelnen Elemente nicht nur auf übergeordnete Einheiten hin, sondern bündelt verschiedene publizistische Äußerungen „immer unter demselben Titel, ‚Tagebuch von Hermann Bahr'".[38] Entscheidend ist, dass die Referenz dieses Gattungsnamens auf das Medium Buch ein klares Versprechen auf Totalität gibt, wie Arno Dusini im Anschluss an Hans Blumenberg argumentiert hat.[39] „Weit Auseinanderliegendes, Widerstrebendes, Fremdes und Vertrautes" kann das Buch „am Ende als Einheit [...] begreifen oder zumindest als einheitlich begriffen vor[ ]geben";[40] es steht schlichtweg für „das Ganze der Erfahrbarkeit".[41] Dass „das ‚Buch' [...]

33 Hermann Bahr, Tagebuch, in: Neues Wiener Journal, 16. September 1917, 5.
34 Ebd. Zu diesem Topos im Zusammenhang eines modernen Generationsbegriffs vgl. Sigrid Weigel, Generation, Genealogie, Geschlecht. Zur Geschichte des Generationenkonzepts und seiner wissenschaftlichen Konzeptualisierung seit Ende des 18. Jahrhunderts, in: Kulturwissenschaften. Forschung, Praxis, Positionen, hg. von Lutz Musner und Gotthart Wunberg, Freiburg im Breisgau 2003, 177–208.
35 Bahr, Tagebuch, in: Neues Wiener Journal, 16. September 1917, 5.
36 Ifkovits, Zur Einleitung, 14.
37 Vgl. auch ebd., 19.
38 [Anonym], Wie Hermann Bahr sein „Tagebuch" im „Neuen Wiener Journal" veröffentlichte, 19.
39 Vgl. Arno Dusini, Tagebuch. Möglichkeiten einer Gattung, München 2005, 123 und 109–139.
40 Hans Blumenberg, Die Lesbarkeit der Welt, 3. Aufl., Frankfurt am Main 1993, 17–18.
41 Ebd., 9.

nicht ohne seine Metapher auskommt",[42] erlaubt dem „Tagebuch" Bahrs, den Bezug auf ein organisierendes Ganzes präsent zu halten. Jedes einzelne „Tagebuch" im *Neuen Wiener Journal* ist zwangsläufig der Flüchtigkeit des Blattes anheimgegeben, verweist zugleich aber auf eine Totalität, die den einzelnen Tag transzendiert.[43] Die tagtägliche Abfolge der Blätter findet einen Ruhepunkt im vorgeblichen Buch und seiner Dauerhaftigkeit, wie ihn auch der Sonntag als Publikationszeitpunkt der Kolumne darstellt. Beide schließen die vergangenen Tage zusammen – der Sonntag ganz konkret im Rückblick auf einzelne Daten – und konstituieren sie als ‚ganzes Werk'; insofern erinnert die Kolumne an die biblische Vollendung der Schöpfung am siebten Tag. Sie inszeniert eine Sprech- bzw. Handlungsposition, die tageweise und durch fortgesetzte Anreicherung nichts Geringeres als eine Welt hervorzubringen beansprucht.

Dabei nimmt die geschilderte Amplifikation des Tages ihren Ausgang von konkreten Materialitäten, denen die Dignität des Buches noch fernliegt. Das oben zitierte Notat zu Erhard Buschbeck, aus dem Bahr seine Überlegungen zu Generationenfolgen entwickelt, findet sich auf einem der losen Ringbuchblätter vom Format 7,2 x 11 cm, die er ab 1906 für seine privaten Aufzeichnungen mehrheitlich nutzt.[44] Kleiner als heute gängige Smartphones, zeichnen sich diese Blätter und Bahrs Handschrift nicht nur durch ihre Winzigkeit und die Einträge durch ihre Skizzenhaftigkeit aus, sondern vor allem durch die Tatsache, dass sie ungebunden sind und somit die Möglichkeit zur Um- und Neuordnung bieten. Abfolge und Zugehörigkeiten sind nicht endgültig festgelegt und wurden, wie jede Arbeit an der Edition dieser Aufzeichnungen erkennen muss, auch immer wieder verändert. Diese flexiblen, erweiterbaren Textträger bedingen eine kombinatorische Arbeitsweise, die das in der Regel linear chronologische diaristische Schreiben durchkreuzt, sodass ein Blatt, sofern es eine Wanderung durch verschiedene Orte hinter sich haben mag, im Nachlass oftmals nicht eindeutig zugeordnet werden kann.[45] Schließen Bahrs Loseblattsammlungen also per definitionem eine verbindliche Ordnung aus, so treten sie in ein auffälliges Spannungsverhältnis zu dem Medium,

42 Dusini, Tagebuch, 122.

43 Inwiefern das Unzusammenhängende im Tagebuch in einen Zusammenhang gesetzt wird, diskutiert Philippe Lejeune, Kontinuum und Diskontinuum, in: „Liebes Tagebuch". Zur Theorie und Praxis des Journals, hg. von Lutz Hagestedt, München 2014, 357–372.

44 Vgl. das Vorwort in: Hermann Bahr, Tagebücher, Skizzenbücher, Notizhefte, Bd. 5, 1906–1908, hg. von Kurt Ifkovits und Lukas Mayerhofer, Wien, Köln, Weimar 2003, VIII.

45 Vgl. ebd., wo hinsichtlich dieser flexiblen Textträger unterstrichen wird, „daß sich der Autor im Moment der Schreibidee und des Schreibens selbst noch keineswegs auf die Funktion wie die Zuordnung des Geschriebenen festlegen wollte", was auch mit Bahrs „Hang zu kleineren Formen" in Verbindung zu bringen sei.

das nicht nur in metaphorischer Verwendung für sein „Tagebuch" titelgebend ist. Denn die Totalität des Buches strebt Bahr auch in einer Publikationspraxis an, die sich zwar zunächst mit den Spalten einer Tageszeitung begnügt, letztendlich aber auf Buchausgaben abzielt: Beginnend mit *Tagebuch*, 1909 bei Cassirer erschienen, werden bis zu dem Band *Der Zauberstab* (1927) „Tagebuch"-Kolumnen vergangener Jahre „dem ephemeren Dasein im Neuen W[iener] Journal" entrissen, sodass man „alles beisammen und immer bei der Hand haben [kann]."[46] Die einzelnen Blätter werden zum Buch gebunden, das – wie etwa *1917*, der zweite Band, in seinem Titel zeigt – eine übergeordnete semantische Einheit herstellt und die Tage im Buch des Jahres konsolidiert.

## 4 Mündlichkeit

Über die genauen textgenetischen Zwischenschritte der Kolumne lässt sich zum gegenwärtigen Zeitpunkt nur mutmaßen, allerdings erlauben die privaten Aufzeichnungen erste Rückschlüsse auf Bahrs Schreibpraxis am „Tagebuch". Dabei sticht unter den für den vorliegenden Zusammenhang untersuchten Aufzeichnungen aus dem Sommer 1917 besonders ein Vermerk sowohl durch seine Häufigkeit als auch durch seinen direkten Bezug auf eine Schreibsituation heraus: „Tagebuch diktiert".[47] Dieser knappe Vermerk taktet zum einen in bemerkenswerter Konstanz die privaten Notizen und lässt darauf schließen, dass der Arbeit an diesem „Journaltagebuch"[48] eine wichtige Ordnungsfunktion im Alltag Bahrs zukommt. Zum anderen bringt er mit der Referenz auf eine Diktatszene einen weiteren und für das „Tagebuch" wesentlichen Faktor ins Spiel. An der komplexen medialen Konstellation, aus der das „Tagebuch" hervorgeht, ist nicht nur Handschrift und Druck, sondern auch die Stimme beteiligt. Mündlichkeit ist für die Bahr'sche Kolumne konstitutiv, und zwar sofern ihr faktisch die Operation des Sprechens zugrundeliegt und diese zudem als Simulation unmittelbarer Kommunikation in die Texte Eingang findet. Was das *Journal* bereitstellt, ist – wie die Redaktion hellsichtig formulierte – die „Tribüne" für einen Redner.

46 Brief Josef Redlich an Hermann Bahr, 25. Mai 1918, in: Hermann Bahr und Josef Redlich, Dichter und Gelehrter. Hermann Bahr und Josef Redlich in ihren Briefen 1896–1934, hg. von Fritz Fellner, Salzburg 1980, 342. Anlass war das Erscheinen des zweiten Bandes: Hermann Bahr, 1917, Innsbruck, Wien und München 1918.

47 Auf den elf Seiten der handschriftlichen Aufzeichnungen vom August 1917 findet sich diese Wendung elf Mal. Hermann Bahr, Aufzeichnungen [August 1917], Theatermuseum Wien, HS_VM2110Ba.

48 Ebd.

Aufschlussreich dafür ist ein „Tagebuch“ aus dem Jahr 1923, das eine der wenigen grundsätzlichen Äußerungen Bahrs zur generischen Bestimmung seiner Kolumne enthält. Unter dem Datum des 17. Juli findet sich diese Überlegung:

> Seltsam, daß gerade das Tagebuch solcher menschlicher Wirkung teilhaft wird, mehr als alle meine Werke [...], daß es, vor mich hingeschrieben, wie die Laune des Augenblicks es mir eingibt, oft geradezu künstlerisch gewissenlos, sozusagen im Schlafrock, eine Macht auf die Menschen hat [...]. Meine Kraft bewährt sich am besten unter vier Augen; ein Gespräch mit mir hat manchem auf Jahre geholfen. Und dieses Tagebuch scheint nun immer mehr gewissermaßen ein öffentliches Gespräch unter vier Augen zu werden.[49]

In der Wendung vom „öffentliche[n] Gespräch unter vier Augen“ kommt Bahrs paradoxes Bemühen um Wirksamkeit in der Öffentlichkeit des *Journals* durch Herstellung einer intimen Szene im „Tagebuch“ deutlich zum Ausdruck. Das Schreiben tritt im Selbstverständnis des charismatischen „geborenen Redners“[50] hinter die Kraft der Stimme zurück, sodass das Diarium als vertrautes Gespräch begriffen wird, dessen Unmittelbarkeit und Intimität die Kolumne in der Tat immer wieder simuliert.[51] Der häufige Gebrauch der Gegenwartsform und die bereits erwähnte gezielte Platzierung von Personal-, Lokal- und Temporaldeiktika – „Erhard Buschbeck *ist* wieder *da*“,[52] hieß es – suggeriert die Präsenz einer (mündlichen) Äußerungsinstanz, die alle Zeit- und Raumverhältnisse definiert. Vor diesem Hintergrund erschließt sich auch die so bestimmende wie eigentümliche Verwendung von Datierungen im „Tagebuch“. Wie oben erläutert, entsprechen die gliedernden Datumsangaben weder dem Datum der Ausgabe des *Neuen Wiener Journals*, in der die Texte erscheinen, noch bezeichnen sie notwendigerweise den Tag der geschilderten Ereignisse bzw. Reflexionen oder den tatsächlichen Zeitpunkt der Niederschrift.[53] Ein Datum wie der 17. Juli bezieht sich nicht auf einen kalendarisch definierbaren Zeitpunkt, sondern auf die absolut gesetzte Origo der Bahr'schen Stimme, das deiktische Zentrum, das seine eigene Ordnung erstellt. Es ist der Hermann Bahr

---

**49** Hermann Bahr, Tagebuch, in: Neues Wiener Journal, 12. August 1923, 10.

**50** Hermann Bahr, Selbstbildnis [1923], hg. von Gottfried Schnödl, Weimar 2011, 81. Vgl. zu Bahrs Selbstverständnis als Redner und der Rolle des Publikums auch 124–125.

**51** Zeitgenössische Rezensionen heben dementsprechend den Reiz der Vertraulichkeit hervor, die schon der „Schlafrock“ suggeriert, und das Privileg, dem berühmten Mann im „Augenblick“ gedanklicher Produktivität so nahe sein zu können und mindestens „hinter der Tür“ dessen „Selbstgesprächen [...] lauschen“ zu dürfen. Max Messer, [Rezension „Tagebuch“], in: Neue Freie Presse, 27. Juni 1909, 34–35, hier: 34.

**52** Bahr, Tagebuch, in: Neues Wiener Journal, 16. September 1917, 5 (meine Hervorhebung, S.H.).

**53** Zur intrikaten Frage, was genau das Datum im Tagebuch bezeichnet, vgl. Dusini, Tagebuch, 167–188; sowie Philippe Lejeune, Am heutigen Tage, in: „Liebes Tagebuch“. Zur Theorie und Praxis des Journals, hg. von Lutz Hagestedt, München 2014, 63–81.

des „Tagebuchs", die kolumnistische Kunstfigur, die als Maß aller Dinge fungiert und das Publikum scheinbar unmittelbar zum Komplizen einer alternativen Welt- und Werterschaffung macht.

Angeblich „vor mich hingeschrieben, wie die Laune des Augenblicks es mir eingibt", ist die „Tagebuch"-Kolumne tatsächlich Ergebnis eines komplexen, medial vielgestaltigen Arbeitsprozesses, der eine Reihe verschiedener Textträger und Aufzeichnungsverfahren beinhaltet. Nicht zuletzt zeigt der Vermerk „Tagebuch diktiert" auch die Tatsache an, dass an der Schreibsituation eine weitere Person beteiligt ist.[54] Wohl mag die Kolumne in mündlicher Rede formuliert worden sein, ihr Diktat an eine ‚fremde Hand' entzieht sie jedoch der Souveränität alleiniger Autorschaft.[55] Unter den Bedingungen der von „Vielheit, Bewegung und Reproduktion" bestimmten Medienöffentlichkeit[56] des frühen 20. Jahrhunderts nutzt die Kolumne den Schein des einfachen diaristischen Selbstgesprächs, um ihrer Leserschaft allsonntäglich „das Wesentliche"[57] vor Augen zu führen und den fragmentierten Alltag in die Stabilität versprechenden ‚großen' Zusammenhänge des Katholizismus, des literarischen Kanons oder des habsburgischen Vielvölkerstaates zu integrieren.

## 5 Das „Tagebuch" in der *Fackel*

Dieses Totalitätsverlangen, das sich in Bahrs Sonntagskolumne manifestiert, bleibt freilich nicht unwidersprochen. Es muss jenen Zeitgenossen auf den Plan rufen, der sich die Zerstörung falscher Zusammenhänge auf die Fahne geheftet hat und deren Zirkulation in der Presse unterbinden will: Karl Kraus. Tatsächlich findet sich in der *Fackel* ab 1917 bis zum Anfang der 1930er Jahre eine anhaltende, wenn auch nicht regelmäßige Rezeption des „Tagebuchs", dessen Autor bereits 1897 in *Die demolirte Litteratur* Gegenstand der Satire gewesen war.[58] Karl Kraus' Verachtung für das, was

54 Für die betreffenden Jahre ist die Schreibkraft, die Bahrs Diktate entgegennahm, bisher nicht zu identifizieren.

55 Vgl. Natalie Binczek und Cornelia Epping-Jäger, Einleitung, in: Das Diktat. Phono-graphische Verfahren der Aufschreibung, hg. von Natalie Binczek und Cornelia Epping-Jäger, Paderborn 2015, 7–16, hier: 9.

56 So Anke te Heesen im Anschluss an Georg Simmel. Heesen, Der Zeitungsausschnitt, 46.

57 Bahr, Tagebuch, in: Neues Wiener Journal, 24. Dezember 1916, 7.

58 Neben Arbeiten zu diesem frühen Text Kraus' steht in der Forschung zum Verhältnis Bahr – Kraus der sog. Bukovics-Prozess sowie die Kriegsbegeisterung Bahrs/Hofmannsthals im Vordergrund, vgl. zuletzt etwa Brigitte Stocker, „Grundtypen des geistigen Elends". Die Autoren Jung-Wiens in Karl Kraus' Zeitschrift *Die Fackel*, in: Tradition in der Literatur der Wiener Moderne, hg. von Wilhelm Hemecker, Cornelius Mitterer und David Österle, Berlin und Boston 2017, 248–257.

Bahr im *Neuen Wiener Journal* tut, steckt in dem von ihm dafür gebrauchten Verbum des ‚tagebuchens': Wer „tagebucht",[59] stellt eine emsige, aber nichtige Geschäftigkeit zur Schau und beansprucht eine Geltung, vor der Kraus „das neue Österreich" warnt.[60] Kraus' Invektiven gegen Bahr sind – von diesem konsequent ignoriert – hier abschließend insofern von Interesse, als sie zentrale Merkmale der Kolumne nochmals in aller Schärfe hervortreten lassen. Denn in der *Fackel* werden die Eigenheiten des „Tagebuchs" in dem Maße profiliert, in dem Kraus Bahr nicht nur grundsätzlich als feindlich, sondern dessen Schreiben als konträr zur Mission der *Fackel* begreift und dementsprechend die publizistischen Verfahren seines Organs in Opposition zu denen der Bahr'schen Kolumne in Anschlag bringt.[61]

Indem er in Zitat und Kommentar die in der Sprache sich verratende Unaufrichtigkeit des Gedankens anklagt, macht Kraus bereits in der allerersten expliziten Reaktion auf das „Tagebuch" aus dem Jahr 1917 ein charakteristisches Verfahren Bahrs dingfest. Letzterer hatte im *Neuen Wiener Journal* den Schreibstil Heinrich Lammaschs (1853–1920), Jurist und dann letzter Ministerpräsident der Habsburgermonarchie, überschwänglich gelobt und den „Ton einer vollkommenen Sachlichkeit" sowie die „Kraft ungetrübter, wasserheller, durchsichtiger, nichts entstellender, auch nichts einmengender Darstellung" hervorgehoben.[62] Dass das „Tagebuch" hingegen genau das tut, demonstriert *Die Fackel*, wenn sie ebendiese Passage zitiert, die Worte „nichts einmengender" gesperrt druckt und aufzeigt, welche Namen – „Goethe, Zelter, Meyer, Clausewitz und Moltke" – Bahr selbst hier ‚einmengt'.[63] Vorgeführt wird eine der zentralen oben beschriebenen rhetorischen Strategien des „Tagebuchs": das Einzelne zu amplifizieren und einen Namen durch Einspeisung anderer in neue Gesellschaft zu bringen, hier Lammasch und seine Schrift *Das Völkerrecht nach dem Kriege* (1917) in die der deutschen Klassik und des preußischen Militärs. Wenn das Kraus'sche Zitat das „Tagebuch" folglich als trübend und entstellend erscheinen lässt, so mobilisiert dieses Zitat, wie Juliane Vogel es formuliert hat, einmal mehr einen fremden Text gegen sich selbst.[64]

---

59 Karl Kraus, Ein Schwachkopf, in: Die Fackel 668 (1924), 147–148, hier: 147.

60 Karl Kraus, Ich warne das neue Österreich, in: Die Fackel 462 (1917), 25–29, hier: 25.

61 Auf Kraus' *Fackel*-Projekt kann im vorliegenden Beitrag natürlich nur punktuell eingegangen werden; ein grundsätzlicherer Vergleich dieser „Ichzeitung", wie sie Robert Müller nennt, mit dem „Tagebuch" Bahrs wäre lohnenswert. Zu Kraus' Zeitschrift zuletzt Gerald Stieg, *Die Fackel*, in: Karl Kraus-Handbuch. Leben – Werk – Wirkung, hg. von Katharina Prager u. a., Stuttgart 2022, 103–122, hier: 105.

62 Hermann Bahr, Tagebuch, in: Neues Wiener Journal, 12. August 1917, 3–4, hier: 4.

63 Kraus, Ich warne das neue Österreich, in: Die Fackel 462 (1917), 25–26.

64 Vgl. Juliane Vogel, Der Schnitt gegen den Feind. Polemische Praktiken bei Edgar Allen Poe, Karl Kraus, John Heartfield, in: Musil-Forum 36 (2019/2020), 38–55, hier: 48.

Durch das Ausstellen manifester Widersprüche bewirkt *Die Fackel* gewissermaßen eine Selbstzerstörung jener Kolumne, die durchwegs an einer Befestigung des Bestehenden arbeitet, und macht dabei auch nicht vor schärferen Interventionen halt. Auf jenen ‚Tagebucheintrag', der rund um den Namen Buschbeck die Namen einer vorgeblichen neuen Generation versammelt,[65] antwortet *Die Fackel*, indem ihr Autor Teile des Bahr'schen Zeitungstextes nicht nur ausschneidet,[66] sondern diesen Schnitt in die Kolumne des *Neuen Wiener Journals* performativ durch eine Folge kurzer direkter Unterbrechungen wiederholt. Die zitierten Zeilen des „Tagebuchs" müssen sich polemischen Zwischenrufen beugen:

> 26. August. Erhard Buschbeck ist wieder da.
>
> Wir wissen zwar nicht, wer das ist, aber es muss ein Verwandter des Heini von Steyr sein, der wieder im Land ist.
>
> Stiller, ernster, ruhiger als in seiner wilden Wiener Zeit […]
>
> Von wannen aber kommt Buschbeck?
>
> Buschbeck kommt aus Berlin, war dort viel mit den Leuten vom ‚Sturm', […] mit der Lasker-Schüler, der einzigen vielleicht, die heute den reinen Loorber unserer Handel-Mazzetti sachte zu berühren in ihrer holden Herzenseinfalt würdig ist ….
>
> Gehst denn nicht.[67]

Was die *Fackel* unterbricht, ist eine Rede, die Kraus zufolge „das scheinbar Unvereinbare" vereint und damit einen „Kosmos" herstellt, in dem „alles Raum [hat]."[68] Diese totale, gewissermaßen sekundäre Welterschaffung „Bahr[s] am Sonntag"[69] geht mit einer Deformation der angeeigneten Gegenstände einher, wie Bahr selbst im Briefwechsel mit Josef Redlich ausführt.[70] Auf die Gründe für die langjährige Produktivität des „Tagebuchs" wie auch für Kraus' vehemente Gegnerschaft wirft diese Tendenz, sich alle „Erscheinungen des Lebens"[71] anzuverwandeln, ein deut-

---

65 Kraus selbst sieht sich von dieser Vereinnahmung in einer Generation der „zwischen 1857 und etwa 1874 Geborenen" betroffen; er versteht dies als eine „Anspielung auf [s]ein Geburtsjahr", die er sich „verbitten muß". Karl Kraus, Notizen, in: Die Fackel 462 (1917), 89–92, hier: 90.

66 Zur polemischen Scherenpraxis des Karl Kraus und dem Akt des ‚negative editing', dem das Ausschneiden von Zeitungsartikeln nicht zur „Bewahrung und Zirkulation", sondern zur „Selbstzerstörung der Aussage" diene, vgl. Vogel, Der Schnitt gegen den Feind, 49.

67 Kraus, Notizen, in: Die Fackel 462 (1917), 89–90 (Sperrungen im Original).

68 Karl Kraus, Transzendentales bei Lippowitz, in: Die Fackel 838 (1930), 8–12, hier: 8.

69 Karl Kraus, Inschriften, in: Die Fackel 622 (1923), 196–197, hier: 197.

70 Vgl. Brief Hermann Bahr an Josef Redlich, 9. Dezember 1920, in: Bahr, Redlich, Dichter und Gelehrter, 441.

71 Ebd.

liches Licht. In der *Fackel* beschreibt Kraus 1911 den konträren Umgang mit Material folgendermaßen:

> Ich bin nicht aufnahmsfähig und von dem nichts, das ich aufnehme, bleibt mir nichts, aber von dem allen, was ich nicht aufnehme, die Kontur, um sie in das Gegenbild einzuschaffen. Herr Bahr wiederum kommt den Eindrücken, die es auf ihn abgesehen haben, auf halbem Wege entgegen. [...] Ich glaube, wenn er einen Neger in der Literatur sieht, kommt er mit schwarzen Gedanken nieder.[72]

Während Kraus sein Verhältnis zum Aufnehmen negativ definiert und seine Arbeit das „Gegenbild" all dessen, von dem er sich abgrenzt, darstellt, zeigt sich Bahr allezeit empfänglich für jede noch so zufällige Begegnung, die er in einem als promiskuitiv beschriebenen Akt in sich aufnimmt. Dass sich dieser Unterschied zwischen Integration auf der einen und Isolation auf der anderen Seite vorrangig im Umgang mit dem Zeitungsmedium manifestiert, liegt auf der Hand, unterhalten beide Periodika – das „Tagebuch" und *Die Fackel* – doch eine je spezifische Beziehung zu der Tagespresse, von der sie leben. Schneidet Kraus – wie seine Manuskripte eindrücklich belegen – aus der Zeitung aus, um dem „Marktgeschrei der täglich zweimal verfälschten öffentlichen Meinung"[73] Einhalt zu gebieten und diese Ausschnitte in seiner *Fackel* vor Gericht zu stellen, so verfährt Bahr gerade umgekehrt. Er bettet sein „Tagebuch" in den Diskurs des *Neuen Wiener Journals* ein und lässt seine als persönlich präsentierten Beobachtungen im Textkollektiv der Tageszeitung erscheinen, mit der völlige Eintracht signalisiert wird: „[N]ie hat es [das *Journal*, Anm. S.H.] versucht, an mir zu sägen".[74] Wo *Die Fackel* – als Ein-Mann-Unternehmen niemandem verpflichtet – Brüche und Widersprüche exponiert, stellt das „Tagebuch" im Einvernehmen mit seinen Auftraggebern Totalitäten her und betreibt eine Stabilisierung des Status quo. Der entlarvenden Demontage, der Entfernung von Sätzen aus ihrem Kontext entspricht auf der Gegenseite das Verfassen eines „Tagebuchs" eigens für diesen Kontext, dessen unredigierter Wiederabdruck, mit dem alte Kolumnen recycelt und in die Zirkulation der Phrasen wiedereingespeist werden, für Kraus eine Potenz der Bahr'schen Schelmerei[75] darstellen muss. So reagiert *Die Fackel* gerade auf den Wiederabdruck jenes schon erwähnten „Tagebuchs",[76] in dem Bahr über seine Kolumne als „Gespräch unter vier Augen" sinniert, mit den ihr zu Gebote stehenden Mitteln (Abb. 3).

---

72 Karl Kraus, Hermann Bahr, seine Gedanken und Briefe, in: Die Fackel 321 (1911), 12–14, hier: 12.

73 Karl Kraus, Die Unabhängigen, in: Die Fackel 1 (1899), 4–8, hier: 4.

74 Hermann Bahr, Tagebuch, in: Neues Wiener Journal, 31. Dezember 1922, 10–11, hier: 10.

75 Vgl. Kraus, Notizen, in: Die Fackel 462 (1917), 89.

76 Hermann Bahr, Hermann Bahr und das „Neue Wiener Journal". Seine gesammelten Tagebuchaufzeichnungen, in: Neues Wiener Journal, 14. November 1925, 5–6. Hier handelt es sich um den

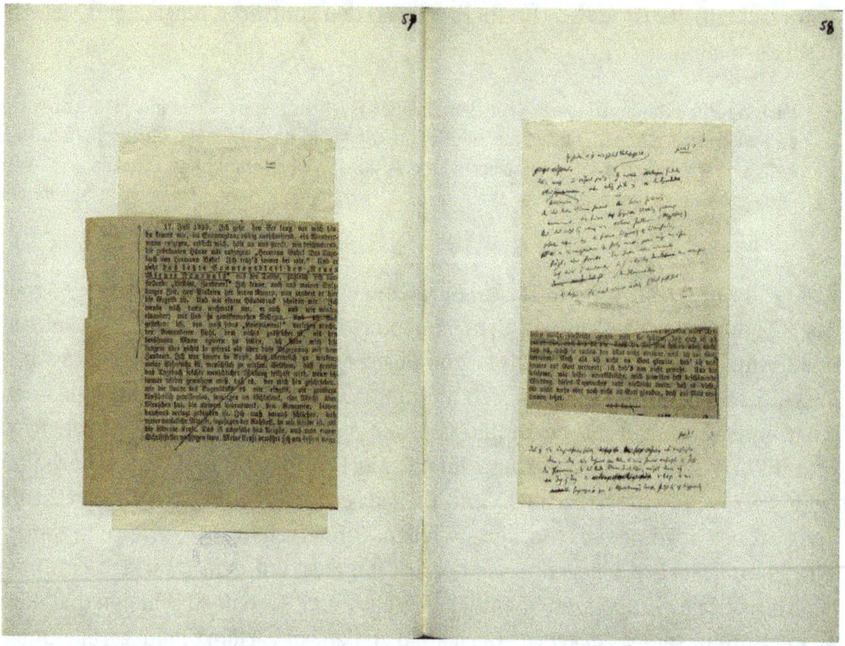

**Abb. 3:** Karl Kraus, Manuskriptseiten zur *Fackel* 706/711. o.O., 1925/12, [121] 57r und [123] 58r.

Mit den Worten: „Ich glaube, es wird ein gutes Vortragsstück",[77] unterbricht Kraus die Szene des intimen Gesprächs; dieses gedenkt er in einer seiner öffentlichen Lesungen vor versammeltem Publikum auftreten zu lassen.[78]

Das „Tagebuch" würde – zitiert und zerlegt auf der Bühne des Satirikers – abermals einer Neuformatierung unterzogen; auf diese Weise würde, wie es die *Fackel* bereits vielfach vorgezeigt hatte, die Darstellung jenes großen Zusammenhangs, auf den die Bahr'schen Texte abzielen, zunichte gemacht. Denn der erfolgreichen Sonntagskolumne ist es gerade um die möglichst bruchlose Eingliederung

teilweisen Wiederabdruck zweier 1922 und 1923 im *Neuen Wiener Journal* veröffentlichter „Tagebuch"-Kolumnen anlässlich des Erscheinens der dreibändigen Buchausgabe *Liebe der Lebenden.*

77 Karl Kraus, Notizen, in: Die Fackel 706 (1925), 43–57, hier: 57. Zu Kraus als Vorleser vgl. Sigurd Paul Scheichl, Das gesprochene Werk von Karl Kraus – 700 Vorlesungen, in: Geist versus Zeitgeist. Karl Kraus in der Ersten Republik, hg. von Katharina Prager, Wien 2018, 144–161. Vgl. außerdem Der Vorleser. URL: https://www.kraus-vorleser.wienbibliothek.at/der-vorleser (Letzter Zugriff: 15.7.2022).

78 Dokumentieren lässt sich eine tatsächliche Verwendung der Passage in einer Lesung nicht. Zum aktionistischen Charakter der Vorlesungen, die die Kritik der *Fackel* in Gerichts- und Konzertsäle hinein verlängern, vgl. Isabel Langkabel und Katharina Prager, Karl Kraus' polemische Praktiken in der ersten Republik, in: Musil-Forum 36 (2019/2020), 227–242.

der Gegenwart in bestehende Deutungshorizonte zu tun, auch um den Preis eines differenzierteren, ‚ungetrübten‘ Blicks. Sie ist darauf angelegt, dem turbulenten Zeitgeschehen stabilisierend entgegenzuwirken, wenn sie verspricht, das Einzelne in der Totalität eines Buches aufzuheben, dem der Rest des Tages allerdings immer eingeschrieben bleibt.

## Literaturverzeichnis

[Anonym], Wie Hermann Bahr sein „Tagebuch“ im „Neuen Wiener Journal“ veröffentlichte. Unveröffentlichter Brief des Dichters aus dem Kriegsjahr 1916, in: Neues Wiener Journal, 24. Dezember 1933, 19–20.

Bahr, Hermann, 1917, Innsbruck, Wien, München 1918.

Bahr, Hermann, Aufzeichnungen [August 1917], Theatermuseum Wien, HS_VM2110Ba.

Bahr, Hermann, Aufzeichnungen [Dezember 1916], Theatermuseum Wien, HS_VM2110Ba.

Bahr, Hermann, Aufzeichnungen [Juli 1917], Theatermuseum Wien, HS_VM2110Ba.

Bahr, Hermann, Das Feuilleton, in: Das Unterhaltungsblatt der Vossischen Zeitung, 15. Januar 1926, 1.

Bahr, Hermann, Feuilleton, in: Freie Bühne für modernes Leben 1 (1890), 665–667.

Bahr, Hermann, Hermann Bahr und das „Neue Wiener Journal“. Seine gesammelten Tagebuchaufzeichnungen, in: Neues Wiener Journal, 14. November 1925, 5–6.

Bahr, Hermann, Selbstbildnis [1923], hg. von Gottfried Schnödl, Weimar 2011.

Bahr, Hermann, Tagebuch, in: Neues Wiener Journal, 12. August 1917, 3–4.

Bahr, Hermann, Tagebuch, in: Neues Wiener Journal, 12. August 1923, 10.

Bahr, Hermann, Tagebuch, in: Neues Wiener Journal, 15. Juli 1917, 5.

Bahr, Hermann, Tagebuch, in: Neues Wiener Journal, 16. September 1917, 5.

Bahr, Hermann, Tagebuch, in: Neues Wiener Journal, 24. Dezember 1916, 7–8.

Bahr, Hermann, Tagebuch, in: Neues Wiener Journal, 31. Dezember 1922, 10–11.

Bahr, Hermann, Tagebücher, Skizzenbücher, Notizhefte [1885–1908], hg. von Moritz Csáky, 5 Bände, Wien u. a. 1994.

Bahr, Hermann, Tagebücher, Skizzenbücher, Notizhefte, Bd. 5: 1906–1908, hg. von Kurt Ifkovits und Lukas Mayerhofer, Wien, Köln, Weimar 2003.

Bahr, Hermann und Josef Redlich, Dichter und Gelehrter. Hermann Bahr und Josef Redlich in ihren Briefen 1896–1934, hg. von Fritz Fellner, Salzburg 1980.

Beßlich, Barbara, Das Junge Wien im Alter. Spätwerke (neben) der Moderne (1905–1938), Wien, Köln, Weimar 2021.

Beßlich, Barbara, Hermann Bahrs „Ideen von 1914“, in: Aggression und Katharsis. Der Erste Weltkrieg im Diskurs der Moderne, hg. von Petra Ernst, Sabine A. Haring und Werner Suppanz, Wien 2004, 57–75.

Binczek, Natalie und Cornelia Epping-Jäger, Einleitung, in: Das Diktat. Phono-graphische Verfahren der Aufschreibung, hg. von Natalie Binczek und Cornelia Epping-Jäger, Paderborn 2015, 7–16.

Blumenberg, Hans, Die Lesbarkeit der Welt, 3. Aufl., Frankfurt am Main 1993.

Boerner, Peter, Tagebuch, Stuttgart 1969.

Das Neue Wiener Journal: Geschichte und Beispieljahr 1921. URL:https://litkult1920er.aau.at/themenfelder/neues-wiener-journal/. (Letzter Zugriff: 15.7.2022).

Daviau, Donald G., Hermann Bahrs veröffentlichte und unveröffentlichte Tagebücher, in: Österreichische Tagebuchschriftsteller, hg. von Donald G. Daviau, [Wien] 1994, 21–64.

Der Vorleser. URL: https://www.kraus-vorleser.wienbibliothek.at/der-vorleser. (Letzter Zugriff: 15.7.2022).

Dusini, Arno, Tagebuch. Möglichkeiten einer Gattung, München 2005.

Heesen, Anke te, Der Zeitungsausschnitt. Ein Papierobjekt der Moderne, Frankfurt am Main 2006.

Ifkovits, Kurt, Zur Einleitung, in: Tagebuch aus dem „Neuen Wiener Journal" 1927–1931, hg. von Kurt Ifkovits, Weimar 2015, 9–51.

Kernmayer, Hildegard, Sprachspiel nach besonderen Regeln. Zur Gattungspoetik des Feuilletons, in: Zeitschrift für Germanistik. Neue Folge 22 (2012), H. 3, 509–523.

Kraus, Karl, Die Unabhängigen, in: Die Fackel 1 (1899), 4–8.

Kraus, Karl, Ein Schwachkopf, in: Die Fackel 668 (1924), 147–148.

Kraus, Karl, Hermann Bahr, seine Gedanken und Briefe, in: Die Fackel 321 (1911), 12–14.

Kraus, Karl, Ich warne das neue Österreich, in: Die Fackel 462 (1917), 25–29.

Kraus, Karl, Inschriften, in: Die Fackel 622 (1923), 196–197.

Kraus, Karl, Notizen, in: Die Fackel 462 (1917), 89–92.

Kraus, Karl, Notizen, in: Die Fackel 706 (1925), 43–57.

Kraus, Karl, Transzendentales bei Lippowitz, in: Die Fackel 838 (1930), 8–12.

Langkabel, Isabel und Katharina Prager, Karl Kraus' polemische Praktiken in der ersten Republik, in: Musil-Forum 36 (2019/2020), 227–242.

Le Rider, Jacques, Kein Tag ohne Schreiben. Tagebuchliteratur der Wiener Moderne, Wien 2002.

Lejeune, Philippe, Am heutigen Tage, in: „Liebes Tagebuch". Zur Theorie und Praxis des Journals, hg. von Lutz Hagestedt, München 2014, 63–81.

Lejeune, Philippe, Kontinuum und Diskontinuum, in: „Liebes Tagebuch". Zur Theorie und Praxis des Journals, hg. von Lutz Hagestedt, München 2014, 357–372.

Messer, Max, [Rezension „Tagebuch"], in: Neue Freie Presse, 27. Juni 1909, 34–35.

Müller, Martin Anton, Claus Pias und Gottfried Schnödl (Hg.), Hermann Bahr – Österreichischer Kritiker europäischer Avantgarden, Bern u. a. 2014.

Müller, Martin Anton, Tagebuch. URL: https://www.univie.ac.at/bahr/bibliografie-der-tagebuchs. (Letzter Zugriff: 15.7.2022).

Niehaus, Michael, Was ist ein Format?, Hannover 2018.

Pekar, Thomas, Kolumne, in: Historisches Wörterbuch der Rhetorik. 10 Bände, hg. von Gert Ueding, Bd. 4, Tübingen 1998, Sp. 1152–1154.

Rauchensteiner, Manfried, Der Erste Weltkrieg und das Ende der Habsburgermonarchie 1914–1918, Wien u. a. 2013.

Scheichl, Sigurd Paul, Das gesprochene Werk von Karl Kraus – 700 Vorlesungen, in: Geist versus Zeitgeist. Karl Kraus in der Ersten Republik, hg. von Katharina Prager, Wien 2018, 144–161.

Schönborn, Sibylle, Tagebuch, in: Reallexikon der deutschen Literaturwissenschaft. Neubearb. d. Reallexikons der deutschen Literaturgeschichte, hg. von Jan-Dirk Müller, 3., neu erarb. Aufl., Berlin u.a. 2003, 574–577.

Stieg, Gerald, Die Fackel, in: Karl Kraus-Handbuch. Leben – Werk – Wirkung, hg. von Katharina Prager, Simon Ganahl, Isabel Langkabel et al., Stuttgart 2022, 103–122.

Stocker, Brigitte, „Grundtypen des geistigen Elends". Die Autoren Jung-Wiens in Karl Kraus' Zeitschrift Die Fackel, in: Tradition in der Literatur der Wiener Moderne, hg. von Wilhelm Hemecker, Cornelius Mitterer und David Österle, Berlin und Boston 2017, 248–257.

Vedder, Ulrike und Sabine Kalff, Tagebuch und Diaristik seit 1900. Einleitung, in: Zeitschrift für Germanistik. Neue Folge 26 (2016), H. 2, 235–242.

Vogel, Juliane, Der Schnitt gegen den Feind. Polemische Praktiken bei Edgar Allen Poe, Karl Kraus, John Heartfield, in: Musil-Forum 36 (2019/2020), 38–55.

Weigel, Sigrid, Generation, Genealogie, Geschlecht. Zur Geschichte des Generationenkonzepts und seiner wissenschaftlichen Konzeptualisierung seit Ende des 18. Jahrhunderts, in: Kulturwissenschaften: Forschung, Praxis, Positionen, hg. von Lutz Musner und Gotthart Wunberg, Freiburg im Breisgau 2003, 177–208.

Weissenburger, Peter, Was ist eine Kolumne?. URL: https://taz.de/Was-ist-eine-Kolumne/!5692780/. (Letzter Zugriff: 2.10.2022).

Wolf, Norbert Christian, Revolution in Wien. Die literarische Intelligenz im politischen Umbruch 1918/19, Göttingen 2018.

Wuthenow, Ralph-Rainer, Europäische Tagebücher. Eigenart, Formen, Entwicklung, Darmstadt 1990.

# III Übertragen

Elisa Purschke

# Ökonomisches Denken zwischen Revolution und Krise. Zur internationalen Geschichte der Piktogrammatik

1931, am Tiefpunkt der Weltwirtschaftskrise, versucht sich Gerd Arntz mittels Holzdruck an einer Analyse (Abb. 1). *Krise* beginnt mit einem Abgleich der Sehepunkte ‚unten' und ‚oben', einstehend wie in vielen von Arntz reduzierten, streng gegliederten Querschnitten für die von Kapital und Arbeit: Für die am unteren Bildrand drängende Masse gibt es nichts zu kaufen, doch die Besitzer der Produktionsmittel darüber sitzen auf fast erdrückenden Vorräten – dem, was die politische Ökonomie Überproduktion nennt. Indem die Montage den Widerspruch zwischen den vereinzelten Perspektiven zusammensetzt, entblößt sie die Notsituation als Teil eines strukturellen Prozesses, in dem sich gesellschaftliches Produktivvermögen auf dem Rücken fortschreitend entwerteter Arbeitskraft (und Kaufkraft) entwickelt hat – bis zu immer „höheren"[1] Stufen, schließlich zum Krach.

Zweitens aber unternimmt *Krise* eine Art Aufstellung der Rollen, die verschiedene gesellschaftliche Akteure in der Vermittlung und damit Stabilisierung der Verhältnisse spielen; von Kapitalisten über Elemente des Staatsapparats zur vermeintlich neutralen Figur des Verkäufers. Wir sehen die Akteure als Kapitalisten von der Güteranhäufung profitieren, als Beamte sanktionieren, unten als Polizei absichern, oder allgemeiner dazu beitragen, das Geschehen zu decken. Bleiben der „Pressefotograf" und der statistische Daten sammelnde „Intelligenzler",[2] auffällig positioniert im zentralen Panel. Wie stehen sie zu, oder besser *in* den Verhältnissen? Einerseits versuchen sie die Lage zu erfassen und damit zu entblößen. Doch die Haltung des Pressefotografen ähnelt kaum zufällig der Bourgeoisie im oberen Bildteil, die sich dem Geschehen als Spektakel widmet. Der Intelligenzler grübelt über der Überproduktion, ihre materiellen Effekte – die des Arbeiterelends – bleiben aber außerhalb seines Blickfelds. Der ‚Realismus' des Journalisten kratzt am Voyeurismus, indem er verkennt, dass das Konkrete mit Marx „Zusammenfassung

1 Arntz bezieht sich im Schnitt und im beigegebenen Kommentar explizit auf marxistische Theorien der Überproduktionskrise, die auch Lenins Analyse des Imperialismus' als „höchste Stufe des Kapitalismus" prägte, vgl. Gerd Arntz, Krise [1931], in: Ders., Zeit unterm Messer. Holz- und Linolschnitte 1920–1970, Köln 1988, 90.
2 Ebd.

https://doi.org/10.1515/9783111003009-009

**Abb. 1:** Gerd Arntz, *Krise*, Holzschnitt, 39 x 28,5 cm, 1931.

vieler Bestimmungen“[3] ist. In den Erfassungen des Statistikers verschwinden die Bezüge zu konkreten gesellschaftlichen Handlungen.

Was also sind Mittel, die gesellschaftliche Verhältnisse zu ökonomischen Abläufen und Bewegungen kritisch in Beziehung setzen, statt zu ihrer Erhaltung beizutragen? Die Frage, die *Krise* aufwirft, ist so provokant wie die These, die Arntz anhand der beiden Figuren entwickelt: Darstellungsformen, die Mengenverhältnisse einbeziehen und andererseits die Bindung der „konstatierung“ an die „lebendige[] aufforderung zur änderung“[4] gesellschaftlicher Verhältnisse nicht aufgeben wollen, müssen die Einseitigkeiten mimetischer (fotografischer) wie abstrakter (statistischer) Verfahren überwinden. Das lässt sich nicht nur als Kommentar zum zeitgenössischen Antagonismus zwischen neusachlichen und formalistischen Strömungen lesen, sondern auch als grundsätzlichere Forderung, kulturelle Praktiken und politische Ökonomie dialektisch ins Verhältnis zu setzen.

Im folgenden Beitrag interessiere ich mich für die ästhetischen, epistemologischen wie politischen Implikationen einer solchen Vermittlung zwischen Bild und Zahl. Im Zentrum meiner Überlegungen steht das eigensinnige Paradigma der Bildstatistik; eine Methode, die Quantitäten mittels diskreter Elemente, sogenannter Piktogramme, nach spezifischen Kombinationsregeln aufzuschlüsseln suchte. Sie ging Ende der 1920er Jahre aus einer Zusammenarbeit zwischen dem Grafiker und Mitglied der Kölner Progressiven Gerd Arntz, dem ehemaligen Räterevolutionär, Ökonomen und Philosophen Otto Neurath und der Mathematikerin Marie Reidemeister (später Neurath) im Roten Wien hervor und ist heute weitgehend als didaktisches oder Design-System bekannt. Doch der historische Anspruch der Piktogrammatik besteht in nichts weniger als einem Medium und einer Methode ökonomischen Denkens eigenen Rechts – ein System, das nicht nur darstellt, sondern (frei nach Brecht) „eingreift“.[5]

Diesen Anspruch arbeitet mein Beitrag in drei Teilen auf. Zunächst frage ich nach den systematischen Ressourcen einer kleinen Form – der des Piktogramms –, in Konventionen zu intervenieren, mittels derer wir über Quantitäten nachdenken

---

3 Karl Marx, Grundrisse der Kritik der politischen Ökonomie [1857–58], in: MEW, 44 Bände, Bd. 42: Ökonomische Manuskripte 1857/1858, hg. vom Institut für Marxismus-Leninismus beim ZK der SED, Berlin 1983, 19–875, hier: 35.

4 Gerd Arntz, bewegung in kunst und statistik, in: a–z. Organ der Gruppe progressiver Künstler 8 (1930), 29–30.

5 Brecht sucht 1933 die Zusammenarbeit mit Otto Neurath, die allerdings nicht mehr zustande kommt, für einen „Katalog eingreifender Sätze“ nach „Methoden kollektiven Denkens“, vgl. Bertolt Brecht, Brief an Otto Neurath, zitiert in: Friedrich Stadler, Otto Neurath (1882–1945). Zu Leben und Werk in seiner Zeit, in: Arbeiterbildung in der Zwischenkriegszeit. Otto Neurath – Gerd Arntz, hg. von dems., Wien und München 1982, 2–16, hier: 11–12.

und verhandeln. Dazu rekonstruiere ich den Dialog zwischen den politisch- und bildtheoretischen Grundlagen von *ISOTYPE* (*International System of Typographic Picture Education*), wie es ab 1934 auch genannt wird, anhand der Schriften Otto Neuraths (1).

Zweitens aber geht es mir um die Frage, wie die bildstatistische Methode ihr Selbstverständnis als Formsystem öffentlicher 'Rechenschaft' über politische Konstellationen hinweg geltend macht. Denn ihre Geschichte reicht weit über die krisenhaften Umbrüche der späten Weimarer Republik und des Roten Wiens hinaus bis in die postrevolutionäre Sowjetunion. Wie trifft die bildstatistische Methode in ihrem kritischen wie utopischen Impuls auf die realpolitischen Umstände des Aufbaus des Sozialismus in einem Land mit all seinen Widersprüchen und Unebenheiten? Anhand von Propagandamaterial zum ersten Fünfjahresplan (2) einerseits, einer Studienmappe zu Lenins *Imperialismus* (3) von 1936 andererseits lassen sich Verfahren nachvollziehen, mittels derer die piktogrammatische Methode gerade dort, wo sie die Einführung einer nach-kapitalistischen Wirtschaftsordnung begleiten soll, die anhaltende Notwendigkeit eines Instrumentariums für eine Kritik der politischen Ökonomie von unten registriert – und neue Potenziale aus dem Piktogramm gewinnt.

## 1 Zur bildstatistischen Methode als politisch-ökonomischer Theorie – und Praxis

> Statistik ist Werkzeug des proletarischen Kampfes, Bestandteil sozialistischer Wirtschaftsweise, Freude des siegreich vordringenden Proletariats und nicht zuletzt Grundlage menschlichen Mitgefühls.[6]

*ISOTYPE* ist durch zwei Grundregeln bekannt geworden: Mengen*einheiten* werden nicht mittels Zahlen, sondern durch je für den Gegenstand spezifische Piktogramme dargestellt, die „auf ein Mindestmaß an Merkmalen"[7] reduziert sind, aber eine Assoziation zum Bildgegenstand zulassen; Mengen*verhältnisse* werden durch das Addieren oder Subtrahieren dieser Bildzeichen wiedergegeben. Was aber hat es mit diesen Prinzipien auf sich? Ihre Herleitung beginnt üblicherweise bei einem didaktischen Problem. Als Leiter des neuen Wiener Museums für Gesellschaft und

6 Otto Neurath, Statistik und Proletariat [1927], in: Gesammelte bildpädagogische Schriften, hg. von Rudolf Haller und Robin Kinross, Wien 2021, 84.

7 Otto Neurath, Das Sachbild [1930/31], in: Gesammelte bildpädagogische Schriften, 155.

Wirtschaft steht Neurath Mitte der 1920er Jahre vor der Frage, wie sich sozialökonomische Aspekte ausstellen lassen, die – anders als etwa Artefakte eines „technische[n] oder biologische[n] Museum[s]“[8] – abstrakt sind. Seine Folgerung, die schließlich das bildstatistische Projekt und die Zusammenarbeit mit Arntz und Reidemeister anstößt: Anstelle der „physische[n] Gegenstände“ braucht es „Symbole“, und zwar Symbole, die auf Höhe des „Zeitalter[s] des Auges“[9] sind.

Doch Neuraths grundlegende Auseinandersetzung mit statistischen Methoden beginnt nicht im Rahmen pädagogischer, sondern ökonomischer Überlegungen. Dieser Zusammenhang wurde lange vergessen – eine Leerstelle, die erst Elisabeth Nemeth angegangen ist.[10]

Nemeth zeichnet nach, wie Neurath schon in frühen philosophischen, ökonomischen und soziologischen Studien das Desiderat einer wirtschaftlichen Theorie formuliert, die ökonomische Entwicklungen und Entscheidungen nicht nur im Hinblick auf Aspekte der Wirtschaftlichkeit, sondern auch des „gesellschaftlichen Wohlergehens“[11] betrachtet. Darin liegt für Neurath mehr als ein inhaltliches Problem: Denn an qualitativen Kriterien – in Bezug auf Engels' *Lage der arbeitenden Klasse in England* spricht er von Elementen der „Lebenslage“[12] – scheitert für ihn das System der bürgerlichen Ökonomie aus methodischen Gründen. Es kann nur aufnehmen, was sich unter die Wertform subsumieren lässt. Die Übersetzung in eine Einheit wie die der Geldrechnung ist aber, so eine von Neuraths radikalen Ansichten, „ungeeignet, die komplexe Zusammensetzung dessen zu erfassen, was wir unter dem Reichtum von Menschen (im Sinn des Wohlergehens) verstehen“.[13] Für eine solche Erfassung dieser Aspekte bräuchte es einen grundlegend neuen theoretischen Apparat, der unterschiedliche Einheitsgrößen miteinander in Beziehung zu setzen erlaubt.

Derlei Forderungen sind so nah an Neuraths bildpädagogischen Prinzipien, dass sie eigentlich kaum anders als ihre Fortführung gelesen werden können. Denn

---

**8** Otto Neurath, Darstellungsmethoden des Gesellschafts- und Wirtschaftsmuseums [1925], in: Gesammelte bildpädagogische Schriften, 18.

**9** Neurath, Das Sachbild, 155.

**10** Vgl. Elisabeth Nemeth, Gesellschaftliche Tatbestände sichtbar machen. Otto Neurath über den Gegenstand der Wirtschaftswissenschaft und seine Visualisierung, in: Die Konturen der Welt. Geschichte und Gegenwart visueller Bildung nach Otto Neurath, hg. von Gernot Waldner, Wien und Berlin 2021, 51–78, hier: 63; vgl. zu den pädagogischen Implikationen und Vermittlungspraktiken des Wiener Gesellschafts- und Wirtschaftsmuseums Gernot Waldners Beitrag „Ein Museum wechselt die Form. Zur Offenheit der Wiener Methode der Bildstatistik“ in diesem Band.

**11** Vgl. Nemeth, Gesellschaftliche Tatbestände sichtbar machen, 53–54.

**12** Vgl. Otto Neurath, Wirtschaftsplan und Naturalrechnung. Von der Wirtschaftsordnung und vom kommenden Menschen, Berlin 1925, hier: 17–25.

**13** Nemeth, Gesellschaftliche Tatbestände sichtbar machen, 53.

was sind Piktogramme anderes als objektivierte, aber zugleich ent-arbitrarisierte Mengensymbole? Offenbar, so argumentiert auch Nemeth, geht es in der bildstatistischen Methode nicht nur um die Popularisierung ökonomischer Information, sondern um die „Einübung" einer „Betrachtungsweise", mittels derer „Gesamtheiten präzise miteinander verglichen werden [können], ohne dass ihre Komponenten auf ein einheitliches Maß zurückgeführt werden müssten".[14]

Die Basis für eine solche „Betrachtungsweise" liefert die abstrakte und ikonische Tendenzen vermittelnde Bildform des Piktogramms. Aber auch die allgemeineren Überlegungen Neuraths zur Anordnung von bildstatistischen Materialien – zu einer Pikto*grammatik*, wenn man so will – lassen sich mit dem Problem zusammenlesen, eine neue ökonomische Argumentationsbasis zu entwickeln. Immer wieder betont Neurath die kritische Arbeit, die *ISOTYPE* gegen pseudowissenschaftliche Modelle der bürgerlichen Ökonomie leisten soll, ob in Bezug auf Konventionen etwa der Verlaufskurve, die „kontinuierliche Übergänge" vortäuschten, wo „[g]esellschaftliche Wirklichkeit" keine kenne,[15] oder allgemeiner auf verdinglichte Sprach- und Argumentationsformen. Ihnen setzt er Bildtafelarrangements, aber auch ganze Ausstellungskonzepte entgegen, die auf konstellierenden Prinzipien aufbauen und die er bisweilen mit Montageverfahren vergleicht.[16] Damit aber stellt *ISOTYPE* die provokante Frage, ob nicht in der Übersetzung vom Text ins Bild selbst eine Voraussetzung für die Erneuerung wirtschaftswissenschaftlichen Denkens liegt.

Doch in den Wiener Experimenten mit einer neuen ökonomischen Betrachtungsweise steht mehr als Wissenschaftskritik auf dem Spiel. Denn zwischen Neuraths ersten akademischen Veröffentlichungen und seiner Beteiligung in der österreichischen Arbeiter:innenbewegung liegt eine entscheidende Periode politischer Radikalisierung. Der sozialistische Umsturz in Bayern 1918 bewegt ihn zum Schritt vom Dozenten für politische Ökonomie an Max Webers Lehrstuhl in Heidelberg zum Leiter des Zentralwirtschaftsamts der sich formierenden Räterepublik. In dieser Zeit legt er ein Programm der „Vollsozialisierung"[17] vor, das die Konsequenzen seiner

14 Ebd., 66.

15 Otto Neurath, Statistische Hieroglyphen [1926], in: Gesammelte bildpädagogische Schriften, 44–45.

16 Im Essay „Aufgaben des Gesellschafts- und Wirtschaftsmuseums in Wien" beschreibt Neurath die ideale Ausstellung als eine, in der mehrere Gehrichtungen möglich seien, die sowohl geschichtliche Interpretationshorizonte als auch ‚Querschnitte' zwischen den Verhältnissen von Wirtschafts-, politischen Ordnungen und materiellem Wohlergehen zuließen, vgl. Otto Neurath, Aufgaben des Gesellschafts- und Wirtschaftsmuseums in Wien [1926], in: Gesammelte bildpädagogische Schriften, 56.

17 Otto Neurath, Vollsozialisierung. Von der nächsten und übernächsten Zukunft, Jena 1920.

Forderung nach der „Umgestaltung des wirtschaftswissenschaftlichen Begriffsgebäudes“ für die „Umgestaltung der Wirtschaftsordnung“[18] zu ziehen versucht.

Gegen partielle, etwa auf Enteignungen und Nationalisierungen beschränkte Ansätze argumentiert Neurath jetzt explizit, dass eine ökonomische Organisationsform, die sich an der „stets sich erweiternde[n] Gestaltung des Lebensprozesses für die Gesellschaft der Produzenten“[19] orientiert, mit dem Diktat „höherer oder niederer Wirtschaftlichkeit“[20] unvereinbar sei. Es braucht, folgert er, die unmittelbare Vorbereitung planvoller Organisation, um ökonomisch-geografisch-soziale Bedingungen (in Neuraths Terminologie „Lebensboden“) und Produktivvermögen um Aspekte „gesellschaftlichen Wohlergehens“ („Lebenslage“) wie Arbeitslast, Erkrankungshäufigkeit, Sterbewahrscheinlichkeit, Nahrung, Kleidung, Wohnung, Bildungsmöglichkeiten, Vergnügungen, Mußezeit usw. erweitern zu können. Und zweitens müsse, so Neuraths eigenwillige Position, eine auf solcher „gesellschaftliche[r] Nützlichkeitsrechnung“[21] basierende Wirtschaftsordnung die Geldeinheit insgesamt – als Kalkulationsgrundlage wie Tauschmittel – überwinden.[22]

Damit fasst Neurath während seiner Zeit in Bayern ‚materiale‘ Statistik als Betrachtungsweise, die politische Konsequenzen impliziert, aber auch als Instrument, das eine konkrete Rolle im politischen Prozess spielt: zum einen als realrechnerische Grundlage, durch die es möglich wird, wirtschaftspolitische Entscheidungen anhand vielfältiger Kriterien abzuwägen. Zum anderen – sollen derlei Entscheidungen *demokratisch* getroffen werden – gilt es, Statistik als Instrument öffentlicher Kontrolle und Mitbestimmung zu entwickeln: als Verhandlungsbasis der Bedürfnisse *aller durch alle.*

Ohne diesen politischen Horizont sind auch die Produktionen der Wiener bildstatistischen Methode nicht zu verstehen. Wenn Neurath nach der Niederschlagung der Räterepublik und seiner Abschiebung nach Wien die „unumgängliche

---

**18** Ebd., 33.

**19** Otto Neurath, Sozialistische Nützlichkeitsrechnung und kapitalistische Reingewinnrechnung, in: Der Kampf 18 (1925), 391–395.

**20** Karl Marx, Das Kapital. Kritik der Politischen Ökonomie. Dritter Band [1894], in: MEW, 44 Bände, Bd. 25: Das Kapital. Kritik der Politischen Ökonomie. Drittes Buch, hg. vom Institut für Marxismus-Leninismus beim ZK der SED, Berlin 1964, 260.

**21** Neurath, Sozialistische Nützlichkeitsrechnung.

**22** Neuraths naturalwirtschaftliches Modell sollte für die kriegskommunistischen Taktiken der Sowjetrepublik 1918–1921 ebenso einflussreich wie später Zielpunkt der österreichischen Wirtschaftsrechnungs-Debatte werden. Für neuere Forschung vgl. Thomas Uebel, Calculation in Kind and Substantive Rationality. Neurath, Weber, Kapp, in: History of Political Economy 50 (2018), H. 2, 289–320 sowie Eric Magnin und Nikolay Nenovsky, Calculating without money. Theories of in-kind accounting of Alexander Chayanov, Otto Neurath and the early Soviet experiences, in: The European Journal of the History of Economic Thought 28 (2021), H. 3, 456–477.

Notwendigkeit“ der Statistik „schon im Interesse einer schlagenden Kritik an der kapitalistischen Ordnung“[23] konstatiert, dann auch, weil die in der bildstatistischen Methode enthaltene „Betrachtungsweise“ mit der Möglichkeit einer Gegenordnung verknüpft ist – weil sie erlaubt, sich zum Gegenwärtigen experimentell aus der Warte dieser Gegenordnung zu verhalten, und damit „der Wirklichkeit auch vorauseilt, nicht nur ihr nachfolgt“.[24] Und wenn er Statistik als „Werkzeug des proletarischen Kampfes“ neu positioniert, dann, weil die ‚Einübung‘ rechnerischer Fähigkeiten auf Massenbasis ein zentrales Element demokratischer Mitbestimmung (und nicht nur Betrachtung) über ökonomische Prozesse vorbereiten kann. Was aber aus diesem utopischen Impuls im Moment seiner Rückübersetzung in einen revolutionären Kontext wird – dieser Frage möchte ich im Folgenden nachgehen.

**Abb. 2:** Beispiel aus der Poster- und Postkartenserie *Einholen und Überholen*, Titel: „Kapitalinvestitionen in das Eisenbahnwesen der UdSSR.“ Eine Münze steht für 200 Mio. Rubel.

23 Neurath, Wirtschaftsplan und Naturalrechnung, 81.

24 Otto Neurath, Die Naturalwirtschaftslehre und der Naturalkalkül in ihren Beziehungen zur Kriegswirtschaftslehre, in: Weltwirtschaftliches Archiv 8 (1916), 245–258, hier: 258.

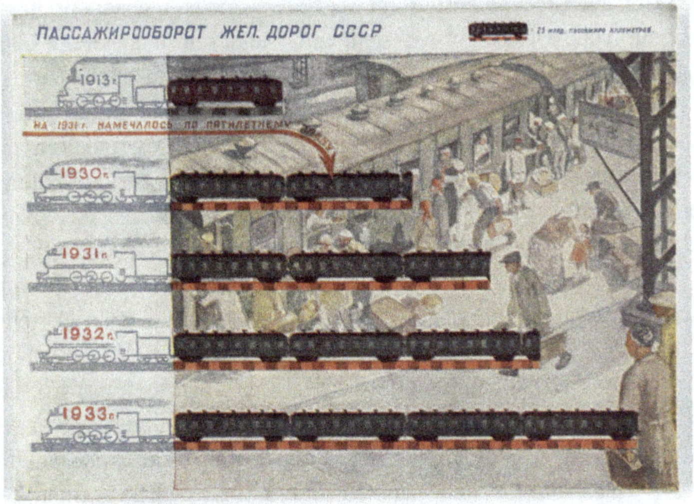


**Abb. 3:** Beispiel aus der Poster- und Postkartenserie *Einholen und Überholen*, Titel: „Personenbeförderung durch die Eisenbahn der UdSSR". Ein Wagon steht für 25 Mrd. beförderte Kilometer. *Dognat' i peregnat' v techniko-ėkonomičeskom otnošenii peredovye kapitalističeskie strany v 10 let. 70 kartinnye diagramm na otkrytkach* [In 10 Jahren die kapitalistischen Länder in technischer und ökonomischer Hinsicht einholen und überholen. 70 Kartendiagramme auf Postkarten], Moskau und Leningrad 1931. Portfolio von 70 Postkarten mit Mappe, 15 x 10,5 cm, hg. von Izobrazitel'noe iskusstvo. Auflage 25.000.

## 2 Kritik in Maßen: Die Postkartenserie *Dognat' i peregnat'* [Einholen und Überholen]

In gewisser Hinsicht katapultiert die bolschewistische Revolution Statistik tatsächlich in ungekannter Weise in die Öffentlichkeit, ganz unabhängig von Neuraths und Arntz' Überlegungen. Schon im April 1918 fordert Lenin in seinen Thesen zu den *Nächsten Aufgaben der Sowjetmacht*:

> Die Statistik war in der kapitalistischen Gesellschaft ein Gegenstand, der ausschliesslich von „Amtspersonen" oder auf ihr Fachgebiet beschränkten Spezialisten bearbeitet wurde – wir aber müssen sie in die Massen tragen, sie popularisieren, damit die Werktätigen allmählich selbst verstehen und sehen lernen, wie und wie viel man arbeiten muß, wie und wieviel man sich erholen kann, – damit die *Vergleichung der praktischen Wirtschaftsergebnisse* der einzelnen Kommunen zum Gegenstand des allgemeinen Interesses und Studiums würde.[25]

---

25 Vladimir Il'ič Lenin, Die nächsten Aufgaben der Sowjetmacht [1918], in: Werke, 40 Bände, Bd. 27:

Kurz darauf, 1919, folgt sogar eine Resolution über die „Verbreitung statistische[r] Kenntnisse über die Volkswirtschaft". Sie sieht unter anderem landesweite ökonomische Ausstellungen „auf Plätzen, in Theatern, in zentralen Einrichtungen der Sowjetrepublik" und anderen öffentlichen Orten vor.[26] Folglich kommt es in den ersten beiden postrevolutionären Dekaden zu einer Vielzahl von Experimenten mit infografischen Methoden und Medien, die das Bild als Instrument zur Darstellung von Mengenverhältnissen aktivieren – und zwar, wie die Zitate andeuten, nicht bloß als Instrument der *Vermittlung* von Information von oben, sondern auch der *Ermittlung* und *Analyse* von Information von unten. So reicht das Spektrum von Postern, Atlanten, Vitrinen-Ausstellungen oder sogar Häuserbemalungen aktuelle Wirtschaftspolitik betreffend[27] über spezifische Sachbände[28] bis hin zu Schablonen und Vorlagen, mittels derer ökonomische Daten selbst erhoben und ausgewertet werden sollen.[29] Der bildstatistische Pionier Ivan Ivanickij kommentiert die ungemeine Verbreitung der Infografik als öffentliche Informationsform *und* populäre Praxis Anfang der 1930er Jahre, es gebe „keinen Klub, keine rote Ecke, keinen Lesesaal und keine Schule, in der nicht Diagramme erstellt und ausgestellt werden."[30]

Als 1931 aber ein eigenes Institut für Bildstatistik (*Vsesojuznyj institut izobrazitel'noj statistiki sovetskogo stroitel'stva, IZOSTAT*) entstehen soll, wird das Wiener Museum für Gesellschaft und Wirtschaft zum erklärten Vorbild. Und so kommt es zu einer bis heute wenig erforschten, aber für beide Seiten weitreichenden Zusammenarbeit, in deren Zuge Neurath, Arntz und mehreren Mitarbeiter:innen des Wiener Museums zwischen 1931 und 1934 mehrere Monate im Jahr in Moskau verbringen.[31] Im Folgenden greife ich eines der ersten Projekte heraus, in dem die

---

Februar–Juli 1918, hg. vom Institut für Marxismus-Leninismus beim ZK der SED, Berlin 1960, 225–268, hier: 252 (Hervorhebung im Original).

26 Ivan Ivanickij, Izobrazitel'naja statistika i venskij metod, Moskau 1932, 3.

27 Vgl. die Dokumentation in Vsevolod Vasil'evskij, Izobrazitel'naja statistika, in: Prožektor 7 (1934), 18–19.

28 Bekannt beispielsweise war das Buch *Aviacija i vozduchoplavanie,* Moskau 1934, oder auch der 1937 erschienene Band *Moskva rekonstruiruetsja,* an dem u. a. Aleksandr Rodčenko, Varvara Stepanova, Viktor Šklovskij und Ivanickij mitwirkten.

29 Eine erste Übersicht geben die Materialien der Merrill C. Berman Collection, Visualization of Data in the Soviet Union. Informational Posters and Pictorial Statistics of the 1920s and 1930s. URL: https://mcbcollection.com/visualization-of-data-in-the-soviet-union (Letzter Zugriff: 1.7.2022).

30 Ivan Ivanickij, Izobrazitel'naja statistika, 1932, hier: 5 [i. O.: „Net takogo kluba, krasnogo ugolka, izbyčital'ni, školy, gde by ne izgotovljalis' i ne vystavljalis' diagrammy"].

31 Obgleich Neurath wie Arntz Stalins autoritärer, technokratischer Kollektivierung nachdrücklich kritisch gegenüberstanden. Für erste Aufarbeitungsversuche vgl. Friedrich Stadler, „Wiener Methode der Bildstatistik" und politische Graphik des Konstruktivismus (Wien – Moskau 1931–1934), in: Österreich und die Sowjetunion, 1918–1955. Beiträge zur Geschichte der österreichisch-sowjetischen Beziehungen, hg. von der Historikersektion der Österreichisch-Sowjetischen Gesellschaft, Wien 1984,

sowjetischen bildstatistischen Experimente – maßgeblich entwickelt unter Ivanickij – und ihr Wiener Gegenstück zusammentreffen: die Postkartenserie *Dognat' i peregnat'* [Einholen und Überholen].[32] Als Teil von Agitationsmaterialen um den ersten Fünfjahrplan sollte sie, wie der Titel andeutet,[33] die ökonomische Entwicklung der Sowjetunion im Vergleich zu kapitalistischen Wirtschaften darstellen. Wie ich zeigen möchte, registriert sie aber auch ihre Widersprüche.

Die Serie besteht aus 72 Bilddiagrammen, die zunächst in Form von 15.000 Postern, dann als Postkarten mit einer Auflage von 25.000 Stück verbreitet wurden.[34] Loser Anlass (und Quelle der Daten) war wohl der Sechste All-Union-Kongress der Sowjets von 1931. Laut Ivanickij sollte das Projekt die bildstatistische Methode aber auch allgemeiner bekannt machen.[35] Entsprechend bereiten die Poster eine Vielfalt von Daten über die Effekte der Kollektivierung in Industrie und Kolchose sowie zur sozialen Lage auf, von der Kohle- und Getreideverarbeitung über die Einrichtung von Suppenküchen bis hin zu Alphabetisierungsraten. Dabei erkennt man durchaus *ISOTYPE*-typische Piktogramme in der Funktion als ‚Naturaleinheiten' wie Kohlestücke, Suppenteller, Zeitungen.

Aber der auffälligste Aspekt der Serie ist die Wiederkehr des Gelds als universelles Äquivalent – oft in fast gespenstischer Materialität als Münzen oder Papierscheine. So sehen wir zum Beispiel eine Karte (Abb. 2), welche das Transportwesen behandelt, indem sie Kapitalinvestitionen in den Sektor zur Grundlage nimmt, und damit zugleich zur traditionellen statistischen Maßeinheit (dem Rubelwert) zurückkehrt. Die gezeichneten Münzen sind kaum mehr als Gimmicks zur illustrativen Kompensation des abstrakten Zahlenverhältnisses. Sie stehen jedenfalls im Widerspruch zu zentralen Formprinzipien des Piktogramms: Statt *im* Bildzeichen vermittelt zu werden, stehen Zahlenwert und Gegenstand nebeneinander. Die Symbole (Münzen) verweisen auf einen *anderen* Inhalt (hier die Ent-

---

220–249; Emma Minns, Picturing Soviet progress. Izostat 1931–4, in: Isotype. Design and Contexts 1925–1971, hg. von Christopher Burke, Eric Kindel und Sue Walker, London 2013, 251–280; weiterhin Vladimir Kričevskij, Izostatistika i „IZOSTAT", in: Proekt Rossija 1 (1996), 62–99 und Vladimir Laptev, Sovetskaja informacionnaja grafika 1930-ch godov, in: Vestnik SPbGU 15 (2013), H. 1, 224–232.

32 Online abrufbar auf der Website des New Yorker Museum of Modern Art: [o. A.], Dognat' i peregnat' v techniko-ėkonomičeskom otnošenii peredovye kapitalističeskie strany v 10 let. 70 kartinnye diagramm na otkrytkach, Moskau und Leningrad 1930. URL: https://www.moma.org/collection/works/portfolios/16997. (Letzter Zugriff: 18.1.2023).

33 „Dognat' i peregnat'" [Einholen und Überholen] war ein geläufiges Zitat aus einer Rede Stalins zum ersten Fünfjahresplan aus dem Jahr 1928.

34 Nach Informationen des MoMA. URL: https://www.moma.org/collection/works/portfolios/16997 (Letzter Zugriff: 18.1.2023).

35 Vgl. Ivanickij, Izobrazitel'naja statistika 1932, 32.

wicklung des Transportwesens), der über eine Hintergrundzeichnung vereindeutigt werden muss.[36]

Das lässt sich aber nicht nur als formale Inkonsequenz deuten, sondern auch als Reaktion auf realpolitische Gegebenheiten. Dazu ist es erforderlich, eine stärker konstellierende Perspektive einzunehmen. Dann fällt auf, dass die Frage der Maßeinheit gewissermaßen Thema der Serie ist: Derselbe Sachverhalt ist teils aus vielfachen Blickpunkten dargestellt, die jeweils verschiedene Darstellungsverfahren wählen. Als propagandistische Vermittlung von bloßen Daten ist das überraschend ineffizient und lenkt den Blick auf die Verhältnisse *zwischen* den Karten.

Um das Beispiel des Transportwesens (Abb. 2 und 3) wieder aufzunehmen: Eben habe ich eine Bildkarte betrachtet, die entsprechende Kapitalflüsse analysiert und auf eine wertorientierte Darstellung in Geldmünzen zurückgreift. Aber andere Diagramme schlüsseln zum selben Thema ganz andere Dimensionen auf, beispielsweise die Erhöhung des Transport- oder Passagiervolumens. Diese operieren mit dem klassischen Arsenal der piktogrammatischen Methode (z. B. dem Waggon als Zeichen für Eisenbahn), suchen also Aspekte, die Neuraths Konzept der ‚Lebenslage' schon näherkommen, auf Basis einer jeweils eigenen Einheit darzustellen. Und blicken wir etwa auf Daten zum Schiffstransport, finden wir noch eine dritte Darstellungsform: die auf Ivanickij zurückgehende ‚Filmstreifenmethode'. Diese reiht ebenso Abbildungen von einem Gegenstand in einem bestimmten Maßstab aneinander, um Quantitäten abzubilden, rahmt diese aber mittels eines Streifens, dessen Rolllöcher noch feinere Untergliederungen in Bruchteile von Mengen erlauben sollten. Damit aber wird der Maßstab von Quantitäten über die Assoziation zum Abrollen des Films zugleich mit dem Element der Zeit assoziiert. Das ist umso auffälliger, insofern das Maß der Arbeitszeit in vielen Übergangstheorien als mögliche alternative Werteinheit kursierte.[37]

Einerseits tritt in diesen verschiedenen Darstellungsweisen das Element der ‚Lebenslage' zurück. Etwas polemisch formuliert: Die Karten überwinden die Wertform genauso wenig wie das ökonomische System des Fünfjahrplans. Aber gerade indem die Karten visuelle Evidenz eines Nebeneinanders von ökonomischen Denk- und Organisationsweisen herstellen, aktivieren sie die kleine Form des Piktogramms nicht nur als affirmatives Organisationsprinzip einer auch mit der Einführung des Plans nicht realisierten Wirtschaftsordnung. Vielmehr lässt sich die methodische Heterogenität der Karten auch als Angebot lesen, sich in der Gleich-

---

36 Darin kann man, wie Emma Minns vorschlägt, einen Umschwung von konstruktivistischen zu sozialrealistischen Prinzipien *en miniature* sehen, vgl. Minns, Picturing Soviet Progress, 272–273. Wie der folgende Teil dieses Beitrags zeigen wird, war dieser aber keineswegs linear.

37 Z. B. bei Stanislav Strumilin, vgl. Magnin und Nenovsky, Calculating without Money, 462.

zeitigkeit koexistierender Wertlogiken unter den Bedingungen des sozialistischen Aufbaus in einem Land zu orientieren.[38] In Zeiten, in denen das Proletariat in den realpolitischen Entscheidungen über den gesamtwirtschaftlichen Plan entmachtet war, steckt darin vielleicht gar kein so unrealistischer Aufgriff von Neuraths Programm einer Kritik der politischen Ökonomie, in der nicht „eine einseitige Begriffswelt durch eine andere abgelöst wird, sondern [...] die verschiedenen Wirtschaftsordnungen gleichzeitig gedanklich bewältigt werden".[39]

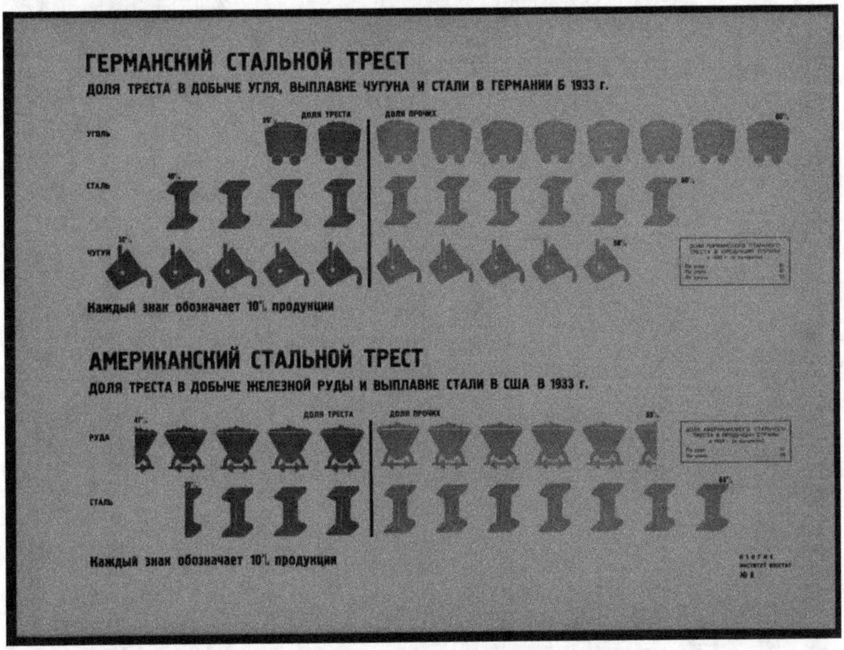


**Abb. 4:** Tafel 8 aus dem Album *Imperializm: Al'bom diagramm, kart, kartogramm i schem k učeniju Lenina ob imperializme* [Imperialismus. Diagramme, Karten, Kartogramme und Schemata zu Lenins Lehre über den Imperialismus], 73 x 104 cm, 1936. Die Karte vergleicht die Rolle von Trusts „in Kohlebergbau, Eisen- und Stahlverhüttung" in Deutschland (oben) und den USA (unten) im Jahr 1933. Die Piktogramme bezeichnen Kohle, Stahl, Eisen und Erz, jedes Zeichen steht für 10 % der Gesamtproduktion. Links des Strichs die in Trusts eingegliederte Produktion.

38 Vgl. hierzu auch den Kommentar von Ivanickij, Izobrazitel'naja statistika, 30–31.
39 Neurath, Vollsozialisierung, 33.

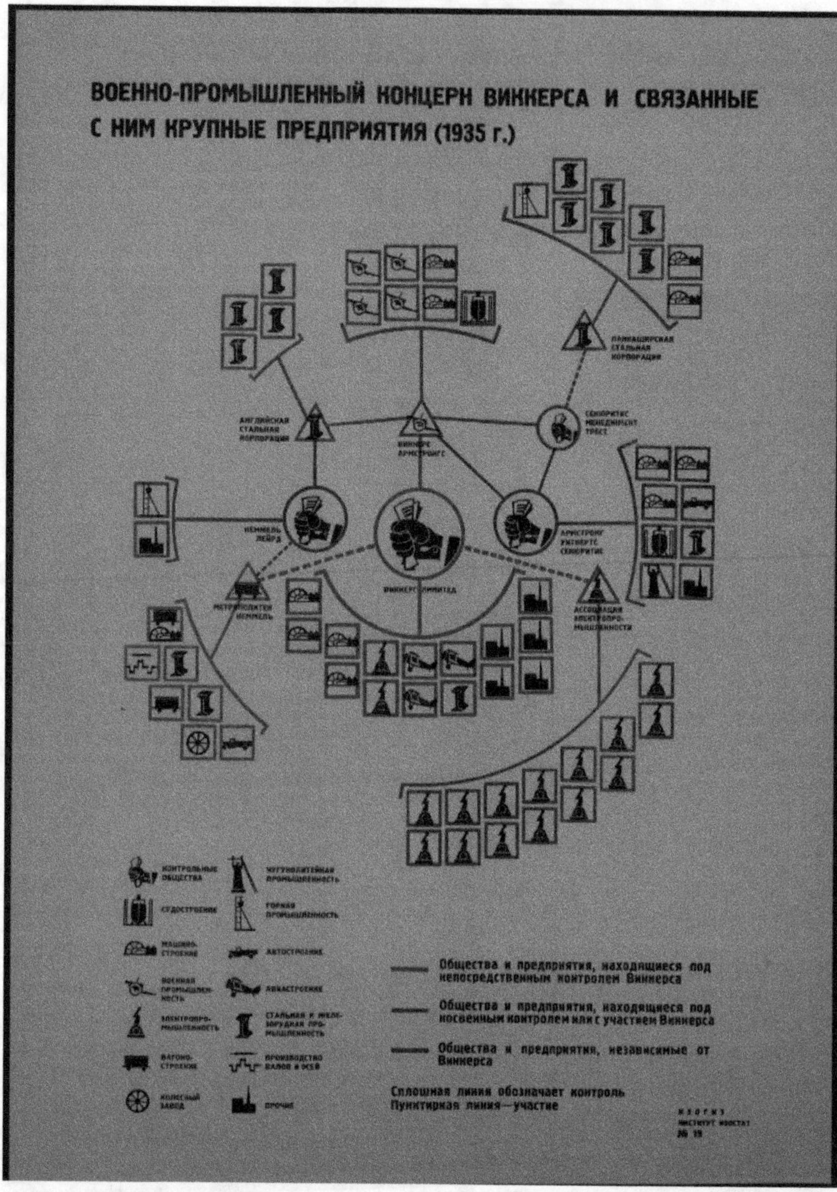


**Abb. 5:** Tafel 19 aus dem Album *Imperializm: Al'bom diagramm, kart, kartogramm i schem k učeniju Lenina ob imperializme* [Imperialismus. Diagramme, Karten, Kartogramme und Schemata zu Lenins Lehre über den Imperialismus], 73 x 104 cm, 1936. Die Karte beschreibt die Verhältnisse zwischen dem Rüstungskonzern Vickers und verwandten Unternehmen. Die Piktogramme bezeichnen z. B. Kontrollgesellschaften (Hand), Maschinen-, Schiffs-, Flugzeug-, Wagon- und Autobau, Stahl-, Erz-, Bergbau. Die Linienfarben und -formen differenzieren verschiedene Kontroll- und Teilhabeverhältnisse.

## 3 Gesamtbilder: Das Album *Imperializm* [Imperialismus]

Gerade in den sowjetischen Bildstatistiken zum Fünfjahresplan ist also weniger der utopische Impuls des Piktogramms als sein analytisches Potential gefragt, real existierende Widersprüche bildhaft hervorzubringen. Im Folgenden beobachte ich, wie sich dieser Registerwechsel weiter vertieft, aber auch neuartige argumentative Experimente ermöglicht.

Dazu geht es mir um eine 1936 vom staatlichen Kunstverlag IZOGIZ veröffentlichte Begleitmappe zu Lenins Schrift *Imperialismus als höchstes Stadium des Kapitalismus.*[40] Das Projekt *Imperializm* nimmt die politische Krise des sich militarisierenden Faschismus in Deutschland zum Anlass, um Lenins grundlegende theoretische und taktische Selbstverortung von 1917 aufzuarbeiten. In einer Auflage von 15.000 Exemplaren veröffentlicht, umfasst es 61 Poster und war wohl als Wanderausstellung konzipiert. Anders als die eben besprochene Kartenserie bekennt es sich klar zu den formalen Prinzipien der bildstatistischen Methode. Es schließt sogar so eng an die Wiener Produktionen an,[41] dass ein vergleichender Blick auf eine der Wiener Hauptveröffentlichungen, den Atlas *Gesellschaft und Wirtschaft,*[42] lohnt.

Denn Neuraths Beschreibung des „bildstatistischen Elementarwerks" als „systematischen Versuch, auf Grund sorgfältiger Bearbeitung und Verknüpfung vorhandener Daten und Kombinationen aller Art, den Augen ein buntes Bild der heutigen Menschheitszivilisation und ihrer Entwicklung zu geben",[43] korrespondiert mit einem zentralen Ausgangspunkt von Lenins *Imperialismus*-Schrift. Die Entwicklung einer revolutionären Strategie im konkreten Kriegsgewirr von 1917, schreibt Lenin dort, erfordere keine geringere Anstrengung als

> anhand von zusammenfassenden Daten unbestrittener bürgerlicher Statistiken und von Zeugnissen bürgerlicher Gelehrter aller Länder zu zeigen, wie zu Beginn des 20. Jahrhunderts,

---

**40** [o.A.], Imperializm: Al'bom diagram, kart, kartogramm i schem k učeniju Lenina ob imperializme, Moskau und Leningrad 1936.

**41** Als herausgebender Redakteur unterschrieb der Mitarbeiter des herausgebenden Verlags IZOGIZ und Sympathisant des Konstruktivismus Boris Malkin, als „Redakteurin-Organisatorin" E. Glazunova, daneben Ivanickij und G. Kuzinaja als bildstatistische Mitarbeitende.

**42** Vgl. Otto Neurath und Österreichisches Gesellschafts- und Wirtschaftsmuseum (Hg.), Gesellschaft und Wirtschaft. Bildstatistisches Elementarwerk, Leipzig 1930.

**43** Neurath, Einleitung zu Gesellschaft und Wirtschaft, in: Ebd., 101.

> am Vorabend des ersten imperialistischen Weltkriegs, das *Gesamtbild* der kapitalistischen Weltwirtschaft in ihren internationalen Wechselbeziehungen war.[44]

Um ein solches „Gesamtbild" hervorzubringen, greifen die Bildmappe *Imperializm* wie auch *Gesellschaft und Wirtschaft* auf das Format des Atlasses zurück. Beide beginnen mit geografischen Karten und schlagen so eine Parallele zwischen der bildstatistischen Methode und der des Kartierens vor, die ebenfalls auf Verfahren der Verkleinerung und Reduktion angewiesen ist, um Ganzheiten darzustellen. Mehr noch beziehen sich beide auf den Atlas als Genre, das Zusammenhänge mittels diskreter Elemente (Karten), also anders als durch lineare (z. B. narrative) Verknüpfung erzeugen muss.

*Imperializm* wendet also die für die Wiener Methode so wichtigen Verfahren der Montage und Konstellation auf Lenins Kritik der politischen Ökonomie an. Das gilt sowohl für einzelne Karten, die etwa Daten über Fabrikkonzentration, Arbeitsvermögen und Output (Tafeln 3–5, Abb. 4) kombinieren und ermöglichen, Beziehungen visuell herzustellen (und zu erkunden), die in Lenins Ausführung mühsam aufgebaut werden müssen. Zwar folgt das Gesamtprojekt *Imperializm* scheinbar strikt der linearen Struktur von Lenins Schrift in ihrer Analyse der Kette zwischen Sozialisierung, Monopolisierung, Finanzialisierung und imperialistischer Geopolitik. Aber die Wiederholungen von visuellen Elementen und Daten machen zugleich Angebote, die Prozesse auf verschiedene Weisen in ihrem Ineinandergreifen zu verfolgen. So lässt sich eine frühe Statistik über Kartelle in Deutschland zu Tafeln über den *schrittweisen* Konzentrationsvorgang des Kapitals in einer exemplarischen Nationalökonomie ebenso wie (Tafel 6 ff) zu *synchronen* internationalen Datensätzen auf anderen Tafeln ins Verhältnis setzen (z. B. Tafel 25).

Damit scheint *Imperializm* wie die Probe aufs Exempel für die Grenzen der „fixierte[n] Marschrichtung"[45] der Buchform, der Vielschichtigkeit moderner gesamtökonomischer Prozesse Rechnung zu tragen. In diesem Aspekt liegt aber paradoxerweise der konsequenteste Rückgriff der Bildmappe auf Lenin. Denn dessen *Imperialismus*-Schrift setzt sich ebenso permanent mit der Notwendigkeit auseinander, den Diskursapparat der bürgerlichen Ökonomie abzubauen. Dessen Auswüchse vergleicht Lenin – in einer Formulierung, die nicht wenig an Neurath erinnert – mit „Palimpsesten [...], bei denen man erst die Schrift auslöschen mußte, um die hinter ihr stehenden Zeichen mit dem wirklichen Sinn entziffern zu kön-

---

44 Vladimir Il'ič Lenin, Der Imperialismus als höchstes Stadium des Kapitalismus [1917], in: Werke, 40 Bände, Bd. 22: Dezember 1915–Juli 1916, hg. vom Institut für Marxismus-Leninismus beim ZK der SED, Berlin 1960, 191–309, hier: 193 (Hervorhebung im Original).

45 Otto Neurath, Visuelle Hilfsmittel und Argumentieren, in: Gesammelte bildpädagogische Schriften, 602.

nen."[46] An diese Dimension der *Imperialismus*-Schrift als Schule des Abtragens und Neu-Konstruierens von Zusammenhängen aus quantitativen Daten schließt die Bildmappe radikal an, indem sie Lenins Geste ihrerseits wiederholt. Genau genommen keine „Illustration" der Thesen Lenins, reproduziert sie vielmehr die Rohdaten, *mit* denen er arbeitete. Die Leser:innen finden sich selbst in seiner Position und vor der Aufgabe wieder, Argumente aus jeweils Vorhandenem zu entwickeln. So wird in *Imperializm* der denarrativierende Einsatz von *ISOTYPE* zum Mittel, um in Zeiten starker Rezentralisierung politischer Macht die Despezialisierung ökonomischen Argumentierens und Wissens als zentrale Lektion Lenins zu positionieren.

Doch bei genauerem Hinsehen impliziert Lenins Anliegen, Krieg als systemisches Moment des Kapitalismus herauszuarbeiten und daraus politische Strategien abzuleiten, auch Verschiebungen für die bildstatistische Methode. Insbesondere betrifft das ihr Bekenntnis zur enzyklopädischen Totalität, die auch den Atlas *Gesellschaft und Wirtschaft* bestimmt. Zwar betont auch Lenin im *Imperialismus*-Text, dass eine Analyse der „objektive[n] Lage" die „Gesamtheit der Daten über die Grundlagen des Wirtschaftslebens aller kriegführenden Mächte und der ganzen Welt"[47] einzubeziehen habe. Doch der analytische Einsatz der Studie liegt gerade in der Annahme, dass das Phänomen Imperialismus in der bloßen Ansammlung geopolitischer Informationen eher verschwindet als sichtbar wird. Und auch für *Imperializm* ist eine Strategie, die auf die Herstellung eines möglichst ausgreifenden *orbis pictus* oder ‚bunten Bildes' zur Eröffnung kritischer Verhaltensmöglichkeiten setzt, problematisch geworden.

Statt auf versammelnde Vollständigkeit greifen *Imperialismus*-Schrift wie Mappe deshalb auf taktische Konkretionen zurück. So führt Lenin einen scheinbar beliebigen Datensatz zur Entwicklung des Eisenbahnwesens gleich zu Beginn als bedeutenden argumentativen Hebel ein – nicht als „Beispiel", und auch nicht als qualitatives Kriterium zur Beschreibung von Lebensverhältnissen, sondern als Verdichtung von nichts weniger als den „Ergebnisse[n] des modernen Monopolkapitalismus im Weltmaßstab".[48] Denn im Transportwesen laufen, so Lenin, die Verbindungen „der Großindustrie, mit den Monopolen, den Syndikaten, den Kartellen, den Trusts, den Banken, mit der Finanzoligarchie" zusammen – es ist Organisationsbasis einer Produktion, die formal sozialisiert ist, deren Aneignung aber privat bleibt. Gerade indem Lenin das konkrete Element ‚Eisenbahn' also nicht unter dem Aspekt der ‚Lebenslage' untersucht, kann es zum „anschaulichste[n]

46 Lenin, Der Imperialismus als höchstes Stadium des Kapitalismus, 233.
47 Ebd., 194.
48 Ebd.

Gradmesser der Entwicklung des Welthandels“[49] werden. Denn was „einfaches, natürliches, demokratisches, kulturelles, zivilisatorisches Unternehmen“ scheint, ist Werkzeug zur massiven „Unterdrückung von [...] Menschen [...] in den abhängigen Ländern, und der Lohnsklaven des Kapitals in den ‚zivilisierten‘ Ländern“.[50]

Die Bildmappe *Imperializm* geht mit dieser Verschiebung nicht nur inhaltlich mit, sondern zieht auch formale Konsequenzen aus ihr. Karten, die Piktogramme im Hinblick auf ihre Fähigkeit motivieren, verschiedene Kriterien gesellschaftlichen Wohlergehens abzubilden, finden sich kaum mehr. In mehr und mehr Schaubildern ist das Piktogramm grundlegend von seiner Funktion als Mengeneinheit gelöst. Stattdessen taucht es als Element organisatorischer Schemata auf, etwa in Tafeln über das Bankenwesen (Tafel 14), Aktionärsgruppen (Tafel 17), Trusts (Tafel 27) oder Kartellbildung (Tafel 19). Wie bei Lenins argumentativen Rückgriffen auf die Daten zum Transportwesen geht es in diesen Organigrammen – etwa dem des Rüstungskonzerns Vickers (Abb. 5) – weniger um die Quantitäten selbst, als um die beispielhafte Verdichtung von Monopolisierungsprozessen. Lösten sich die Piktogramme der Postkartenserie *Dognat' i Peregnat'* von ihrer Funktion als Element einer ‚Naturalrechnung‘ und standen stattdessen für verschiedene Kalkulations*weisen* ein, tritt in *Imperializm* ihre Rolle als Recheneinheit ganz beiseite. Vom Mengensymbol wird das Piktogramm zu einer Art ökonomischen Akteurs-Einheit.

Dieser Funktionswechsel scheint vielleicht weit entfernt von seinem ursprünglichen Impuls als Element einer demokratischen Universalstatistik, aber er lässt sich auch als Versuch fassen, unter veränderten historischen und politischen Bedingungen neue kritische Werkzeuge für ökonomisches Denken zu ermitteln – also auf die Herausforderung zu reagieren, dass umgeformte Bedingungen „umformend auf die methode selbst wirken“[51] müssen. Was die kleine Form des Piktogramms im Fall von *Imperializm* als Mengeneinheit einbüßt, gewinnt sie als Analyseinstrument des Organisationszusammenhangs des ‚Gesamtkapitalisten‘. Wenn man nach aktuellen Auseinandersetzungen mit *ISOTYPE* – wie etwa den Arbeiten Andreas Siekmanns – geht, macht gerade das die bildstatistische Methode als Medium der Kritik der Akkumulationsvorgänge unserer Gegenwart interessant.[52]

49 Ebd.

50 Ebd., 194–195.

51 Gerd Arntz, zur methode des gesellschafts und wirtschafts-museums in wien, in: a–z. Organ der Gruppe progressiver Künstler 9 (1930), 34.

52 Andreas Siekmann, Faustpfand, Treuhand und die unsichtbare Hand, 2006.

# Literaturverzeichnis

## Quellen

[o. A.], Dognat' i peregnat' v techniko-ėkonomičeskom otnošenii peredovye kapitalističeskie strany v 10 let. 70 kartinnye diagramm na otkrytkach [In 10 Jahren die kapitalistischen Länder in technischer und ökonomischer Hinsicht einholen und überholen. 70 Kartendiagramme auf Postkarten]. URL: https://www.moma.org/collection/works/portfolios/16997. Moskau und Leningrad 1931 (Letzter Zugriff: 18.1.2023).

[o. A.], Imperializm. Al'bom diagramm, kart, kartogramm i schem k učeniju Lenina ob imperializme [Imperialismus. Diagramme, Karten, Kartogramme und Schemata zu Lenins Lehre über den Imperialismus]. URL: https://elib.rgo.ru/handle/123456789/230323. Moskau und Leningrad 1936 (Letzter Zugriff: 18.1.2023).

[o. A.], Aviacija i vozduchoplavanie, Moskau 1934.

[o. A.], Moskva rekonstruiruetsja, Moskau 1937.

Arntz, Gerd, Zeit unterm Messer. Holz- und Linolschnitte 1920–1970, Köln 1988.

Arntz, Gerd, bewegung in kunst und statistik, in: a–z. Organ der Gruppe progressiver Künstler 8 (1930), 29–30.

Arntz, Gerd, zur methode des gesellschafts und wirtschafts-museums in wien, in: a–z. Organ der Gruppe progressiver Künstler 9 (1930), 34.

Ivanickij, Ivan, Izobrazitel'naja statistika i venskij metod, Moskau 1932.

Lenin, Vladimir Il'ič, Der Imperialismus als höchstes Stadium des Kapitalismus [1917], in: Werke, 40 Bände, Bd. 22: Dezember 1915–Juli 1916, hg. vom Institut für Marxismus-Leninismus beim ZK der SED, Berlin 1960, 191–309.

Lenin, Vladimir Il'ič, Die nächsten Aufgaben der Sowjetmacht [1918], in: Werke, 40 Bände, Bd. 27: Februar–Juli 1918, hg. vom Institut für Marxismus-Leninismus beim ZK der SED, Berlin 1960, 225–268.

Marx, Karl, Das Kapital. Kritik der Politischen Ökonomie. Dritter Band [1894], in: MEW, 44 Bände, Bd. 25: Das Kapital. Kritik der Politischen Ökonomie. Drittes Buch, hg. vom Institut für Marxismus-Leninismus beim ZK der SED, Berlin 1964.

Marx, Karl, Grundrisse der Kritik der politischen Ökonomie [1857–1858], in: MEW, 44 Bände, Bd. 42: Ökonomische Manuskripte 1857/1858, hg. vom Institut für Marxismus-Leninismus beim ZK der SED, Berlin 1983, 19–875.

Merrill C. Berman Collection, Visualization of Data in the Soviet Union. Informational Posters and Pictorial Statistics of the 1920s and 1930s. URL: https://mcbcollection.com/visualization-of-data-in-the-soviet-union. (Letzter Zugriff: 1.7.2022).

Neurath, Otto, Die Naturalwirtschaftslehre und der Naturalkalkül in ihren Beziehungen zur Kriegswirtschaftslehre, in: Weltwirtschaftliches Archiv 8 (1916), 245–258.

Neurath, Otto, Vollsozialisierung. Von der nächsten und übernächsten Zukunft, Jena 1920.

Neurath, Otto, Sozialistische Nützlichkeitsrechnung und kapitalistische Reingewinnrechnung, in: Der Kampf 18 (1925), 391–395.

Neurath, Otto, Wirtschaftsplan und Naturalrechnung. Von der sozialistischen Lebensordnung und vom kommenden Menschen, Berlin 1925.

Neurath, Otto und Österreichisches Gesellschafts- und Wirtschaftsmuseum (Hg.), Gesellschaft und Wirtschaft. Bildstatistisches Elementarwerk, Wien 1930.

Neurath, Otto, Gesammelte Bildpädagogische Schriften, hg. von Rudolf Haller und Robin Kinross, Wien 2021.
Siekmann, Andreas, Faustpfand, Treuhand und die unsichtbare Hand, 2006.
Vasil'evskij, Vsevolod, Izobrazitel'naja statistika, in: Prožektor 7 (1934), 18–19.

## Forschung

Kričevskij, Vladimir, Izostatistika i „IZOSTAT“, in: Proekt Rossija 1 (1996), 62–99.
Laptev, Vladimir, Sovetskaja informacionnaja grafika 1930–ch godov, in: Vestnik SPbGU 15 (2013), H. 1, 224–232.
Magnin, Eric und Nikolay Nenovsky, Calculating without money. Theories of in-kind accounting of Alexander Chayanov, Otto Neurath and the early Soviet experiences, in: The European Journal of the History of Economic Thought, 28 (2021), H. 3, 456–477.
Minns, Emma, Picturing Soviet progress. Izostat 1931–4, in: Isotype. Design and Contexts 1925–1971, hg. von Christopher Burke, Eric Kindel und Sue Walker, London 2013, 251–280.
Nemeth, Elisabeth, Gesellschaftliche Tatbestände sichtbar machen. Otto Neurath über den Gegenstand der Wirtschaftswissenschaft und seine Visualisierung, in: Die Konturen der Welt. Geschichte und Gegenwart visueller Bildung nach Otto Neurath, hg. von Gernot Waldner, Wien und Berlin 2021, 51–78.
Stadler, Friedrich, Otto Neurath (1882–1945). Zu Leben und Werk in seiner Zeit, in: Arbeiterbildung in der Zwischenkriegszeit. Otto Neurath – Gerd Arntz, hg. von dems., Wien und München 1982, 2–16.
Stadler, Friedrich, „Wiener Methode der Bildstatistik“ und politische Graphik des Konstruktivismus (Wien – Moskau 1931–1934), in: Österreich und die Sowjetunion, 1918–1955. Beiträge zur Geschichte der österreichisch-sowjetischen Beziehungen, hg. von der Historikersektion der Österreichisch-Sowjetischen Gesellschaft, Wien 1984, 220–249.
Uebel, Thomas, Calculation in Kind and Substantive Rationality. Neurath, Weber, Kapp, in: History of Political Economy 50 (2018), H. 2, 289–320.

Stephan Brändle

# Kleine Formeln oder Wie man mit dem Codebuch telegraphiert

## 1 Formel und Format

Überall dort, wo immer wieder das Gleiche gesprochen oder geschrieben wird, erfreuen sich sprachliche Formeln großer Beliebtheit. Wer sich ihrer bedient, begibt sich auf die ausgetretenen Pfade der Sprache, die nicht nur von den Anstrengungen des Formulierens befreien, sondern auch die Angemessenheit und Unmissverständlichkeit einer Aussage garantieren. Begrüßen, Gratulieren, Kondolieren: Wozu sollte man ein ums andere Mal das Immergleiche anders sagen und darüber hinaus auch noch riskieren, nicht verstanden zu werden? Die Verwendung sprachlicher Formeln ist daher nicht immer Symptom einer Denk-, Sprech- oder Schreibfaulheit, jedoch in jedem Fall ein effizienter Umgang mit der Sprache als Kommunikationswerkzeug. Aus diesem Grund haben Formeln nicht nur im Smalltalk, in der alltäglich-profanen Kommunikation einen festen Ort, sondern sind seit jeher auch unerlässlicher Bestandteil aller von Macht und Hierarchie durchdrungenen Kommunikationssituationen: Als kontingente, standardisierte und auf Wiederholbarkeit angelegte Formate[1] der Sprache entscheiden Formeln über die Gunst der Götter, die Rechtskräftigkeit einer Urkunde oder über den erfolgreichen Abschluss eines Handelsgeschäfts.[2]

Den folgenden Ausführungen liegt die Annahme zugrunde, dass Kommunikationsmedien einen entscheidenden Einfluss auf die Formatierung sprachlicher Formeln haben. Als zur Mitte des 19. Jahrhunderts das Telegramm zunehmend in Konkurrenz zum hochgradig formalisierten Geschäftsbrief trat, brach Ersteres nur für kurze Zeit mit den standardisierten Formeln der Geschäftswelt. In dem Maß, in dem die Briefsteller aus den Kontoren zu verschwinden begannen, wurden sie durch sogenannte Codebücher ersetzt, die bis in die 1930er Jahre zur Standardausstattung eines erfolgreichen Handelsbetriebs gehörten und die zu einem noch viel höheren Grad zur Formalisierung der Kommunikation beitrugen. In ihnen fand der Geschäftsmann eine umfangreiche Sammlung standardisierter Nachrichten, die er mithilfe einiger weniger Codewörter kostengünstig an Handelspartner in der

1 Durch eben diese Eigenschaften charakterisiert Michael Niehaus seinen Format-Begriff, vgl. Michael Niehaus, Was ist ein Format?, Hannover 2018.

2 Vgl. Richard Dietz, Formel, in: Historisches Wörterbuch der Rhetorik, 12 Bände. Bd. 3: Eup–Hör, hg. von Gert Ueding, Berlin und Boston 1996, 411–414.

https://doi.org/10.1515/9783111003009-010

ganzen Welt senden konnte. Die Kostenökonomie des Telegramms erzwang dabei eine fortschreitende Ökonomisierung der Formel selbst.

Im Folgenden möchte ich diese Ökonomie der Formel im Zeitalter des Telegraphen genauer untersuchen. Im Mittelpunkt steht dabei der erstmals 1922 veröffentlichte *Rudolf Mosse-Code*, der als das bedeutendste deutsche Codebuch der Zwischenkriegszeit gilt und der durch seine Verfügbarkeit in englischer, französischer, spanischer und portugiesischer Sprache auch für die internationale telegraphische Geschäftskorrespondenz der 1920er Jahre von Bedeutung war. Zwar entstanden die ersten kommerziell vertriebenen Codebücher bereits in den 1870er Jahren, Codebüchern im Allgemeinen und dem *Rudolf Mosse-Code* im Besonderen kam jedoch gerade in der Zwischenkriegszeit eine besonders wichtige Rolle zu. Einerseits war die Zeit nach dem Ersten Weltkrieg von steigenden Telegrammkosten geprägt und Einsparungen in Zeiten grassierender Inflation wichtiger denn je. Andererseits war es für Unternehmen in der Zeit nach dem Ersten Weltkrieg besonders wichtig, wieder Anschluss an den zum Erliegen gekommenen internationalen Handel zu finden.[3] So wurden im Jahr 1925 ganze 67 % der von Deutschland ins außereuropäische Ausland gesendeten Telegramme in sogenannter verabredeter Sprache, d. h. mithilfe eines Codebuchs verfasst.[4] Auch wenn die Telegraphie in den 1920er Jahren zunehmend Konkurrenz durch den Fernsprecher bekam, so spielte sie in der internationalen geschäftlichen Kommunikation, in der sowohl Geschwindigkeit als auch die durch schriftliche Fixierung erhöhte Rechtssicherheit von Bedeutung waren, nach wie vor eine zentrale Rolle.

## 2 Grenzen des Telegrammstils

Wie kaum eine andere Textgattung verlangt das Telegramm vom Schreibenden, sich kurzzufassen, da ihm jedes geschriebene Wort in Rechnung gestellt wird.[5] Nachdem

3 Während der Telegrammverkehr ins Ausland im Ersten Weltkrieg vollständig zum Erliegen kam, erreichte er bereits 1920 wieder annähernd die Umlaufzahlen von vor dem Krieg. Zwar war im inländischen Verkehr die Zahl versendeter Telegramme stark rückläufig (von 68 Millionen im Jahr 1920 auf 18 Millionen im Jahr 1930), doch die Zahl der ins Ausland versendeten Telegramme blieb konstant (6,6 Millionen sowohl im Jahr 1920 als auch im Jahr 1930), vgl. Statistisches Reichsamt (Hg.), Statistisches Jahrbuch für das Deutsche Reich, Berlin 1931, 144; Statistisches Reichsamt (Hg.), Statistisches Jahrbuch für das Deutsche Reich, Berlin 1923, 77.

4 Vgl. Bureau International de L'Union Télégraphique (Hg.), Documents de la Conférence Télégraphique Internationale de Paris 1925, Bd. 1, Bern 1925, 16.

5 In der Frühphase der elektrischen Telegraphie bemaßen sich die Gebühren eines Telegramms vornehmlich nach der räumlichen Distanz zwischen Absender und Empfänger (Zonentarif). In Preußen wurde mit der Freigabe der elektrischen Telegraphie für die Öffentlichkeit im Jahr 1849

die Telegraphie zur Mitte des 19. Jahrhunderts einer breiten Öffentlichkeit zugänglich wurde, hatten viele Telegrammschreiber noch Schwierigkeiten, diesem Gebot der Kürze Folge zu leisten. In den Schulen, so bemängelte 1869 Ernst Engel, Direktor des Königlich Preußischen Statistischen Bureaus, werde nur der „Briefstyl", nicht jedoch der Telegrammstil behandelt.[6] Und „[w]er mit dem Depeschenstyl unvertraut ist", so Engel, „der kommt leicht in die Lage, die für eine einfache Depesche gesetzte Zahl von 20 Worten zu überschreiten und seine telegraphische Correspondenz erheblich zu vertheuern."[7] Engel machte seine Leserschaft deshalb auf entsprechende Ratgeberliteratur aufmerksam, aus der sie erfahren könne, wie sie sich „selbst über schwierige und verwickelte geschäftliche Vorgänge telegraphisch ausdrücken kann".[8]

Sich ‚telegraphisch auszudrücken' bedeutete, wie es in der Einleitung eines solchen Ratgebers aus dem Jahr 1865 heißt, nicht die Regeln der Grammatik, sondern die der Telegraphenordnung zu beachten; nicht sprachliche Eleganz, sondern Kürze anzustreben.[9] Dabei machte der Telegrammstil auch kurzen Prozess mit aller formelhaften Förmlichkeit. In Theodor Fontanes Roman *Der Stechlin* (1898) spitzt der dem alten Landadel entstammende Dubslav von Stechlin diesen Sachverhalt folgendermaßen zu:

---

zunächst eine Grundgebühr von 20 Pfennig pro Zone (= eine Meile) für ein Telegramm im Umfang von maximal 20 Wörtern festgesetzt. Der Preis erhöhte sich für je zehn weitere Wörter um fünf Pfennige. Mit der Gründung des Deutsch-Österreichischen Telegraphenvereins im Jahr 1850 wurde die Größe einer Zone auf fünf Meilen erweitert. 1876 wurde im Deutschen Reich schließlich der Zonentarif zugunsten eines Einheits- bzw. Worttarifs aufgegeben. Von nun an spielte im nationalen Telegrammverkehr nicht mehr die Entfernung, sondern allein die Anzahl der Wörter eine Rolle für die Berechnung der Telegrammkosten, wobei jedoch die Kosten für zehn Wörter grundsätzlich bezahlt werden mussten. Sie betrug zwischen 1886 und 1891 sechs Pfennig pro Wort, insgesamt also mindestens 60 Pfennig; von 1891 bis 1916 fünf Pfennig pro Wort, insgesamt also mindestens 50 Pfennig. Für den internationalen Telegrammverkehr wurde ein solcher Worttarif auf der Internationalen Telegraphenkonferenz in St. Petersburg 1875 beschlossen. Die Entfernung spielte hier insofern noch eine Rolle, als dass an jeden Staat und jede private Gesellschaft, durch deren Kabel eine Nachricht geleitet wurde, eine fixe Gebühr entrichtet werden musste, deren maximaler Betrag vom Welttelegraphenverein festgelegt wurde und der sich im Wesentlichen nach der Größe des Staates bzw. dessen Telegraphennetz bemaß. Vgl. Josef Hellauer, Nachrichten- und Güterverkehr, Berlin und Wien 1930, 58; [Anonym], Das deutsche Telegraphen-, Fernsprech- und Funkwesen 1899–1924, Berlin 1925, 71.

**6** Ernst Engel, Beiträge zur Statistik des Telegraphenwesens in Europa, in: Zeitschrift des Königlich Preußischen Statistischen Bureaus 10 (1870), H. 3, 285–299, hier: 297.

**7** Ebd.

**8** Ebd.

**9** [Anonym], Die Abfassung telegraphischer Depeschen (Telegrammatik) in deutscher, englischer und französischer Sprache. Nebst allgemeinen Notizen über Telegraphenwesen, Tarifsätze etc., Leipzig 1865, 9.

> Es ist das mit dem Telegraphieren solche Sache, manches wird besser, aber manches wird auch schlechter, und die feinere Sitte leidet nun schon ganz gewiß. Schon die Form, die Abfassung. Kürze soll eine Tugend sein, aber sich kurz fassen, heißt meistens auch sich grob fassen. Jede Spur von Verbindlichkeit fällt fort, und das Wort ‚Herr' ist beispielsweise gar nicht mehr anzutreffen…[10]

Auch wenn sich hinter Dubslavs kulturkritischer Haltung wohl zunächst und zumeist die Sorge um die im Telegrammstil bereits realisierte Nivellierung altehrwürdiger Standesunterschiede verbirgt, ist sie in jedem Fall ein Indikator für die ästhetisch-moralischen Abgründe, die sich durch den Wegfall bewährter Formeln auftun.

Es waren jedoch vor allem die semantischen Fallstricke, die den formelfreien Telegrammstil zur Gefahr für eine gelungene Kommunikation machten. In dem oben erwähnten Ratgeber findet sich folgendes Beispiel eines Geschäftsbriefs und dessen Fassung im Telegrammstil:

> Herrn Moritz Wendler Leipzig. Aachen, den 2. September 1864. Wir hören soeben, daß man dort Nachtheiliges über Kurt & Söhne daselbst spricht. Dieselben sollen in Warschau große Verluste erlitten haben und man befürchtet zur bevorstehenden Messe eine Crisis. Da wir bedeutend dabei interessiert sind, so bitten wir Sie, uns so schnell wie möglich auf telegraphischem Wege Auskunft über die Sachlage geben zu wollen. Gebrüder Behrendson […]
>
> Moritz Wendler Leipzig. Hörten, spräche Nachtheiliges Kurt Söhne Leipzig, Verlusterleidung Warschau, Crisisbefürchtung Herbstmesse. Wir interessiertest. Bitten schleunigstmögliche Telegraphenauskunft. Behrendson[11]

Die Auslassung von Datum und Ort (die ohnehin aus verwaltungstechnischen Gründen auf dem Telegrammformular notiert wurden), Anrede, Pronomen und Sonderzeichen sowie die Verwendung kreativer Komposita reduzieren den Textumfang erheblich. Die Kürzung von 65 auf 19 Wörter (inklusive Adresse und Unterschrift) führen zwar einerseits zu einer deutlichen Kostenersparnis von mehr als 70 %, andererseits jedoch auch zu einem recht schwer verständlichen Text, der schon durch kleinste Auslassungen oder Veränderungen – die im telegraphischen Übertragungsprozess nicht selten vorkamen – völlig unverständlich wird.

Nicht ohne Grund warnt ein anderer Telegramm-Ratgeber davor, zu sehr mit den Wörtern zu geizen. „Die Deutlichkeit der Depesche", so ist dort zu lesen, „darf

---

10 Theodor Fontane, Große Brandenburger Ausgabe, Abt. I: Das erzählerische Werk, 21 Bände, Bd. 17: Der Stechlin, hg. von Klaus-Peter Möller, Berlin 2001, 28.

11 [Anonym], Die Abfassung telegraphischer Depeschen (Telegrammatik) in deutscher, englischer und französischer Sprache, 12–13.

aber unter keiner Bedingung unter dem Bestreben, möglichst viel Worte zu ersparen, leiden; es wäre dies eine Sparsamkeit am verkehrten Platz, die eventuell teuer zu stehen kommen könnte.“[12] Leicht lässt sich ausmalen, welch unerfreuliche und unter Umständen kostspielige Konsequenzen die Auslassung eines Pronomens nach sich ziehen konnte, wenn beispielsweise nur ‚abreise‘, anstatt ‚ich abreise‘ oder ‚abreise Du‘ telegraphiert wurde.

Auf dem telegraphischen Übertragungsweg lauerten dem fragilen Telegrammstil weitere Gefahren. Die Eliminierung aller Redundanzen hatte schnell zur Folge, dass im Falle einer sogenannten Verstümmelung, d. h. bei einer durch technische oder menschliche Übertragungsfehler verursachten Textveränderung, eine un- oder missverständliche Nachricht beim Empfänger ankam. Der Schriftsteller und Journalist Paul Lindau, der einige Zeit für die Nachrichtenagentur Wolffs Telegraphisches Büro tätig war, berichtet in seiner Autobiographie über eine von ihm bearbeitete telegraphische Depesche, in der ein einziger veränderter Buchstabe aus einer Nachricht eine Zeitungsente machte: „Ein ‚t‘ war vom Telegraphen in ein ‚k‘ verwandelt, und aus dem Worte ‚trank‘ war das Wort ‚krank‘ geworden“.[13]

Doch selbst dann, wenn es dem versierten Schreiber gelang, eine unmissverständliche und unanstößige Nachricht im Telegrammstil zu verfassen und Hermes persönlich für ihre unveränderte Übertragung bürgte, waren die Kosten für ihre Übermittlung noch immer recht hoch. Das oben zitierte Telegramm im Umfang von 19 Wörtern hätte im Jahr 1928 ganze 2,85 Mark (umgerechnet 10,55 Euro)[14] gekostet. In einem Handelsbetrieb, in dem täglich mehrere Dutzend Telegramme versendet wurden, summierten sich so schnell horrende Beträge, insbesondere dann, wenn auch ins Ausland telegraphiert wurde (Tabelle 1). Dass eine weitere Kostenreduktion nicht durch weiteres Kürzen erreicht werden konnte, dürfte aus dem obigen Beispieltelegramm ersichtlich sein.

---

12 C. Herb, Kaufmännische Telegrammatik. Ein Hand- und Nachschlagebuch für Importeure, Exporteure, Reeder, Kommissionäre, Agenten, Bankiers, Grossindustrielle und solche, die es werden wollen, Leipzig [o. J.], 76.

13 Paul Lindau, Nur Erinnerungen, 2 Bände, Stuttgart und Berlin 1917, Bd. 1, 237–238.

14 Hier und sonst erfolgt die Umrechnung historischer Preise in Euro gemäß der von der Deutschen Bundesbank errechneten Kaufkraftäquivalenz im Jahr 2021, vgl. Deutsche Bundesbank, Kaufkraftäquivalente historischer Beträge in deutschen Währungen. URL: https://www.bundesbank.de/de/statistiken/konjunktur-und-preise/-/kaufkraftaequivalente-historischer-betraege-in-deutschen-waehrungen-615162, Frankfurt am Main 2022 (Letzter Zugriff: 29.11.2022).

**Tabelle 1:** Kosten für ein Telegramm im Umfang von 20 Wörtern, eigene Darstellung.

| | 1882 | 1900 | 1911 | 1919 | 1928 | 1933 |
|---|---|---|---|---|---|---|
| **Innerhalb Deutschlands** | 1,20 Mk (9,20 €) | 1 Mk (7,20 €) | 1 Mk (5,80 €) | 2 Mk (2,20 €) | 3 RM (11 €) | 3 RM (14 €) |
| **Frankreich** | 3,20 Mk (25 €) | 2,40 Mk (17 €) | 2,40 Mk (14 €) | 7 Mk (7,70 €) | 3,80 RM (14 €) | 3,80 RM (18 €) |
| **Großbritannien** | 4,40 Mk (34 €) | 3 Mk (22 €) | 3 Mk (17 €) | 13 Mk (14 €) | 5,40 RM (20 €) | 5,40 RM (25 €) |
| **New York** | 41 Mk (316 €) | 21 Mk (151 €) | 21 Mk (122 €) | 66 Mk (73 €) | 22 RM (81 €) | 22 RM (103 €) |
| **Indien** | 92 Mk (708 €) | 82 Mk (590 €) | 41 Mk (238 €) | 98 Mk (108 €) | 31 RM (115 €) | 29 RM (136 €) |
| **Australien** | 212 Mk (1632 €) | 62 Mk (446 €) | 62 Mk (360 €) | 164 Mk (180 €) | 53 RM (196 €) | 53 RM (249 €) |
| **Argentinien** | 324 Mk (2495 €) | 119 Mk (857 €) | 86 Mk (499 €) | 160 Mk (176 €) | 55 RM (204 €) | 44 RM (207 €) |

Als eine nicht gerade günstige Gefahr für Geschmack und Verständigung genügte der Telegrammstil in keiner Hinsicht den Erfordernissen einer schnellen, sicheren, klaren, komfortablen und kostengünstigen telegraphischen Kommunikation. Aus diesem Grund begannen sich gegen Ende des 19. Jahrhunderts zunächst in den USA, später auch in Europa, sogenannte Telegrammcodes durchzusetzen, bei denen ein einziges Wort jeweils einen ganzen Satz oder eine ganze Nachricht codierte. So lässt sich beispielsweise mithilfe des *Rudolf Mosse-Codes* das oben zitierte 19 Wörter lange Telegramm um weitere zehn Wörter kürzen und lautet dann: Moritz Wendler Leipzig hajieruhje Kurt Söhne igplizehus jegfokyeba biwbiozmyf.[15]

# 3 Codebücher

Das aus dem Französischen entlehnte Wort ‚Code' (von lat. codex) ist dort seit spätestens 1866 mit der Bedeutung „ensemble de symboles"[16] belegt. Um 1900

15 Die Codierung habe ich selbst unter Verwendung des *Rudolf Mosse-Codes* angefertigt, vgl. Julius Kähler, Rudolf Mosse-Code mit Mosse-Condenser, Berlin 1922. hajie = „Es sind Gerüchte im Umlauf, dass –"; ruhje = „Ernste Verluste"; igpli = „In"; zehus = „Warschau"; jegfo = „Befürchten ernste Krise"; kyeba = „Zur Messe"; biwbi = „Bitten um Auskunft über die Firma"; ozmyf = „Bitten schleunigst zu drahten".

16 Jean Dubois, Henri Mitterand und Albert Dauzat (Hg.), Dictionnaire étymologique et historique du français, Paris 1998, 163.

wurde das Wort ‚Code' auch im Deutschen für „eine vereinbarte Wörtersammlung zur Abkürzung von Telegrammen (Telegrammkodex)"[17] verwendet. Wurden solche Wörtersammlungen zunächst nur zum privaten Gebrauch angefertigt, um die kosteneffiziente und geheime Kommunikation zwischen zwei oder mehreren sich bekannten Geschäftspartnern zu gewährleisten, erschienen ab den 1870er Jahren die ersten kommerziell vertriebenen Codebücher. Das für die globale Geschäftswelt wichtigste Codebuch war *The A.B.C. Universal Commercial Electric Telegraphic Code* (1873), kurz *A.B.C.-Code.* Noch in den 1920er Jahren stand er in der sechsten Auflage mit einer weltweiten Verbreitung von ca. 1,5 Millionen Exemplaren an der „Spitze der ausländischen öffentlichen Codes".[18] Das erste deutschsprachige Codebuch war der 1882 erschienene *Telegraphen-Schlüssel* von Wilhelm Staudt und Otto Hundius.

Anders als bei den privaten Codes bestand der primäre Zweck der öffentlichen Codes nicht darin, den Inhalt der Telegramme geheim zu halten. Sie hatten vielmehr den entscheidenden Vorteil, dass mit ihrer Hilfe die kostengünstige und effiziente telegraphische Kommunikation auch mit noch unbekannten, neuen und wechselnden Adressaten möglich war. Es musste einzig sichergestellt werden, dass der Empfänger der Nachricht über das entsprechende Codebuch (meist auch in der entsprechenden Auflage) verfügte und erkennen konnte, dass die Nachricht mit ihm codiert worden war. Den Codebüchern lagen zu diesem Zweck nicht selten Stempel oder Marken bei, um die codierten Telegramme entsprechend zu kennzeichnen. Unternehmen gaben üblicherweise die von ihnen verwendeten Telegrammcodes in ihrem Briefbogen an und konnten sich – gegen ein entsprechendes Entgelt – in eine den Codebüchern beigefügte Firmenliste eintragen lassen – eine zusätzliche Einnahmequelle für die Verleger dieser Gebrauchsliteratur.

Auch wenn die geheime Kommunikation nicht der eigentliche Zweck der Codebücher war, stellte die nicht unmittelbare Verständlichkeit eines codierten Telegramms für viele Kommunikationspartner sicherlich einen zusätzlichen Vorteil dar. Zwar konnte sich potenziell jeder Zugang zu den entsprechenden Codebüchern verschaffen und so die Nachricht decodieren, doch immerhin war sie nicht sofort für jeden verständlich, der sie zu Gesicht bekam, insbesondere nicht für die Telegraphenbeamten, die im Zuge des Übertragungsprozesses jedes Telegramm mitlasen. Um eine wirklich geheime Kommunikation zu gewährleisten, musste die codierte Nachricht zusätzlich mithilfe eines vorab mit dem Empfänger verabredeten, geheimen Schlüssels chiffriert werden. Der *Rudolf Mosse-Code* gab hierzu in einem

---

17 Meyers großes Konversations-Lexikon, 24 Bände, Bd. 4: Chemnitzer–Differenz, 6. Aufl., Leipzig und Wien 1903, 209.

18 Fritz Runkel, Die Telegramm-Codes, in: Zeitschrift für Handelswissenschaftliche Forschung 15 (1921), 225–233, hier: 229.

„Geheimschriften-Teil“ praktische Hinweise.[19] Der Versand chiffrierter Nachrichten war jedoch, sofern er überhaupt zugelassen war, mit höheren Kosten verbunden.[20]

Da mithilfe eines Codebuchs nur die in ihm enthaltenen Nachrichten codiert werden konnten, erschien im Laufe der Zeit eine Fülle unterschiedlicher Werke für alle erdenklichen Lebens- und Wirtschaftsbereiche: Neben allgemeinen Codebüchern wie dem oben genannten *A.B.C.-Code*, dem *Lieber's Code*, dem *Western Union Code*, dem *Carlowitz-Code* oder dem *Rudolf Mosse-Code*, die sich an alle Geschäfts- und Handeltreibenden richteten, gab es eine Reihe spezialisierter Branchencodes wie beispielsweise für die Zuckerindustrie (*Compact Sugar Code*), den Kaffeehandel (*The Standard Coffee Code*), den Holzhandel (*Wood Code*), die Schifffahrt (*Standard Shipping Code*), für Banker und Börsenmakler (*New Wall Street Code*), für den Bergbau (*Miners and Smelters Telegraph Code*) oder für das Ingenieurwesen (*Deutscher Telegrammschlüssel für die technische Industrie*). Auch für die familiäre Kommunikation gab es Codebücher wie den *Familien-Telegraphenschlüssel für Deutsche im Auslande*, der sich an diejenigen richtete, „die durch Bande der Familie oder Freundschaft mit Bewohnern überseeischer Länder verknüpft sind“.[21]

Darüber hinaus unterschieden sich die Codebücher auch in ihrem Umfang und – damit verbunden – ihrem Anschaffungspreis. So war der 230 Seiten starke *Allgemeine Telegramm-Schlüssel* (1920) mit einem Preis von 15 Mark (7,50 Euro) oder der *Deutsche Taschen-Code* (1914) mit einem Preis von drei Mark (16,80 Euro) auch für Privatleute durchaus erschwinglich. Die Anschaffung eines ‚großen‘ Universalcodebuchs rechnete sich hingegen nur für viel- und ferntelegraphierende Handelsbetriebe. So beliefen sich die Kosten für den *A.B.C Code* in der fünften Auflage im Jahr 1921 auf ca. 850 Mark (340 Euro), für den *Rudolf Mosse-Code* (1926) auf 42 Mark (164 Euro). Wie schnell sich aber auch diese Anschaffungskosten amortisieren konnten, rechnet eine Werbeanzeige für den *Rudolf Mosse-Code* vor (Abb. 1): Schon bei einem einzigen Telegramm nach San Thomé betrage die Ersparnis, die durch den Code erzielt wird, 80 Mark, der Anschaffungspreis der deutschen Ausgabe lag hingegen nur bei 42 Mark.

So sehr sich die Codebücher in Umfang und Auswahl der codierten Nachrichten auch unterscheiden mochten, ihr Aufbau und ihre Funktionsweise waren immer dieselben: Parallel zu einer alphabetisch oder thematisch geordneten Liste mit Nachrichten, Sätzen und Phrasen verläuft eine ebenfalls alphabetisch geordnete Liste mit Codewörtern, sodass jedem Codewort genau eine Phrase, jeder Phrase

19 Kähler, Rudolf Mosse-Code mit Mosse-Condenser, 589–592.

20 Vgl. Hellauer, Nachrichten- und Güterverkehr, 51.

21 Carl Bödiker, Familien-Telegraphenschlüssel für Deutsche im Auslande. Insbesondere auch für Angehörige der Marine, des Diplomatischen Korps, der Konsularbehörden und Missionen, 5. Aufl., Hamburg 1922, 3.

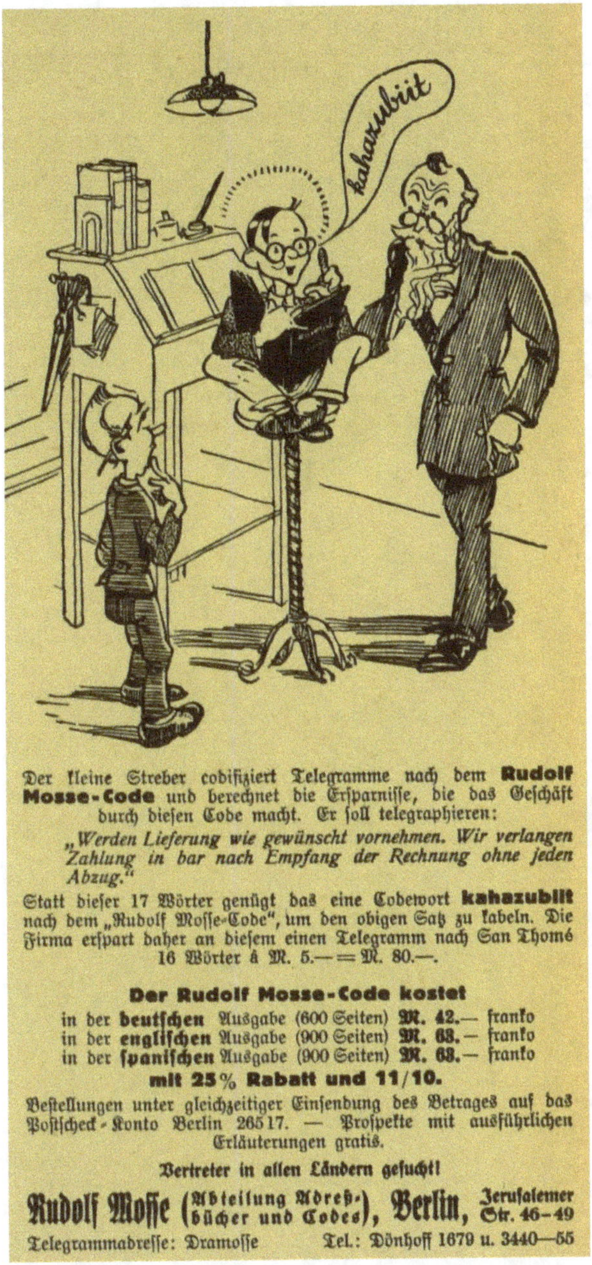


**Abb. 1:** Werbeanzeige für den *Rudolf Mosse-Code* im *Börsenblatt für den deutschen Buchhandel* vom 5. Oktober 1926.

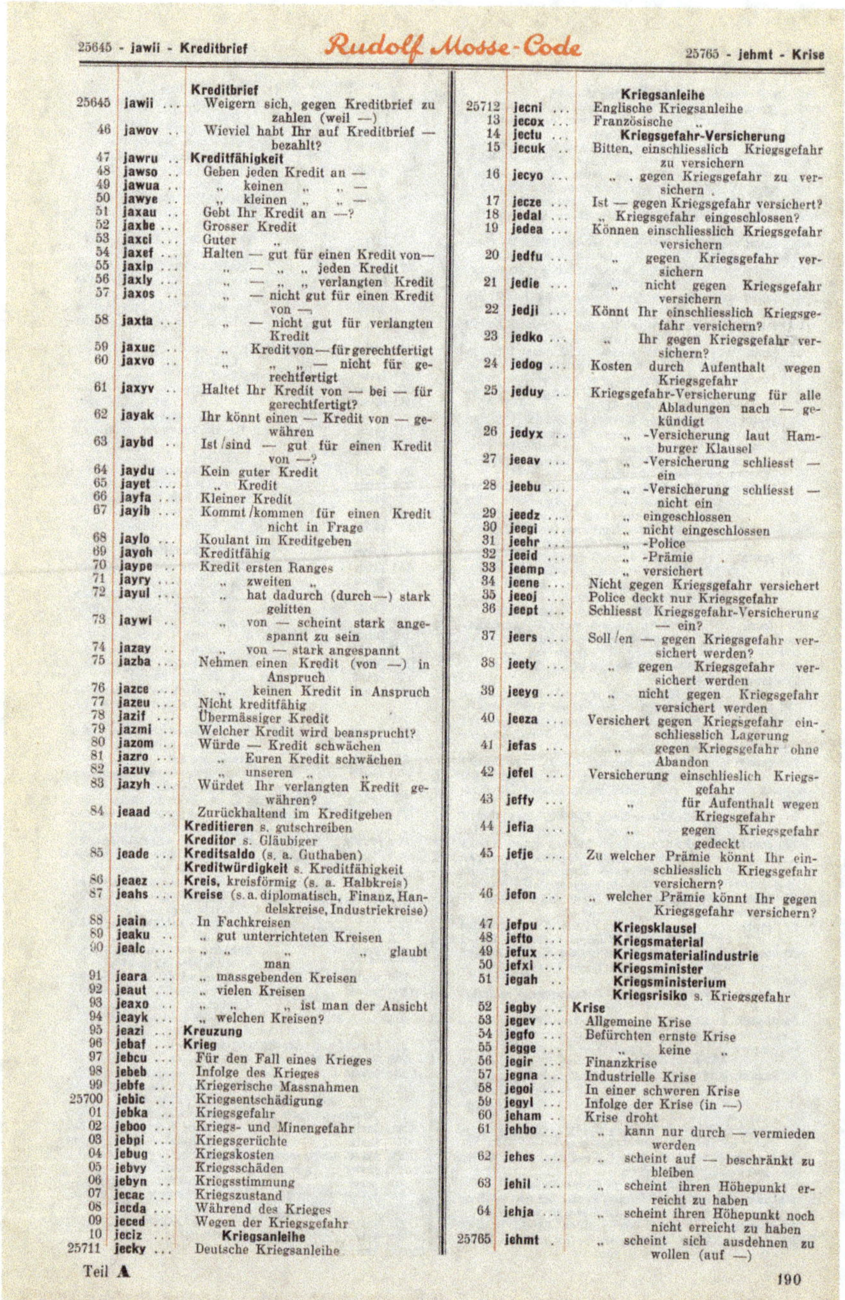

25645 - jawii - Kreditbrief — Rudolf Mosse-Code — 25765 - jehmt - Krise

|  |  |  |
|---|---|---|
| | | **Kreditbrief** |
| 25645 | jawii ... | Weigern sich, gegen Kreditbrief zu zahlen (weil —) |
| 46 | jawov .. | Wieviel habt Ihr auf Kreditbrief — bezahlt? |
| 47 | jawru .. | **Kreditfähigkeit** |
| 48 | jawso .. | Geben jeden Kredit an — |
| 49 | jawua .. | „ keinen „ „ — |
| 50 | jawye .. | „ kleinen „ „ — |
| 51 | jaxau .. | Gebt Ihr Kredit an —? |
| 52 | jaxbe ... | Grosser Kredit |
| 53 | jaxci ... | Guter „ |
| 54 | jaxef ... | Halten — gut für einen Kredit von— |
| 55 | jaxip ... | „ — „ „ jeden Kredit |
| 56 | jaxly ... | „ — „ „ verlangten Kredit |
| 57 | jaxos .. | „ — nicht gut für einen Kredit von — |
| 58 | jaxta ... | „ — nicht gut für verlangten Kredit |
| 59 | jaxuc .. | „ Kredit von — für gerechtfertigt |
| 60 | jaxvo .. | „ „ „ — nicht für gerechtfertigt |
| 61 | jaxyv .. | Haltet Ihr Kredit von — bei — für gerechtfertigt? |
| 62 | jayak .. | Ihr könnt einen — Kredit von — gewähren |
| 63 | jaybd .. | Ist /sind — gut für einen Kredit von —? |
| 64 | jaydu .. | Kein guter Kredit |
| 65 | jayet ... | „ Kredit |
| 66 | jayfa ... | Kleiner Kredit |
| 67 | jayib ... | Kommt /kommen für einen Kredit nicht in Frage |
| 68 | jaylo ... | Koulant im Kreditgeben |
| 69 | jayoh .. | Kreditfähig |
| 70 | jaype .. | Kredit ersten Ranges |
| 71 | jayry ... | „ zweiten „ |
| 72 | jayul ... | „ hat dadurch (durch —) stark gelitten |
| 73 | jaywi .. | „ von — scheint stark angespannt zu sein |
| 74 | jazay .. | „ von — stark angespannt |
| 75 | jazba ... | Nehmen einen Kredit (von —) in Anspruch |
| 76 | jazce ... | „ keinen Kredit in Anspruch |
| 77 | jazeu ... | Nicht kreditfähig |
| 78 | jazif ... | Übermässiger Kredit |
| 79 | jazmi .. | Welcher Kredit wird beansprucht? |
| 80 | jazom .. | Würde — Kredit schwächen |
| 81 | jazro ... | „ Euren Kredit schwächen |
| 82 | jazuv .. | „ unseren „ „ |
| 83 | jazyh ... | Würdet Ihr verlangten Kredit gewähren? |
| 84 | jeaad .. | Zurückhaltend im Kreditgeben |
| | | **Kreditieren** s. gutschreiben |
| | | **Kreditor** s. Gläubiger |
| 85 | jeade ... | **Kreditsaldo** (s. a. Guthaben) |
| | | **Kreditwürdigkeit** s. Kreditfähigkeit |
| 86 | jeaez ... | **Kreis,** kreisförmig (s. a. Halbkreis) |
| 87 | jeahs ... | **Kreise** (s. a. diplomatisch, Finanz, Handelskreise, Industriekreise) |
| 88 | jeain ... | In Fachkreisen |
| 89 | jeaku .. | „ gut unterrichteten Kreisen |
| 90 | jealc ... | „ „ „ „ glaubt man |
| 91 | jeara ... | „ massgebenden Kreisen |
| 92 | jeaut ... | „ vielen Kreisen |
| 93 | jeaxo .. | „ „ „ ist man der Ansicht |
| 94 | jeayk ... | „ welchen Kreisen? |
| 95 | jeazi ... | **Kreuzung** |
| 96 | jebaf ... | **Krieg** |
| 97 | jebcu ... | Für den Fall eines Krieges |
| 98 | jebeb ... | Infolge des Krieges |
| 99 | jebfe ... | Kriegerische Massnahmen |
| 25700 | jebic ... | Kriegsentschädigung |
| 01 | jebka .. | Kriegsgefahr |
| 02 | jeboo ... | Kriegs- und Minengefahr |
| 03 | jebpi ... | Kriegsgerüchte |
| 04 | jebug .. | Kriegskosten |
| 05 | jebvy .. | Kriegsschäden |
| 06 | jebyn .. | Kriegsstimmung |
| 07 | jecac ... | Kriegszustand |
| 08 | jecda ... | Während des Krieges |
| 09 | jeced ... | Wegen der Kriegsgefahr |
| 10 | jeciz ... | **Kriegsanleihe** |
| 25711 | jecky ... | Deutsche Kriegsanleihe |
| | | **Kriegsanleihe** |
| 25712 | jecni ... | Englische Kriegsanleihe |
| 13 | jecox ... | Französische „ |
| 14 | jectu ... | **Kriegsgefahr-Versicherung** |
| 15 | jecuk .. | Bitten, einschliesslich Kriegsgefahr zu versichern |
| 16 | jecyo ... | „ , gegen Kriegsgefahr zu versichern |
| 17 | jecze ... | Ist — gegen Kriegsgefahr versichert? |
| 18 | jedal ... | „ Kriegsgefahr eingeschlossen? |
| 19 | jedea ... | Können einschliesslich Kriegsgefahr versichern |
| 20 | jedfu ... | „ gegen Kriegsgefahr versichern |
| 21 | jedie ... | „ nicht gegen Kriegsgefahr versichern |
| 22 | jedji ... | Könnt Ihr einschliesslich Kriegsgefahr versichern? |
| 23 | jedko ... | „ Ihr gegen Kriegsgefahr versichern? |
| 24 | jedog ... | Kosten durch Aufenthalt wegen Kriegsgefahr |
| 25 | jeduy .. | Kriegsgefahr-Versicherung für alle Abladungen nach — gekündigt |
| 26 | jedyx .. | „ -Versicherung laut Hamburger Klausel |
| 27 | jeeav ... | „ -Versicherung schliesst — ein |
| 28 | jeebu ... | „ -Versicherung schliesst — nicht ein |
| 29 | jeedz ... | „ eingeschlossen |
| 30 | jeegi ... | „ nicht eingeschlossen |
| 31 | jeehr ... | „ -Police |
| 32 | jeeid ... | „ -Prämie |
| 33 | jeemp . | „ versichert |
| 34 | jeene ... | Nicht gegen Kriegsgefahr versichert |
| 35 | jeeoj ... | Police deckt nur Kriegsgefahr |
| 36 | jeept ... | Schliesst Kriegsgefahr-Versicherung — ein? |
| 37 | jeers ... | Soll /en — gegen Kriegsgefahr versichert werden? |
| 38 | jeety ... | „ gegen Kriegsgefahr versichert werden |
| 39 | jeeyg ... | „ nicht gegen Kriegsgefahr versichert werden |
| 40 | jeeza ... | Versichert gegen Kriegsgefahr einschliesslich Lagerung |
| 41 | jefas ... | „ gegen Kriegsgefahr ohne Abandon |
| 42 | jefel ... | Versicherung einschlieslich Kriegsgefahr |
| 43 | jeffy ... | „ für Aufenthalt wegen Kriegsgefahr |
| 44 | jefia ... | „ gegen Kriegsgefahr gedeckt |
| 45 | jefje ... | Zu welcher Prämie könnt Ihr einschliesslich Kriegsgefahr versichern? |
| 46 | jefon ... | „ welcher Prämie könnt Ihr gegen Kriegsgefahr versichern? |
| 47 | jefpu ... | **Kriegsklausel** |
| 48 | jefto ... | **Kriegsmaterial** |
| 49 | jefux ... | **Kriegsmaterialindustrie** |
| 50 | jefxi ... | **Kriegsminister** |
| 51 | jegah .. | **Kriegsministerium** |
| | | **Kriegsrisiko** s. Kriegsgefahr |
| 52 | jegby ... | **Krise** |
| 53 | jegev ... | Allgemeine Krise |
| 54 | jegfo ... | Befürchten ernste Krise |
| 55 | jegge ... | „ keine „ |
| 56 | jegir ... | Finanzkrise |
| 57 | jegna ... | Industrielle Krise |
| 58 | jegoi ... | In einer schweren Krise |
| 59 | jegyl ... | Infolge der Krise (in —) |
| 60 | jeham .. | Krise droht |
| 61 | jehbo ... | „ kann nur durch — vermieden werden |
| 62 | jehes ... | „ scheint auf — beschränkt zu bleiben |
| 63 | jehil ... | „ scheint ihren Höhepunkt erreicht zu haben |
| 64 | jehja ... | „ scheint ihren Höhepunkt noch nicht erreicht zu haben |
| 25765 | jehmt . | „ scheint sich ausdehnen zu wollen (auf —) |

Teil **A** — 190

**Abb. 2:** Eine Seite des *Rudolf Mosse-Codes* (1922).

genau ein Codewort zugeordnet ist. Um eine codierte Nachricht zu verfassen, muss man also lediglich die passenden Phrasen nachschlagen und die dazugehörigen Codewörter notieren. Im *Rudolf Mosse-Code* sind die einzelnen Phrasen entsprechenden Schlagwörtern zugeordnet. Möchte man also beispielsweise (wie im obigen Beispiel) telegraphieren, dass eine Krise befürchtet wird, so sucht man in der alphabetisch geordneten Liste nach dem Schlagwort ‚Krise' und findet dort eine Reihe zugehöriger Phrasen, darunter auch: „Befürchten ernste Krise"[22] (Abb. 2). Links neben dieser Phrase steht das zugehörige Codewort: „jegfo". Um als Empfänger ein codiertes Telegramm zu entschlüsseln, geht man den umgekehrten Weg: Man sucht in der ebenfalls alphabetisch geordneten Codewortliste nach den Wörtern aus dem Telegramm und findet in der Spalte daneben die entsprechenden klarsprachlichen Phrasen oder Sätze.

Wie viele andere Codebücher verwendet auch der *Rudolf Mosse-Code* künstliche Codewörter mit einer Länge von jeweils fünf Buchstaben. Der Grund hierfür ist in den Regularien des Welttelegraphenvereins zu finden. Bis zum Jahr 1908 waren für codierte Telegramme, die in sogenannter ‚verabredeter Sprache' verfasst waren, ausschließlich natürliche Wörter zugelassen, die im Wortschatz derjenigen Sprachen vorkamen, die Teil des Welttelegraphenvereins waren. Konnte nicht festgestellt werden, dass die Wörter tatsächlich in einer dieser Sprachen vorkamen, wurde das Telegramm als in ‚chiffrierter Sprache' verfasst eingestuft, was den Versand erheblich verteuerte. Da es jedoch einerseits für die Telegraphenbeamten nahezu unmöglich war, zu erkennen, ob ein Wort tatsächlich in einer der Sprachen des Welttelegraphenvereins existiert, andererseits die Zahl codierter Telegramme stetig anstieg, wurde 1908 auf der Internationalen Telegraphenkonferenz in Lissabon die Zulassung sogenannter Kunstwörter beschlossen.[23] Für diese galt lediglich die Regel, dass sie in allen offiziellen Sprachen des Vereins artikulierbar sein mussten und maximal zehn Buchstaben lang sein durften. Diese neue Regel ermöglichte den Codebuchverlegern in der Folge eine sehr viel effizientere Konstruktion der Codewörter. Einerseits wurde die Codewortlänge von fünf Buchstaben zum Standard, sodass mithilfe eines einzigen Taxwortes gleich zwei codierte Phrasen oder Sätze übermittelt werden konnten. Andererseits wurde darauf geachtet, dass sich alle Codewörter untereinander durch nicht nur einen, sondern immer durch mindestens zwei Buchstaben voneinander unterschieden. Auf diese Weise konnte im Fall eines telegraphischen Übertragungsfehlers nicht nur eine fehlerhafte Decodierung verhindert werden, vielmehr wurde zugleich auch erkennbar, dass die Nachricht fehlerhaft übermittelt wurde. Einige Codebücher stellten für dergleichen Fälle sogenannte Verstümmelungstafeln zur

---

**22** Kähler, Rudolf Mosse-Code mit Mosse-Condenser, 190.

**23** Vgl. Runkel, Die Telegramm-Codes, 225.

Verfügung, mit deren Hilfe es möglich war, das ursprüngliche Codewort zu rekonstruieren. „Das sicherste Mittel zur Entzifferung verstümmelt angekommener Codewörter ist", so heißt es beispielsweise im *Rudolf Mosse-Code*,

> eine Tabelle, in der diese Codewörter von rückwärts geordnet sind. [...] Kommt das Codewort ‚acpuw' nun als ‚ecpuw' an, die einfachste Art der Verstümmelung, so sucht man die drei letzten Buchstaben ‚puw' und findet dort sofort, dass es ein Wort ‚ecpuw' im Rudolf Mosse-Code nicht gibt, sondern nur ‚acpuw'.[24]

Die geschickt gewählte Redundanz bei der Konstruktion der Codewörter setzte in der Praxis bereits zentrale Einsichten einer allgemeinen Informationstheorie voraus, wie sie Claude Shannon 1948 in seiner *Mathematical Theory of Communication* formulierte.[25] Wie Shannon gingen auch die Codeentwickler nicht von einem idealen, sondern von einem störungsanfälligen, rauschenden Kanal aus und verorteten damit das Problem des Gelingens der Kommunikation nicht auf der Ebene der Bedeutung der Zeichen oder Signale, sondern auf der Ebene der Konstruktion des Codes.

## 4 Schreibökonomie

Neben der enormen Kostenersparnis ergab sich aus der Verwendung der Codebücher noch ein weiterer Vorteil. Im Vorwort zum ersten deutschsprachigen Codebuch, dem *Telegraphen-Schlüssel* (1882) von Wilhelm Staudt und Otto Hundius, wird als einer der „*Vorzüge* des Buches und daraus entspringenden *Vorteile*" erwähnt, dass „die einzelnen Depeschen [...] in der *der Geschäftswelt geläufigsten Ausdrucksweise* wiedergegeben"[26] seien. Weiter ist dort zu lesen, dass

> [d]ie bei der grossen Übersichtlichkeit des Buches nur geringe Mühe des Aufsuchens der gerade erforderlichen Depesche [...] vollständig dadurch aufgewogen [wird], daß man *gleich fertige Depeschen findet* und dieselben *bloss mit einem Wort niederzuschreiben braucht*; ferner *fällt hierdurch auch die sonst infolge von Verbesserungen nötig werdende häufigere Aufmachung einer und derselben Depesche weg.*[27]

---

24 Kähler, Rudolf Mosse-Code mit Mosse-Condenser, 545.

25 Vgl. Claude E. Shannon, A Mathematical Theory of Communication, in: The Bell System Technical Journal 27 (1948), 379–423 und 623–656.

26 Wilhelm Staudt und Otto Hundius, Telegraphen-Schlüssel, Berlin 1907, II (Hervorhebung im Original).

27 Ebd. (Hervorhebung im Original).

Die Verwendung eines Codebuchs war somit nicht nur preis-, sondern auch schreibökonomisch effizient. Das Codebuch enthob den Verfasser eines Telegramms dabei nicht nur von den Mühen des Aus- und Umformulierens, sondern verringerte zugleich auch die Schreibarbeit. Diese war, gerade was den Geschäftsbrief betrifft, nicht gering und setzte zudem ein besonderes Expertenwissen voraus:

> Briefeschreiben-lernen heißt in der Handelsschule und den kaufmännischen Berufsschulen oder auch den privaten Sekretärinnenstudios: genaue Regeln lernen, d.h. Anreden, Formeln für Bestellung von Waren, Mahnungen, die Ankündigung von Geschäftsbesuchen usw.; und – besonders bedeutsam – heißt Design üben: die Gliederung des Blattes, wo die Adresse hinkommt, wieviel Abstand zwischen Anrede und Textbeginn zu halten ist.[28]

Die Beachtung dieser Regeln war durchaus kein Selbstzweck, vielmehr war sie entscheidend für die Rechtskräftigkeit der Geschäftsvorgänge.[29]

Einen wahren Segen stellten daher die Codebücher dar, die auch den Laien befähigten, allein mit etwas Nachschlagen eine allen Ansprüchen des Geschäftslebens genügende Nachricht verfassen zu können. Die im Codebuch abgedruckten Phrasen waren dabei so präzis formuliert, dass Missverständnisse so gut wie ausgeschlossen waren. Der *Rudolf Mosse-Code* ermöglichte darüber hinaus auch eine eindeutige und rechtssichere Kommunikation zwischen Geschäftspartnern, die keine gemeinsame Sprache beherrschten. Neben der deutschen gab es nämlich auch eine englische, französische, spanische und portugiesische Ausgabe, die jeweils denselben Codewörtern die Phrasen und Sätze in der entsprechenden Sprache zuordneten. Besonders einfach war auch das Beantworten einer codierten Nachricht, da in den Zeilen direkt unter dem entschlüsselten Codewort meist schon verschiedene Antwortmöglichkeiten angeführt wurden und so, ohne weiteres Blättern und Suchen, direkt das passende Codewort für das Antworttelegramm notiert werden konnte.

Codebücher reihen sich in dieser Hinsicht ein in eine lange Tradition von Formulierhilfen, die von antiken Formelblanketts über mittelalterliche Formularien bis hin zu modernen Briefstellern reicht.[30] In ihnen allen spiegelt sich der Versuch wider, den Schriftverkehr durch Standardisierung zu stabilisieren. Auch wenn die jeweiligen Standardisierungen in hohem Maße kontingent sein mögen, so sind sie keinesfalls willkürlich: Sie sind Ursprung und Resultat einer effizienten Inter-

---

28 Helmut Hartwig, Zwischen Briefsteller und Briefpostkarte. Briefverkehr und Strukturwandel bürgerlicher Öffentlichkeit, in: Gebrauchsliteratur. Methodische Überlegungen und Beispielanalysen, hg. von Ludwig Fischer, Knut Hickethier und Karl Riha, Stuttgart 1976, 114–126, hier: 115.

29 Vgl. ebd., 114.

30 Vgl. Britta K. Stengel, Formelbücher, in: Historisches Wörterbuch der Rhetorik, 12 Bände, Bd. 3: Eup–Hör, hg. von Gert Ueding, Berlin und Boston 1996, 414–420.

aktion mit dem jeweiligen Kommunikationsmedium. Wenn man mit dem Medienwissenschaftler Jonathan Sterne unter ‚Format' dasjenige versteht, „what specifies the protocols by which a medium will operate"[31], dann lässt sich in der Funktionsweise der Codebücher die spezifische Formatierung telegraphischer Nachrichten erkennen. In ihnen und nicht im viel beschworenen Telegrammstil kommt „the look, feel, experience, and workings"[32] der telegraphischen Korrespondenz zum Ausdruck.

Wie stark dieses Format durch die Praxis der Geschäftswelt geprägt ist, erschließt sich, sobald man einen Blick in die wenigen Codebücher wirft, die auch Nachrichten privater und familiärer Natur enthalten. Sie erwecken schnell den Eindruck, dass es sich bei den „[w]ichtige[n] Familien-Angelegenheiten",[33] bei Geburt, Hochzeit, Krankheit, Prüfung oder Todesfall auch nur um Geschäftsfälle der bürgerlichen Existenz handelt. So findet sich im *Allgemeinen Telegramm-Schlüssel* (1920) beispielsweise folgender Satz codiert: „N.N. hat heut um die Hand von ... angehalten. Gibst Du Deine Zustimmung?" Die möglichen Antworten finden sich direkt darunter: „Deine Nachricht hat mich sehr erfreut. Ich gebe meine Zustimmung und gratuliere von Herzen" – „Ich muß mir meine Zustimmung zu dem Antrag von N.N. noch vorbehalten" – „Ich kann meine Einwilligung zu der Verlobung mit N.N. nicht geben".[34] Während sich die Telegraphie wohl gerade aufgrund der hochgradigen Formalisierung in der Geschäftswelt auch noch in den 1920er Jahren gegenüber dem Fernsprecher behaupten konnte, verlor sie in der persönlichen, innigen Kommunikation zunehmend an Bedeutung. Dort, wo Formeln Floskeln waren und leicht als Ausdruck mangelnder Zuneigung interpretiert werden konnten, griff man dann doch weniger zum Codebuch als zum Briefpapier oder Hörer.

## Literaturverzeichnis

[Anonym], Das deutsche Telegraphen-, Fernsprech- und Funkwesen 1899–1924, Berlin 1925.

[Anonym], Die Abfassung telegraphischer Depeschen (Telegrammatik) in deutscher, englischer und französischer Sprache. Nebst allgemeinen Notizen über Telegraphenwesen, Tarifsätze etc., Leipzig 1865.

Bödiker, Carl, Familien-Telegraphenschlüssel für Deutsche im Auslande. Insbesondere auch für Angehörige der Marine, des Diplomatischen Korps, der Konsularbehörden und Missionen, 5. Aufl., Hamburg 1922.

31 Jonathan Sterne, MP3. The Meaning of a Format, Durham 2012, 8.

32 Ebd., 7.

33 M. Fränkel und J. Stein, ATS. Allgemeiner Telegramm-Schlüssel, Berlin 1920, 213.

34 Ebd., 220–221.

Bureau International de L'Union Télégraphique (Hg.), Documents de la Conférence Télégraphique Internationale de Paris 1925, 2 Bände, Bern 1925.

Deutsche Bundesbank, Kaufkraftäquivalente historischer Beträge in deutschen Währungen. URL: https://www.bundesbank.de/de/statistiken/konjunktur-und-preise/-/kaufkraftaequivalente-historischer-betraege-in-deutschen-waehrungen-615162, Frankfurt am Main 2022 (Letzter Zugriff: 29.11.2022).

Dietz, Richard, Formel, in: Historisches Wörterbuch der Rhetorik, 12 Bände, Bd. 3: Eup–Hör, hg. von Gert Ueding, Berlin und Boston 1996, 411–414.

Dubois, Jean, Henri Mitterand und Albert Dauzat (Hg.), Dictionnaire étymologique et historique du français, Paris 1998.

Engel, Ernst, Beiträge zur Statistik des Telegraphenwesens in Europa, in: Zeitschrift des Königlich Preußischen Statistischen Bureaus 10 (1870), H. 3, 285–299.

Fontane, Theodor, Große Brandenburger Ausgabe, Abt. I: Das erzählerische Werk, 21 Bände, Bd. 17: Der Stechlin, hg. von Klaus-Peter Möller, Berlin 2001.

Fränkel, M. und J. Stein, ATS. Allgemeiner Telegramm-Schlüssel, Berlin 1920.

Hartwig, Helmut, Zwischen Briefsteller und Briefpostkarte. Briefverkehr und Strukturwandel bürgerlicher Öffentlichkeit, in: Gebrauchsliteratur. Methodische Überlegungen und Beispielanalysen, hg. von Ludwig Fischer, Knut Hickethier und Karl Riha, Stuttgart 1976, 114–126.

Hellauer, Josef, Nachrichten- und Güterverkehr, Berlin und Wien 1930.

Herb, C., Kaufmännische Telegrammatik. Ein Hand- und Nachschlagebuch für Importeure, Exporteure, Reeder, Kommissionäre, Agenten, Bankiers, Grossindustrielle und solche, die es werden wollen, Leipzig [o. J.].

Kähler, Julius, Rudolf Mosse-Code mit Mosse-Condenser, Berlin 1922.

Lindau, Paul, Nur Erinnerungen, 2 Bände, Stuttgart und Berlin 1917.

Meyers großes Konversations-Lexikon, 24 Bände, 6. Aufl., Leipzig und Wien 1903.

Niehaus, Michael, Was ist ein Format?, Hannover 2018.

Runkel, Fritz, Die Telegramm-Codes, in: Zeitschrift für Handelswissenschaftliche Forschung 15 (1921), 225–233.

Shannon, Claude E., A Mathematical Theory of Communication, in: The Bell System Technical Journal 27 (1948), 379–423 und 623–656.

Statistisches Reichsamt (Hg.), Statistisches Jahrbuch für das Deutsche Reich, Berlin 1923.

Statistisches Reichsamt (Hg.), Statistisches Jahrbuch für das Deutsche Reich, Berlin 1931.

Staudt, Wilhelm und Otto Hundius, Telegraphen-Schlüssel, Berlin 1907.

Stengel, Britta K., Formelbücher, in: Historisches Wörterbuch der Rhetorik, 12 Bände, Bd. 3: Eup–Hör, hg. von Gert Ueding, Berlin und Boston 1996, 414–420.

Sterne, Jonathan, MP3. The Meaning of a Format, Durham 2012.

Gernot Waldner

# Ein Museum wechselt die Form. Zur Offenheit der Wiener Methode der Bildstatistik

## 1 Berlin im Bilde

> Viele Berliner glauben heute noch, daß Wien die lebenslustige Stadt des genießenden Frohsinns ist, in der der heitere Zauber Schubertscher Melodien trübe Stimmungen nicht aufkommen lässt. Daß Wien wie Berlin eine Stadt ernster Arbeit, wirtschaftlicher Not und tiefgehender sozialer Spannungen ist, wird oft ganz übersehen, und die Leistungen der Gemeindeverwaltung sind fast nur in der kommunalen Fachwelt allgemein anerkannt.[1]

Dieser sichtlich um Korrektur eines Gemeinplatzes und eine materialistische Annäherung der beiden Städte bemühte Text erschien im April 1929 in der Zeitschrift *Das Bild.* Kulturgeschichtlich lassen sich einige Belege für das verbreitete Image der „lebenslustige[n] Stadt" Wien nennen. Im selben Jahr erschien Ernst Kreneks Liederzyklus *Reisebuch aus den Österreichischen Alpen*, der Schuberts Lieder musikalisch auf die Höhe der Zeit zu bringen versuchte.[2] Auch populäre Romane und Schlagerlieder der 1920er Jahre zeichnen meist eine von Geigenmusik und Weinseligkeit erfüllte Stadt: „Wien, Wien, Wien, sterbende Märchenstadt,/ die noch im Tod für alle ein freundliches Lächeln hat".[3] 1931 prämierte am Deutschen Theater in Berlin Ödön von Horváths *Geschichten aus dem Wiener Wald*, in drei der sieben Szenen ist das Gros der Figuren betrunken, zwischenmenschliche Brutalitäten werden von Walzern und Heurigenmusik untermalt.[4] Es war also kein Scheinargument, gegen das sich der Verfasser des oben zitierten Artikels, vermutlich der Statistiker Alois Fischer, wandte. Warum es dieses Bild von Wien gab, begründete der Verfasser nicht mit kulturellen Referenzen, sondern mit dem Mangel an Möglichkeiten, sich ein konkretes Bild vor Ort zu machen: „Nur ein kleiner Prozentsatz [der Bevölkerung, G.W.] ist in der Lage [...] sich wenigstens durch kurzen Besuch

1 Alois Fischer, Die Ausstellung „Wien im Bild" in den Räumen des Gesundheitshauses Am Urban in Berlin, in: Das Bild 6 (1929), 92.

2 Ernst Krenek, Reisebuch aus den österreichischen Alpen, Leipzig 1929. URL: https://datenbank.krenek.at/werk.php?action=preview&id_werk=74 (Letzter Zugriff: 3. August 2022).

3 Zitiert nach Wendelin Schmidt-Dengler, Ohne Nostalgie. Zur österreichischen Literatur der Zwischenkriegszeit, Wien 2002, 33.

4 Ödön von Horváth, Geschichten aus dem Wiener Wald, Frankfurt am Main 2001.

https://doi.org/10.1515/9783111003009-011

auswärtiger Hauptstädte ein Bild von der Eigenart anderer Kulturzentren zu machen."[5] Fischer vertrat diese Position als Mitarbeiter des 1925 in Wien von Otto Neurath begründeten Gesellschafts- und Wirtschaftsmuseums. Er berichtete hier aber aus Berlin, dass am Landwehrkanal in Kreuzberg eine Ausstellung jenes Wiener Museums eröffnet worden sei. Die Ausstellung „Wien im Bild" wurde am 8. März 1929 in Anwesenheit des Berliner Oberbürgermeisters Gustav Böß und des Kreuzberger Bürgermeisters Carl Herz eröffnet, der aus Wien angereiste Direktor des Museums, Otto Neurath, führte selbst durch die Ausstellung. Im Hauptraum waren statistische Bilder, Modelle und Fotografien des historischen und gegenwärtigen Wiens zu sehen, sowie zahlreiche vergleichende Grafiken, die soziale und ökonomische Daten von Deutschland und Österreich einander gegenüberstellten. Im zweiten Raum kamen vor allem Dioramen zum Einsatz, welche die „Innenwirkung bedeutender Bauten des Wiener Barock nahebringen" sollten und diese mit „Neubauten der Gemeinde Wien" kontrastierten und so ein kommunales Experiment in Szene setzten, das sich das „Neue Wien" nannte und von seinen Gegner als „Rotes Wien" bezeichnet wurde.[6] Die Ausstellung folgte damit insgesamt der Programmatik des Museums, die Probleme der Gegenwart durch synchrone und diachrone Vergleiche verständlich zu machen. Der Name „Museum" wurde eher als vordergründiges Tribut an eine Bildungstradition gewählt; von den um Seltenheit und Herrschaftspracht zentrierten Museen des 19. Jahrhunderts grenzte man sich explizit ab.[7] In Berlin zeitigte die Ausstellung nachhaltige Wirkung. Zwei Jahre nach der Eröffnung reiste Carl Herz nach Wien, sah sich weitere Ausstellungen vor Ort an und beauftragte die Gründung einer Berliner Zweigstelle, an der bis 1933 gearbeitet wurde.[8]

In der Berliner Ausstellung des Gesellschafts- und Wirtschaftsmuseums kamen etablierte Programmatiken und erprobte Praktiken der Wissensvermittlung zum Einsatz. Der wissenschaftlich und politisch international vernetzte Otto Neurath, ein promovierter Ökonom, der in den Bereichen Philosophie, Wissenschaftsgeschichte und Ökonomie bemerkenswerte Texte hinterließ, organisierte Ausstellungen in Düsseldorf (1926), Nürnberg, Hamburg, Breslau, Stuttgart und zweimal in Berlin (1927), Paris und Köln (1928), Den Haag und Genf (1929). Bis zur behördlichen Auflösung des Museums durch den Austrofaschismus 1934 folgten noch Ausstellungen in

5 Fischer, Die Ausstellung, 89.

6 Vgl. zum „Neuen Wien" die umfangreiche Textsammlung zu dieser Epoche: Rob McFarland, Georg Spitaler und Ingo Zechner (Hg.), The Red Vienna Sourcebook, Rochester 2020.

7 Otto Neurath, Gesellschafts- und Wirtschaftsmuseum in Wien, in: Gesammelte bildpädagogische Schriften, hg. von Rudolf Haller und Robin Kinross, Wien 2021, 2.

8 Vgl. Marie Neurath, Social and economic museum of Vienna 1925–1934, in: Isotype. Design and Contexts 1925–1971, hg. von Christopher Burke, Eric Kindel und Sue Walker, London 2013, 527–531.

Calau, Brandenburg (1930), eine weitere in Berlin, Dresden, Zagreb, Chicago und Amsterdam (alle 1931). Manche dieser Ausstellung wurden spezifisch für einen Ort entworfen, wie die erwähnte „Wien im Bild" für Berlin, andere waren Wanderausstellungen und thematisierten sozial- und wirtschaftsgeschichtliche Themen anhand von Vergleichen und Entwicklungen, um gesellschaftliche Probleme vor Augen zu führen. Neben der Ausstellungsarbeit wurde auch mit internationalen Institutionen kooperiert, die Kontakte mit dem Bauhaus sind am detailliertesten aufgearbeitet.[9] Wissenschaftler:innen aus Amsterdam, Prag, New York, Chicago und Moskau brachten sich in die Erstellung der Grafiken ein. Es gab eine eigene Zweigstelle in Amsterdam, einen Ableger in Moskau, eine Zusammenarbeit mit der World Association for Adult Education in London, der Russell Sage Foundation in New York und mit dem von Paul Otlet geführten Palais Mondial in Brüssel. Letztere führte 1931 zur Gründung des Mundaneums Wien, wo die ersten Texte in Basic English erschienen, einer reduzierten, zum globalen Einsatz entwickelten Version des Englischen.[10] Der Zugang zu den Ausstellungen wurde niederschwellig angelegt, geöffnet waren sie auch außerhalb der Normarbeitszeiten, der Eintritt war, wie auch in Berlin, „unentgeltlich", kostenlose Führungen wurden meist von Akademiker:innen übernommen.[11] Es handelte sich beim Gesellschafts- und Wirtschaftsmuseum also um eine international erfolgreiche Institution, die sich der empirischen, kosmopolitischen Bildung breiter Massen verschrieben hatte.

Die Themen der Ausstellungen umfassten ein weites Spektrum, von medizinischen Grundlagen des Menschen, von Geologie und Geographie[12] über Technik- und Wirtschaftsgeschichte bis hin zu Sozial- und Globalgeschichte.[13] Da das Gesellschafts- und Wirtschaftsmuseum selbst aus einem Museum für Siedlungs- und Städtebau hervorging, waren Grafiken zum Wohnbau, zur urbanen Selbstversor-

9 Vgl. Peter Galison, Aufbau/Bauhaus. Logical Positivism and Architectural Modernism, in: Critical Inquiry 16 (1990), 709–752.

10 Der summarische Überblick aller genannten Aktivitäten findet sich ebenso in: M. Neurath, Social and economic museum, 527–531.

11 Einen überzeugenden Überblick zur Museumsarbeit im Roten Wien bietet Hadwig Kraeutler, Isotype-Museen und -Ausstellungen. Diskursräume für Engagement und Empowerment, in: Die Konturen der Welt. Geschichte und Gegenwart visueller Bildung nach Otto Neurath, hg. von Gernot Waldner, Wien und Berlin 2021, 131–177.

12 Einen umfassenden Überblick über die geographischen Arbeiten von Neuraths Museum bieten Nepthys Zwer und Philippe Rekacewiz, Was Karten können. War Otto Neurath ein radikaler Kartograf?, in: Gernot Waldner (Hg.), Konturen der Welt, 177–217.

13 Die visuelle Globalgeschichte, die Neurath 1939 veröffentlichte, liegt bis heute nicht auf Deutsch vor, wurde aber 2022 von Lars Müller Publishers neu aufgelegt: Otto Neurath, Modern Man in the Making, London 1939.

gung und zur Architektur ein durchgehender Bestandteil der Ausstellungsarbeit.[14] Da Wien 1922 zu einem eigenen Bundesland wurde und so die finanziellen Mittel bereit standen, größere Projekte im Wohnbau, der Sozial- und Bildungspolitik zu realisieren,[15] waren bestimmte Themen naheliegend, das Museum wurde teilweise von der Stadt finanziert.[16] Inhaltlich wurde der lokale Rahmen von Beginn an transzendiert. Die im eingangs zitierten Artikel genannten „Leistungen der Gemeindeverwaltung" wurden durch Bildstatistiken historisch eingeordnet oder mit anderen Städten verglichen. Eine große Reihe von technologiehistorischen Grafiken visualisierte die sich verändernde Leistung von Maschinen, die produktive Effizienzsteigerung des Taylorismus, das Potential von Elektrizitätsgewinnung durch Wasserkraft und andere Dinge. Funktionale Grafiken stellten Krankheitsübertragungen, anatomische Grundlagen oder Hinweise zur Sicherheit am Arbeitsplatz dar. Viele der genannten Aspekte des Gesellschafts- und Wirtschaftsmuseums sind gut erforscht, die thematische Breite und die vielfältigen Vermittlungsformate (Modelle, Magnetkarten, Dioramen, Projektionen, Experimente) dieser Institution kommen in der Rekonstruktion allerdings häufig etwas zu kurz.[17] Mein Beitrag konzentriert sich im Folgenden auf zwei Periodika, die ab 1929 erschienen, die eingangs zitierte Zeitschrift *Das Bild* und *Fernunterricht*, letztere wurde später in *Bildstatistik* umbenannt. Meine These lautet, dass sich die Organisation des Museums, die Arbeitsweise zur Erstellung und Überarbeitung der Bildstatistiken, in den Zeitschriften widerspiegelt und damit konkrete Belege für die Offenheit der „Wiener Methode der Bildstatistik" liefert. Um diese These zu plausibilisieren, soll zunächst die Wiener Methode vorgestellt werden, da durch sie die Gestaltungs- und Vermittlungsarbeit des Gesellschafts- und Wirtschaftsmuseums verständlich wird. Anschließend werden drei Formen von Offenheit diskutiert, die aus der Analyse der Zeitschriften neue Einblicke in die Arbeit des Museums erlauben. Abschließend werden Parallelen zwischen der Wiener Methode der Bildstatistik und kleinen Formen aufgewiesen, gemeinsame Wissenspraktiken und Gestaltungsformen werden summarisch genannt.

---

14 Vgl. Eve Blau, Moderne Architektur und Bildstatistik, in: Das Rote Wien. 1919–1934, hg. von Werner Michael Schwarz, Georg Spitaler und Elke Wikidal, Basel 2019, 306–316.

15 Summarisch zur Stadtgeschichte dieser Zeit: Wolfang Maderthaner, Antizipatorischer Sozialismus, in: Wien. Geschichte einer Stadt. Von 1790 bis zur Gegenwart, hg. von Peter Csendes und Ferdinand Opll, Wien u. a. 2006, 361–404.

16 Vgl. Günther Sandner, Otto Neurath. Eine politische Biographie, Wien 2014, 179.

17 Vergleiche hierzu die treffende Polemik von Kraeutler, Isotype-Museen, 131–132.

## 2 Eine Annäherung an die Wiener Methode der Bildstatistik

Wie erwähnt waren die bildstatistischen Grafiken nur ein Teil der Arbeit des historischen Museums. Warum ihnen heute mehr Aufmerksamkeit als der restlichen Museumsarbeit zukommt, hat mehrere Gründe. Nach dem Ende der Ersten Republik in Österreich 1934 wurde das Museum per Verordnung geschlossen.[18] Neurath befand sich in Moskau, reiste von dort nach Den Haag, wo er die nächsten fünf Jahre verbringen sollte, bis er vor der anrückenden deutschen Wehrmacht nach Großbritannien fliehen musste.[19] Von Holland aus wurde versucht, viele Objekte des Museums zu retten. Natürlich war es einfacher, Grafiken zu verschicken als physikalische Geräte oder sperrige Modelle zum Wohn-, Städte- und Bergbau. Die Bildstatistiken sind also durch die zweifach erzwungene Migration von Neurath und seinen Mitarbeiter:innen zum zentralen Bezugspunkt der historischen Rekonstruktion geworden. Bis heute sind die Arbeiten des Museums im englischen Sprachraum bekannter als im deutschen; dass Marie Neurath den Nachlass der University of Reading übergab, hat diese Einschätzung mitgeprägt.[20]

Der Name „Wiener Methode der Bildstatistik", der in Holland zu „Isotype" verändert wurde (International System of Typographic Picture Education), erweckt den Eindruck einer systematisch konzipierten Bildsprache, eines modernistischen Gesamtentwurfs und einer explizit definierten Form. Dieser Eindruck täuscht. Nicht nur in den ersten Jahren des Museums, bis der konstruktivistische Maler Gerd Arntz als permanenter Mitarbeiter nach Wien kam und das grafische Vokabular prägte, finden sich heterogene Grafiken, bei denen Otto Neurath und Marie Reidemeister noch buchstäblich selbst die Feder führten.[21] Auch danach wurden die Grafiken stets weiterentwickelt. Technisch ging man von Tuschezeichnungen langsam auf Linoleum-Schnitte über, die später Grundlage der Abdrucke in Zeitschriften waren. Komposi-

---

**18** Zur Geschichte des Museums nach 1934: Gerhard Halusa, Das Museum nach der Ära Otto Neurath, in: Waldner (Hg.), Konturen der Welt, 101–114. Eine neue Publikation von Günther Sandner und Christopher Burke, die 2023 bei Bloomsbury erscheint, wird ausführlicher davon handeln.

**19** Vgl. Sandner, Otto Neurath, 234–297.

**20** Die bis heute umfassendste Dokumentation der grafischen Arbeit des Museums ist der englische Band *Isotype. Design and Contexts*, der von Mitarbeiter:innen des Otto and Marie Neurath Archive der University of Reading herausgegeben wurde. Ein aktuelles Beispiel aus den USA, das an die Arbeiten Neuraths anknüpft, wird hier besprochen: Gökhan Ersan, Pamela G. Smart, Louis F. Piper, et. al., Zur Humanisierung des Wissens: Inside the Atom, Materials Matter und die MINT-Werkzeugkiste, in: Waldner (Hg.), Konturen der Welt, 239–263.

**21** Vergleiche dazu die Grafiken von Seite 25 bis 40 in: Burke/Kindel/Walker (Hg.), Isotype. Design and Contexts.

torisch weisen zwar viele Bilder Gemeinsamkeiten auf, im Detail und in der durch sie begründeten Praxis sind die Grafiken aber vielgestaltig.

Vermutlich kam es aus mindesten zwei Gründen zur Prägung des Namens „Wiener Methode der Bildstatistik". Erstens war in Zeiten geringerer Auftragslage die Kapazität dafür vorhanden, das Profil des Museums zu schärfen und die eigenen Arbeiten formal zusammenzufassen. Zweitens prägte Neuraths marketingstrategisches Talent die Außenwirkung des Museums. Er verfasste Zeitschriftenbeiträge mit Slogans wie „Worte trennen, Bilder verbinden",[22] hielt unzählige Vorträge und pflegte die erwähnten internationalen Kontakte mit Le Corbusier, der Frankfurter Schule und dem Bauhaus. Zu allen Anlässen versprach eine prägnante Marke einen nachhaltigeren Eindruck bei den Zuhörer:innen zu hinterlassen.[23] In der historischen Rekonstruktion ist es schwierig, die populären Schriften und die inhaltlichen Erwägungen für eine visuelle Bildung scharf zu trennen. Neurath erklärte sich die schriftzentrierte Bildung in den Schulen so, dass die bürokratische Macht des Staates schriftlich verfasst war und es daher Widerstände gegen visuelle Medien im Bildungssystem gäbe. Neurath wurde nicht müde, die vielfältige Unangemessenheit des Wortes in der Wissensvermittlung zu betonen. Einen Verbrennungsmotor zu beschreiben oder asiatische Handelsrouten zu erzählen mutet neben einer Skizze des Motors und einer Karte Asiens bestenfalls unterhaltsam umständlich an. Die Berichte von Lehrer:innen aus einem Schulprojekt, das Neurath 1931 in Wien initiierte, bestätigen die effektivere Kommunikation durch visuelle Lehrmittel und den großen Aufholbedarf, den es hier in vielen Fächern gab.[24]

Wenn sich die Wiener Methode der Bildstatistik also charakterisieren lässt, so nicht auf der Ebene einer systematischen ästhetischen Gestaltung oder einer klaren Wirkung auf den Betrachter, sondern im Umgang mit ihr, in der praktischen Wissensvermittlung. Diese Funktionsweise lässt sich auf drei Ebenen umreißen, einer symbolischen, einer operativen und einer diskursiven. Für die symbolische Ebene war eine einfache Zuordnung eines Symbols zu einer bestimmten Quantität zentral. Bis heute hält sich das Vorurteil, dass quasi magische Symbole intendiert wurden, deren Bedeutung sich von selbst erschließe. Dem war nicht so: Sowohl die Überschriften als auch die Bildunterschriften waren ein zentraler Teil der Wiener Methode und, wie zu zeigen sein wird, für den operativen Gebrauch unabdingbar. Vor allem die Arbeiten von Gerd Arntz rechtfertigen die Rede von einer eigenen sym-

---

22 Otto Neurath, Das Gesellschafts- und Wirtschaftsmuseum in Wien, in: Gesammelte bildpädagogische Schriften, hg. von Rudolf Haller und Robin Kinross, Wien 2021, 195.

23 Vgl. Christopher Burke, The Gesellschafts- und Wirtschaftsmuseum in Wien, in: Burke/Kindel/Walker (Hg.), Isotype, 21–103.

24 Vgl. Gesellschafts- und Wirtschaftsmuseum in Wien (Hg.), Bildstatistik nach Wiener Methode in der Schule, Wien und Leipzig 1933.

bolischen Ebene. Seine Symbole wurden aufgrund ihrer ästhetischen Hochwertigkeit als vorzeigbares Repertoire aufgefasst, paradigmatisch der mit Schiebermütze dargestellte Arbeiter, dessen hängende Schultern und Hände in den Hosentaschen den Zustand der Arbeitslosigkeit effektiv kommunizieren. Die Anforderung an die Symbole besteht nun schlicht darin, mit Unterstützung von Bildüber- und unterschriften eindeutig zugeordnet werden zu können.[25] Das Symbol sollte, einfach gesagt, dem, was es repräsentiert, nicht im Weg stehen.

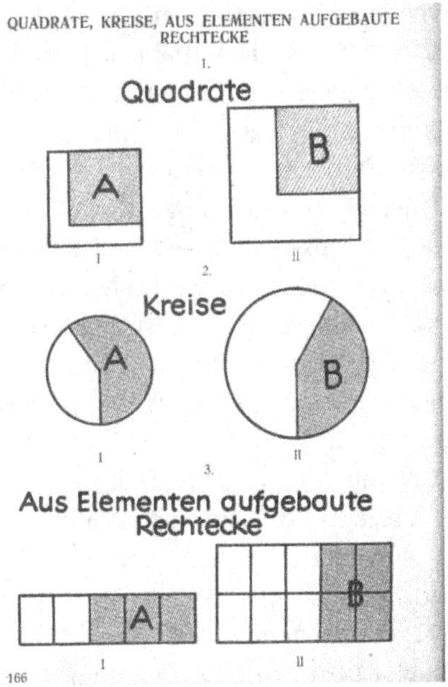


**Abb. 1:** Die hohe Informationsdichte der Wiener Methode der Bildstatistik anschaulich im Vergleich mit anderen Visualisierungen, in: Gesellschafts- und Wirtschaftsmuseum, *Das Bild*, Jahrgang 6, April 1929.

Die zweite Ebene, die operative, involvierte die Betrachter:innen der bildstatistischen Grafiken. Wie die Bildunterschriften deutlich machten, standen die einzelnen

25 Vergleiche hierzu die differenzierte Kritik von: Elisabeth Nemeth, Gesellschaftliche Tatbestände sichtbar machen. Otto Neurath über den Gegenstand der Wirtschaftswissenschaft und seine Visualisierung, in: Waldner (Hg.), Konturen der Welt, 51–78, hier: 66–68. Zu den politischen und bildtheoretischen Grundlagen der Bildstatistik siehe Elisa Purschkes Beitrag „Ökonomisches Denken zwischen Revolution und Krise. Zur internationalen Geschichte der Piktogrammatik" in diesem Band.

Symbole für eine bestimmte Quantität, etwa eine Figur eines Arbeitslosen für eine Million arbeitsloser Menschen. Dieses Verhältnis zwischen Symbol und Quantität stellt eine mathematische Relation dar, etwa eins zu einer Million. Die Grafiken können dadurch auf zwei Weisen genutzt werden. Mit den Symbolen können relative Verhältnisse berechnet werden, die Symbole stehen hier wie Maßstäbe für eine übersichtliche Darstellung großer Mengen. Da den Symbolen auch Mengen zugeordnet sind, können diese Verhältnisse ebenso in absolute Zahlen aufgelöst werden. Wie viele Arbeitslose gab es in Frankreich in einem bestimmten Jahr? Hier ist die Anzahl der Symbole mit dem Verhältnis zu multiplizieren. Um die Frage zu beantworten, um wie viel Prozent die Arbeitslosenzahl von einem Jahr auf das nächste stieg, genügt es hingegen, mit den Symbolen selbst zu rechnen. Schließlich können durch diese beiden Ebenen und eine grafisch geschickte Anordnung auch übergeordnete Entitäten – wie beispielsweise Länder – verglichen werden. Wie stark war der relative Anstieg der Arbeitslosigkeit in Frankreich, verglichen mit Deutschland? Diese operative Dimension macht aus den augenscheinlich einfachen Grafiken vielfach nutzbare Bildrechnungen. Verglichen mit den bis heute gängigen Kreis- und Balkendiagrammen, ergibt sich daraus ein Mehrwert multipler Nutzbarmachung für die Besucher:innen, den das Museum selbst wiederum in einer abstrakteren Grafik zusammenzufassen versuchte (Abb. 1). In der Praxis der Wissensvermittlung, in den Führungen wurden die Besucher:innen des Museums deshalb zunächst dazu aufgefordert, bestimmte Fragen rechnerisch zu beantworten.[26] Der Grund für diese bewusst komplizierte Erfassung von Quantitäten war mnemotechnischer Natur: Durch die wiederholte Zuordnung von Symbolen zu Quantitäten und die Betätigung des eigenen Verstandes sollten sich Besucher:innen die Zahlen besser einprägen und einem Thema langsam nähern.[27]

Die dritte Ebene der Wiener Methode der Bildstatistik besteht nun darin, die einzelnen Grafiken diskursiv in Verbindung zu setzen. Die Vermittler:innen lenkten dabei den Blick der Betrachter:innen durch Fragen weg von einer Grafik hin zu thematisch anknüpfenden Gegenständen, um mögliche Zusammenhänge zwischen beiden zu besprechen. Darin besteht wohl ein Spezifikum der Bildstatistik als kleiner Form: Als Einzelne verfehlt sie ihren Zweck, ihre Hermeneutik ist nicht eine des Kniefalls vor dem Objekt, sondern eine des verbindenden Ganges zwischen zwei Tatsachen. Zwei Beispiele mögen verdeutlichen, was unter diesen Zusammenhängen

26 Vgl. Marie Neurath, Lehrling und Geselle von Otto Neurath in Wiener Methode und Isotype, in: Marie Neurath und Robin Kinross, Die Transformierer. Entstehung und Prinzipien von Isotype, hg. und übersetzt von Brian Switzer, Zürich 2017, 15–102, hier: 34.

27 Dass die Memorierbarkeit von Isotype-Grafiken höher ist, wurde inzwischen kognitionswissenschaftlich untersucht. Günther Schreder, Nicole Hynek und Eva Mayr, Isotype – vom Design zum Verstehen, in: Waldner (Hg.), Konturen der Welt, 217–238.

zu verstehen sei. Eine bekannte Bildstatistik zur Migration zwischen 1920 und 1927 zeigt etwa, dass Argentinien während dieser Zeit einen Einwanderungsüberschuss auswies, während aus Italien mehr Personen aus- als einwanderten.[28] Gemeinsam mit den starken wirtschaftlichen Beziehungen zwischen beiden Ländern, dem breit etablierten Schiffsverkehr und dem in den 1920er Jahren hohen Lohnniveau in Argentinien, ergeben sich Gründe für die Migrationsbilanzen zwischen beiden Ländern. Bereits in diesem Beispiel wird deutlich, warum das Gesellschafts- und Wirtschaftsmuseum großteils Wissenschaftler:innen in den Führungen einsetzte, da nämlich die möglichen Gründe vielfältig und unterschiedlich zu gewichten waren, fachliche Expertise also unabdingbar war. Dieses Beispiel verdeutlicht auch den wiederholt betonten Umstand, dass die Bildstatistiken unterschiedliche Ebenen des Verstehens ermöglichen.[29] So macht eine der bekanntesten Grafiken zur Entwicklung der Arbeitslosenzahlen durch die Weltwirtschaftskrise 1929 zunächst deutlich, dass die Arbeitslosenzahlen in allen Ländern ansteigen. Visuell zeigt sich das schlicht darin, dass die Zahl arbeitsloser Figuren nach unten hin zunimmt.

Geht man jedoch auf die Spalten der einzelnen Länder im Detail ein, so ist der relative Anstieg der Arbeitslosenzahlen höchst unterschiedlich. Während sich die Zahl der Arbeitslosen in den USA von 1929 bis 1931 auf neun Millionen verdreifachte und im Deutschen Reich auf sechs Millionen mehr als verdoppelte, beträgt die Zahl der Arbeitslosen in Frankreich 1931 rund 750.000. Eröffnende Fragen zur Erkundung empirischer Zusammenhänge wären hier etwa: Warum war die Zahl der Arbeitslosen in Frankreich geringer? Welche Faktoren bewirkten diesen Unterschied? Ebenso wie im Fall der Migrationsbewegungen böten sich mehrere ergänzende Grafiken an, ein volkswirtschaftliches Phänomen zu erhellen. Die bisherige Forschung zur Wiener Methode der Bildstatistik ist sich weitgehend einig, dass die Grafiken offen für unterschiedliche Deutungen sind, dass ihr Ziel darin besteht, ein nachhaltiges Interesse an der Diskussion von Hypothesen über empirische Zusammenhänge anzuregen. In Otto Neuraths vielfältigem Schaffen bieten sich mehrere Belegstellen dafür an, eine philosophische lautet:

> Ich habe stets den Monismus als Mittel der empirischen Kommunikation propagiert, den Pluralismus als eine Einstellung beim Entwerfen von Hypothesen. Ich habe mit Denkern aller Art gestritten, die *ein* System als vor anderen ausgezeichnetes zu deklarieren versuchten, und ich habe die Einsicht zu vermitteln versucht, daß wir eine Art von „Entschluß" benötigen, wann

---

28 Vergleiche dazu die Grafik Nummer 74 in: Gesellschafts- und Wirtschaftsmuseum (Hg.), Gesellschaft und Wirtschaft. Bildstatistisches Elementarwerk, Leipzig 1930.

29 Bei Marie Neurath heißt es, „dass sie [die Grafiken, G.W.] mehrere Grade von Verstehen zulassen". Marie Neurath, Lehrling und Geselle, 35.

immer wir eine „Wahl“ zu treffen haben, sogar dann, wenn wir eine wissenschaftliche Theorie ausprobieren.[30]

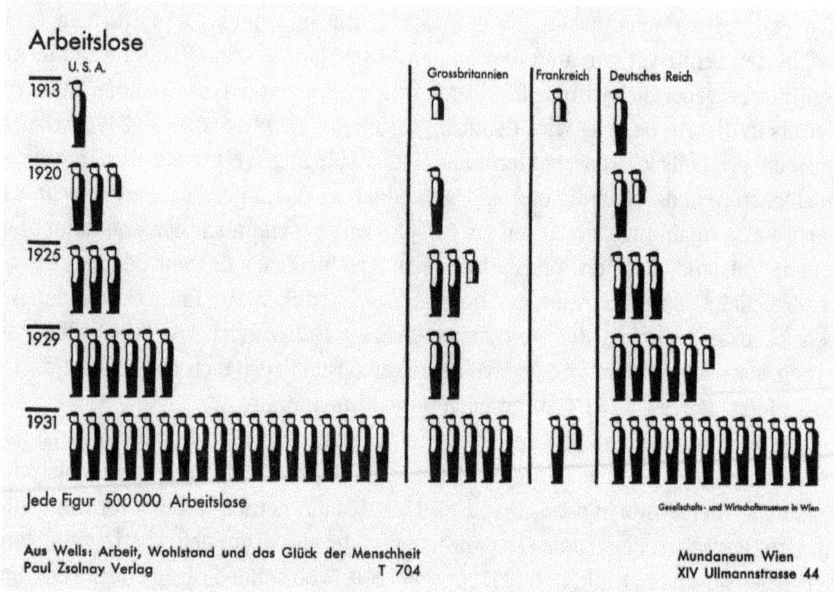


**Abb. 2:** Arbeitslose, aus dem Buch *Arbeit, Wohlstand und das Glück der Menschheit* von H. G. Wells, 1932.

Der „Monismus“ kann im Kontext der Bildstatistiken so verstanden werden, dass Zusammenhänge zwischen den visualisierten Daten postuliert werden sollen, der „Pluralismus“ so, dass stets mehrere Postulate möglich sind. Diese Vielfalt der Hypothesen findet sich auch in ökonomischen Beiträgen Neuraths, in denen kapitalistische und sozialistische Organisationsweisen gegeneinander abgewogen werden. Wahrscheinlich lernte er bereits während seines ökonomisches Studiums, in dem er sich näher mit zwei der wichtigsten Schulen der Zeit beschäftigte, der deutschen Schule der Nationalökonomie und der Wiener Schule, die unterschiedliche Interpretation von wirtschaftlichen Daten als wiederkehrendes Motiv kennen.[31] An Karl Poppers Falsifikationstheorie kritisierte Neurath deren modellhaften „Pseudorationalismus“ und hielt dagegen, „den Gedanken an ein Ideal dieser Art gar nicht erst

30 Otto Neurath, Zur Diskussion. Nur Anmerkungen, keine Replik [1945/46], übersetzt von Hans Georg Zillian, in: Otto Neurath, Gesammelte philosophische und methodologische Schriften, von Rudolf Haller und Heiner Rutte, Band II, Wien 1981, 1011–1013, hier: 1011.

31 Vgl. hierzu den Überblick bei Nemeth, Gesellschaftliche Tatbestände, 52–57.

aufkommen“ zu lassen.[32] Für die tatsächlich praktizierte Museumspädagogik einzelner Ausstellungen ist der Pluralismus der Hypothesen nicht überliefert. Von den abwägenden Gesprächen vor, genauer gesagt: zwischen, den Bildstatistiken, die den Zusammenhängen auf die Spur zu kommen versuchen, gibt es keine Belege. So lässt sich etwa für die Ausstellung in Berlin ein Teil der dargebotenen Grafiken rekonstruieren, aber weder die gesamte Hängung noch die darauf basierende Gesprächsführung sind dokumentiert. Die ab 1929 publizierte Zeitschrift *Fernunterricht* kann die Offenheit der kleinen Form der Bildstatistik nun auf dreifache Weise verdeutlichen.

Erstens wird im *Fernunterricht* wiederholt auf das sogenannte ‚bildstatistische Elementarwerk‘ verwiesen, eine hochwertig im Bibliographischen Institut Leipzig produzierte Publikation aus dem Jahr 1930.[33] Dieses Elementarwerk, „Gesellschaft und Wirtschaft“, enthält 100 farbige Bildstatistiken, Grafiken und Karten und versucht, der pädagogischen Programmatik des Museums folgend, eine plurizentrische Weltgeschichte zu visualisieren. Neben dem Vergleich verschiedener Hochkulturen anhand sozio-ökonomischer Daten wurden politische Entwicklungen der späten 1920er Jahre visualisiert, etwa der Rückgang der Demokratien in Europa. Vor dem beschriebenen Hintergrund der drei Ebenen der Wiener Methode der Bildstatistik ist besonders der Umstand aufschlussreich, dass die Grafiken nicht gebunden sondern als lose Einzelblätter gedruckt wurden, was die dritte Ebene der Methode – das Diskutieren von Zusammenhängen – gestalterisch realisiert. Im zweiten Heft des ersten Jahrgangs von *Fernunterricht*, einer Ausgabe, die sich „Britisch Indien“ widmet, wird nach einer Karte zur Bevölkerungsverteilung und einem summarischen Abriss zu den Wirtschaftsformen, der Arbeiterklasse, der strategischen Stellung Indiens im Britischen Weltreich, der Verfassung, der Nationalbewegung und den letzten von Gandhi und der Regierung MacDonald unterstützten, von der „konservativen Kolonialbürokratie“ jedoch verhinderten Versuchen, das Wahlrecht auszudehnen, auf weiter zu erörternde Zusammenhänge verwiesen:

> Zum Thema „Indien und das Britische Reich“ vergleiche die Tafeln Nr. 11, 12, 22, 32, 36, 37, 40 bis 46, 48 bis 50, 52, 53, 61, 65 bis 67, 73, 75, 79, 82, 90, 92, 94, 95 des bildstatistischen Elementarwerks „Gesellschaft und Wirtschaft“, herausgegeben vom Gesellschafts- und Wirtschaftsmuseum in Wien, Verlag Bibliographisches Institut A. G., Leipzig 1930.[34]

32 Otto Neurath, Pseudorationalismus der Falsifikation, in: Erkenntnis 5 (1935), 353–365, hier: 354.

33 Gesellschafts- und Wirtschaftsmuseum (Hg.), Gesellschaft und Wirtschaft. Bildstatistisches Elementarwerk.

34 Gesellschafts- und Wirtschaftsmuseum, Britisch-Indien, in: Fernunterricht 1 (1931), H. 2, 4.

Obwohl diese Verweise auf Publikationen in der Geschichte des Erscheinens von *Fernunterricht* abnehmen, ja die Nachfolgezeitschrift *Bildstatistik* nur noch visuell gestützte Essays zu bestimmten Themen zum Inhalt hatte, belegen diese Verweise die Nähe der Zeitschrift zur Vermittlungsarbeit des Museums, da die diskursive Erschließung von Zusammenhängen angeregt wurde. Über die Entwicklung der Periodika lässt sich umgekehrt behaupten, dass die Zeitschriften des Gesellschafts- und Wirtschaftsmuseums sich von der vermittlerischen Praxis vor Ort emanzipierten und allmählich das Format eigenständiger Periodika annahmen. Eine erste Form der Offenheit der Wiener Methode zeigt sich hier also in der Re-Konstellation. Ein- und dieselbe Grafik kann in verschiedenen Konstellationen neue Themenbereiche erschließen, andere Hypothesen nahelegen und so zu unterschiedlichen Gesprächen führen.

Eine zweite Form der Offenheit der Wiener Methode der Bildstatistik lässt sich anhand einer der bekanntesten Grafiken der frühen 1930er Jahre verdeutlichen, der Entwicklung der Arbeitslosenzahlen (vgl. Abb. 2). In Heft 5 des ersten Jahrgangs, das die Wirtschaft und Gesellschaft Frankreichs zum Inhalt hatte, werden die divergierenden Entwicklungen der Arbeitslosenzahlen direkt angesprochen. Zunächst wird die Spezifik der französischen Wirtschaft seit den 1910er Jahren erläutert, die immens gesteigerten Goldvorräte, die sich nur in den USA ähnlich vergrößerten. Anschließend wird auf den französischen Wiederaufbau eingegangen, vermutlich um das Argument zu entkräften, die niedrigen Arbeitslosenzahlen wären durch den Wiederaufbau zu erklären, welcher jedoch 1925 „im großen und ganzen beendet“[35] worden war. Danach wird – in Anführungszeichen, weil es ein unzutreffender aber populärer Begriff war – auf die „Vergreisung“ Frankreichs eingegangen. Hier wird zunächst herausgestrichen, dass es jetzt eine höhere Lebenserwartung in Frankreich gibt („Folge besserer hygienischer Verhältnisse und medizinischer Kenntnisse“)[36] und dass die „Zuwanderung von Menschen im arbeitsfähigen Alter“[37] auch dazu führt, dass der Anteil der Kinder an der Gesamtbevölkerung abnimmt. Anschließend werden zwei Positionen zur Bewertung des demographischen Wandels skizziert. Volkswirtschaftlich seien der Geburtenrückgang und die Zuwanderung positiv zu betrachten, da die arbeitsfähige Generation zahlreicher werde. Allerdings beträfe die Zuwanderung nicht die „für den Wehrdienst geeignetsten Generationen“, weshalb sie militärisch negativ beurteilt werde. Schließlich wird direkt auf die scheinbar niedrigen Arbeitslosenzahlen Frankreichs eingegangen:

---

35 Gesellschafts- und Wirtschaftsmuseum, Frankreich und Nachbarländer, in: Fernunterricht 1 (1931), H. 5, 4.

36 Ebd., 7.

37 Ebd., 5.

> Die amtliche Arbeitslosenstatistik zählte in Frankreich am 25. Juli d. J. [d. h. 1931, G.W.] bloß 35.916 Arbeitslose. Die Wirtschaftskrise wird aber doch stark verspürt. In den 8433 Betrieben mit mehr als 100 beschäftigten Personen arbeiteten im Juli 34,18 Prozent der gezählten Arbeiter in Kurzarbeit, gegen nur 2,74 Prozent zur gleichen Zeit des Vorjahres.[38]

Wie bereits erwähnt, sind keine internen Korrespondenzen zwischen den Abteilungen des Museums oder andere Arbeitsdokumente erhalten geblieben, sodass die These, es handle sich bei diesem Schwerpunkt der französischen Wirtschaft um die Ausarbeitung einer Bildstatistik, zu einem gewissen Grad spekulativ bleibt. Stärken lässt sich diese Behauptung jedoch durch einen indirekten Schluss über die Arbeitsweise des Museums. Neurath organisierte das Museum so, dass drei Abteilungen in einem rückgekoppelten Prozess kollaborierten. Eine Gruppe von internationalen Wissenschaftler:innen lieferte Daten und fachliche Expertisen.[39] Diese Expert:innen arbeiteten mit den „Transformatoren" zusammen, einer Abteilung von Grafiker:innen, Schriftsetzer:innen und Wissenschaftler:innen, die aus übermittelten Daten aussagekräftige Grafiken entwarfen. Für die Entwicklung der Wiener Methode der Bildstatistik war die Abteilung der „Transformation" das intellektuelle Zentrum. Hier wurde, wie bereits erwähnt, während der Zeit schlechterer Auftragslage versucht, der eigenen Arbeitsweise ein systematisches Bild zu geben, hier wurden Richtlinien zur Farbgebung, zur Rundung von Zahlen und zur Projektion von Karten entwickelt. Die dritte Abteilung war die Vermittlung, sie gab Führungen durch die Ausstellungen, versuchte Gespräche über die Grafiken zu moderieren und bei den Besucher:innen längerfristiges Interesse an der empirischen Erschließung der Welt zu wecken. Von den drei Abteilungen war die „Transformation" die beanspruchteste, denn das Museum sah vor, dass Grafiken überarbeitet wurden, wenn sich in der wissenschaftlichen Evaluation oder der Vermittlung Defizite ergeben hatten. Dieser Anspruch konstanten Feedbacks wurde aus operativen Gründen hauptsächlich in Wien umgesetzt. Nichtsdestoweniger bedeutete diese Organisationsweise, dass eine Ausstellung nie abgeschlossen war, stets standen Grafiken zur Überarbeitung an. Der Vorteil dieses Feedbacks war neben der kontinuierlichen Optimierung der Ausstellungen auch einer für die Periodika des Museums: Dort wurden meist Grafiken abgedruckt, die sich in der musealen Vermittlung als produktiv für das Gespräch erwiesen hatten. Von der besagten Grafik zur Entwicklung der Arbeitslosenzahlen existieren über zwanzig Versionen.[40] Demnach kann es als wahrscheinlich gelten, dass die Ausfüh-

**38** Ebd., 9.

**39** Eine Auflistung aller permanenten und temporären Mitarbeiter:innen findet sich bei M. Neurath, Social and economic museum, 527–531.

**40** Sämtliche erhaltenen Grafiken sind hier abgedruckt: Robin Kinross, The graphic formation of Isotype, 1925–40, in: Burke/Kindel/Walker (Hg.), Isotype, 155–163.

rungen im *Fernunterricht* auf der Vermittlungsarbeit in den Ausstellungen basieren, schließlich wurde auch eines bekanntesten Sujets der Zeit besprochen. Die zweite Form von Offenheit der Wiener Methode der Bildstatistik besteht also darin, an die Vermittlungsarbeit des Museums in den Zeitschriften anzuknüpfen und zusätzliche Informationen zur, in diesem Fall, wohl wichtigsten Grafik der Zeit der Weltwirtschaftskrise und deren unterschiedliche Auswirkungen auf verschiedene Länder zu geben.

Neben der konstellativen und der diskursiven Offenheit ist drittens die Anregung von Grafiken und das Nachfragen zu Grafiken durch die Betrachter:innen zu nennen. Aus dem Wiener Museum selbst ist nur ein (leeres) Feedback-Formular erhalten geblieben, das nach Führungen an die Besucher:innen verteilt wurde.[41] In der Zeitschrift sind dagegen zahlreiche Wortmeldungen der Betrachter:innen der Grafiken abgedruckt. Die ersten vier Ausgaben enthielten ein voradressiertes „Beilageblatt", das sich ebenso wie ein leeres Formular ausnimmt. Darin finden sich zwei Bereiche: „Anfragen des Abonnenten" und „Vorschläge für Text und Bildbeigaben". Dass sich Besucher:innen selbst Themen und Grafiken auswählen, wurde von Neurath explizit unterstützt.[42] Gemäß der Programmatik des Gesellschafts- und Wirtschaftsmuseums verlange die „moderne Demokratie [...], dass breite Massen der Bevölkerung sachlich [...] unterrichtet werden".[43] Partizipatorische Zuschriften in Zeitschriften waren per se nichts Neues, neu daran ist die Genese aus einer musealen Praxis.[44] Auf Seite 15 jeder Ausgabe wurden die eingesandten Fragen auf einer Seite gewürdigt, die schlicht „Antworten auf Fragen" zum Titel hatte. Die Leser:innen wurden zunächst anonymisiert („K. in B."),[45] in späteren Ausgaben druckte man die von den Absender:innen angegeben Orte ab („Hötting", „St. Veit", „Holland", „Berlin"),[46] wohl um den internationalen Charakter der Zuschriften und der Institution zu betonen. Die abgedruckten Fragen lassen sich grob in zwei Gruppen unterteilen. Einerseits wurden inhaltliche Fragen und Wünsche gestellt, was unter „Behaviorismus" oder dem „Verein Ernst Mach" zu verstehen sei, ob eine thematische Zusammenstellung über die „U. d. S. S. R." und über „den Weltkrieg" in

41 Das Formular ist publiziert in: Nemeth, Tatbestände, 74.

42 Persönliche Dokumente belegen hier ebenso Neuraths Hoffnung auf eine zunehmend von den Betrachter:innen geleitete Themenwahl, vgl. Burke, The Gesellschafts- und Wirtschaftsmuseum, 96–97.

43 Otto Neurath, Aufgaben des Gesellschafts- und Wirtschaftsmuseums in Wien, in: Gesammelte bildpädagogische Schriften, hg. von Rudolf Haller und Robin Kinross, Wien 2021, 56.

44 Vergleiche dazu die Studie von Claudia Stockinger, An den Ursprüngen populärer Serialität. Das Familienblatt „Die Gartenlaube", Göttingen 2018, 20.

45 Gesellschafts- und Wirtschaftsmuseum, Britisch-Indien, in: Fernunterricht 1 (1931), H. 2, 15.

46 Gesellschafts- und Wirtschaftsmuseum, Spanien und Portugal, in: Fernunterricht 1 (1931), H. 3, 15.

den nächsten Ausgaben gezeigt werden könnte. Andererseits wurden Fragen abgedruckt, die eher praktischer Art waren, etwa wie man ein Mathematikstudium beginnen könne, wieviel das neue Buch von Herbert Feigl koste oder welches Buch zur Frage, ob Deutschland und Österreich einen gemeinsamen Staat bilden sollten, lesenswert sei.

Warum sowohl die Fragebögen als auch die Antworten nach einigen Ausgaben nicht mehr abgedruckt wurden, ist nicht zu klären. Es könnte sein, dass viele nur noch brieflich beantwortet wurden, wie die Frage nach dem Mathematikstudium, der man vielleicht wenig überindividuellen Informationswert zusprach. Es könnte sein, dass man sich in Zeiten wirtschaftlicher Not auf den Druck hochwertiger Texte und Grafiken beschränken wollte und das generelle Informationsgebot wichtiger als die kontinuierlich aus der Vermittlung sich ableitende Interaktion schien. Es könnte sein, dass die finanziellen Ressourcen schlicht nicht mehr ausreichten, weil die Stadt Wien durch Notverordnungen und das Museum durch den konjunkturellen Einbruch geschwächt wurde.[47] Wie dem auch sei, die Zuschriften an die Zeitschrift belegen drittens die Offenheit der Wiener Methode der Bildstatistik ausgehend von den Besucher:innen des Museums und den Leser:innen der Zeitschrift. Konstellative, diskursive und partizipative Offenheit charakterisieren also dieses visuelle Medium.

## 3 Die Bildstatistik als kleine Form

Die Wiener Methode der Bildstatistik weist eine Reihe von Attributen auf, die sie mit kleinen Formen gemeinsam hat. Obwohl die Bildstatistiken nicht konsistent einer Systematik entsprechen, kann über sie ausgesagt werden, dass sie das Verhältnis zwischen sinnlicher Wahrnehmung und logischer Kategorisierung regeln.[48] Auch ihr operativer Einsatz in Ausstellungen und Zeitschriften folgte dem Ziel, durch Verkleinerung und übersichtliche Darstellung „erkenntnispraktische Gewinnziele" zu realisieren.[49] Im Unterschied zu vielen literarischen kleinen Formen geht diese Erkenntnis jedoch über das einzelne Objekt hinaus, erst in der Konstellation mehrerer Grafiken können sich größere Zusammenhänge erschließen oder zur

47 Vgl. Peter Eigner, Die Finanzpolitik des Roten Wien, in: Das Rote Wien, hg. von Werner Michael Schwarz, Georg Spitaler und Elke Wikidal, Basel 2019, 42–49, hier: 48.

48 Vgl. Torsten Hahn und Nicolas Pethes, Einleitung, in: Dens. (Hg.), Formästhetiken und Formen der Literatur. Materialität – Ornament – Codierung, Bielefeld 2020, 9–19, hier: 10.

49 Maren Jäger, Ethel Matala de Mazza und Joseph Vogl, Einleitung, in: Verkleinerung. Epistemologie und Literaturgeschichte kleiner Formen, hg. von Maren Jäger, Ethel Matala de Mazza und Joseph Vogl, Berlin und Boston 2021, 1–12, hier: 2.

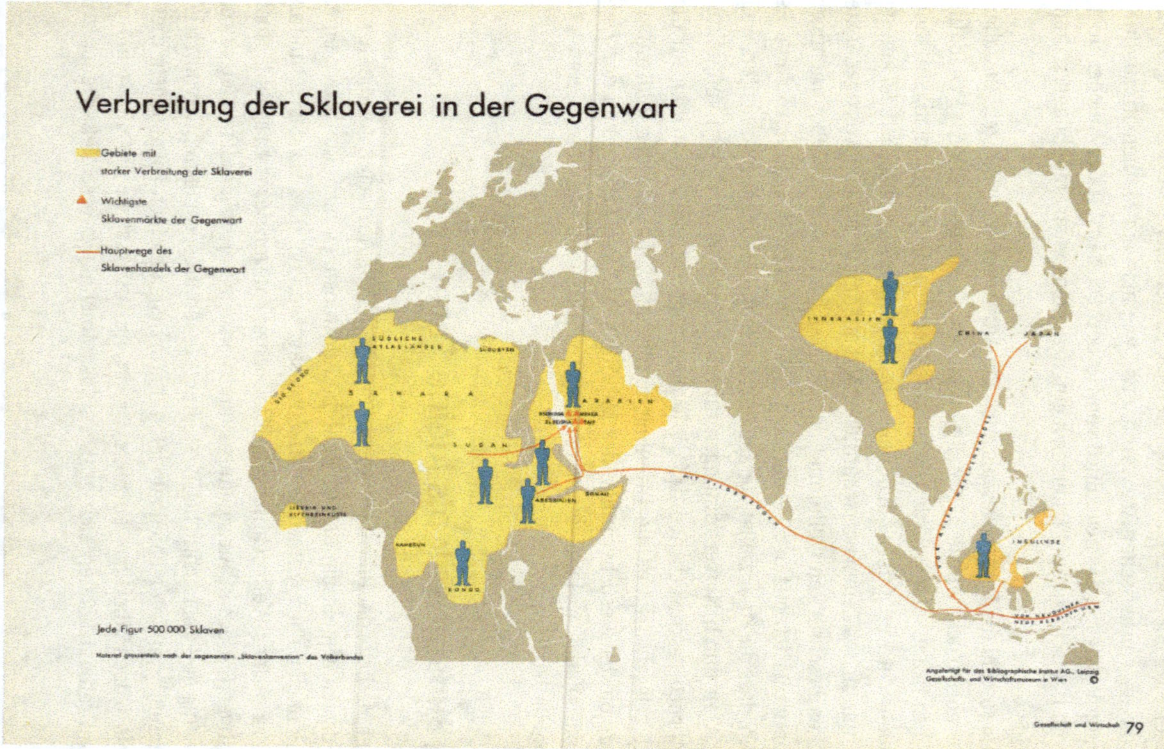


**Abb. 3:** Sklaverei und Menschenhandel werden visualisiert, in: Gesellschafts- und Wirtschaftsmuseum (Hg.), *Gesellschaft und Wirtschaft. Bildstatistisches Elementarwerk*, Leipzig 1930, Tafel 79.

Diskussion stellen. Die Produktion der Wiener Methode wurde kollektiv organisiert, im Zusammenspiel von Wissenschaftler:innen, Grafiker:innen, Vermittler:innen und Besucher:innen wurden die Basisoperationen der Reduktion, Selektion, Verdichtung und Transposition er- und überarbeitet.[50] Obwohl manche Symbole eindeutig die Handschrift von Gerd Arntz tragen, wäre es nicht gerechtfertigt, die zugrundeliegenden Daten und die Funktionsweise der Grafiken nur einem Urheber zuzurechnen. Produktion und Rezeption waren bei diesen Grafiken miteinander verzahnt. Die dritte Ebene der Vermittlung, das diskursive Erkunden von Zusammenhängen, kann als Potential der Wiederverwendung beschrieben werden, so dass im Neuordnen selbst ein intellektuelles Potential liegt.[51] Wissenschaftsgeschichtlich stehen die Bildstatistiken damit in der Tradition der Fakten, die unabhängig von Theorien sein sollten,[52] wie an den unterschiedlichen Erklärungen zur Arbeitslosigkeit in Frankreich deutlich geworden sein sollte. Wenn Bruno Latour den Erfolg europäischer Kolonialpolitik durch die große Synchronisierungsleistung wissenschaftlicher und technischer Zeichnungen erklärt, „how the few may dominate the many",[53] so kann Otto Neuraths Mission, wie sie von seiner Frau bis in die 1970er Jahre in postkolonialen Kontexten fortgesetzt wurde (vgl. Abb. 3), mit „how the many may see one world" umrissen werden. Die Offenheit der Wiener Methode der Bildstatistik konnte durch eine Analyse der Zeitschriften *Das Bild* und *Fernunterricht* plausibilisiert werden. Die Wiener Methode ist erstens konstellativ offen, da sich durch die Gruppierung von Grafiken neue Zusammenhänge diskutieren lassen. Sie ist zweitens diskursiv offen, da Grafiken – wie die Arbeitslosengrafik – neue Hypothesen und ergänzende Informationen einfordern. Und sie ist drittens partizipativ offen, da die Zuschriften an die Zeitschrift sowohl die Befragung bestehender als auch den Entwurf neuer Grafiken dokumentieren. Die Zeitschriften erlauben so konkretere Einblicke in die Arbeitsweise des historischen Museums, dessen Orientierung am Wissensstand einer demokratischen Öffentlichkeit bis heute wenig von seiner Aktualität verloren hat.

---

**50** Vgl. ebd., 7–9.

**51** Vgl. Caroline Levine, Forms. Whole, Rhythm, Hierarchy, Network, Princeton 2015, 17.

**52** Vgl. Lorraine Daston, Why Are Facts Short?, in: Max-Planck-Institut für Wissenschaftsgeschichte Preprint 174 (2001), 6.

**53** Bruno Latour, Visualisation and Cognition. Drawing Things Together, in: Knowledge and Society. Studies in the Sociology of Culture Past and Present, hg. von Elizabeth Long und Henrika Kuklick, Bd. 6 (1986), 1–40, hier: 27.

# Literaturverzeichnis

Blau, Eve, Moderne Architektur und Bildstatistik, in: Das Rote Wien. 1919–1934, hg. von Werner Michael Schwarz, Georg Spitaler und Elke Wikidal, Basel 2019, 306–316.

Burke, Christopher, Eric Kindel und Sue Walker (Hg.), Isotype. Design and Contexts 1925–1971, London 2013.

Burke, Christopher, The Gesellschafts- und Wirtschaftsmuseum in Wien, in: Isotype. Design and Contexts 1925–1971, hg. von Christopher Burke, Eric Kindel und Sue Walker, London 2013, 21–103.

Cartwright, Nancy, Jordi Cat, Lola Fleck und Thomas E. Uebel , Otto Neurath. Philosophy between Science and Politics, New York 1996.

Daston, Lorraine, Why Are Facts Short?, in: Max-Planck-Institut für Wissenschaftsgeschichte Preprint 174 (2001), 5–21.

Eigner, Peter, Die Finanzpolitik des Roten Wien, in: Das Rote Wien 1919–1934. Ideen, Debatten, Praxis, hg. von Werner Michael Schwarz, Georg Spitaler und Elke Wikidal, Basel 2019, 42–49.

Ersan, Gökhan, Pamela G. Smart, Louis F. Piper, et. al., Zur Humanisierung des Wissens. Inside the Atom, Materials Matter und die MINT-Werkzeugkiste, in: Die Konturen der Welt. Geschichte und Gegenwart visueller Bildung nach Otto Neurath, hg. von Gernot Waldner, Wien und Berlin 2021, 263–296.

Fischer, Alois, Die Ausstellung „Wien im Bild" in den Räumen des Gesundheitshauses Am Urban in Berlin, in: Das Bild 6 (1929), 92.

Frank, Gustav, Prolegomena zu einer integralen Zeitschriftenforschung, in: Jahrbuch für Internationale Germanistik XLVIII (2016), H. 2, 101–121.

Frank, Gustav, Madleen Podewski und Stefan Scherer, Kultur – Zeit – Schrift. Literatur- und Kulturzeitschriften als „kleine Archive", in: Internationales Archiv für Sozialgeschichte der Deutschen Literatur 34 (2010), H. 2, 1–45.

Galison, Peter, Aufbau/Bauhaus. Logical Positivism and Architectural Modernism, in: Critical Inquiry 16 (1990), 709–752.

Gesellschafts- und Wirtschaftsmuseum, Britisch-Indien, in: Fernunterricht 1 (1931), H. 2.

Gesellschafts- und Wirtschaftsmuseum, Spanien und Portugal in: Fernunterricht 1 (1931), H. 3.

Gesellschafts- und Wirtschaftsmuseum, Gemeinde Wien, in: Fernunterricht 1 (1931), H. 4.

Gesellschafts- und Wirtschaftsmuseum, Frankreich und Nachbarländer, in: Fernunterricht 1 (1931), H. 5.

Gesellschafts- und Wirtschaftsmuseum (Hg.), Gesellschaft und Wirtschaft. Bildstatistisches Elementarwerk, Leipzig 1930.

Hahn, Torsten und Nicolas Pethes, Einleitung, in: dens. (Hg.), Formästhetiken und Formen der Literatur. Materialität – Ornament – Codierung, Bielefeld 2020, 9–19.

Halusa, Gerhard, Das Museum nach der Ära Otto Neurath, in: Die Konturen der Welt. Geschichte und Gegenwart visueller Bildung nach Otto Neurath, hg. von Gernot Waldner, Wien und Berlin 2021, 101–114.

Horváth, Ödön von, Geschichten aus dem Wiener Wald, Frankfurt am Main 2001.

Jäger, Maren, Ethel Matala de Mazza und Joseph Vogl (Hg.), Verkleinerung. Epistemologie und Literaturgeschichte kleiner Formen, Berlin und Boston 2021.

Kinross, Robin, The graphic formation of Isotype, 1925–40, in: Isotype. Design and Contexts 1925–1971, hg. von Christopher Burke, Eric Kindel und Sue Walker, London 2013, 155–163.

Helmut Lethen

# Drehtüren der Einbildungskraft – im Kleinformat der Fotografie

In welchem theoretischen Kontext ich das Denkbild der „Drehtür" gefunden habe, weiß ich nicht genau. Vermutlich fand ich es in Paul de Mans Schrift „Autobiographie als Maskenspiel".[1] Er zitiert dort den Erzähltheoretiker Gérard Genette, der sich mit dem Problem herumplagt, dass einige Figuren in Marcel Prousts *Recherche*-Roman ‚reale' – in Genettes Begrifflichkeit ‚extradiegetische' – Vorbilder haben, die wie durch Drehtüren in die Fiktion ein- und auswandern. Vielleicht wollte Roland Barthes in seinem geplanten Seminar über „Proust und die Fotografie" Genettes Denkbild der Drehtür weiterverfolgen – er kam nicht mehr dazu. Im März 1980 starb er an den Folgen eines Verkehrsunfalls. Aber wir kennen seine Pläne. Ich halte mich an Peter Geimers Bericht:[2] Barthes wollte 60 Porträtfotografien, auf denen Paul Nadar die Welt von Proust abgelichtet hatte, während seiner Vorlesung in Großprojektionen einblenden. Die Bruchstücke des fotografischen Archivs wollte er nicht weiter kommentieren. Sie sollten vielmehr „die imaginäre Welt des Romans mit Fetzen der Realität"[3] durchsetzen, ohne sie selbst wieder begrifflich zu fixieren. Die „toxische Wirkung der Photos" sollte einen „Schwebezustand des Sinns"[4] auslösen; eben jenes Schwindelgefühl, das einen in der Drehtür befallen kann.

Durch diese Denkfigur kann man jenem Augenblick auf die Spur kommen, in dem enzyklopädisches Wissen – eingeschrumpft und transformiert – durch die enge Passage der Fiktion in Prousts *Recherche* (ein Roman, der alles andere als kleinformatig ist) Eingang findet.[5] Ich orientiere mich an dem Buch von Lothar Müller über Prousts Vater, dem Hygiene-Experten und Modernisierer der Quarantänepolitik in Europa: Adrien Proust.[6]

1 Vgl. Paul de Man, Autobiographie als Maskenspiel, in: ders., Die Ideologie des Ästhetischen, hg. von Christoph Menke, 4. Aufl., Frankfurt am Main 2015, 131–146.

2 Peter Geimer, Die Evidenz widersetzt sich der Zerlegung, in: Das Sichtbare und das Sagbare. Evidenz zwischen Text und Bild in Roland Barthes' *Mythologies*, hg. von Peter Geimer und Katja Müller-Helle, Göttingen 2020, 17–64, hier: 51–57; Roland Barthes, Die Vorbereitung des Romans, Frankfurt am Main 2008.

3 Geimer, Evidenz, 51.

4 Ebd., 57.

5 Vgl. Helmut Lethen, Der Sommer des Großinquisitors, Berlin 2022, 169–174.

6 Lothar Müller, Adrien Proust und sein Sohn Marcel. Beobachter einer erkrankten Welt, Berlin 2021.

https://doi.org/10.1515/9783111003009-012

Die Belle Époque war, Müller zufolge, nicht nur durch politische Verschärfungen infolge der Dreyfus-Affäre gekennzeichnet, sondern war auch eine Zeit, in der Frankreich mit hygienischen und antiseptischen Regelwerken überzogen wurde und die Macht der Mediziner ein unheimliches Ausmaß gewann.[7] Zeitungen bildeten mit ihren Seuchen-Berichten eine „nervöse Außenhaut des Zeitgeistes", ein „Scharnier zwischen Salon und Klinik",[8] in denen man sich über die neuesten Maßnahmen bei der Bekämpfung der Seuchen, Cholera und Pest, austauschte. Im Zentrum der Gespräche stand oft Adrien Proust, der Seuchenberater der französischen Regierung. Er verfolgte die wissenschaftliche Entwicklung der Virologie und stand in Kontakt mit dem deutschen Mediziner und Mikrobiologen Robert Koch. Als Experte hatte er die Erfahrung gemacht, dass die Seuchenprävention mit konkurrierenden ökonomischen Interessen von Frankreich und Großbritannien kollidierte. Eine Weltgesundheitsorganisation zur Koordinierung des Gesundheitswesens auf internationaler Ebene, wie wir es heute kennen, gab es nicht.

Über ein Jahrzehnt schulte Adrien Proust „seine Aufmerksamkeit für die Seefahrt als Infrastruktur der Ausbreitung von Seuchen",[9] wurde Kontrolleur der Bewegungen der Menschen im Seeraum und auf Landrouten, auf denen die Seuchen mit der globalen Zirkulation von Waren nach Europa kamen. Während der Sohn in die Geschichten von *Tausendundeiner Nacht* als seinem schlafnahen Urstrom sequenziellen Erzählens eintauchte, war der Orient für den Hygieniker ein interessanter Sektor seuchenpolitischer Verwaltung. Den delikateren Formen des Orientalismus gewann der Vater keinen erkennbaren Reiz ab. Die Pilgerzüge nach Mekka waren für ihn – wie man heute sagen würde – *superspreader* der Cholera, der Suezkanal das Nadelöhr der Seuchenprävention, und es traf ihn hart, wenn sich wieder einmal ein britisches Schiff der Kontrolle entzogen hatte.[10]

Für Lothar Müller ist der Roman des Sohnes trotz allem keine Echokammer der väterlichen Expertisen. Trotz Marcels juristischer Ausbildung gibt es in der *Recherche* – anders als in Balzacs *Comédie humaine* – kaum Juristen, dafür umso mehr Mediziner. Symptome der Neurasthenie schillern in den Salons in allen Farben, die Pathologie ist ein „unverzichtbarer Nährboden" für Prousts fiktiven Kosmos. Gustave Flaubert, Sohn eines Chirurgen, hatte in seiner Prosa die Erzählposition, wie Müller sagt, „mit der Aura des klinischen Blickes umgeben". Gegen die knappen Bulletins dieser „Chirurgen-Poetik" setzt Proust die „ausufernden Konversationskaskaden"[11] der Fragmente medizinischen Wissens in den Salons. Er beobachtet den Zug der

7 Vgl. ebd., 67.
8 Ebd., 64.
9 Ebd., 172.
10 Vgl. ebd., 119.
11 Ebd., 95.

Ärzte, die durch sein Buch wandern, aus Patientenperspektive und taucht sie in das Komödienlicht Molières oder gleicht sie den Karikaturen Honoré Daumiers an.[12] Zuweilen tauchen unverhofft Chirurgen auf der Ebene des Vergleichs auf:

> Wenn ich später im Laufe meines Lebens, in Klöstern etwa, Gelegenheit hatte, wirklich heiligen Personifizierungen der tätigen Nächstenliebe zu begegnen, dann hatte diese im allgemeinen das muntre, positive, gleichgültige und etwas schroffe Gebaren des eiligen Chirurgen an sich und ein Gesicht, auf dem kein Mitgefühl, kein Gerührtsein gegenüber dem menschlichen Leiden zu lesen stand, freilich auch keine Furcht, daran zu rühren, kurz sie zeigten die Züge ohne Sanftmut, das unsympathische, erhabene Antlitz der wahren Güte.[13]

Als Swann an seiner Liebe zu Odette verzweifelt, heißt es, seine Liebe sei, „wie die Chirurgie es nennt, inoperabel worden."[14] Aber erst auf Seite 496 des ersten Bandes der *Recherche* – als der Salon sich wundert, dass ein Mann von Geist wie Swann unglücklich wegen einer Frau ist, die es nicht verdiene – heißt es: „Mit dem gleichen Recht wundert man sich, daß sich jemand herbeilässt, wegen einer so unscheinbaren Kreatur, wie der Kommabazillus es ist, an Cholera zu erkranken."[15] Zum ersten Mal winkt Robert Koch über die deutsche Grenze in Prousts Prosa hinein. Das medizinische Wissen schrumpft in Salongesprächen auf die reduzierte Größe einer Liebesmetapher und wandert so in die Fiktion hinein.

Da ich die *Recherche* vor 60 Jahren im zweiten Semester in einer Dachstube in Bonn aus der Hand gelegt hatte, wollte ich Lothar Müllers Beobachtungen zum medizinischen Wissen in Prousts Roman prüfen, kaufte die Proust-Kassette für 98 Euro und traf auf Seite 418 des dritten Bandes „Guermantes" auf Marcels Reflexion am Sterbebett seiner Großmutter:

> An die Medizin zu glauben wäre also der größte Wahnwitz, wofern es nicht ein noch größerer wäre, nicht an sie zu glauben, denn aus dieser Häufung von Irrtümern sind auf lange Sicht ein paar Wahrheiten hervorgegangen.[16]

Die medizinischen Erzählungen des Hygiene-Professors Adrien Proust dagegen landen entweder in seinen Berichten über den Erfolg von Quarantänemaßnahmen oder – wenn sich wieder mal ein britisches Schiff der Kontrolle im Suezkanal, durch den die Seuche aus Indien und Ägypten nach Europa gelangt, entzieht – in Berichten

---

12 Vgl. ebd., 82.

13 Marcel Proust, Auf der Suche nach der verlorenen Zeit, Bd. 1: Unterwegs zu Swann, übersetzt von Eva Rechel-Mertens, Frankfurt am Main 2011, 122.

14 Ebd., 447.

15 Ebd., 496.

16 Marcel Proust, Auf der Suche nach der verlorenen Zeit, Bd. 3: Guermantes, übersetzt von Eva Rechel-Mertens, Frankfurt am Main 2011, 418.

über die Ausbreitung der Cholera.[17] Die Unterschiede der Herangehensweise von Vater und Sohn könnten nicht größer sein: Adrien Proust sei, so Müller, ein Generalist, bei dem „die Kasuistik in die Statistik des Epidemiologien [mündet]".[18] Seine Traktate zur Hygiene und Seuchenprävention gehören zur Zivilisationsgeschichte; für seinen Sohn gehören sie, wenn sie die Salons erreichen, zur „Physiologie des Geschwätzes".[19]

Es ist ein Vorzug von Müllers Buch, dass er die wissenschaftlichen Verdienste Adrian Prousts nicht dem Hochmut der Überlegenheit der Künste und der sie sekundierenden Geisteswissenschaften ausliefert. Sein Fazit: Vater und Sohn haben ihre Werke mit ihren verschiedenen Registern der „enzyklopädischen Energie des 19. Jahrhunderts" geöffnet.[20] Der naturwissenschaftliche Vater hatte das Pech, dass sein Werk – wie alle Wissenschaft „revisionsoffen" – möglichen „Erfahrungen des Scheiterns" unterlag;[21] sein Sohn das Glück, dass uns sein Spiel mit dem medizinischen Wissen, das von der „kalten Gymnastik" der Salonkultur[22] nur halbwegs gedeckelt wurde, noch heute faszinieren kann.

Es mag grotesk wirken, Marcel Prousts über 4000 Seiten starke *Recherche* als Beispiel für „Kleinformate" heranzuziehen. Als Beispiel für Denkbilder der Drehtür schien es mir nützlich zu sein, um zu erhellen, inwiefern die Künste *jeden* Formats in *intermediale* Prozesse der Übersetzung verwoben sind. Denn die Drehtür steht nicht nur für blitzartige Konvertierbarkeit enzyklopädischer Ausführungen durch den Engpass der Fiktion, wie etwa in den geschwätzigen Salongesprächen der *Recherche*. Auch in anderen Medienkonstellationen dringen Wissensfetzen auf einen Schlag in die Einbildungskraft ein, wie es bei Bildern nicht selten der Fall ist.

Diesen Gedanken möchte ich mit einem Satz aus Hans Beltings *Bild-Anthropologie* stützen:

> Die menschliche Wahrnehmung hat sich immer wieder neuen Bildtechniken angepasst, aber sie transzendiert solche medialen Grenzen ihrer Natur gemäß. Bilder sind von Hause aus intermedial. Sie wandern zwischen den historischen Bildmedien weiter, die für sie erfunden wurden. Die Bilder sind Nomaden der Medien. Sie schlagen in jedem neuen Medium, das in der

17 Vgl. Müller, Adrien Proust, 119.

18 Ebd., 189.

19 Walter Benjamin, Zum Bilde Prousts [1929], in: ders., Gesammelte Schriften, hg. von Rolf Tiedemann und Hermann Schweppenhäuser, 7 Bände, Bd. 2,1, Frankfurt am Main 1991, 310–324, hier: 315.

20 Müller, Adrien Proust, 189.

21 Vgl. Peter Strohschneider, ehemaliger Präsident der DFG, zur Rolle der medizinischen Forschung in der Pandemie in einem Kommentar in der *Frankfurter Allgemeine Zeitung* (Interview von Heike Schmoll an Peter Strohschneider, „Eine Spannung ohne Ausweg", in: FAZ, 22. Dezember 2020, 4).

22 Proust, Guermantes, 628.

> Geschichte der Bilder eingerichtet wurde, ihre Zelte auf, bevor sie in das nächste Medium weiterziehen.[23]

Rätselhaft bleibt in Beltings Anthropologie, woher die Bilder kommen, bevor sie ihre „Zelte" in verschiedenen Medien aufschlagen und wieder abbauen. Sind es im Unbewussten hausende Archetypen oder bilden sie die Oberfläche von Diskursmustern ab, die uns Ikonographen erklären können? Welchen Transformationen unterliegen sie bei jedem Wechsel? Was rumort in und unter den Ketten ikonographischer Reihen? Sind es Wunsch- und Schreckbilder frühkindlicher Zeit, die ihre Zelte dort aufschlagen, wo sie von Therapeuten erwartet werden? Sind sie in Mythen gespeichert, die nach neuen Anlagestellen suchen, um sich erneut in die Kette der Ereignisse einzugliedern? Warten sie in Synapsen des Gehirns auf ihren Einsatz? Belting hüllt sich zwar nicht in Schweigen, aber seine Auskünfte bleiben vage: „Unsere Körper", schreibt er,

> besitzen die natürliche Kompetenz, Orte und Dinge, die ihnen in der Zeit entgleiten, in Bilder zu verwandeln und in Bildern festzuhalten. Mit Bildern wehren wir uns gegen die Flucht der Zeit [...]. Unser Gedächtnis ist selbst ein körpereigenes, neuronales System aus fiktiven Orten der Erinnerung.[24]

Die Bild-Nomaden wandern nicht nur durch eine Abfolge „historischer Bildmedien", sie befinden sich gleichzeitig in einem ständigen Übersetzungsprozess in Räumen gegenwärtiger Kulte, in Medien der Schrift und des Sounds. Endlich landen sie in Daten-Räumen, in denen die Einbildungskraft an ihre Grenze stößt und in den großen Zahlen der Statistik erlischt.

## 1 Auf der Rückseite einer Flusslandschaft

Aufgrund ihrer unbegrenzten Reproduzierbarkeit zirkulieren Fotografien durch unterschiedliche Praxisfelder und wechselnde wissenschaftliche Strömungen. Sie werden permanent neu aufgeladen und mit Regeln traktiert, die zur Zeit ihrer Entstehung oft unbekannt waren. Am Beispiel der Geschichte des Lichtbilds einer Flusslandschaft im Jahre 1942, das ich bereits in *Der Schatten des Fotografen*[25] kommentiert habe, soll diese Zirkulation nachvollzogen werden.

---

**23** Hans Belting, Bild-Anthropologie. Entwürfe für eine Bildwissenschaft, München 2001, 214.
**24** Ebd., 65–66.
**25** Vgl. Helmut Lethen, Der Schatten des Fotografen, Berlin 2014.

**Abb. 1:** „Die Minenprobe" [Vorderseite], aus der Serie: *Vom Donez zum Don* (1942).

Eine Frau mit hellem Kopftuch watet mit gerafftem Rock dem nahen Ufer zu. Die Bewegung der Watenden hat einen leichten Wellengang verursacht. Helles, seitlich einfallendes Sonnenlicht wirft einen harten Schlagschatten. Ein heißer Tag, brennende Sonne, das kühle Wasser tut den Füßen gut. Der Schnappschuss löst verschiedene Assoziationen aus. Eine Idylle? Eine Studentin aus einem meiner Seminare konzentriert sich auf den Uferschlamm. Sie erinnert das Foto an Paul Celans *Psalm*: „Niemand knetet uns wieder aus Erde und Lehm".[26] Ein Junior-Fellow aus dem IFK in Wien denkt bei der Frau am Fluss an eine Erörterung von Hans Blumenberg. Bei einem Kinderarzt in einem Seminar in Luzern löst das Bild eine finstere Assoziation aus. Er glaubt zu wissen, dass dieses Bild einen Mord verdeckt – für psychoanalytisch geschulte Kinderärzte verbirgt jede Idylle offensichtlich etwas Schreckliches. Wie in Michelangelo Antonionis *Blow Up* im Gebüsch des Parks muss auch hier eine Leiche, diesmal am Ufer des Flusses, aufzuspüren sein. Auch formalistische Gesichtspunkte

26 Paul Celan, Psalm, in: ders., Die Gedichte, hg. von Barbara Wiedmann, Frankfurt am Main 2003, 132–133, hier: 132.

werden vorgebracht. Ein Fotohistoriker entdeckt, dass der Fotograf eine Perspektive wählt, die man erst von der Bauhaus-Fotografie kennt.

Die ‚wahre' Geschichte erzählt Petra Bopp, eine Kunsthistorikerin, die Fotoalben von Wehrmachtssoldaten sammelte. Sie fand das Foto zuerst in New York, in einem Schuhkarton im Besitz des Künstlers und Kurators Thomas Eller. Seine Bedeutung blieb ihr lange rätselhaft, denn im Karton lag das Foto unbeschriftet, bis sie das gleiche Foto in einem anonymen Album der Privatsammlung von Reiner Moneth fand. Im Album war das Foto nicht festgeklebt, sondern in Bildecken montiert, so dass sie es umdrehen konnte. Die Handbewegung der Forscherin setzte die Drehtür in Bewegung:

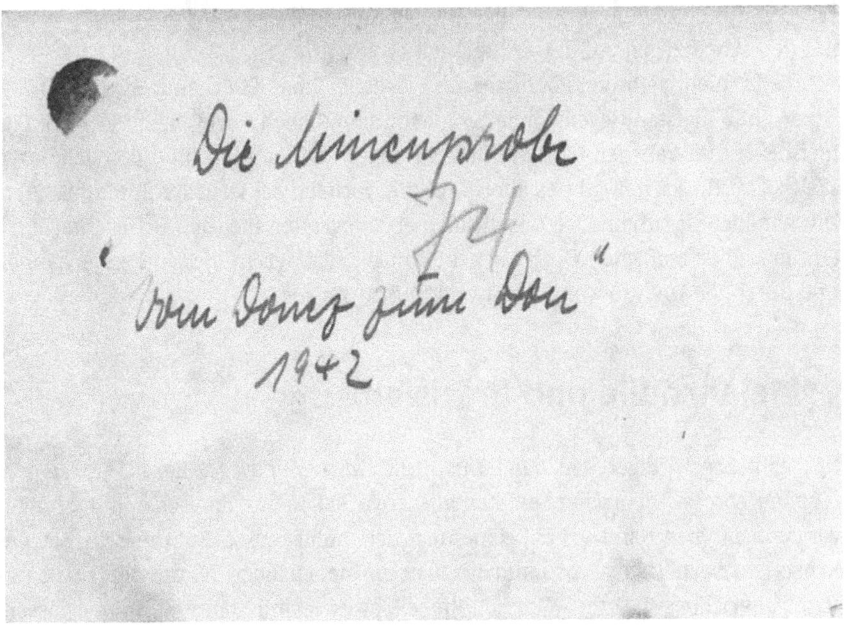


**Abb. 2:** „Die Minenprobe" [Rückseite], aus der Serie: *Vom Donez zum Don* (1942).

Diesmal werden in der Drehtür – dem tatsächlichen Wenden der Fotografie – die diversen Schattierungen der Einbildungskraft, die das Foto unter Studierenden ausgelöst hatte, in einem eindeutigen Text gelöscht. Die Bild-Legende, die auch 41 weitere Fotografien betraf, löste das Interesse der Historikerin und die Vermutung einer ganzen Bild-Serie aus: Der Hinweis einer Privatperson bestätigte den Verdacht; der familiäre Nachlass barg nicht nur die Liste zur Bildserie, sondern zahlreiche weitere der insgesamt 142 Fotografien. Die Suche nach dem Praxisfeld, der das Foto entstammt, führte Petra Bopp in das Militärarchiv Freiburg, wo sie den

Kontext der Division erforschte.[27] Bei der in der Fotografie festgehaltenen Szene lässt sich die Umsetzung eines Befehls erkennen, in dem angeordnet wird, „Juden oder gefangene Bandenangehörige“[28] als lebende Detektoren vorangehen zu lassen, wenn man Minengebiete vermutete. Das Foto war vermutlich Teil einer Experimentalsituation: Der Fotograf der Propaganda-Kompanie steht auf der Brücke. Als er auf den Auslöser drückt, ist der Ausgang des Menschenexperiments noch ungewiss. Möglich, dass der Fotograf es als Glücksfall empfunden hätte, wenn die Mine just in diesem Augenblick explodiert wäre. Das weiß man nicht. Sechs Worte – die Angabe des Orts der Aufnahme und eine Jahreszahl – zerreißen die Stille. Die Stummheit des Fotos wird in den dröhnenden Kontext des Vernichtungskriegs gerissen. Kann es je wieder aus dieser Drehtür von Bild und Schrift herauskommen? Werden die Einbildungskräfte, die von der Unschuld des Fotos ausgelöst wurden, mit den Schriftzügen auf dessen Rückseite gelöscht?

Es ist nicht selbstverständlich, dass visuelle Dinge überhaupt Rückseiten besitzen. „Die meisten Gegenstände, so glaubt man, haben Rückseiten“, schreibt Clemens Setz, „in Wahrheit trifft dies nur auf einen kleinen Ausschnitt der sichtbaren Welt zu.“[29] Rückseiten gibt es allerdings mit Vorliebe bei visuellen Kleinformaten. Die handliche, griffgünstige Gestalt kleiner Fotografien lädt den Beobachter dazu ein, mit einer einfachen Drehung des Handgelenks deren Rückseite zu erkunden und durch die Drehtür von Schrift und Bild zu steigen.

## 2 Melancholie und Präzision

1930 gibt Ernst Jünger den Band *Das Antlitz des Weltkrieges* heraus, in dem er „Fronterlebnisse“ deutscher Soldaten mit „etwa 200 photographischen Aufnahmen“ versammelt. Der Band erhebt den Anspruch, „eine kurze Kulturgeschichte des Kriegs“ zu vermitteln; „ein Eindringen in die neuen Begriffe, die der Krieg uns schuf“. Berichte und Fotos sollen „das hohe Maß an technischer Präzision“ erfassen; einer Präzision, die „den Gegner über große Entfernungen hinweg und auf die

27 Herzlichen Dank an Petra Bopp für ihre Unterstützung bei der Rekonstruktion der Fundgeschichte.

28 Einsatzbefehl des Kommandeurs des rückwärtigen Armeegebietes 532 vom 09.09.1942. Zit. nach Petra Bopp, Fremde im Visier. Fotoalben aus dem Zweiten Weltkrieg. Begleitend zur Ausstellung Fremde im Visier – Fotoalben aus dem Zweiten Weltkrieg, Stadtmuseum Oldenburg, 19. Juni–13. September 2009, Sammlung Fotografie – Münchner Stadtmuseum, 19. November 2009–28. Februar 2010, Historisches Museum Frankfurt, 14. April–28. August 2010, JenaKultur, Stadtmuseum Jena, 23. September–14. November, Bielefeld 2009, 102.

29 Clemens J. Setz, Der Trost runder Dinge. Erzählungen, Berlin 2020, 120.

Sekunde und auf den Meter genau mit seinen Vernichtungswaffen zu treffen weiß.“[30]

Das erste Foto des Bildbands zeigt einen Soldaten im Schützengraben, das Gewehr im Anschlag, während drei seiner Kameraden schlafen. Die Bildlegende gibt dem Foto den Namen „Ruhe vor dem Sturm“.[31] Der Band schließt mit einem Foto „Ruhe nach dem Sturm“. Unter den Wolken eines abziehenden Gewitters erblickt man ein zerschossenes Wegkreuz mit einer unversehrten Christusstatue.[32] Damit schließt sich der Bogen der Kriegs-Präsenz: Zeigt das erste Foto einen wachenden Christus am Ölberg mit schlafenden Jüngern kurz vor der Passion, präsentiert das letzte scheinbar einen Christus, der alle Stürme überstand.

**Abb. 3:** „Ruhe vor dem Sturm“ (links) und Titelseite (rechts), in: Ernst Jünger, *Das Antlitz des Weltkrieges* (1930).

**30** Ernst Jünger, Das Antlitz des Weltkrieges. Fronterlebnisse deutscher Soldaten, hg. von Ernst Jünger, Berlin 1930, 9.

**31** Ebd., 2.

**32** Ebd., 312.

Auf Seite 75 treffen wir auf ein Foto, anhand dessen ich das Problem der Drehtür der Einbildungskraft noch einmal erläutern will.[33] Eine hohe Horizontlinie lastet bleiern über einer eintönigen Landschaft, die der Autor mit der Rede von der „Menschenleere des Schlachtfelds" treffend bezeichnet findet.[34] Über den Ort und den Zeitpunkt der Aufnahme gibt das Verzeichnis der Abbildungen keine Auskunft. Ein Schützengraben durchschneidet diagonal im Zickzack den Vordergrund des Bildraums. Zur „Menschenleere" gehört als Überrest der Schlacht ein junger, auf dem Rücken liegender Soldat.

**Abb. 4:** Toter Soldat auf dem Grabenrand [ohne Bildlegende], in: Ernst Jünger, *Das Antlitz des Weltkrieges* (1930), 75.

Am Horizont öffnet sich, wie Jünger an anderer Stelle des Bandes sagt, „die Tiefe des feindlichen Raumes, ein Medium von elastischer Zähigkeit, das jeden Schritt mit bleiernen Gewichten beschwert".[35] Ein Detail des Fotos trifft mich – als Liebhaber von Roland Barthes' *Heller Kammer* – „wie das Licht eines fernen Sterns"[36] und

33 Ebd., 75.

34 Ebd., 226.

35 Ebd., 233.

36 Roland Barthes, Die helle Kammer, Frankfurt am Main 1989, 90.

verbindet mich zugleich wie mit „einer Art Nabelschnur“[37] mit dem Toten: Es sind die nackten Füße des Jungen. Sie erwecken die Vorstellung von der Schwerkraft, mit der einmal ein aufrechter Körper den Erdboden belastet und ihn mit der Fähigkeit zur Balance versorgt hat. Seine Stiefel waren der einzige Überrest, für den es noch Verwendung gab. Hinter den ausgehobenen Erdmassen der Schützengräben ist undeutlich verwischt am oberen Rand der nackte Oberkörper eines Soldaten sichtbar, der offenbar die Gräben absucht, vielleicht der Stiefelräuber. Er schleicht sich, wie die letzte lebende Figur einer Erzählung, die wir nicht kennen, aus dem Bilderrahmen hinaus.

Das Foto atmet die Atmosphäre unendlicher Verlassenheit. Umso irritierender ist die Bildlegende, mit der Jünger das Foto versieht – und die diesmal keiner Drehung des Handgelenks bedarf, um die „Kehrseite“ des Bildes in Erscheinung treten zu lassen:

75

Eroberte Stellung. Die Zahl der im Stiche gelassenen Gewehre deutet die Stärke der Grabenbesatzung an.

**Abb. 5:** Toter Soldat auf dem Grabenrand [mit Bildlegende], in: Ernst Jünger, *Das Antlitz des Weltkrieges* (1930), 75.

Angesichts der Bajonette klingt die Wendung des „im Stiche Lassens“ seltsam. Aber um Spitzfindigkeiten geht es hier nicht. Es geht um Zahlen. Mit Sicherheit ist nicht

37 Ebd., 91.

zu ermitteln, ob es 18 oder mehr Waffen sind, die vom Feind in panischer Flucht zurückgelassen wurden. Forensische Untersuchungen der Uniform könnten vielleicht klären, zu wem der tote Junge einmal gehörte. Fest steht, wie Jünger an anderer Stelle vermerkt, dass es eine englische Stellung war.

Es liegt nahe, die Art der sachlichen Wahrnehmung, die Jüngers Bildunterschrift anzeigt, mit der „Scheinwerfertheorie" von Karl Popper zu erklären.[38] Das Auge, lehrt diese, kann seiner biologischen Struktur nach nicht unbefangen sein. Jede Wahrnehmung ist eine zielgerichtete Handlung, die von einer Struktur der Erwartung gesteuert wird. Der Sehsinn ist in kognitive Prozesse verwickelt, in denen das Lebewesen fortwährend Hypothesen aufstellt, die seiner Orientierung dienen. Dem Organismus ist eine Art ‚Hypothesenlampe' einmontiert, die Daten registriert und abschätzt. Auf Jünger bezogen könnte dies heißen, dass die Wahrnehmung des Soldaten ein Organ seiner Mobilmachungsbereitschaft ist. Sie tastet die Umgebung ab, um Angriffe vorzubereiten, Fluchtwege zu erkunden, Deckung zu suchen. Der Mensch ist permanent an irgendeiner Front, Phänomene werden ‚ins Visier' genommen: „Das Sehen ist in unserem Raume ein Angriffsakt".[39] Die Bilder seiner Wahrnehmung haben scharfe Ränder. Der Effekt der Präzision tritt ein, wenn Atmosphären abgeschnitten werden.

Die Sachlichkeit der Bildlegende erklärt sich dadurch, dass Ernst Jünger 1930 nicht mehr – wie Jahre zuvor in den *Stahlgewittern* – in den Schlachten des Ersten Weltkriegs Akte heroischen Kampfeswillens erkennt, sondern einen „Arbeitsvorgang", der mit „unerbittlicher Präzision" abläuft. Selbst in seinen ‚Heldentaten' als Stoßtruppführer will er nur noch eine „wunderliche Akkordarbeit des menschlichen Angriffs" erkennen.[40] Materialschlachten werden von ihm als „Rechenexempel" betrachtet. Die vorliegende Bildlegende teilt uns ein Ergebnis der Berechnung mit: Abstraktion statt Einfühlung. Das entspricht dem Habitus der Neuen Sachlichkeit.

Der Kontext, der diese Art der Wahrnehmung steuert, ist für den nationalrevolutionären Autor um 1930 in seinen Publikationen unschwer zu rekonstruieren. Ihm schwebt in diesen Jahren eine Gesellschaftsordnung vor, die an die „Symmetrie eines Kristallgitters" erinnert,[41] seine Sprache nimmt den „Duktus einer techni-

---

38 Ich halte mich bei dieser Beschreibung der „Scheinwerfertheorie" von Popper an Ernst Gombrichts Darstellung im Vorwort seines Buches *Kunst und Illusion*. Vgl. Ernst Gombricht, Kunst und Illusion. Zur Psychologie der bildlichen Darstellung, Berlin 2002, 42.

39 Ernst Jünger, Blätter und Steine, Hamburg 1934, 202.

40 Jünger, Antlitz, 237.

41 Rolf Peter Sieferle, Die Konservative Revolution. Fünf biographische Skizzen, Frankfurt am Main 1995, 225.

schen Gebrauchsanweisung“ an.[42] Jünger will eine Herrschaft ohne „Maske der Humanität“ und gehört für einige Jahre zur technokratischen Fraktion der Konservativen Revolution. Das bildet den weltanschaulichen Rahmen der Genauigkeit seiner Beobachtungen, die in seinem Werk *Der Arbeiter*[43] einen Höhepunkt erreicht: Hier wird das Atmosphärische des urbanen Lebens gelöscht, organische Oberflächen werden metallisiert, Ausschweifungen der Grausamkeit tragen den Stempel der Arbeit, das zur Arbeit Untaugliche ist ausgeschlossen, Wucherungen des Lebens sind zu eliminieren, für Interaktionen sorgt ein elektrisches Netz, im Austausch der Personen sind Geheimnisse nicht vorgesehen, ihre Körper haben keine porösen Grenzen sondern nur noch scharfe Kanten. Die Gesellschaft funktioniert nach dem Modell einer Maschine. Kein Handlungsraum für Lebewesen, vielmehr ein physikalisches Phantom, in dem Dinge und Akteure mit großer Schärfe bezeichnet werden können. Science-Fiction des Jahres 1932 – mit tödlich realem Hintergrund.[44]

Als ich die eben geschilderten Überlegungen auf einer Konferenz über die „Visualisierung von Kriegsbildern“[45] in Linz vortrug, traf mich wie ein Blitz der Einwand einer polnischen Historikerin: noch nie habe sie im Archiv der Kriegsbilder einen so aufgeräumten Schützengraben gesehen, von Panik keine Spur, und auch der wie auf einer Bühne aufgebahrte Leichnam, dessen unzerfetzte Uniform keine Spuren von Gewalteinwirkung zeige, erzeuge zwangsläufig den Verdacht eines nachträglich inszenierten Lichtbilds. Hinzufügen könnte man an dieser Stelle die Skepsis des Historikers Peter Novick, der einmal bemerkte:

> Will man aus einer Begegnung mit der Vergangenheit wirklich etwas lernen, dann muss diese Vergangenheit in ihrer ganzen Unaufgeräumtheit erscheinen. Wird sie dagegen solange geformt und ausgeleuchtet, bis sie eine inspirierende Botschaft mitzuteilen hat, wird sie kaum je Erkenntnis stiften.[46]

42 Ebd., 220.

43 Ernst Jünger, Der Arbeiter. Herrschaft und Gestalt [1932], in: Sämtliche Werke, Bd. 10: Essays, Teil II, 2. Aufl., Stuttgart 2018.

44 Vgl. hierzu auch meine Ausführungen im Aufsatz „Wahrnehmungsschärfe“, in: Markus Krajewski, Antonia von Schöning und Mario Wimmer (Hg.), Enzyklopädie der Genauigkeit, Konstanz 2021, 494–501.

45 Kriegsbilder. Strategien bildlicher Emotionslenkung in Visualisierungen des Krieges, Internationaler Workshop, organisiert von Christine Kanz, 06.–07. Mai 2021.

46 Peter Novick, That Noble Dream. The „objectivity question“ and the American historical profession, Cambridge 1988, 26.

Julia Encke hatte schon vor vielen Jahren Retuschen an den von Jünger publizierten Fotografien festgestellt.[47] Sollte es sich auch in diesem Fall um Fälschung handeln? Andere Fotos aus jenem Band könnten den Einwand entkräften:

**Abb. 6:** „Eroberte englische Stellung. Durch das deutsche Füsilier-Regiment 73 aufgerollter Graben nach dem Sturm", in: Ernst Jünger, *Das Antlitz des Weltkrieges* (1930), 74.

Im Grabenfoto hat kein chaotisches Gerümpel seinen Auftritt. Ein „discourse of sobriety"[48] scheint wie mit einer Egge die Oberfläche der Wirklichkeit bereinigt zu haben. Die „Drehtür" hat Jüngers hintergründiges Konzept der kalten Genauigkeit im Arbeitsprozess des Krieges an die Oberfläche gespült und die Zählbarkeit der Welt gerettet. Während Momentaufnahmen der Kamera normalerweise versprechen, rationalisierte Oberflächen zu durchbrechen, ist es hier nicht der Fall. Die Einheit von Foto und Bildlegende befindet sich im Einklang mit dem theoretischen Horizont, den Jünger in diesem Zeitraum gegen Ende der Republik in verschiedenen Essays und in seinem Buch *Der Arbeiter* aufspannt.

Kann in diesem Fall von einem *snapshot* gesprochen werden? Der Fotograf „ist ein Jäger, der stolz darauf ist, sich unbemerkt anzupirschen und das Leben in seiner

---

47 Vgl. Julia Encke, Augenblicke der Gefahr. Der Krieg und die Sinne (1914–1934), München 2006.
48 Bill Nichols, Introduction to Documentary, Bloomington 2001, 39.

Spontaneität einfangen zu können",[49] bemerkte Rudolf Arnheim und Vilém Flusser stimmte ihm später zu.[50] Nichts trifft auf das Grabenbild weniger zu als der unterstellte Jagdinstinkt des Fotografen, es sei denn, es ginge um die verwischte Gestalt am oberen Bildrand, die durch ihre Unschärfe das Zeitmoment einer Erzählung ins Foto bringt. Eher noch könnte man das Foto mit Sätzen von Siegfried Kracauer in Verbindung bringen, für den das Foto eine „gespenstische Realität" hervorbringt,[51] in welcher „die momentgebundene Abbildung an eine Vernichtung gekoppelt ist, weil sie den Menschen nicht in seiner Geschichte, sondern nur in der zufälligen Konstellation als ‚Restbestand' wiedergibt."[52]

Wie man es auch dreht und wendet, mit dieser Intervention bekam der Wahrheitsanspruch des Fotos einen Riss. War es ein Zufall? Die erste Wehrmachtsausstellung des Hamburger Instituts für Sozialforschung scheiterte an der Intervention eines polnischen Historikers. Der Generalverdacht der Fälschung hielt seinen Einzug: War das Foto nicht wie alle Fotos keine Spur, kein „Fußabdruck" der Wirklichkeit, wie Susan Sontag noch vermutet hatte,[53] sondern nur eine Konstruktion visueller Realität? Spiegelte das Schwarzweiß des Fotos nicht nur das „Apparateprogramm" der Kamera[54] wie Vilém Flusser meinte? Kommt nicht das Schwarz-Weiß der Fotografie den „Farben der Wahrheit"[55] nahe, weil es dem Kontrastprogramm unserer Begriffe entspricht? Befindet das Schwarz-Weiß sich nicht in Übereinstimmung mit der Ansicht der Zählbarkeit, die die Bildlegende nahelegt? Ist das Foto nicht ein Beispiel für das „Oszillieren zwischen dem Eintritt des ‚Realen' in die Fotografie und den [...] ‚formalen Prozeduren'"[56] des Mediums?

Denn – hier folge ich wiederum einer Schlussfolgerung, die Peter Geimer in Erinnerung an den Streit um die Fotografien in den Wehrmachtsausstellungen vor einem Vierteljahrhundert zog – der „Quellenwert" eines Fotos, „kann nicht wie ein

49 Rudolf Arnheim, Über das Wesen der Photographie, in: ders., Die Seele in der Silberschicht: Medientheoretische Texte. Photographie – Film – Rundfunk, hg. von Helmut H. Diederichs, Frankfurt am Main 2004, 20–35, hier: 24.

50 Vgl. Lucas Knierzinger, Snapshot, in: Enzyklopädie der Genauigkeit, hg. von Markus Krajewski, Antonia von Schöning und Marion Wimmer, Konstanz 2021, 450–461, hier: 457.

51 Siegfried Kracauer, Die Photographie [1927], in: Ders., Werke, 9 Bände, Bd. 5.2: Essays, Feuilletons, Rezensionen 1924-1927, hg. von Inka Mülder-Bach, Berlin 2011, 682-698, hier: 691; vgl. Knierzinger, Snapshot, 457.

52 Ebd.; Kracauer, Die Photographie, 689.

53 Vgl. Susan Sontag, Über Fotografie, 22. Aufl., Frankfurt am Main 2016, 147.

54 Vilém Flusser, Ins Universum der technischen Bilder, 4. Aufl., Göttingen 1992, 86.

55 Hito Steyerl, Die Farbe der Wahrheit. Dokumentarismen im Kunstfeld, Wien 2008.

56 Peter Geimer, Was aus dem Rahmen fällt. Fotografische Zeugenschaft und das Wissen der Schrift, in: Mittelweg 36 (2021), H. 5–6, 32–55, hier: 36.

Destillat reiner Faktizität aus seiner ikonischen Gestalt herausgefiltert werden."[57] Das Grabenfoto formt mitsamt seiner Bildlegende eine ikonische Gestalt des technischen Denkens – auch als Fälschung: Auch diese ist einmal gewesen, auch Fälschungen hinterlassen Spuren.

Es fragt sich, inwiefern der Brennpunkt meiner Aufmerksamkeit, die nackten Füße des toten Jungen, ein Produkt meiner Einbildungskraft ist. Der Begriff der „Einbildungskraft", bemerkte einmal Gert Mattenklott, spielt mit der „Körperlichkeit des Vorgangs der Ein-bildung".[58] Wobei ich davon ausgehe, dass in der Einbildungskraft nicht nur ein Gegenstand vom Vermögen des Betrachters „adressiert" wird, sondern dass Ausstrahlungen des Gegenstands sich in die „Körperlichkeit des Vorgangs der Einbildung"[59] einmischen, es also einen Vorgang der aktiven, vom Gegenstand ausgelösten pathischen Evidenz gibt, der als Lichtpartikel vom Gegenstand absplittert, aber mich nur über meine Einbildungskraft trifft. Auf unserem Foto sind die nackten Füße des Soldaten eingefroren wie in der Kühlkammer der Pathologie. Einbildungskraft muss sie auftauen, um sie wieder in die Virtualität des Lebens gleiten zu lassen, um einen „Kick der *real life experience*"[60] zu erzeugen. Im Film könnten die nackten Füße sensomotorische Affekte auslösen, den Stress der Beschleunigung, des horchenden Stillstands, des gespannten Moments des Absprungs oder der Flucht, des Liebesspiels der Berührungen, oder der patriarchalischen Zurichtung – verschiedene Grade der sensomotorischen Intensität. Aber von allen „Farben der Wahrheit", die Hito Steyerl in ihren Reflexionen über den Dokumentarismus beschreibt, ist auf dem Foto nur die bleiche übriggeblieben. Nicht ohne Anstrengung der Einfühlung in einen toten Gegenstand bilden die erkalteten Füße, wenn es hochkommt (also die Hypermoral überhandnimmt), ein „sensomotorisches Schockmoment".[61] Das Archiv der Fotografien, resümierte Hans Belting, bedarf immer der Animation, um überhaupt Bild sein zu können.[62]

57 Ebd., 44.

58 Gert Mattenklott, Einbildungskraft, in: Bild und Einbildungskraft, hg. von Bernd Hüppauf und Christoph Wulf, München 2006, 47–64.

59 Ebd., 60.

60 Knierzinger, Snapshot, 457.

61 Steyerl, Die Farbe der Wahrheit, 45.

62 Vgl. Belting, Bild-Anthropologie, 214.

## 3 Die „statistische Entzauberung“[63]

Entstammen das Foto vom Soldaten am Grabenrand und Jüngers Bildlegende verschiedenen Welten der Wahrnehmung oder bilden sie eine Einheit? Schlussendlich komme ich zur „Entzauberung“ durch große Zahlen. Prousts Vater war Generalist, bei dem die „Kasuistik“ der Erzählungen „in die Statistik des Epidemiologen [mündet]“.[64] Wie wir wissen, haben die Künste und die ihr sekundierenden Geisteswissenschaften von der kopernikanischen Wende bis zur Psychoanalyse alle Kränkungen verkraftet. Nur die großen Zahlen der Statistik bleiben ihr bis heute unverdaut.

In Kriegserzählungen sind große Zahlen die Annihilatoren der unermesslichen Vielfalt von Lebensgeschichten, sie bilden den Pol, an dem alle Erzählungen und individuellen Bilder zu Grunde gehen. Zahlen sind das Medium des Desillusionsrealismus. Sie gehören zur Sachlichkeit.

Die Entzauberung der großen Zahl lässt sich am Ende von Thomas Manns *Zauberberg* beobachten, bei dem der Erzähler aus der ‚Schattensicherheit‘ des Erzählens heraustritt, um die Regie den Zahlen zu überlassen. Der Protagonist Hans Castorp geht 1914 als Soldat in der sich allmählich verringernden Stärke der angreifenden Heeresmassen verloren. „Sie müssen hindurch, die dreitausend fiebernden Knaben [...]. Sie sind dreitausend, damit noch ihrer zweitausend sind, wenn sie bei den Hügeln, den Dörfern anlangen; das ist der Sinn ihrer Menge. Sie sind ein Körper, darauf berechnet, nach großen Ausfällen noch handeln“ zu können.[65] Die Unverfügbarkeit des historischen Prozesses findet in der Entzauberung der großen Zahl ihren angemessenen Ausdruck. Irgendwie erwarten wir im Kleinformat eines Fotos immer noch eine Geschichte im *family frame*. Die lächerlich kleine und für statistische Erhebungen irrelevante Zahl von 18 oder mehr Gewehren sprengt allerdings bereits den familiären Rahmen der Einfühlung. Unsere Empörung über den Zynismus der Bildlegende ist verständlich. Aber sind die Zahlen, die die persönlichen Geschichten auslöschen, nicht der angemessene Ausdruck des „In-der-Welt-Sein[s]“[66] im Krieg?

Das Neunzehnte Jahrhundert war ein Zeitalter der Physiologien. Proust verdeckt in seinen ersten drei Bänden die physiologische Triebkraft mit dem Mantel der „kalten Gymnastik“[67] der Salon-Imitationen – wie die Rituale der Distanz am

63 Robert Musil, Der Mann ohne Eigenschaften [1930], 4. Aufl., Hamburg 2014, 159.

64 Müller, Adrien Proust, 189.

65 Thomas Mann, Der Zauberberg [1924], Frankfurt am Main 1959, 991.

66 Musil, Der Mann ohne Eigenschaften, 159.

67 Proust, Guermantes, 628.

Hof Ludwig des XIV. Das Zwanzigste Jahrhundert war ein Jahrhundert der statistischen Entzauberung, die alle Kleinformate sprengt. Empathie kann kein Leben in die Füße des getöteten Jungen bringen, sie rücken tot ins Archiv der toten Fotos ein. Das Kleinformat des Fotos und seine Bildlegende haben sie wie alles Lebende ins Werk der Zahlen integriert. „Die Photographie war einmal eine Ware der Wirklichkeit," bemerkt lakonisch Hans Belting. „Aber sie bildete auch früher nicht die Tatsache der Welt ab, sondern sie synchronisierte unseren Blick mit der Welt".[68] Auf dieses Vermögen wollte sich Jünger nicht verlassen. Das Foto ließ andere Lesarten zu, schloss Melancholie nicht aus. Die Bildlegende des Grabenfotos musste die Synchronisation des Blicks im Sinne Jüngers steuern, aufs Foto allein war kein Verlass. Ist das das Schicksal aller Kleinformate?

## Literaturverzeichnis

Arnheim, Rudolf, Über das Wesen der Photographie, in: ders., Die Seele in der Silberschicht: Medientheoretische Texte. Photographie – Film – Rundfunk, hg. von Helmut H. Diederichs, Frankfurt am Main 2004, 20–35.

Barthes, Roland, Die helle Kammer, Frankfurt am Main 1989.

Barthes, Roland, Die Vorbereitung des Romans, Frankfurt am Main 2008.

Belting, Hans, Bild-Anthropologie. Entwürfe für eine Bildwissenschaft, München 2001.

Benjamin, Walter, Zum Bilde Prousts [1929], in: ders., Gesammelte Schriften, hg. von Rolf Tiedemann und Hermann Schweppenhäuser, 7 Bände, Bd. 2,1, Frankfurt am Main 1991, 310–324.

Bopp, Petra, Fremde im Visier. Fotoalben aus dem Zweiten Weltkrieg. Begleitend zur Ausstellung Fremde im Visier – Fotoalben aus dem Zweiten Weltkrieg, Stadtmuseum Oldenburg, 19. Juni–13. September 2009, Sammlung Fotografie – Münchner Stadtmuseum, 19. November 2009–28. Februar 2010, Historisches Museum Frankfurt, 14. April–28. August 2010, JenaKultur, Stadtmuseum Jena, 23. September–14. November, Bielefeld 2009.

Celan, Paul, Psalm, in: ders., Die Gedichte, hg. von Barbara Wiedmann, Frankfurt am Main 2003, 132–133.

Encke, Julia, Augenblicke der Gefahr. Der Krieg und die Sinne (1914–1934), München 2006.

Flusser, Vilém, Ins Universum der technischen Bilder, 4. Aufl., Göttingen 1992.

Geimer, Peter, Die Evidenz widersetzt sich der Zerlegung, in: Das Sichtbare und das Sagbare. Evidenz zwischen Text und Bild in Roland Barthes' *Mythologies*, hg. von Peter Geimer und Katja Müller-Helle, Göttingen 2020, 17–64.

Geimer, Peter, Was aus dem Rahmen fällt. Fotografische Zeugenschaft und das Wissen der Schrift, in: Mittelweg 36 (2021), H. 5–6, 32–55.

Gombricht, Ernst, Kunst und Illusion. Zur Psychologie der bildlichen Darstellung, Berlin 2002.

Jünger, Ernst, Das Antlitz des Weltkrieges. Fronterlebnisse deutscher Soldaten, hg. von Ernst Jünger, Berlin 1930.

Jünger, Ernst, Blätter und Steine, Hamburg 1934.

68 Belting, Bild-Anthropologie, 215.

Jünger, Ernst, Der Arbeiter. Herrschaft und Gestalt [1932], in: Sämtliche Werke, Bd. 10: Essays, Teil II, 2. Aufl., Stuttgart 2018.

Knierzinger, Lucas, Snapshot, in: Enzyklopädie der Genauigkeit, hg. von Markus Krajewski, Antonia von Schöning und Marion Wimmer, Konstanz 2021, 450–461.

Kracauer, Siegfried, Die Photographie [1927], in: Ders., Werke, 9 Bände, Bd. 5.2: Essays, Feuilletons, Rezensionen 1924–1927, hg. von Inka Mülder-Bach, Berlin 2011, 682–698.

Krajewski, Markus, Antonia von Schöning und Marion Wimmer (Hg.), Enzyklopädie der Genauigkeit, Konstanz 2021.

Lethen, Helmut, Der Sommer des Großinquisitors, Berlin 2022.

Lethen, Helmut, Der Schatten des Fotografen, Berlin 2014.

Man, Paul de, Autobiographie als Maskenspiel, in: ders., Die Ideologie des Äshetischen, hg. von Christoph Menke, 4. Aufl., Frankfurt am Main 2015, 131–146.

Mann, Thomas, Der Zauberberg [1924], Frankfurt am Main 1959.

Mattenklott, Gert, Einbildungskraft, in: Bild und Einbildungskraft, hg. von Bernd Hüppauf und Christoph Wulf, München 2006, 47–64.

Müller, Lothar, Adrien Proust und sein Sohn Marcel. Beobachter einer erkrankten Welt, Berlin 2021.

Musil, Robert, Der Mann ohne Eigenschaften [1930], 4. Aufl., Hamburg 2014.

Nichols, Bill, Introduction to Documentary, Bloomington 2001.

Novick, Peter, That Noble Dream. The „objectivity question“ and the American historical profession, Cambridge 1988.

Proust, Marcel, Auf der Suche nach der verlorenen Zeit, Bd. 1: Unterwegs zu Swann, übersetzt von Eva Rechel-Mertens, Frankfurt am Main 2011.

Proust, Marcel, Auf der Suche nach der verlorenen Zeit, Bd. 3: Guermantes, übersetzt von Eva Rechel-Mertens, Frankfurt am Main 2011.

Schmoll, Heike und Peter Strohschneider, „Eine Spannung ohne Ausweg“ [Interview mit Peter Strohschneider], in: FAZ, 22. Dezember 2020, 4.

Setz, Clemens J., Der Trost runder Dinge. Erzählungen, Berlin 2020.

Sieferle, Rolf Peter, Die konservative Revolution. Fünf biographische Skizzen, Frankfurt am Main 1995.

Sontag, Susan, Über Fotografie, 22. Aufl., Frankfurt am Main 2016.

Steyerl, Hito, Die Farbe der Wahrheit. Dokumentarismen im Kunstfeld, Wien 2008.

# Liste der Abbildungen

## Susanne Nienhaus

**Abb. 1:** AK. verstärken unsere Massenarbeit, in: Die Rote Fahne, 25. November 1931, 9 – Scan der Staatsbibliothek zu Berlin – Preußischer Kulturbesitz.

**Abb. 2:** Großer Gott, es kommt in die „Rote Fahne" [Ausschnitt], in: Die Rote Fahne, 23. Juli 1931, 9 – Scan der Staatsbibliothek zu Berlin – Preußischer Kulturbesitz.

## David Bebnowski

**Abb. 1:** Joseph Goebbels, Vom Proletariat zum Volk, Reihe Kampfschrift 1932 [Titelblatt].

**Abb. 2:** Flugblatt der NSDAP München 1932, Adolf Wagner (verantwortlich), Sozialdemokraten! Arbeiter! Ihr werdet betrogen!

**Abb. 3:** Flugblatt der NSDAP München 1932, Adolf Wagner (verantwortlich), Sozialdemokraten! Arbeiter! Ihr werdet betrogen!

**Abb. 4:** Joseph Goebbels, Vom Proletariat zum Volk, Reihe Kampfschrift 1932, 21.

## Jonathan Voges

**Abb. 1, 2 und 4:** Geo A. Innes, 50 Facts & Figures about the League of Nations, London 1931 11, 2–3 und 14.

**Abb. 3:** Politische Bildpostkarte zur Volksabstimmung am 16. 05. 1920 zum Beitritt der Schweiz zum Völkerbund, Schweizerisches Aktionskomitee für den Beitritt zum Völkerbund, Zürich.

## Julia Steinmetz

**Abb. 1:** Alice Salomon, [Inhalt der Autographenmappe], SBB-PK, Handschriften und historische Drucke, Slg. Darmstaedter 2k 1900: Salomon, Alice. – Scan der Staatsbibliothek zu Berlin – Preußischer Kulturbesitz.

**Abb. 2:** Anna Pappritz an Elise von Hopffgarten, 22. 01. 1921, SBB-PK, Handschriften und historische Drucke, Slg. Darmstaedter 2k 1896: Pappritz, Anna Bl. 12. – Scan der Staatsbibliothek zu Berlin – Preußischer Kulturbesitz.

**Abb. 3:** Alice Salomon, Manuskript Jung-Deutschland und Notiz [o. D.], SBB-PK, Handschriften und historische Drucke, Slg. Darmstaedter 2k 1900: Salomon, Alice, Bl. 1–9. – Scan der Staatsbibliothek zu Berlin – Preußischer Kulturbesitz.

https://doi.org/10.1515/9783111003009-013

## Andreas Schmid

**Abb. 1:** Georg Schweinfurth, Artes Africanae. Abbildungen und Beschreibungen von Erzeugnissen des Kunstfleisses centralafrikanischer Völker, Leipzig und London 1875, Tab. VIII. Bayerische Staatsbibliothek, URL: https://www.digitale-sammlungen.de/de/view/bsb11305747?page=45 (Letzter Zugriff: 17.01.2023).

**Abb. 2:** Leo Frobenius, Die bildende Kunst der Afrikaner, Wien 1897, 2. Kolonialbibliothek der Universitätsbibliothek Frankfurt am Main, URL: https://sammlungen.ub.uni-frankfurt.de/kolonialbibliothek/content/pageview/11819477 (Letzter Zugriff: 17.01.2023).

**Abb. 3:** Felix von Luschan, Die Karl Knorrsche Sammlung von Benin-Altertümern im Museum für Länder- und Völkerkunde in Stuttgart, Stuttgart 1901, Tafel XII. Internet Archive, URL: https://archive.org/details/diekarlknorrsche00lusc/page/n123/mode/2up (Letzter Zugriff: 17.01.2023).

**Abb. 4 (links):** Pablo Picasso, Hlava ženy (1909), The New York Public Library Digital Collections. 1911–1913. General Research Division, The New York Public Library, URL: https://digitalcollections.nypl.org/items/510d47e3-bdd2-a3d9-e040-e00a18064a99 (Letzter Zugriff: 17.01.2023).

**Abb. 4 (rechts):** Hlava. Řezba ve dřevě. Madagaskar. Sbírka Brummerova, Paříž, The New York Public Library Digital Collections. 1911–1913. General Research Division, The New York Public Library, URL: https://digitalcollections.nypl.org/items/510d47e3-bdd3-a3d9-e040-e00a18064a99 (Letzter Zugriff: 17.01.2023).

**Abb. 5:** Carl Einstein, Negerplastik, Leipzig 1920, Abb. 16 und 17. Internet Archive, URL: https://archive.org/details/b2982395x/page/16/mode/2up (Letzter Zugriff: 17.01.2023).

**Abb. 6:** Hedwig Fechheimer, Die Plastik der Ägypter, Berlin 1922. Internet Archive, URL: https://archive.org/details/dieplastikdergyp0000fech/page/144/mode/2up (Letzter Zugriff: 17.01.2023).

## Kira Kaufmann

**Abb. 1:** Das Medium Eleonora Zugun, in: Beilage zur Vossischen Zeitung, Vossische Zeitung, 1. Januar 1927, Nr. 1, Beilage zum Sonnabend (Morgen) [Ausschnitt], Scan der Staatsbibliothek zu Berlin – Preußischer Kulturbesitz, URL: https://dfg-viewer.de/show?tx_dlf%5Bdouble%5D=0&tx_dlf%5Bid%5D=https%3A%2F%2Fcontent.staatsbibliothek-berlin.de%2Fzefys%2FSNP27112366-19270101-0-0-0-0.xml&tx_dlf%5Bpage%5D=37&cHash=0a51219233fda76a762e732019d32206 (Letzter Zugriff: 13.05.2023).

**Abb. 2:** Fortsetzung vom 26.XI.26. Verlauf der Sitzung. Phänomene [Auszug aus dem Berliner Protokoll vom 26. November 1926], in: Priska Pytlik (Hg.), Spiritismus und ästhetische Moderne – Berlin und München um 1900. Dokumente und Kommentare, Tübingen und Basel 2006, 605.

**Abb. 3:** Emelka-Kulturfilm GmbH, Die Hauptphänomene der Eleonore Zugun, Deutschland 1927 [Stills] © Archiv Peter Mulacz.

## Saskia Haag

**Abb. 1:** Neues Wiener Journal vom 24. Dezember 1916, 7, ANNO/Österreichische Nationalbibliothek.

**Abb. 2:** Hermann Bahr, Aufzeichnung [Juli 1917], ÖTM HS_VM2110Ba, KHM-Museumsverband © Theatermuseum Wien.

**Abb. 3:** Karl Kraus, Manuskriptseiten zur Fackel 706/711. o.O., 1925/12, [121] 57r und [123] 58r, Wienbibliothek im Rathaus, https://www.digital.wienbibliothek.at/wbrobv/content/pageview/2817278, URN urn:nbn:at:AT-WBR-139133 und https://www.digital.wienbibliothek.at/wbrobv/content/pageview/2817280, URN urn:nbn:at:AT-WBR-139133 (Letzter Zugriff: 11.01.2023).

## Elisa Purschke

**Abb. 1:** Gerd Arntz, Krise, Holzschnitt, 39 x 28,5 cm, 1931 © VG Bild-Kunst; Abbildung: Rheinisches Bildarchiv Köln (rba_d006505). URL: https://www.kulturelles-erbe-koeln.de/documents/obj/05057484 (Letzter Zugriff: 18.01.2023).

**Abb. 2+3:** [Anonym] [o.A.], Dognat' i peregnat' v techniko-ėkonomičeskom otnošenii peredovye kapitalističeskie strany v 10 let. 70 kartinnye diagramm na otkrytkach. Moskau und Leningrad 1931. URL: https://www.moma.org/collection/works/portfolios/16997 (Letzter Zugriff: 18.01.2023) © The Museum of Modern Art/Licensed by SCALA / Art Resource, 65 Bleecker St, 12th Floor, New York, NY 10012.

**Abb. 4+5:** [Anonym] [o.A.], Imperializm. Al'bom diagramm, kart, kartogramm i schem k učeniju Lenina ob imperializme, Moskau und Leningrad 1936. URL: https://elib.rgo.ru/handle/123456789/230323 (Letzter Zugriff: 18.01.2023).

## Stephan Brändle

**Abb. 1:** Werbeanzeige für den Rudolf Mosse-Code, in: Börsenblatt für den deutschen Buchhandel, 5. Oktober 1926, SLUB Dresden. URL: http://digital.slub-dresden.de/id39946221X-19261005/23 (Letzter Zugriff: 18.01.2023).

**Abb. 2:** Eine Seite des Rudolf Mosse-Codes (1922) – Scan der Staatsbibliothek zu Berlin – Preußischer Kulturbesitz, Sign. Oo 251/229<a>.

## Gernot Waldner

**Abb. 1:** Das Bild, Jahrgang 6, April 1929, 166 © Österreichisches Gesellschafts- und Wirtschaftsmuseum.

**Abb. 2:** Herbert George Wells, Arbeit, Wohlstand und das Glück der Menschheit, Wien und Berlin 1932 © Paul Zsolnay Verlag.

**Abb. 3:** Gesellschaft und Wirtschaft. Bildstatistisches Elementarwerk, hg. von Gesellschafts- und Wirtschaftsmuseum, Leipzig 1930, Tafel 79 © Österreichisches Gesellschafts- und Wirtschaftsmuseum.

## Helmut Lethen

**Abb. 1:** Die Minenprobe [Vorderseite], aus der Serie: Vom Donez zum Don (1942), Heer481 118 Nr. 74 © AURIS MEDIA Verlag GmbH.

**Abb. 2:** Die Minenprobe [Rückseite], aus der Serie: Vom Donez zum Don (1942), Heer481 118 Nr. 74 © AURIS MEDIA Verlag GmbH.

**Abb. 3:** Ruhe vor dem Sturm (links) und Titelseite (rechts), in: Ernst Jünger, Das Antlitz des Weltkrieges. Fronterlebnisse deutscher Soldaten, hg. von Ernst Jünger, Berlin 1930.

**Abb. 4:** Eroberte Stellung. Die Zahl der im Stiche gelassenen Gewehre deutet die Stärke der Grabenbesatzung an [ohne Bildlegende], in: Ernst Jünger, Das Antlitz des Weltkrieges. Fronterlebnisse deutscher Soldaten, hg. von Ernst Jünger, Berlin 1930, 75.

**Abb. 5:** Eroberte Stellung. Die Zahl der im Stiche gelassenen Gewehre deutet die Stärke der Grabenbesatzung an [mit Bildlegende], in: Ernst Jünger, Das Antlitz des Weltkrieges. Fronterlebnisse deutscher Soldaten, hg. von Ernst Jünger, Berlin 1930, 75.

**Abb. 6:** Eroberte englische Stellung. Durch das deutsche Füsilier-Regiment 73 aufgerollter Graben nach dem Sturm, in: Ernst Jünger, Das Antlitz des Weltkrieges. Fronterlebnisse deutscher Soldaten, hg. von Ernst Jünger, Berlin 1930, 74.

# Personenregister



https://doi.org/10.1515/9783111003009-014

# Beiträgerinnen und Beiträger

**Caroline Adler** ist Kulturwissenschaftlerin und wissenschaftliche Mitarbeiterin im DFG-Graduiertenkolleg „Literatur- und Wissensgeschichte kleiner Formen" der Humboldt-Universität zu Berlin. Sie studierte Philosophie, Kulturwissenschaft und Contemporary Art Theory an der Humboldt-Universität zu Berlin und dem Goldsmiths College, London. Ihre Forschungsschwerpunkte sind Repräsentation, Methode und Literarisierung bei Walter Benjamin, Epistemologien des Ästhetischen sowie Theorie und Kritik wissenschaftlicher Ausstellungspraxis. Sie ist Teil des Kollektivs *diffrakt – zentrum für theoretische peripherie.*

**David Bebnowski** forscht als Postdoc zur Pamphletistik der Frauenbewegung im Projekt „The Arts of Autonomy. Pamphleteering, Popular Philology and the Public Sphere 1989–2018", das mit einem ERC-Starting Grant am Amerika-Institut der LMU München gefördert wird. Von 2011 bis 2015 war er Mitarbeiter am Göttinger Institut für Demokratieforschung und befasste sich dort mit sozialen Bewegungen und dem Aufstieg der AfD, zu der er eine der ersten Monographien publizierte (Wiesbaden 2015). 2020 wurde er am Leibniz-Zentrum für Zeithistorische Forschung der Universität Potsdam mit einer Arbeit über akademische marxistische Zeitschriften der Neuen Linken promoviert.

**Stephan Brändle** ist Doktorand der Neueren deutschen Literaturwissenschaft am DFG-Graduiertenkolleg „Literatur- und Wissensgeschichte kleiner Formen" an der Humboldt-Universität zu Berlin. Er forscht zur Literatur des Realismus im Kontext technischer Medien und zur Geschichte der Medientheorie. Sein Dissertationsprojekt beschäftigt sich mit den Auswirkungen der Telegraphie auf die Poetik journalistischer und literarischer Textformen.

**Maddalena Casarini** ist seit 2020 Doktorandin am DFG-Graduiertenkolleg „Literatur- und Wissensgeschichte kleiner Formen" der Humboldt-Universität zu Berlin mit einem komparatistischen Projekt zu den Gerichtsreportagen von Gabriele Tergit, Else Feldmann und Colette. Ihr Interesse gilt der Geschichte des Feuilletons, der Literatur der Weimarer Republik und den Wechselbeziehungen zwischen Journalismus, Recht und Literatur. Seit 2023 ist sie Fellow am Collège doctoral „Littérature et savoirs XVIe-XXIe siècles" (Université Sorbonne-Nouvelle und Humboldt-Universität zu Berlin).

**Saskia Haag** ist als Literaturwissenschaftlerin und freie Lektorin in Wien tätig. Zu ihren Arbeitsschwerpunkten zählen Literatur und Kulturgeschichte des 19. Jahrhunderts, Adalbert Stifter, Lyrik und Lied, Nestroy und das populäre Theater, Wiener Moderne. Derzeit gilt ihr Forschungsinteresse der kritischen Edition der Tagebücher Hermann Bahrs sowie der Poetik kleiner Formen zwischen 1850 und 1950, insbesondere im Berliner Cabaret der Zwischenkriegszeit. Zuletzt erschienen ist ein Aufsatz zu Finalstrukturen bei Nestroy und Hofmannsthal (2021).

**Kira Kaufmann** ist wissenschaftliche Mitarbeiterin am Institut für Germanistik an der Universität Wien. Sie studierte Deutsche Philologie, Philosophie und Slawistik. Von 2018 bis 2021 war sie Doktorandin am Lehrstuhl für Neuere Deutsche Literatur mit Schwerpunkt für Österreichische Literatur und verfasste ihre Dissertation zu den lesbaren Wechselwirkungen zwischen Okkultismus und der Literatur der Wiener Moderne um 1900.

**Helmut Lethen** studierte an den Universitäten Bonn, Amsterdam und der FU Berlin, wo er 1970 über das Thema der „Neuen Sachlichkeit" promovierte. Von 1977 bis 1995 war er Professor an der Universi-

https://doi.org/10.1515/9783111003009-015

tät Utrecht, 1995 bis 2004 Professor für Neueste Germanistik an der Universität Rostock. Von 2007 bis 2016 war er Leiter des Internationalen Forschungszentrums für Kulturwissenschaften (IFK) in Wien. Schwerpunkte seiner Forschung sind Literatur und Philosophische Anthropologie; zu seinen Hauptwerken zählt u. a. die Veröffentlichung *Verhaltenslehren der Kälte. Lebensversuche zwischen den Kriegen* [1994] (8. Auflage 2022).

**Susanne Nienhaus** ist Doktorandin an der Ruhr-Universität Bochum und von 2019 bis 2023 Kollegiatin am DFG-Graduiertenkolleg „Das Dokumentarische. Exzess und Entzug". Ihre Forschungsinteressen umfassen die Sozialgeschichte der Literatur, das Verhältnis von Literatur und Alltag, die Literatur der Arbeiter:innen-Bewegungen sowie die Prosa des Realismus und der Weimarer Republik. Im Rahmen ihrer Dissertation untersucht sie dokumentarische Texte über den Arbeitsalltag und Alltagswissen in der industriellen Produktion des späten 19. und frühen 20. Jahrhunderts, insbesondere in Rollenreportagen und Texten der Arbeiterkorrespondenzbewegung.

**Elisa Purschke** ist Doktorandin am Department of German der Princeton University. Elisa Purschke promoviert über die internationale Bewegungsgeschichte, Organisationstheorie und kulturelle Praxis der Proletarischen Kulturbewegung (Proletkul't) und forscht allgemeiner zu Aspekten der politischen, sozialen und Kulturgeschichte Ost- und Westeuropas vom 20. Jahrhundert bis in die Gegenwart. Zuvor studierte Elisa Purschke Allgemeine und Vergleichende Literaturwissenschaft an der LMU München sowie der Université Paris-Sorbonne (Paris-IV).

**Andreas Schmid** ist wissenschaftlicher Mitarbeiter am Peter Szondi-Institut für Allgemeine und Vergleichende Literaturwissenschaft der Freien Universität Berlin und promoviert an der University of Oxford. Sein Dissertationsprojekt untersucht, wie die kollaborativen Medienpraktiken von Avantgarde und Ethnologie um 1900 außereuropäische Kunst und Literatur nach Europa gebracht, kanonisiert und weiter zirkuliert haben. Jüngere Publikationsprojekte widmeten sich der Geschichte der britischen Germanistik während der Weltkriege (2022, zs. mit Sophia Buck), den dadaistischen Selbsthistorisierungen Raoul Hausmanns und Richard Huelsenbecks (2022), sowie der inversen Ethnographie Hans Paasches (2020).

**Julia Steinmetz** ist Doktorandin an der Humboldt-Universität zu Berlin und seit 2020 Kollegiatin am DFG-Graduiertenkolleg „Literatur- und Wissensgeschichte kleiner Formen". Sie forscht zur Materialität historischen Wissens und untersucht in ihrem Promotionsprojekt die Bedeutung handschriftlicher Papierobjekte für die Anfängen der Wissenschaftsgeschichte um 1900. Von 2012 bis 2020 studierte sie Kulturwissenschaft, Archäologie, Kunst- und Bildgeschichte sowie Geschichtswissenschaften in Berlin.

**Jonathan Voges** ist wissenschaftlicher Mitarbeiter am Historischen Seminar der Leibniz Universität Hannover. Momentan arbeitet er in einem DFG-Projekt, das sich mit der Pandemieplanung der WHO in den 1990er und 2000er Jahren befasst. 2016 wurde er mit einer Arbeit zum Heimwerken in der Bundesrepublik Deutschland promoviert und 2021 mit einer Arbeit zur intellektuellen Zusammenarbeit im Rahmen des Völkerbundes habilitiert. Jonathan Voges forscht zu internationalen Beziehungen im 20. Jahrhundert, Erinnerungskultur und Konsum- und Kulturgeschichte.

**Gernot Waldner** ist wissenschaftlicher Mitarbeiter am Institut für Germanistik der Universität Wien. Er hat in Wien, Berlin und Cambridge (MA) studiert. Seine Forschungsschwerpunkte liegen in der Überschneidung von Wissenschafts- und Literaturgeschichte sowie der österreichischen Literatur des 18. bis 20. Jahrhunderts. Publikationen u. a.: *1001: Filming the Odyssey* (2017), *Die Konturen der Welt* (2021).

**Daphne Weber** ist seit 2020 Doktorandin am DFG-Graduiertenkolleg „Literatur- und Wissensgeschichte kleiner Formen" der Humboldt-Universität zu Berlin und promoviert über die Parole in politischen Gebrauchstexten, ihre Funktionen und Mobilisierungsstrategien. Sie studierte Literatur- und Theaterwissenschaft an der LMU München und Inszenierung der Künste und Medien an der Stiftung Universität Hildesheim. Während des Studiums Regieassistenzen u. a. am Bayerischen Staatsschauspiel, von 2017 bis 2019 Assistenz-Redakteurin bei der Zeitschrift *Das Argument. Zeitschrift für Philosophie und Sozialwissenschaften* und bis 2020 Mitarbeiterin eines Abgeordneten im Deutschen Bundestag.

www.ingramcontent.com/pod-product-compliance
Lightning Source LLC
LaVergne TN
LVHW010643300926
849161LV00005B/1029
* 9 7 8 3 1 1 1 0 0 2 1 0 1 *